ALTERA QUARTUS Tool과 HBE-COMBO를 이용한

디지털 시스템설계 및 실험

문성룡

이 책의 특징은 디지털 시스템의 이론에 대한 설명과 시스템의 특성을 파악하는데 용이한 테스트 보드 HBE-COMBO와 디지털 설계 프로그램인 ALTERA QUARTUS II 9.0을 이용하여 디지털 시스템에 대한 개념과 설계 능력을 학습하는 형식을 가지며, 전체적인 내용을 파악하는데 도움이 될 수 있도록 구성하였다.

도서출판 GS인터비전

머리말

디지털 논리회로 설계는 시스템의 논리적 분석 및 설계를 정확, 신속하게 수행할 수 있고, 그 처리과정이 분명하기 때문에 시스템의 동작 및 검증에 유리하다. 또한 논리 함수를 기반으로 설계된 시스템의 입력 및 출력 관계는 모의실험을 통해 확인할 수 있으며, 디지털 회로 실험에 사용되는 디지털 소자들은 대부분 직접화된 IC칩으로 구현되었다. 디지털 논리회로 구현에 사용되는 트랜지스터의 회로가 반도체 산업의 기술발달로 하나의 칩 안에 구현되고 있으며 그 집적되는 트랜지스터의 수는 수백만 게이트를 넘어서고 있다. 이에 따라 여러 가지 기능을 갖는 칩들을 보드수준에서 집적하여 시스템을 구현하는 시스템 온 칩 (System on Chip) 기술이 가능하게 된 것이다. 그로 인해 이동통신, 가전, 지능형 시스템, 차세대 컴퓨터 등 시스템 온 칩 기술이 IT(Information technology) 산업분야 전반에 걸쳐 다양하게 적용되고 있다. 그러나 이러한 흐름의 주요 기술들이 이론적인 강의에만 의존하여 진행됨으로써 많은 학생들이 디지털 시스템의 주요 개념들과 응용을 이해하는데 상당한 어려움을 느끼고 있을 것이다. 본 저자는 그러한 어려움을 해소하는데 조금이나마 도움을 주고자 이 책을 저술하게 되었다.

이 책의 특징은 디지털 시스템의 이론에 대한 설명과 시스템의 특성을 파악하는데 용이한 테스트 보드 HBE-COMBO와 디지털 설계 프로그램인 ALTERA QUARTUS Ⅱ 9.0을 이용하여 디지털 시스템에 대한 개념과 설계 능력을 학습하는 형식을 가지며, 전체적인 내용을 파악하는데 도움이 될 수 있도록 구성하였으며, 각 장의 주요 내용들을 간단히 소개하면 다음과 같다.

Part 1은 디지털 설계 및 코딩 툴인 ALTERA QUARTUS Ⅱ 설치 및 활용을 다루고, Part 2에서는 디지털 시스템의 기초개념, 논리게이트 및 부울대수, 조합논리회로 간소화와 응용, 순차논리회로 응용단계로 구성한다. Part 3은 VHDL의 문법과 활용, FPGA 실습 장비인 HBE-COMBO의 구성과 사용법에 대해 학습하며, 각 장은 이론적 내용을 학습할 수 있도록 실습내용을 병행 구성한다.

마지막으로 디지털 시스템 및 설계 응용을 처음 접하는 학생들에게 보다 쉽게 디지털 시스템 설계에 대한 개념과 이해를 돕는데 도움이 되었으면 한다.

20012년 1월 저자 씀

차 례

PART 1 QUARTUS II 설치 및 활용

CHAPTER 1 QUARTUS II 설치

CHAPTER 2 QUARTUS II 활용

PART 2 디지털논리회로 이론 및 설계

CHAPTER 3 기초 이론

CHAPTER 4 조합논리회로 설계

CHAPTER 5 순차논리회로 설계

PART 3 VHDL 및 HBE-COMBO를 이용한 디지털 논리회로 설계 실습

CHAPTER 6 HBE-COMBO 사용하기

CHAPTER 7 VHDL 소개

CHAPTER 8 VHDL 및 HBE-COMBO를 이용한 디지털 논리회로 설계 실습

PART 1 QUARTUS II 설치 및 활용

CHAPTER 1 QUARTUS II 설치

SECTION 1. Quartus II Download 및 설치

Altera Quartus Ⅱ는 Altera 디바이스들에 디지털 논리회로를 구현하기 위한 소프트웨어로써 계층 구조적인 설계를 위한 다양한 Design Entry 기법을 제공하며, 강력한 논리 합성, 타이밍을 고려한 컴파일, 분할, 기능 및 타이밍 시뮬레이션, 링크된 멀티 디바이스 시뮬레이션(linked multi-device simulation), 타이밍 분석, 디바이스 프로그래밍 등의 기능을 제공한다. 또한 AHDL(Altera Hardware Description Language) 파일, EDIF 네트리스트 파일, Verilog HDL 파일, VHDL 파일, OrCAD 스캐매틱(schematic) 파일들을 인터페이스 할 수 있으며 Xilinx 네트리스트 파일을 입력하여 SDF(Standard Delay Format)파일로 출력시킬 수 있다.

과거에는 Altera MAX+PLUS (Multiple Array Matrix Programmable Logic User System) Ⅱ를 사용하였으나 최근에는 그 후속버전 프로그램이라 할 수 있는 Quartus 시리즈를 대부분 사용하고 있으며 최근 Quartus Ⅱ v11.0이 출시되었다.

Altera에서는 Quartus II Subscription Edition, Quartus II Web Edition, ModelSim-Altera Edition, ModelSim-Altera Starter Edition등의 여러 가지 형태로 소프트웨어를 제공하고 있다. 본 교재에서는 무료로 라이센스를 제공하고 있는 Quartus II Web Edition을 활용한다.

Quartus II Web Edition은 Quartus Ⅱ 정식 버전에 비해 지원되는 디바이스 제품의 범위가 제한되어 있고 몇몇 기능이 지원되지 않으나 초보자나 공부하는 학생들이 사용하기에는 충분하며, 전문가 입장에서도 사용하기에 큰 무리가 없어 많은 개발자들이 활용하고 있다.

본 교재는 Quartus II Web Edition의 여러 버전 중에서 9.0 버전을 사용해 구성하였다(Quartus II Web Edition v9.0 Service Pack 2). 교재 후반부에 사용할 한백전자의 HBE-COMBO라는 FPGA 개발장비와 호환성 문제가 발생할 가능성이 있기 때문에 9.0버전 사용을 권장하며, HBE-COMBO를 사용하지 않는 경우는 최근 버전을 설치해도 무방하나 큰 차이점은 없기 때문에 초보자나 공부하는 학생 입장에는 9.0 버전을 설치해도 무리가 없다.

1.1 Quartus II Download

그림 1.1의 그림은 Altera web site(http://www.altera.com) 화면이다.

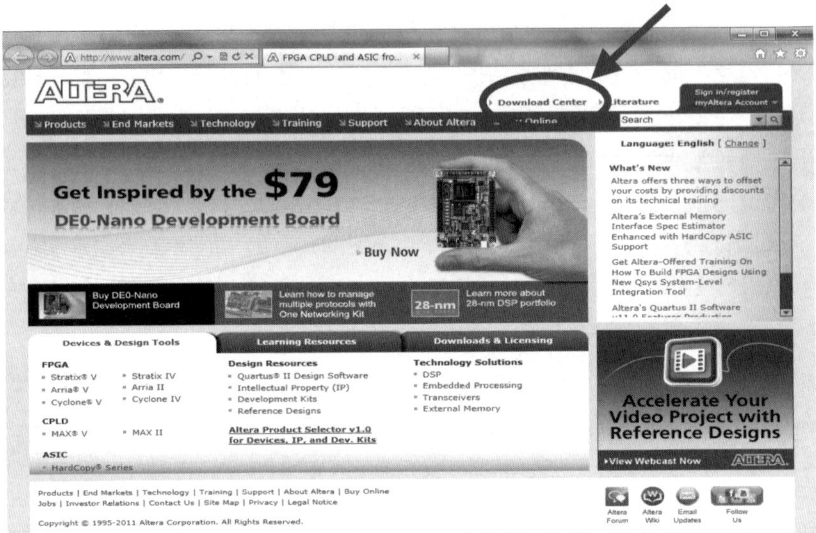

[그림 1.1] Altera web site

그림 1.1에서 "Download Center"를 선택하면 그림 1.2와 같다.

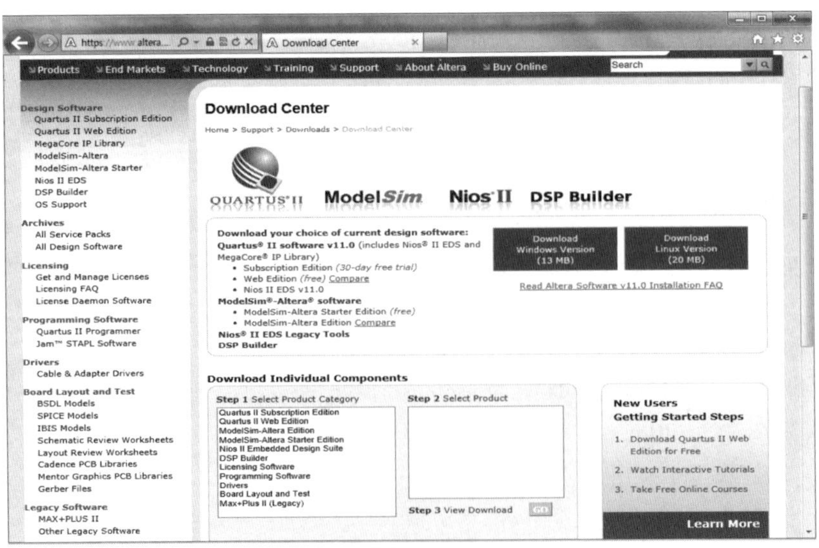

[그림 1.2] Download Center 1

그림 1.2에서 'Step 1' 창의 'Quartus Ⅱ Web Edition' 을 클릭 후 'Step 2' 창의 '9.0 Service Pack 2' 를 클릭하면 그림 1.3과 같다.

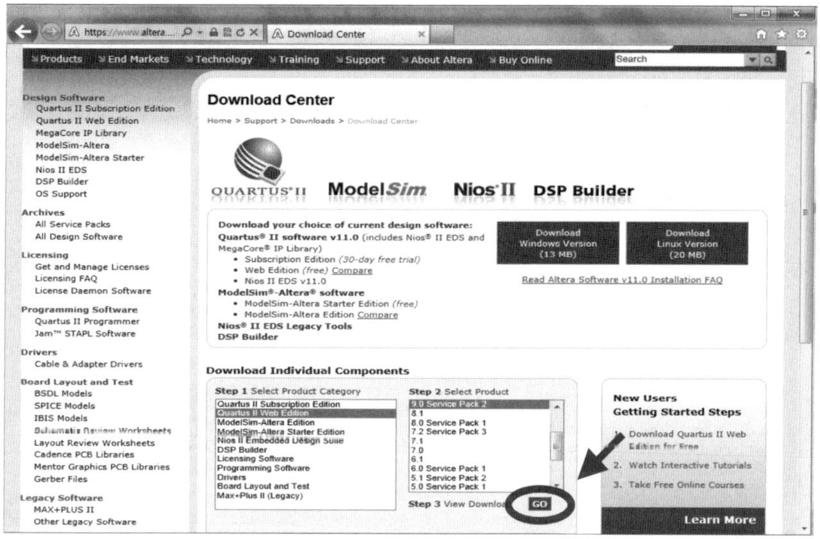

[그림 1.3] Download Center 2

그림 1.3에서 'Step 3 View Download' 우측의 'GO' 버튼을 누르면 그림 1.4와 같은 창이 뜬다.

[그림 1.4] Download Center 3

그림 1.4의 해당 버전(Quartus II Web Edition v9.0 Service Pack 2) 우측의 Download 버튼을 클릭하면 그림 1.5와 같다.

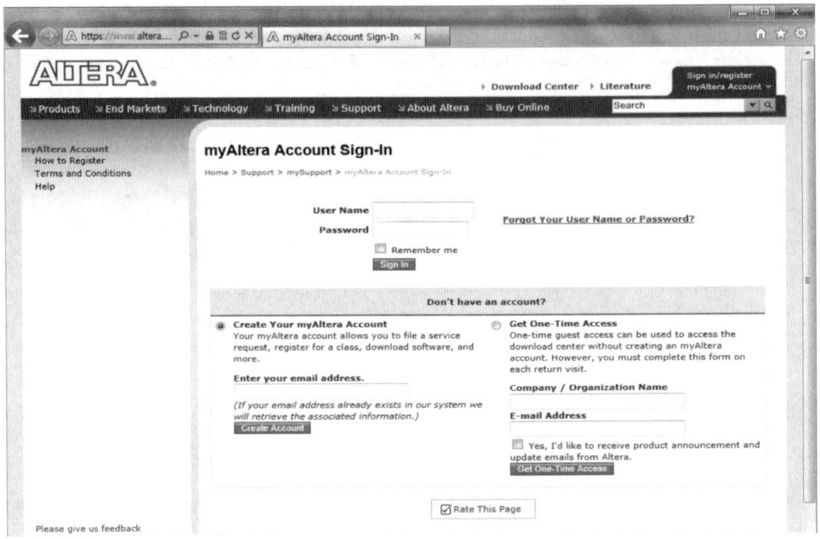

[그림 1.5] Login Page

그림 1.5의 로그인 페이지에서 'GET ONE-TIME ACCESS' 클릭 후 COMPANY와 E-MAIL ADDRESS를 입력하고 아래 파란 버튼(GET ONE-TIME ACCESS)을 클릭한다. (가입 후 다운로드 하는 방법도 가능하다)

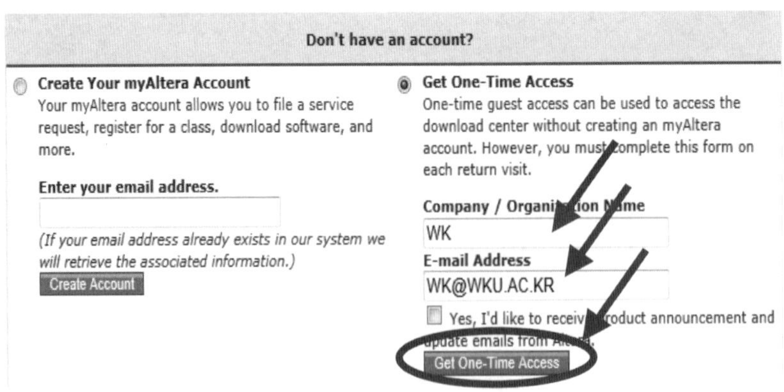

[그림 1.6] Login Page

이후 Download Manager 메시지가 나오면 설치한다.

[그림 1.7] Download Manager

이후 그림 1.8과 같이 다운로드를 시작한다.

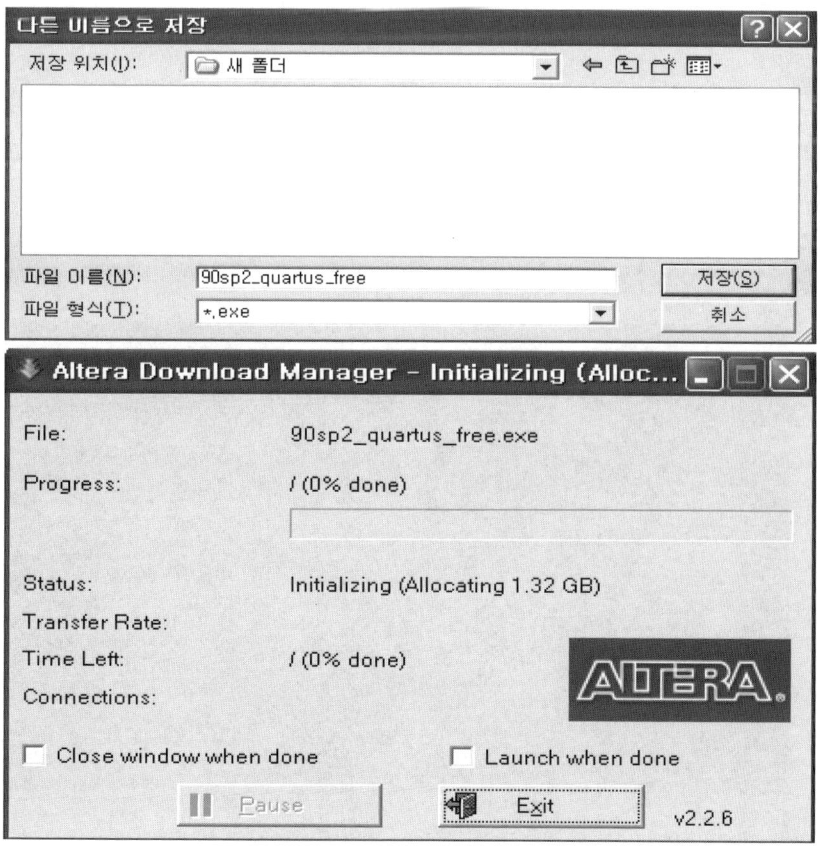

[그림 1.8] Download Manager

이후 다운로드가 끝나면 'Launch' 를 클릭하거나, 하드디스크에 저장된 해당 파일을 클릭하여 설치를 시작한다.

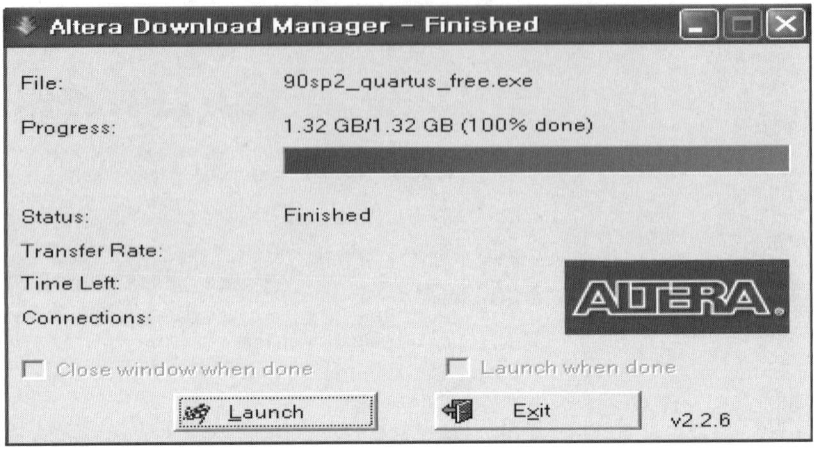

[그림 1.9] Download 완료

1.2 Quartus II 설치

Launch를 실행하거나 저장된 파일을 클릭하여 설치를 시작하면 그림 1.10과 같은 다운로드 화면이 나온다. 설치 화면의 지시대로 설치를 수행한다.

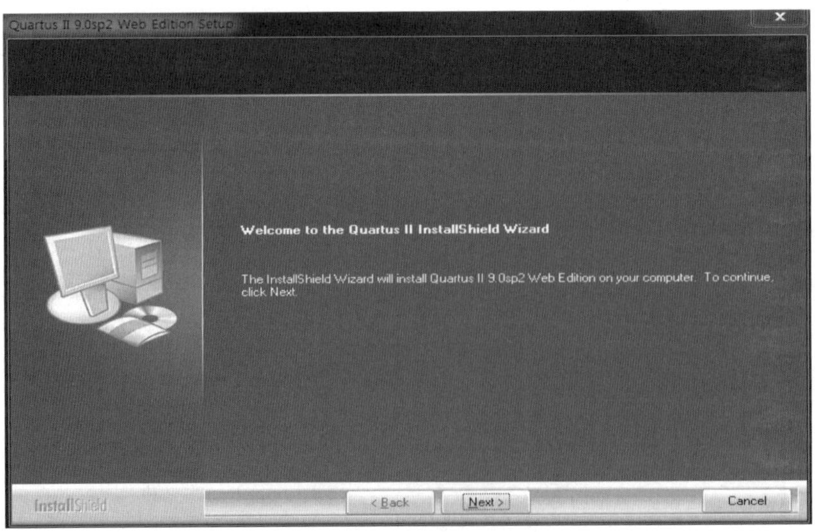

[그림 1.10] 설치 화면

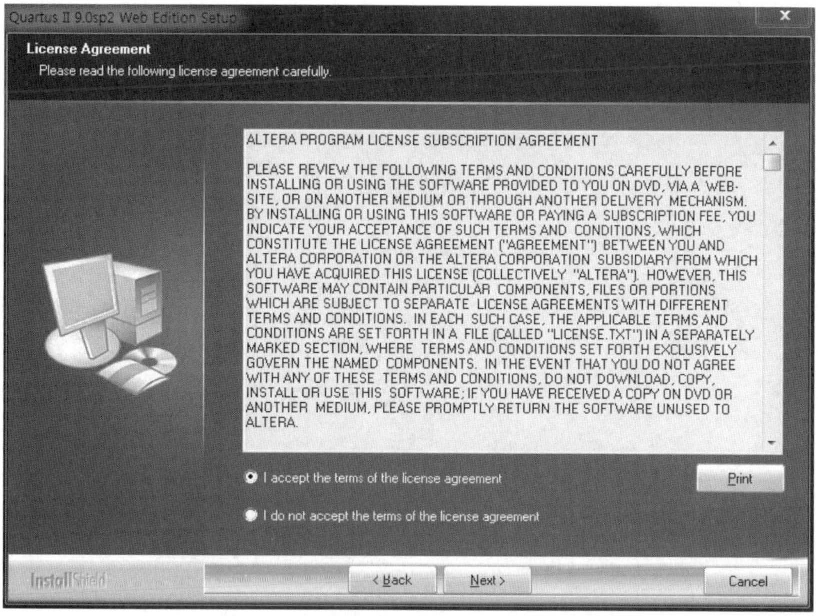

[그림 1.11] 라이센스 동의 화면

그림 1.11과 같이 라이선스 동의를 한 후 'NEXT' 버튼을 누르면 그림 1.12와 같은 사용자 정보 입력 화면이 나온다.

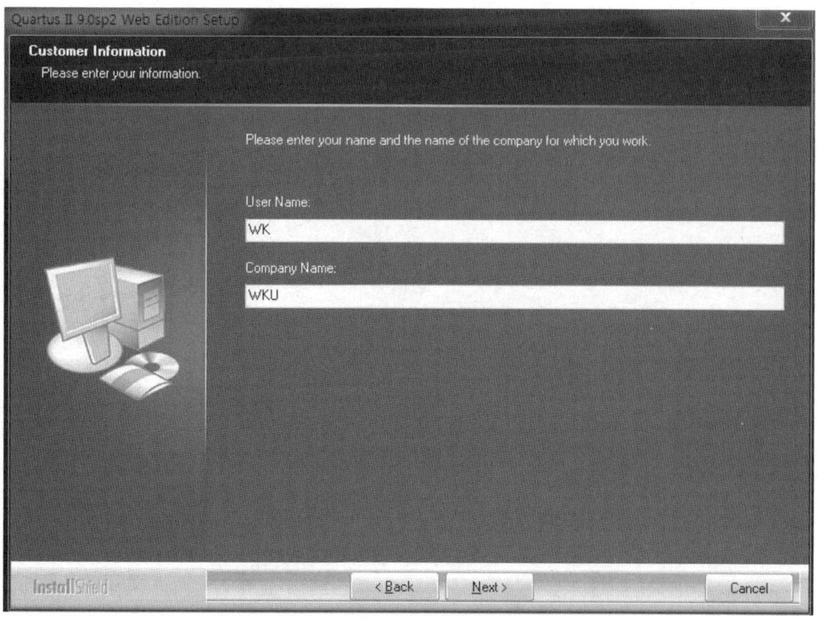

[그림 1.12] 사용자 정보 입력

그림 1.12에서 사용자 정보를 입력한 후 'NEXT' 버튼을 누르면 설치 폴더를 지정할 수 있는 화면이 나온다. 그냥 'NEXT' 버튼을 누르자.

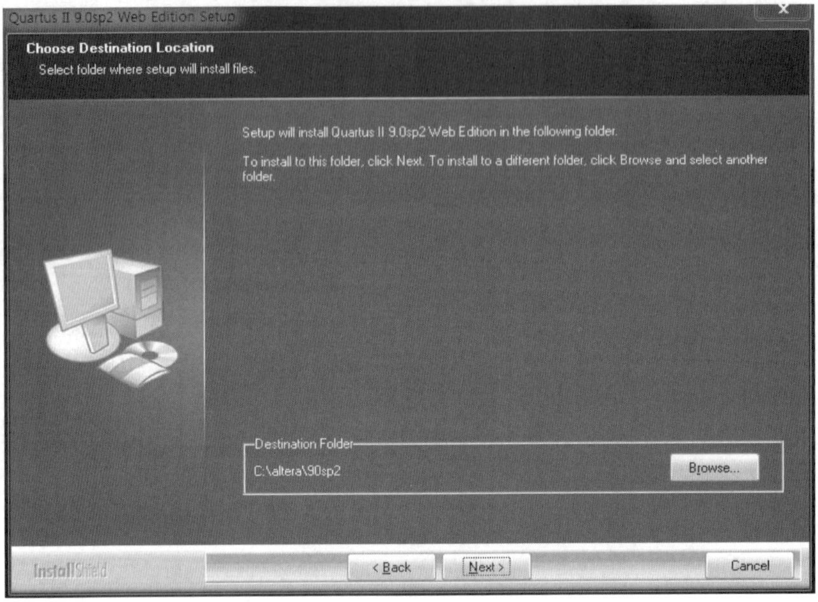

[그림 1.13] 설치 폴더 지정

그림 1.14의 프로그램 폴더 지정도 'NEXT' 버튼을 누른다.

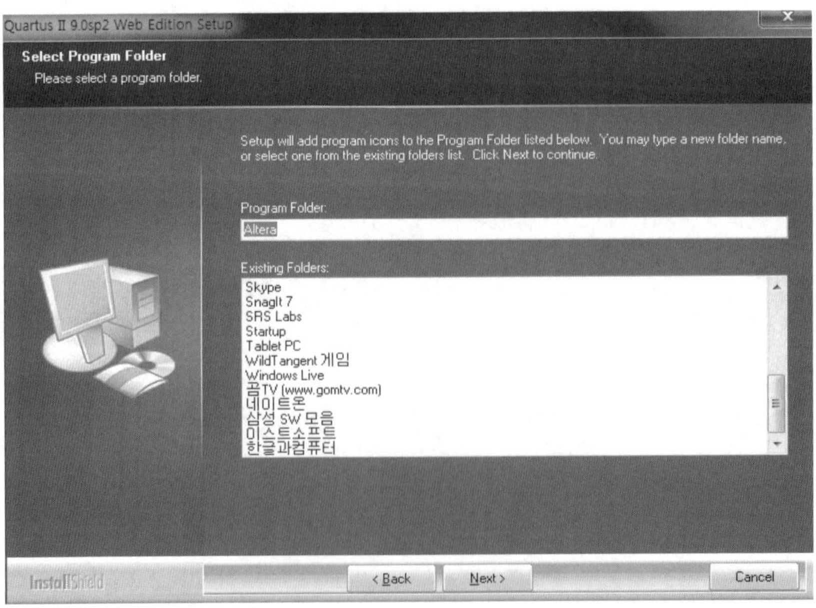

[그림 1.14] 프로그램 폴더 지정

그림 1.15는 SETUP TYPE을 설정하는 단계로 전체 설치를 위해 'Complete' 항을 선택 후 설치를 시작한다.

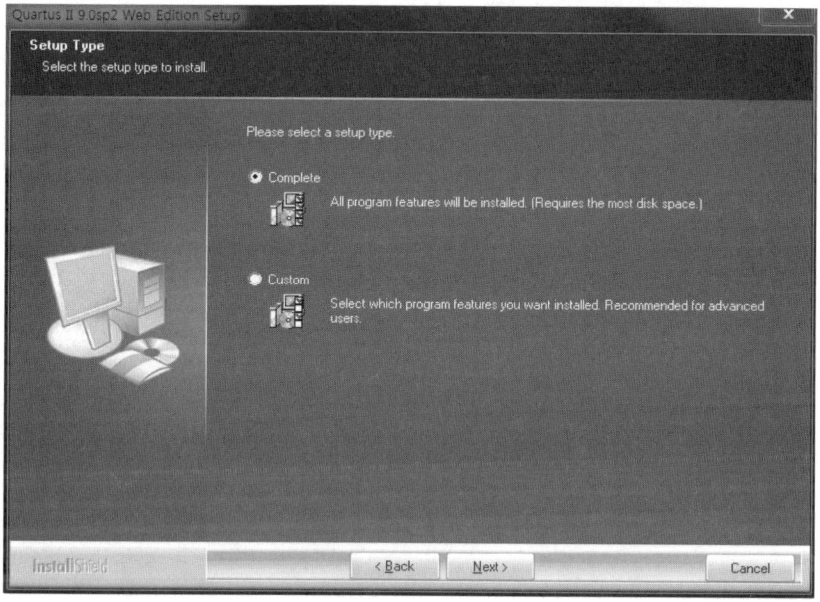

[그림 1.15] SETUP TYPE

그림 1.16을 통해 전체 설정을 확인하고 'Next' 를 누르면 그림 1.17과 같이 프로그램

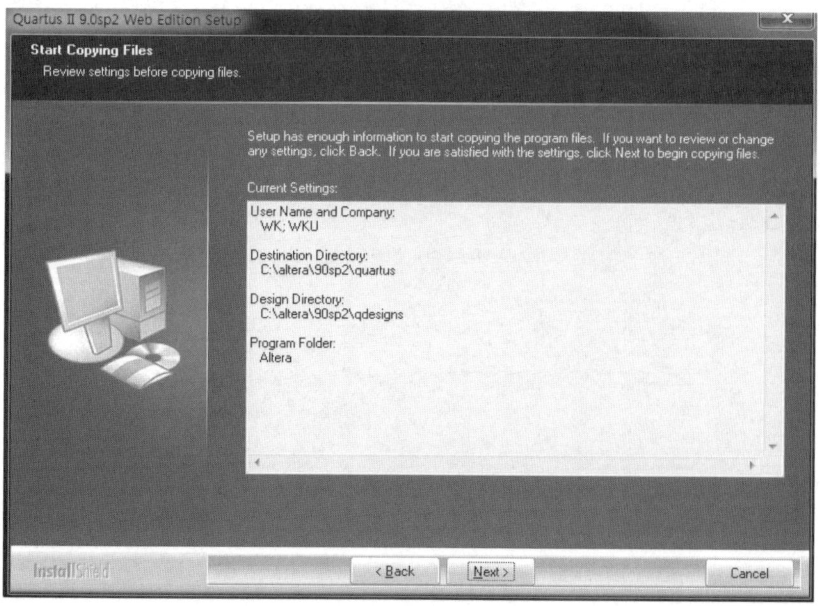

[그림 1.16] 설정 환경

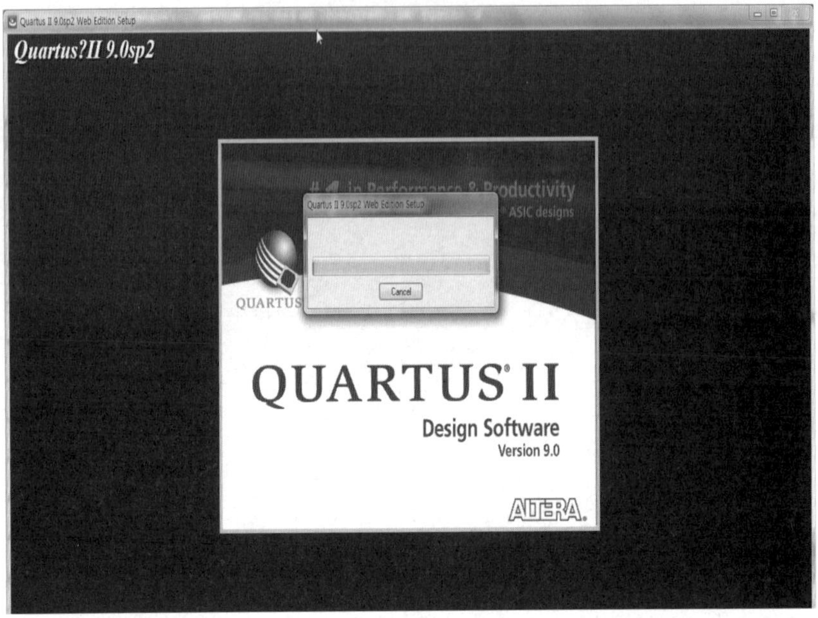

[그림 1.17] 설치 화면

설치가 완료되면 바탕화면에 단축 아이콘 생성 여부를 묻는다. '예'를 클릭하여 설치한다.

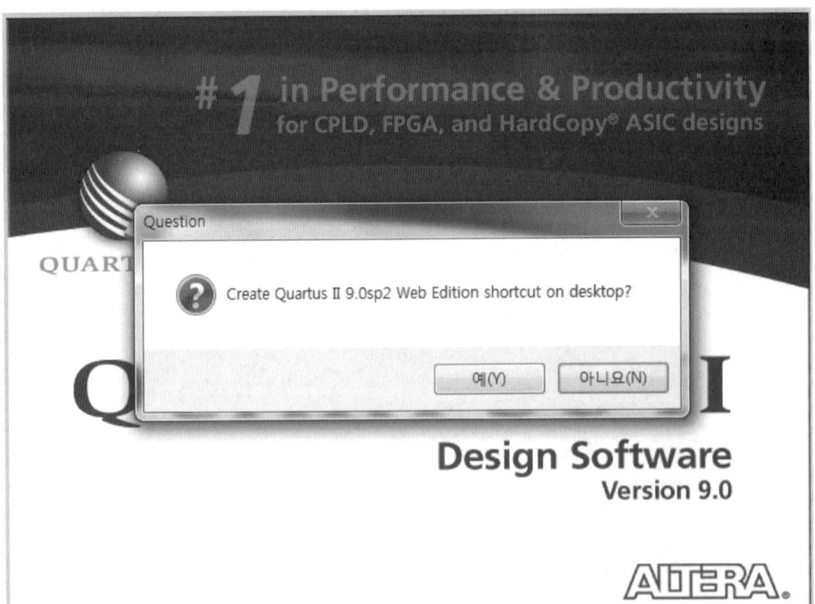

[그림 1.18] 단축 아이콘 생성 여부

설치가 끝나면 그림 1.19와 같이 'TalkBack Install'의 창이 나타난다. 이것은 컴파일에 관련된 사용자 정보의 일부를 Altera사에서 가져가겠다는 것과 설계파일에는 절대로 접근하지 않겠다는 내용이다. 이것을 설치해야 Web Edition에서 Signal Tab II의 내장 로직분석기를 사용할 수 있으므로 '확인' 버튼을 누른다.

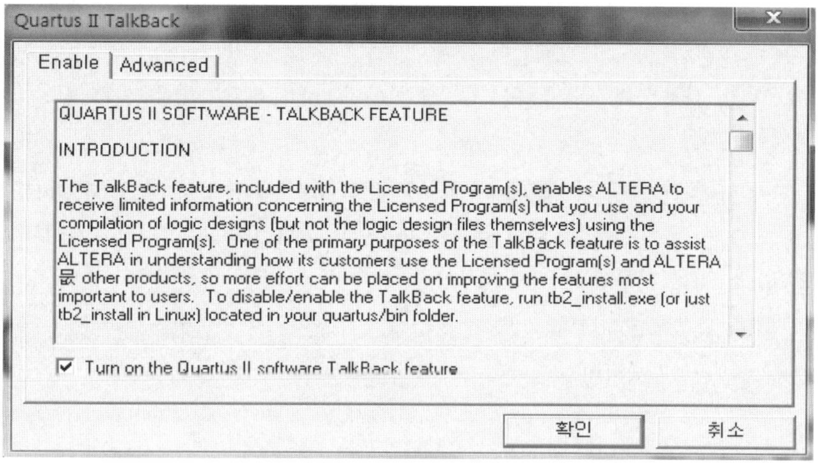

[그림 1.19] TalkBack Install

설치가 완료 되면 그림 1.20에서 'Finish' 버튼을 눌러 설치를 완료한다.

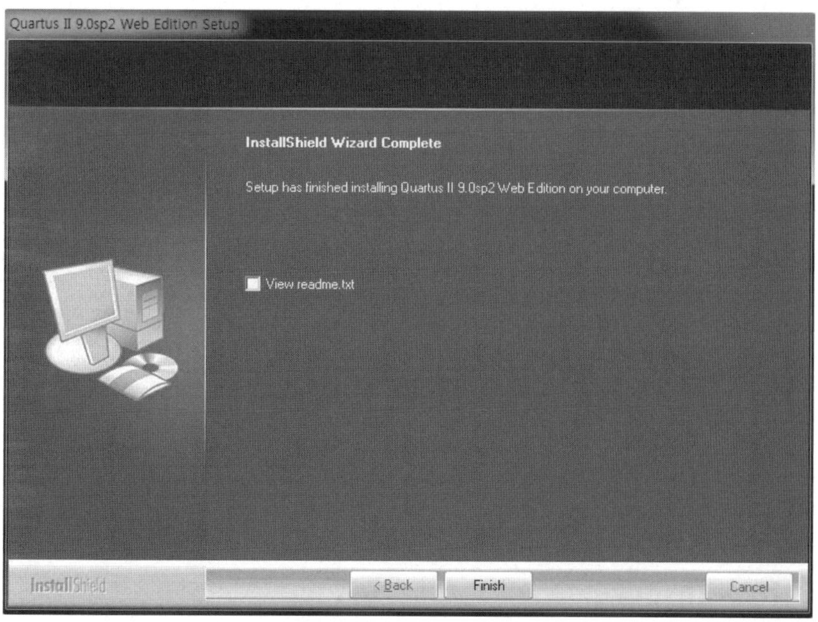

[그림 1.20] 설치 완료 화면

SECTION 2. License 등록하기

Altera Quartus Ⅱ Web Edition은 기본적으로 무료로 라이선스를 배포하고 있다. 종전의 8.1 버전까지는 소프트웨어를 설치하면 30일 동안 라이선스 없이 사용할 수 있고, 그 이상 사용하기 위해서는 free license 파일(150일 사용 라이선스)을 메일로 받아서 써야했다.

하지만 Web Edition 9.0 버전부터는 별도의 라이선스 없이 설치 후 바로 무제한 사용가능 하도록 만들었기 때문에 SECTION 1에서 9.0버전을 설치한 여러분은 라이선스 걱정 없이 그냥 사용하면 된다.

이하 설명하는 라이선스 등록방법은 디바이스 문제로 8.1버전 이하의 Quartus Ⅱ Web Edition을 사용해야하는 사람들만 보면 된다.

2.1 Web Edition 8.1 이하 버전의 License

Quartus Ⅱ Web Edition 8.0 이하 버전은 은 Altera사에서 150일간 사용할 수 있는 lisence를 무료로 배포하고 있으므로 간단한 절차를 걸쳐서 Quartus Ⅱ의 여러 기능을 사용할 수 있다. 먼저 설치 후 Quartus Ⅱ Web Edition 프로그램을 처음 실행하면 다음과 같이 'License Setup Required' 창이 나타난다.

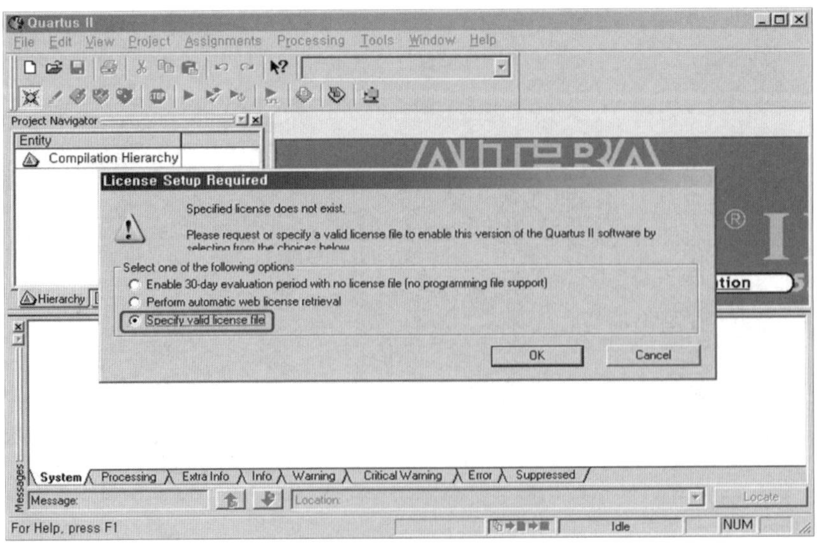

[그림 1.21] license Setup Required

그림 1.21에서 'Specify valid license file' 항을 선택하고 OK 버튼을 누른다.

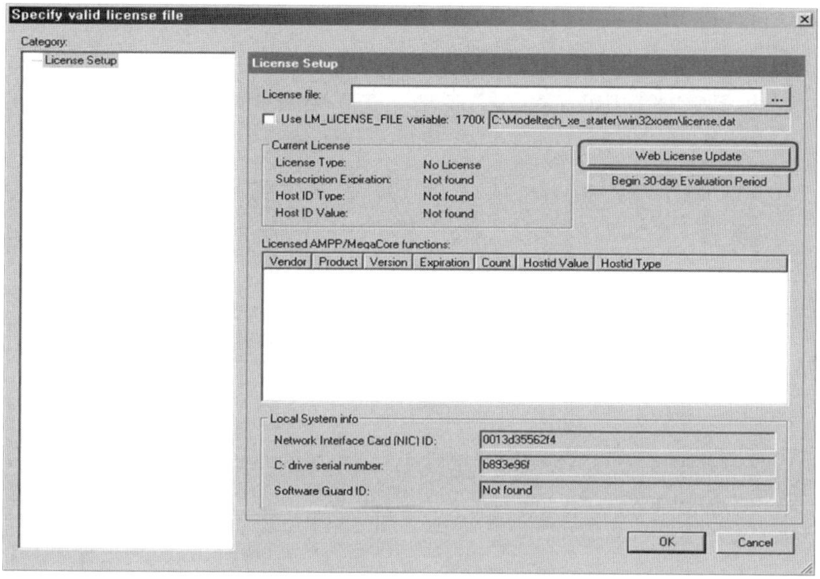

[그림 1.22] Web License Update로 연결

그림 1.22와 같은 창이 뜨면 Web License Update 버튼을 누른다. 버튼을 누르면 웹 창이 새로 뜨게 되고, 아래와 같은 기입란이 다시 나오게 된다.

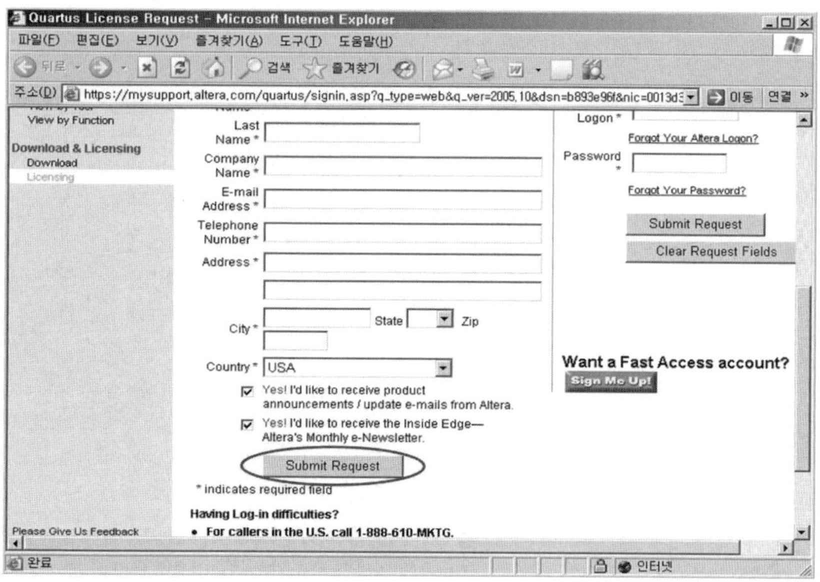

[그림 1.23] Web 페이지 기입

여기서 *표시가 된 부분을 전부 기입한 후 "Submit Request" 버튼을 누르면 그림 1.24와 같이 발급 완료가 나온다. (주의 : 이 부분에서 기입한 e-mail로 license를 보내기 때문에 정확하게 기입해야 한다)

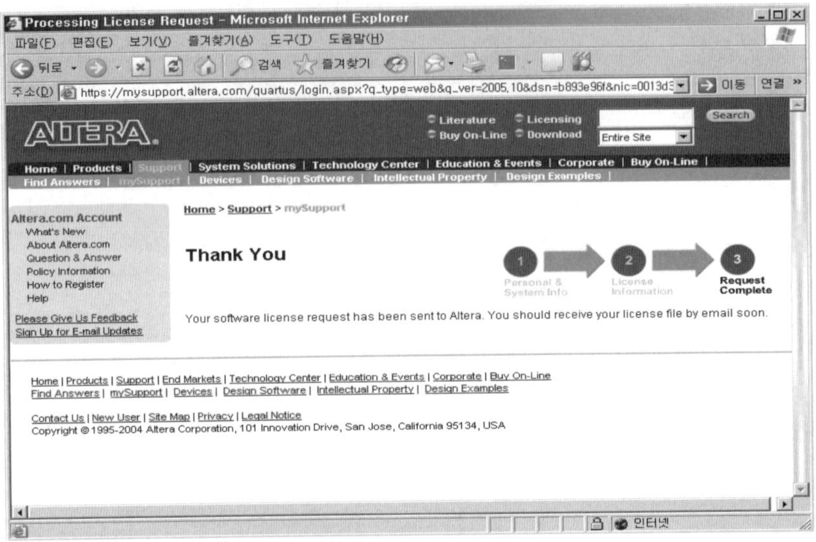

[그림 1.24] license download 완료

다음으로 메일을 확인하여 첨부파일로 되어있는 license를 download를 받는다.

그림 1.25와 같이 Quartus Ⅱ Web Edition로 돌아가서 Tools에 License Setup란을 선택한다.

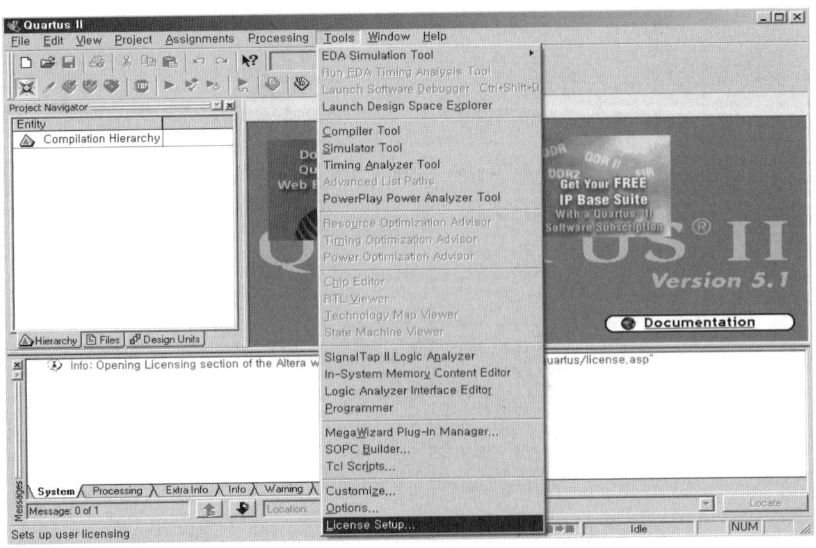

[그림 1.25] license Setup 란 열기

License file란에 '...' 버튼을 눌러서 download받은 license를 선택한다.

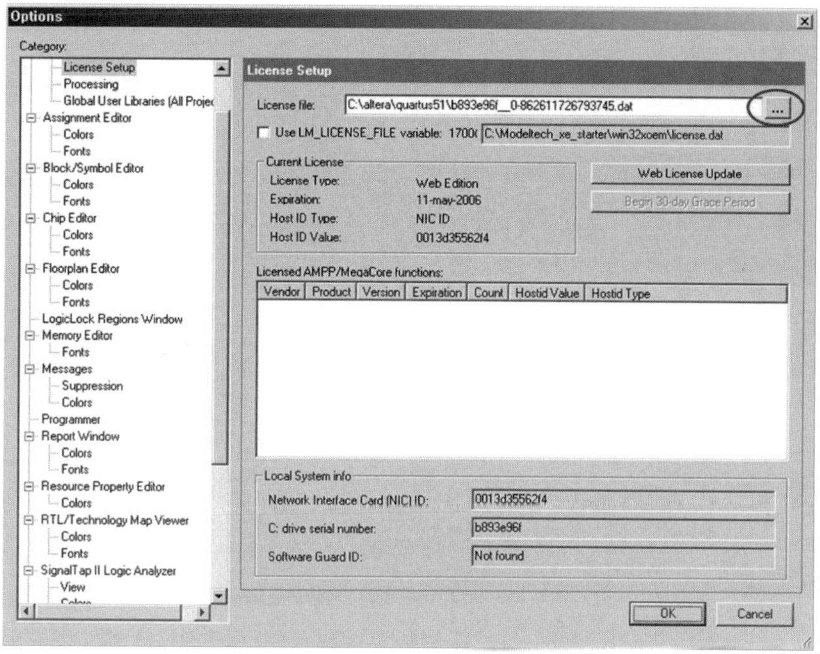

[그림 1.26] license 등록

OK버튼을 누르면 모든 준비가 완료된다.

PART 1 QUARTUS II 설치 및 활용

CHAPTER 2 QUARTUS II 활용

SECTION 1. New Project 생성

SECTION 2. 회로 설계 방법

SECTION 3. 설계된 회로 컴파일

SECTION 4. 시뮬레이션

SECTION 5. 설계된 회로 심볼로 만들기

SECTION 1. New Project 생성

Quartus II와 같은 Tool을 다룰 때 처음부터 모든 메뉴들을 다 숙지하고 시작한다면 더할 나위 없이 좋겠지만, 처음 접하는 사람들로써는 모든 기능들을 알고 사용한다는 것은 상당히 힘든 일이다. 따라서 가장 기본적인 사용 방법을 먼저 숙지하고 부가적인 메뉴 및 기능들은 필요할 때마다 그때그때 숙지해나가는 것이 접하기도 쉽고 효율적인 공부방법이 될 것이다.

SECTION 1~4에서 가장 기본적인 Quartus II 사용법인 프로젝트 생성, 회로 설계, 컴파일, 시뮬레이션 방법에 대해서 학습한다. 여기서는 앞으로 PART II에서 배우게 될 여러 설계 회로를 스케매틱 방법에 의해 직접 구현하고, 결과를 시뮬레이션 해볼 수 있는 기본적인 내용을 다룰 것이다. 언어적인 방법으로 회로를 설계하는 VHDL 설계와 FPGA 활용은 PART III 에서 학습한다.

1.1 New Project 생성

설계된 회로를 Quartus II에 구현하고 시뮬레이션하기 위해선 Project를 생성해야 한다. 참고로 기존에 진행하던 프로젝트를 열려면 Open Project를 이용하면 되고, 진행하던 프로젝트를 닫으려면 Close Project를 이용하면 된다.

새로운 Project를 생성하려면 그림 2.1과 같이 Quartus Ⅱ의 풀다운 메뉴에서 [file] 메뉴의 서브 메뉴인 [new project wizard]를 선택하면 새로운 project를 작성하기 위한 wizard가 나타난다.

[그림 2.1] New Project Wizard 실행

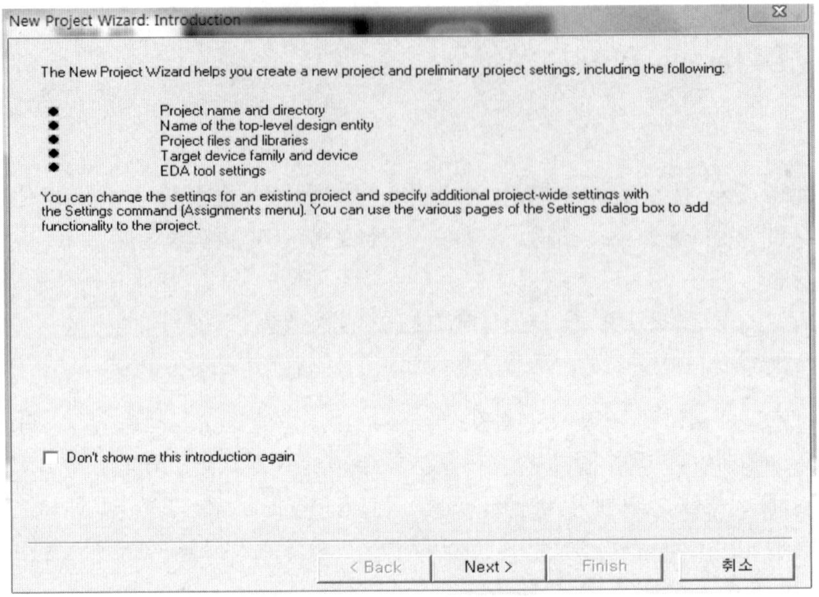

[그림 2.2] New Project Wizard

그림 2.2에서 'Next'를 클릭하면 New Project Wizard의 5단계 과정 중 첫 번째 단계인 디렉토리, 프로젝트 이름, 최상위 레벨 엔티티(Top Level Entity)를 입력하는 창이 나온다.

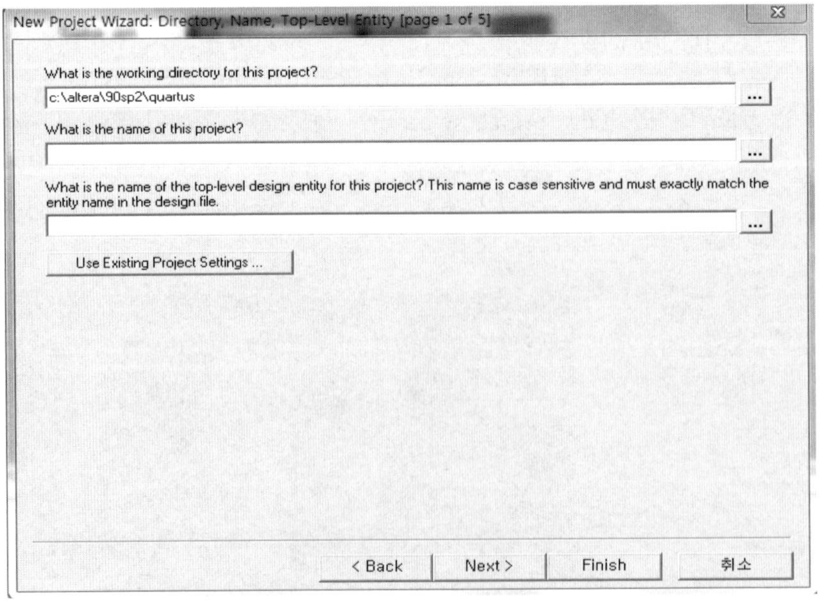

[그림 2.3] 디렉토리, 프로젝트 이름, 최상위 레벨 엔티티 입력

그림 2.3에서 첫 번째 칸은 작업할 폴더를 지정하는 부분이고, 두 번째 칸은 프로젝트 이름을 정해주는 부분이다. 셋 번째 칸은 최상위 레벨 엔티티 이름을 넣어주는 부분으로 자동으로 둘째 란에 넣은 이름으로 채워지게 된다. 여기서 최상위 레벨 엔티티는 PART III에서 자세히 설명되니 지금은 그냥 넘어가도록 하자.

그림 2.4는 위의 3가지를 입력한 화면으로 C:\altera\90sp2\quartus\ss 폴더에 and_2 라는 폴더를 만들어 프로젝트를 저장하였고, 프로젝트 이름은 and_2로 설정하였다. 여기서는 편의상 폴더 이름과 프로젝트 이름을 똑같이 하였으나 같지 않아도 상관없다.

프로젝트 이름은 Quartus II 내부 라이브러리의 지정어(AND, OR, IF, CASE, FOR, AND2 등등)를 피해 선정하여야한다. 처음에는 어떤 지정어가 있는지 알 수 없으므로 AND_2와 같이 ‘ _ ’ 를 사용하면 편하게 지정어를 피해갈 수 있다. 또한 공백문자는 금지되며 숫자로 시작하는 것은 좋지 않다.

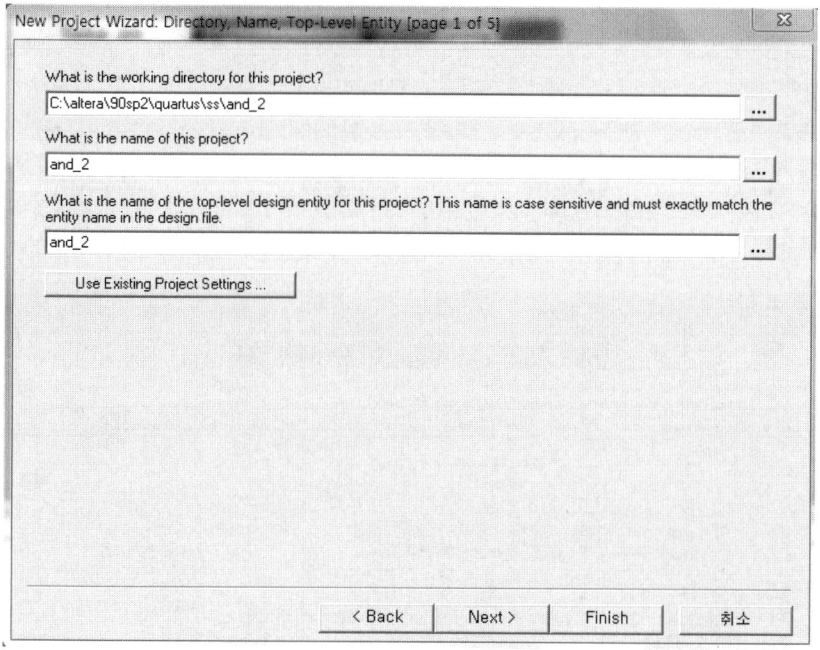

[그림 2.4] 입력된 화면

두 번째 단계는 프로젝트에 추가할 파일이나 라이브러리를 추가하는 항목이다. 다른 프로젝트의 회로가 하나의 심볼화되어 저장되어 있는 경우 이 두 번째 단계에서 추가하여 사용할 수 있다. 처음 프로젝트 수행 시에는 설정할 필요 없이 다음 단계로 이동한다(그림 2.5).

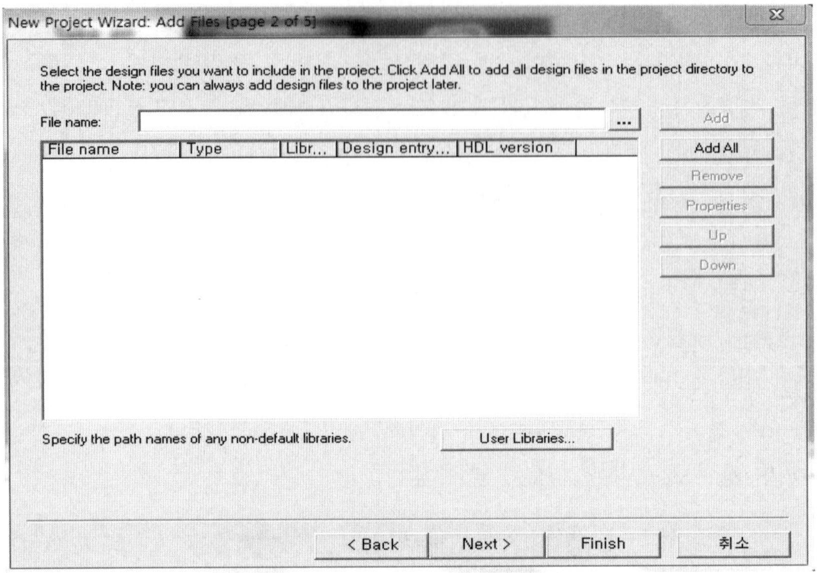

[그림 2.5] 파일 또는 심볼 추가 화면

세 번째 단계는 디바이스 설정 단계이다. 사용하고자 하는 FPGA나 CPLD를 선택하면 된다. 시중에 판매되고 있는 거의 모든 디바이스가 등록되어 있다. 특정 디바이스를 선택하지 않을 땐 Target device에서 Auto device로 설정 후 다음 단계로 진행한다(그림 2.6).

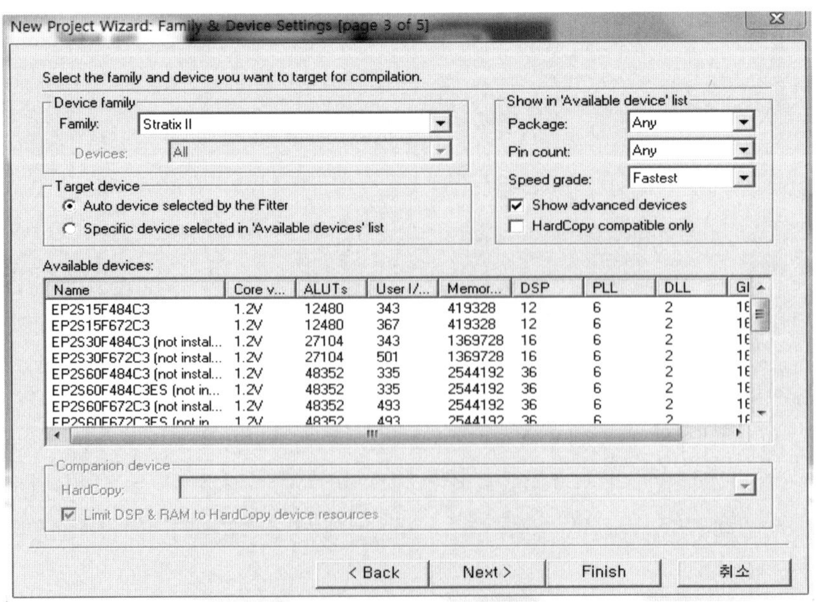

[그림 2.6] 디바이스 설정 단계

네 번째 단계는 Quartus Ⅱ Tool 외에 다른 EDA(Electronic Design Automation) Tool 설정 단계이다. 사용자가 원하는 Soc 설계 Tool을 추가로 설정할 수 있다(그림 2.7). 사용하지 않을 땐 그냥 다음 단계로 넘어간다.

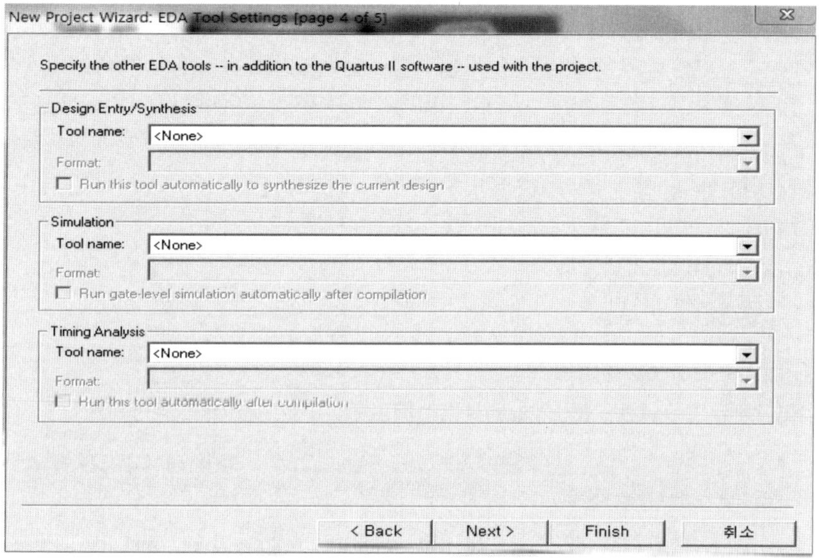

[그림 2.7] EDA(Electronic Design Automation) Tool 설정 단계

마지막 5단계는 1단계부터 4단계까지 설정 내용을 정리하여 보여준다(그림 2.8). 확인 후 'FINISH' 버튼을 누른다.

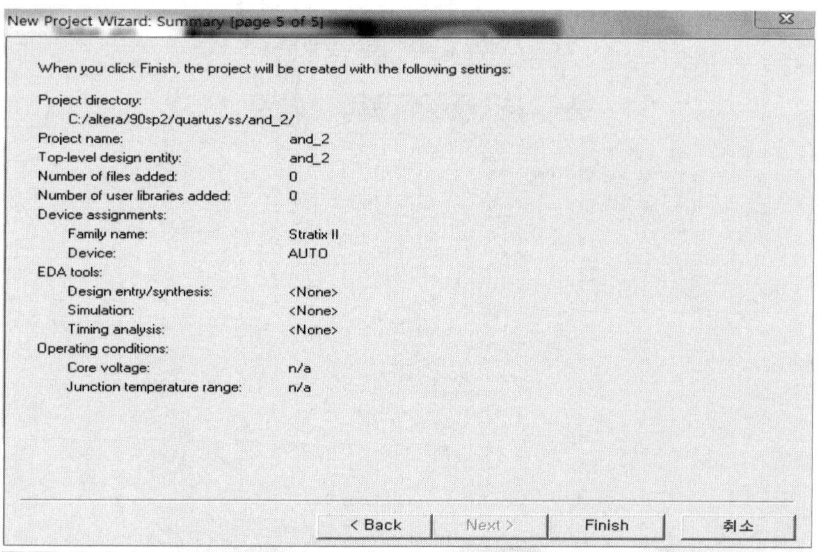

[그림 2.8] 프로젝트 설정 요약

SECTION 2. 회로 설계 방법

SECTION 1에서는 프로젝트 생성 방법에 대해 살펴보았다. 본 절에서는 다음 과정으로 실제 회로를 설계하는 부분에 대해 공부한다. QURTUS II에서는 스케메틱, VHDL, AHDL, Verilog HDL 등으로 회로를 설계할 수 있는데 여기서는 스케메틱 방법으로 설계하는 방법에 대해 학습한다.

2.1 회로 설계 방법

1) Graphic Editor 불러오기

[file]메뉴의 서브메뉴인 [New]를 선택하면 어떤 Editor를 이용할 것인지 물어온다.

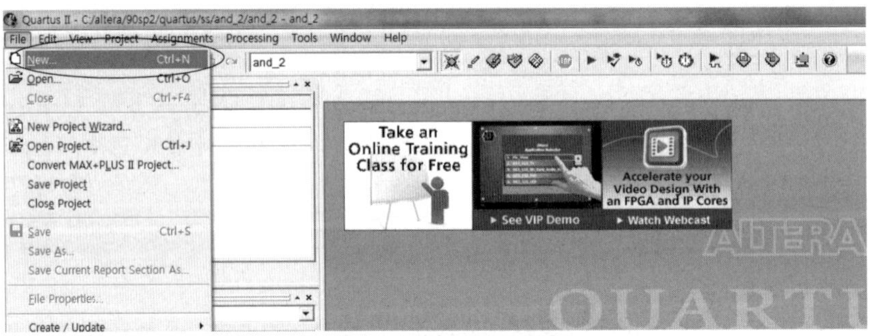

[그림 2.9] [New] 클릭

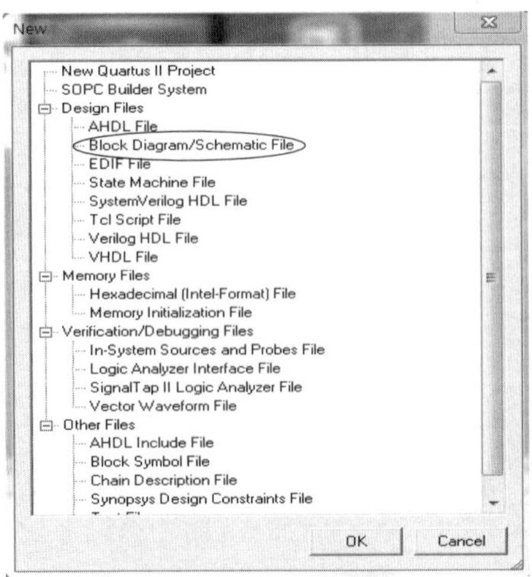

[그림 2.10] Editor 선택

스케메틱 방법으로 설계할 것이므로 Block Diagram/Schematic File을 선택한 후 OK 버튼을 누르면 그림 2.11과 같이 Graphic Editor 화면이 나타난다.

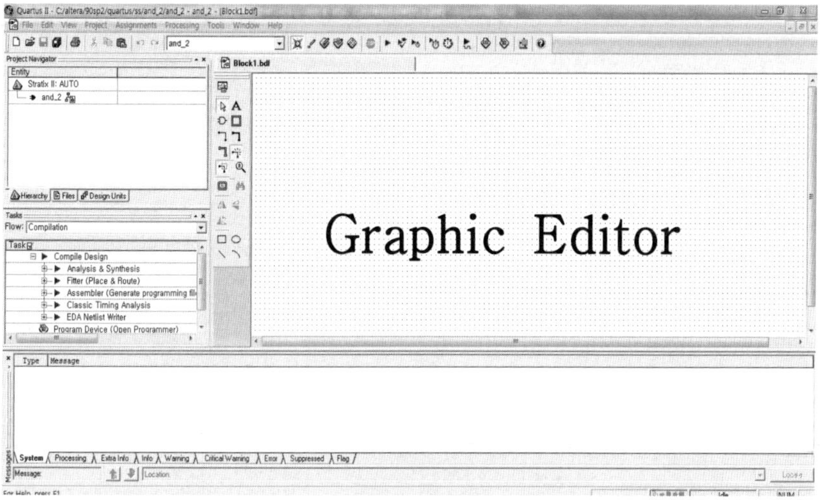

[그림 2.11] Graphic Editor 화면

2) 심벌 불러오기

Graphic Editor 화면에 사용자가 설계할 심벌을 불러오기 위해서는 Graphic Editor의 메뉴에서 [Edit]의 서브메뉴인 [Insert symbol...]를 선택하거나, Graphic Editor 화면의 임의의 지점에 마우스 포인터를 놓고 마우스의 왼쪽 버튼을 더블클릭하는 방법이 있다. 그림 2.12와 같은 심벌을 선택할 수 있는 화면이 나타난다.

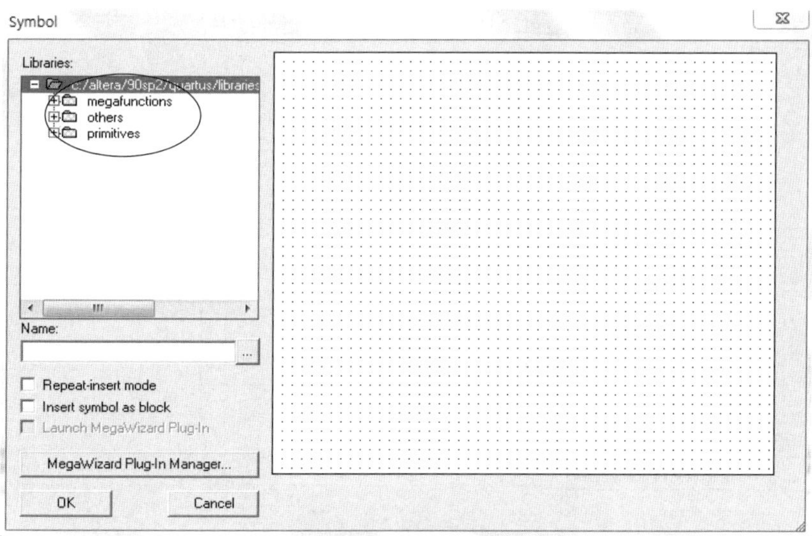

[그림 2.12] Symbol 선택 창

그림 2.12의 화면에서 'Libraries:' 항목에 있는 각 디렉터리의 내용은 대략 다음과 같다.

-. primitive 디렉터리

그림 2.13과 같이 게이트 레벨의 기본 심벌 라이브러리들이 포함되어 있다.

-. macrofunction 디렉터리

그림 2.14와 같이 매크로 함수 라이브러리들로 TTL들이 포함되어 있다.

-. others 디렉터리

Altera에서 별도로 지원하는 라이브러리 이외의 다른 업체의 라이브러리들이 포함되어 있다. Quartus Ⅱ의 이전 버전인 MAX+PLUSⅡ에서 쓰이던 라이브러리도 여기에 포함되어 있다(그림 2.15).

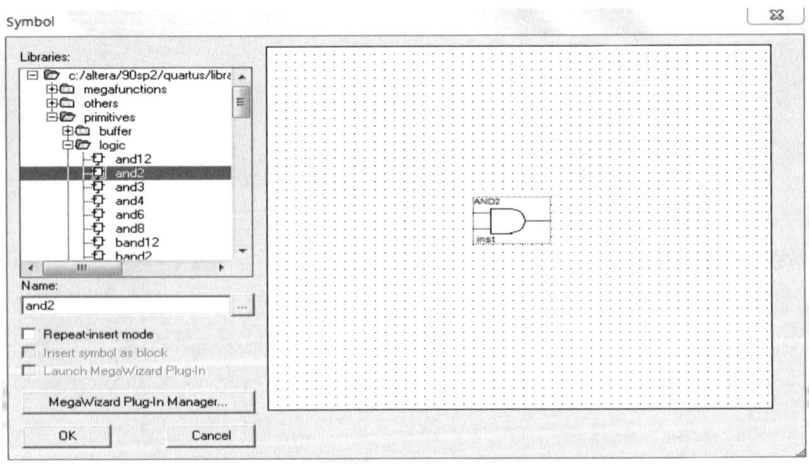

[그림 2.13] primitive 디렉터리 내용들

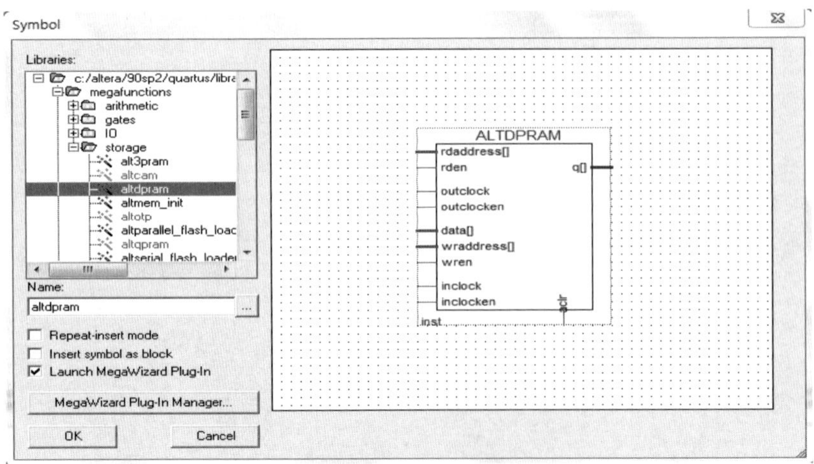

[그림 2.14] macrofunction 디렉터리 내용들

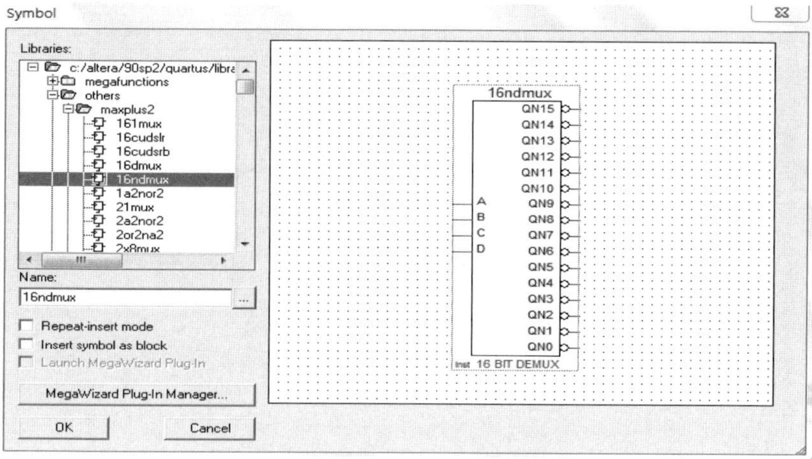

[그림 2.15] others 디렉터리 내용들

이와 같이 원하는 심볼을 Libraries에서 직접 찾아 OK 버튼을 누르면 Graphic Editor에 입력된다.

다른 방법으로 심볼의 이름을 알고 있으면 그림 2.16과 같이 Name의 빈칸에 OR2, AND2, CARRY, INPUT, OUTPUT, XOR, 7476, 7408 등과 같이 바로 입력하여 쉽게 찾을 수 있다. 처음 다루는 입장에서는 다음의 규칙만 알고 있어도 스케메틱 하는데 큰 무리가 없다.

[표 2.1] 간편한 심볼 찾기

디지털 소자	QUARTUS의 심볼 이름	디지털 소자	QUARTUS의 심볼 이름
2 입력 AND 게이트	AND2	2입력 NOR 게이트	NOR2
3 입력 OR 게이트	OR3	VCC (1, HIGH)	VCC
8 입력 AND 게이트	AND8	접지 (0, LOW)	GND
NOT 게이트	NOT	JK 플립플롭	JKFF
XOR 게이트	XOR	SR 플립플롭	SRFF
3입력 XOR 게이트	XOR3	D, T 플립플롭	DFF, TFF
XNOR 게이트	XNOR	입력 단자	INPUT
3입력 NAND 게이트	NAND3	출력 단자	OUTPUT

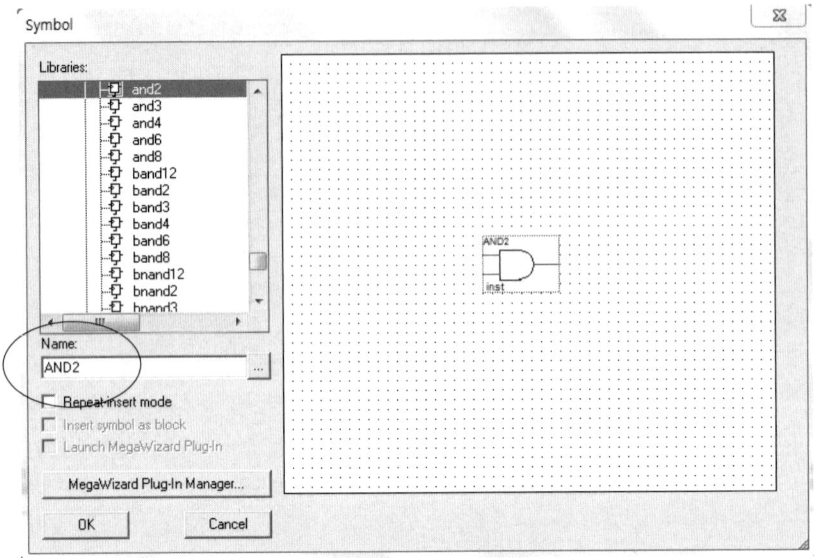

[그림 2.16] 간편한 심볼 찾기

그림 2.16의 화면에서 OK버튼을 누르면 AND2의 심벌이 마우스 포인터를 따라 다니는데 그것을 Graphic Editor에 왼쪽 버튼으로 클릭하여 삽입하면 된다.

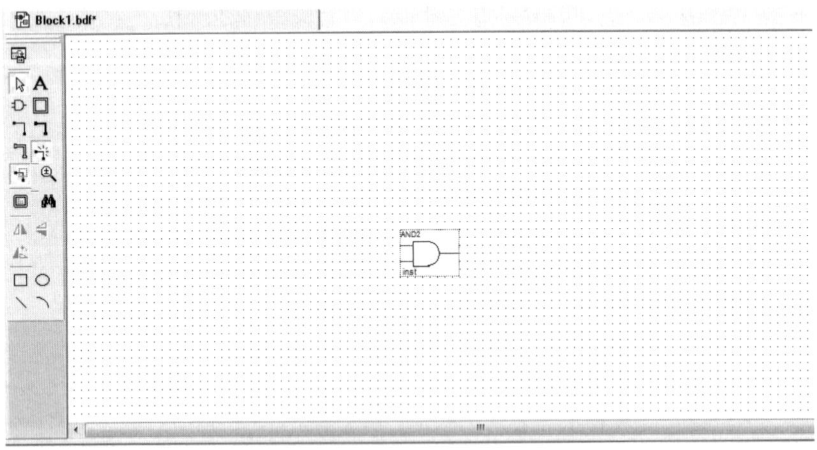

[그림 2.17] 2입력 AND 게이트 삽입

3) 심벌 복사하기

같은 심벌이 여러 개가 필요할 경우에 필요한 수만큼 심벌을 불러올 필요가 없이 기존에 불러온 심벌을 복사하여 사용하면 된다. 심벌을 복사하는 방법은 여러 가지가 있지만 간단히 복사하는 방법으로, 먼저 복사할 심벌을 마우스의 왼쪽 버튼으로 선택한 후 키보드의 Ctrl 키와 마우스 왼쪽 버튼을 누른 상태에서 마우스 끌기(Drag and

Drop)를 하면 그림 2.18과 같이 심벌이 복사된다. 일반적인 방법으로 원하는 심벌을 클릭 후 Ctrl+c로 복사를 한 다음에 Graphic Editor에서 마우스 포인터를 빈 공간으로 옮긴 후 다시 Ctrl+v로 붙여넣기를 하는 방법도 있다.

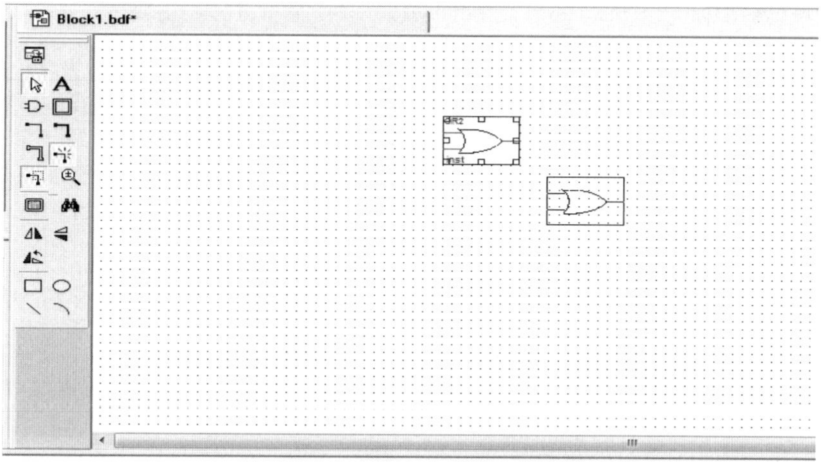

[그림 2.18] 심볼 복사하기

이제부터는 전단에서 올라오는 올림수까지 고려한 '전가산기' 회로를 예로 들어 설계해보자. 다음은 전가산기 회로의 진리표와 간소화된 논리식이다.

[표 2.2] 간편한 심볼 찾기

입력			출력	
Carry(in)	A	B	Carry(out)	Sum
0	0	0	0	0
0	0	1	0	1
0	1	0	0	1
0	1	1	1	0
1	0	0	0	1
1	0	1	1	0
1	1	0	1	0
1	1	1	1	1

$Sum = C_{in} \oplus A \oplus B$

$C_{out} = A \cdot C_{in} + B \cdot C_{in} + A \cdot B$

☞ ① 2입력 XOR게이트 2개

☞ ② 2입력 AND 게이트 3개,

③ 2입력 OR게이트 2개 또는
3입력 OR 게이트 1개

④ 입력 A, B, C_{in} : 총 3개
출력 Sum, C_{out} : 총 2개

[그림 2.19] 간소화된 논리식

먼저 전가산기를 설계하기 위해 필요한 OR2, AND2, XOR, INPUT, OUTPUT 심볼을 그림 2.20과 같이 Graphic Editor 화면에 불러온 후 적당한 위치에 배열한다. INPUT과 OUTPUT 심볼은 입력단자와 출력단자를 지정하는 것으로 반드시 입출력 개수만큼 넣어줘야 한다. 여기서는 입력단자는 Cin, A, B 세 개가 있고, 출력단자는 Sum, Cout 두 개가 있다.

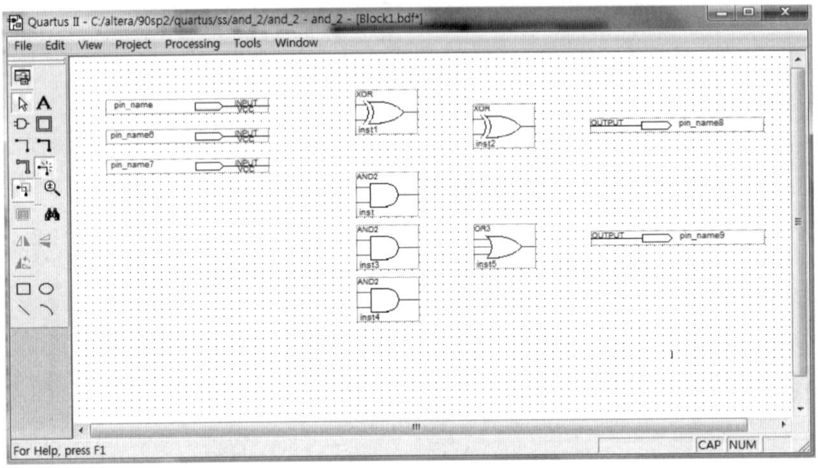

[그림 2.20] 적당한 위치에 배열된 심벌들

4) 입출력 심볼에 이름 부여하기

심벌들의 입출력 노드 ()에 이름을 부여하는 방법은 그림 2.21과 같이 심벌의 입출력 노드의 pin_name을 마우스의 오른쪽 버튼을 클릭 하여 나타나는 팝업 메뉴에서 [properties]를 선택하거나, 입출력 심볼을 두 번 클릭하는 방법이 있다.

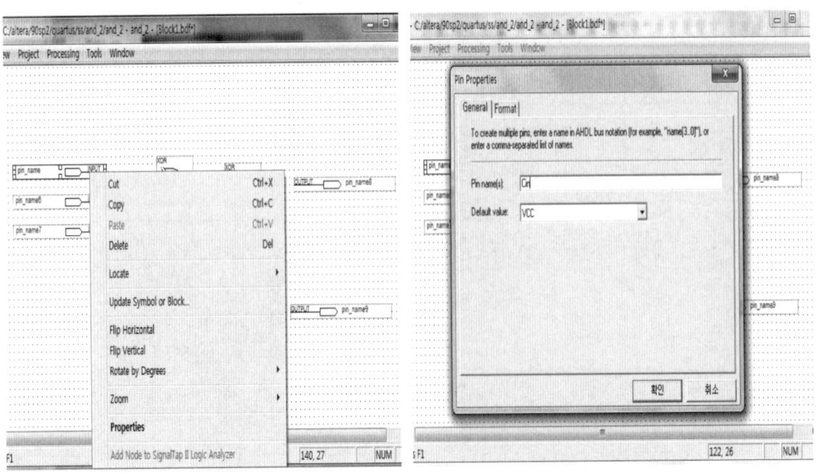

[그림 2.21] properties 박스로 pin name 입력하기

5) 노드 연결하기

심벌들 사이의 노드를 연결하는 방법은 2가지가 있다. 첫 번째 방법은 모든 심벌들에는 입력과 출력이 될 수 있는 노드를 가지고 있어서 입출력의 노드가 되는 부분들에 마우스의 포인터를 가져가면 그림 2.22와 같이 마우스 포인터의 모양이 십자가 모양으로 바뀌게 된다. 이때 마우스의 왼쪽 버튼을 누른 상태에서 마우스 끌기를 하여 다른 심볼의 노드로 가져가면 그림 2.23과 같이 사용자가 원하는 부분까지 연결선이 만들어지게 된다.

이때 주의할 점은 드래그가 다른 심볼의 노드 끝부분에 도착하면 그림 2.24와 같이 작은 사각형이 나오게 되는데 이때 마우스 왼쪽 버튼을 놔야한다는 것이다. 더 가거나 덜 가면 그림 2.25와 같이 잘못된 연결이 될 수 있다. 노드 연결이 잘못 되었을 경우에는 키보드의 'Delete' 키를 이용하여 지울 수 있다.

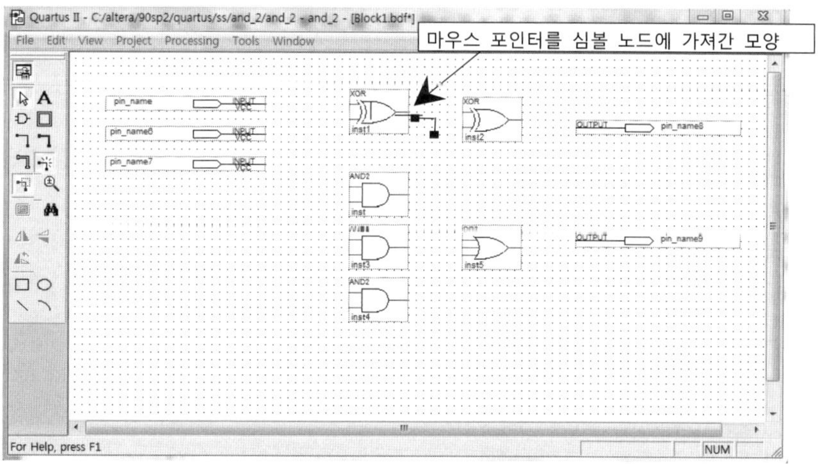

[그림 2.22] 마우스 포인터

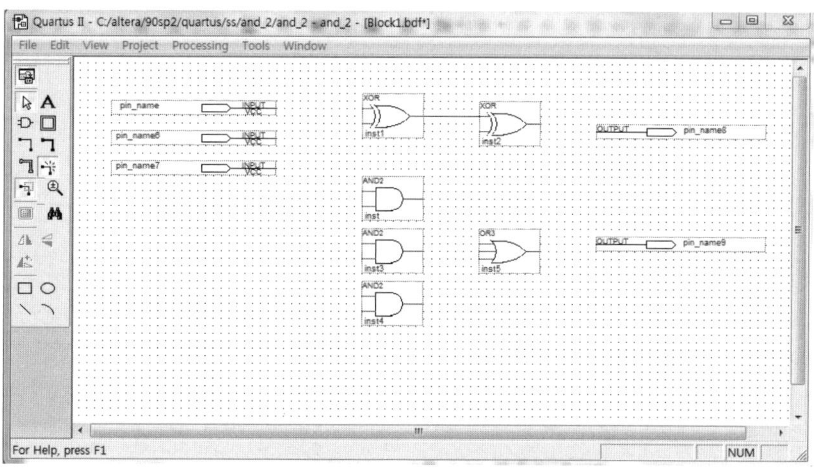

[그림 2.23] 노드 연결된 모양

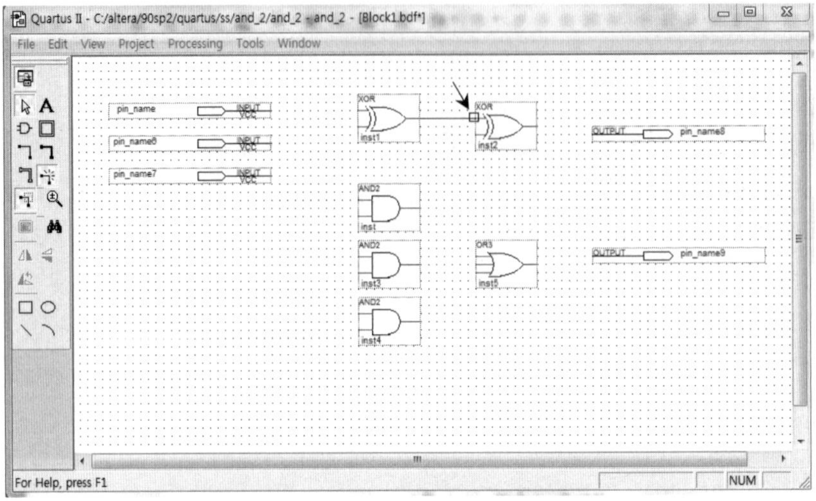

[그림 2.24] 노드 끝부분의 작은 사각형

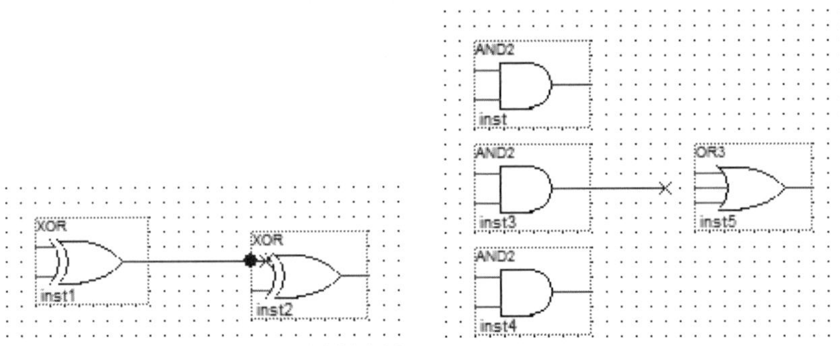

[그림 2.25] 잘못된 연결

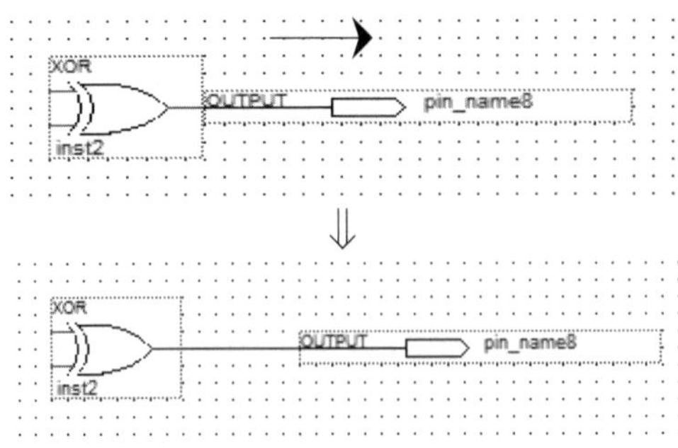

[그림 2.26] 두 번째 방법

두 번째 방법은 그림 2.26과 같이 심벌과 심벌을 직선상에 붙여 놓은 상태에서 어느 하나의 심벌을 당김으로써 그림과 같이 심벌과 심벌의 직접 연결을 만들어 낼 수 있다. 단 단축메뉴에서 'Rubberbanding' 버튼()이 눌려져 있을 때 이 기능을 사용할 수 있다.

이제 '그림 2.19의 간소화된 논리식'을 참고하여 입출력 심볼의 이름을 부여하고, 나머지 심볼들의 노드를 연결시킨다.

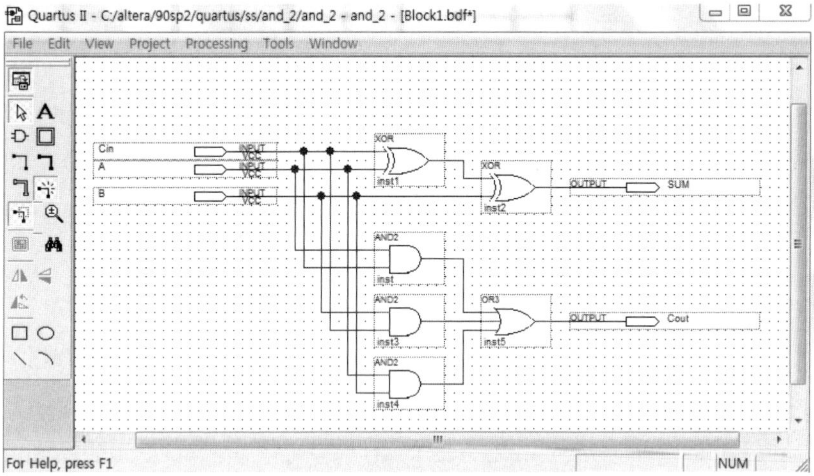

[그림 2.27] 회로 설계 완료

6) 설계된 회로 저장하기

마지막으로 설계 된 회로를 저장한다. 그림 2.28과 같이 풀다운 메뉴에서 [file]의 서브메뉴인 [Save]나 [Save As...]를 선택한다. 주의할 점은 모든 파일은 반드시 프로젝트 이름과 같아야한다. bdf 파일도 마찬가지로 프로젝트 이름과 똑같이 저장해야하는데 Save 버튼을 누르면 자동으로 프로젝트 이름이 나오니 그냥 저장 누르면 된다. 이때 확장자는 .bdf로 자동 설정된다.

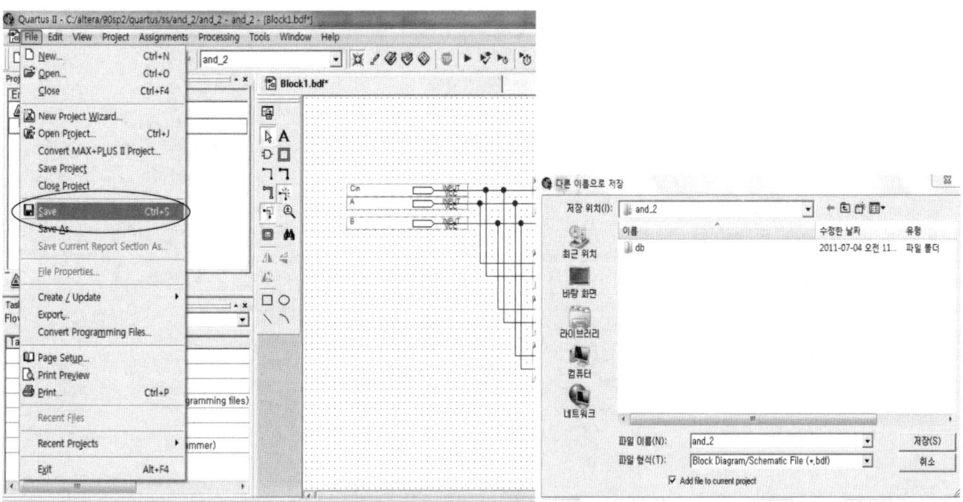

[그림 2.28] 설계된 회로 저장

SECTION 3. 설계된 회로 컴파일

회로 설계가 끝나면 컴파일 과정을 수행해야 한다. 컴파일은 디자인 파일 통합, 문법 오류 검사, 설계 오류 검사, 회로 합성 등의 설정된 디바이스 및 설계된 회로를 활용하기위한 여러 관련 파일을 만드는 과정을 진행한다.

3.1 설계한 회로 컴파일

1) Graphic Editor 불러오기

그림 2.29와 같이 Graphic Editor의 풀다운 메뉴 중에서 [Processing]메뉴를 선택하면 나타나는 서브 메뉴들 중에서 Start Compilation을 선택하거나, 단축키로 Ctrl+L을 누르면 된다. 그림 2.30은 이상 여부를 검사한 후에 '컴파일 성공 메시지' 또는 '에러'나 '경고'를 나타내는 화면이다.

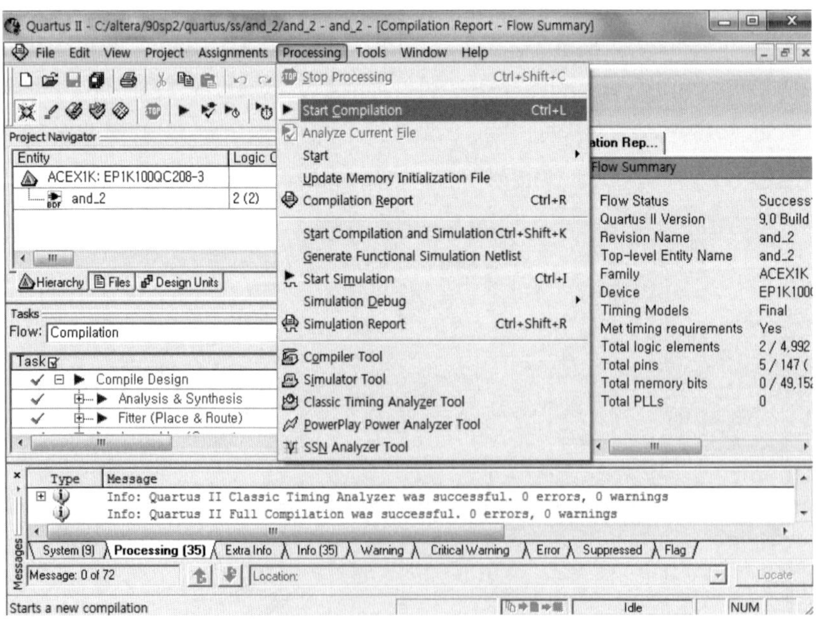

[그림 2.29] Start Compilation

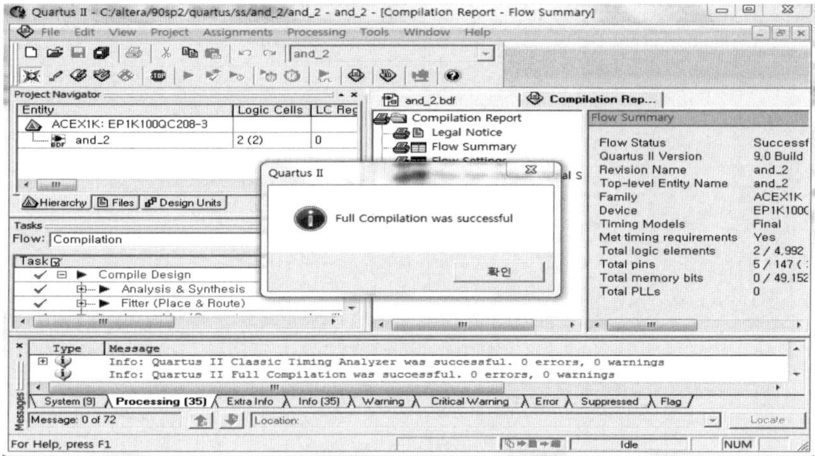

[그림 2.30] 컴파일 성공 메세지

만일 설계한 회로에 에러나 경고가 있을 경우에는 그림 2.31과 같이 에러나 경고가 있다는 화면이 나타나면서, Message Processor 상에도 에러나 경고에 대한 메시지가 나타나게 된다. 에러의 원인을 확인하여 문제를 해결하면 된다.

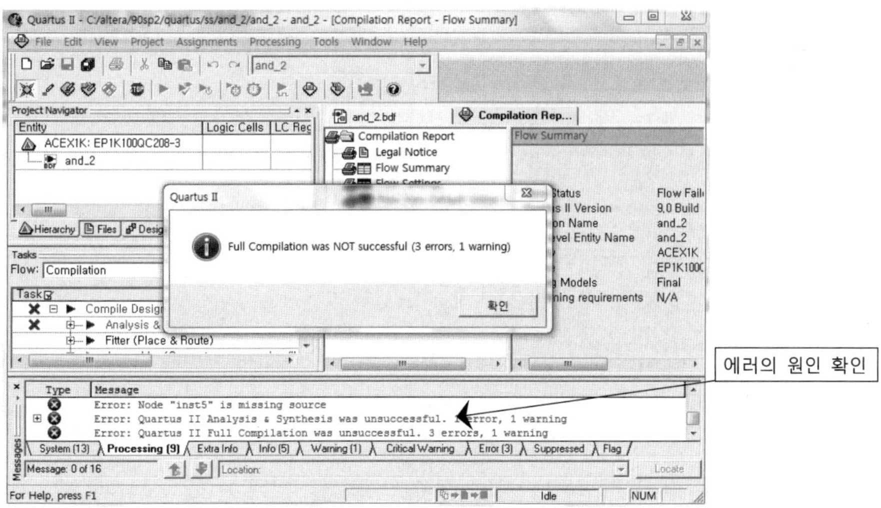

[그림 2.31] 에러, 경고 메시지

참고로 해당 'Message'에서 마우스 오른쪽 버튼을 누르면 여러 메뉴가 나타나는데 (그림 2.32) 그중 하단의 'Help'버튼을 클릭하면 그림 2.33과 같이 에러의 원인과 그 문제의 해결 방법에 대한 도움말을 보여준다.

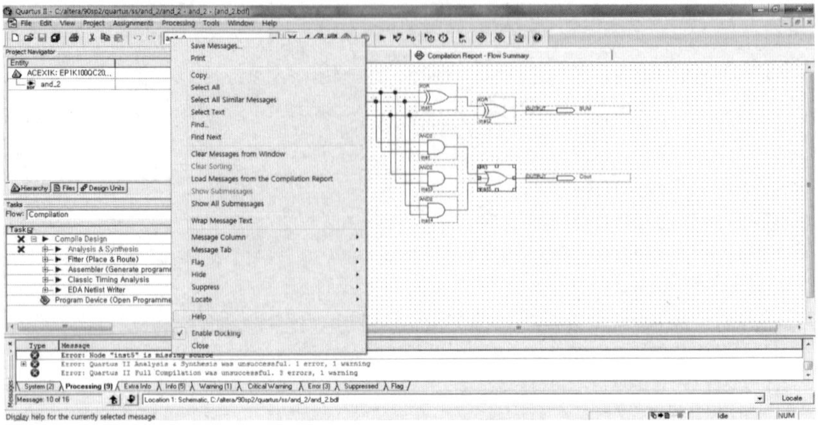

[그림 2.32] Message 메뉴

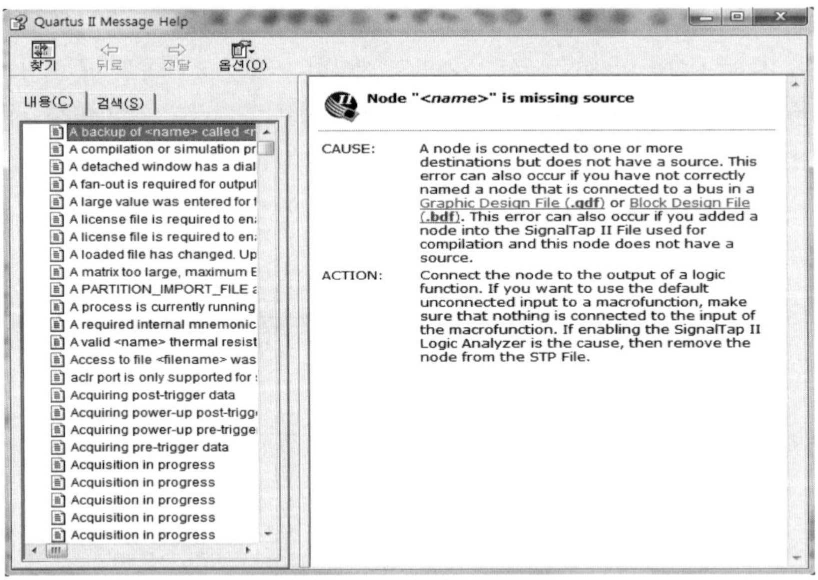

[그림 2.33] Message Help

다른 방법으로는 해당 에러 메시지를 더블 클릭하여 Graphic Editor의 잘못된 위치로 바로 이동하는 방법도 있다. 무엇보다 에러를 정확히 빠른 시간에 수정하려면 많은 경험을 축적하여야 한다.

마지막으로 수정된 회로를 다시 컴파일하여 컴파일 성공 메시지가 나오면 다음 단계로 이동한다. Error는 반드시 수정하여야 하며, Warning은 무시가 가능하다. 처음에 디바이스 설정을 하지 않은 경우 몇 개의 Warning이 발생할 수 있으나 이것은 나중에 FPGA 활용 부분에서 디바이스 설정을 하면 없어지므로 시뮬레이션까지만 하는 경우에는 무시해도 된다.

SECTION 4. 시뮬레이션

Quartus에서 시뮬레이션(모의실험)이란 설계한 로직에 특정 입력을 주어 어떠한 결과가 나오는지를 소프트웨어적으로 미리 확인해보는 부분이다. 다시 말해 설계자의 의도대로 설계되었는지를 하드웨어인 디바이스에 프로그래밍하기 전에 소프트웨어로 먼저 확인해 보는 단계라 할 수 있다. High-Speed로 동작되는 회로의 경우 하드웨어로의 확인이 어렵기 때문에 출력되는 데이터의 결과를 이런 시뮬레이션을 통해 확인해봐야 하는 경우도 있다.

4.1 시뮬레이션 하기

먼저 Processing 메뉴의 Simulator Tool을 선택하여 그림 2.35과 같은 Simulator Tool 창을 불러온다.

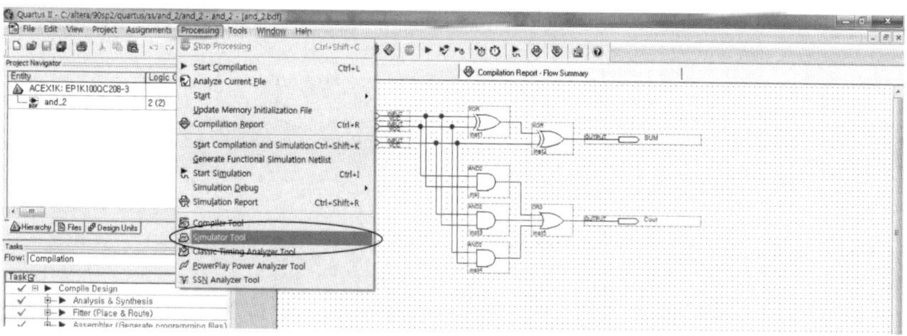

[그림 2.34] Simulator Tool 선택

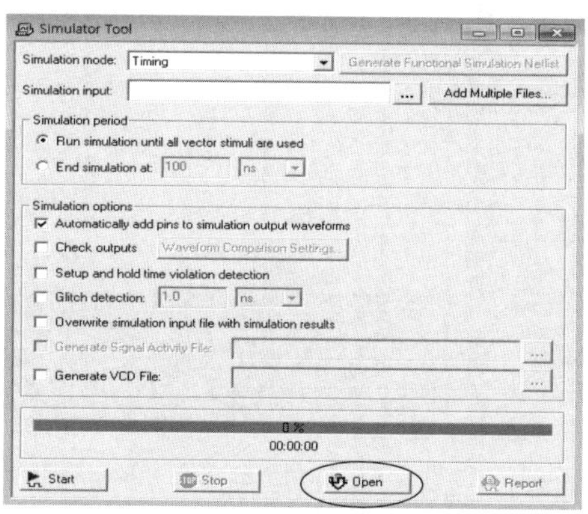

[그림 2.35] Simulator Tool

그림 2.35에서 아래 부분을 보면 'start', 'stop', 'open', 'report'의 4개 버튼이 있다. 기능을 간단히 설명하면 'open' 버튼을 누르면 나오는 Waveform Editor 상에서 시뮬레이션 하고 싶은 입력 값을 준 후, 'start' 버튼을 눌러 시뮬레이션을 수행하고, 'report' 버튼을 눌러서 결과를 확인한다. 중간에 시뮬레이션을 중지하고 싶으면 'open' 버튼을 누르면 된다.

아래 그림은 'open' 버튼을 눌러 나오는 Waveform Editor 이다. 창의 왼쪽 부분이 입출력 노드를 입력하는 부분이고, 오른쪽 부분은 실제 입력파형을 넣어주는 부분이다.

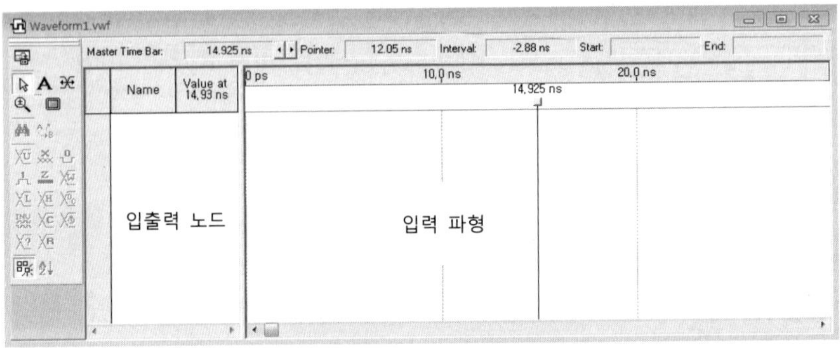

[그림 2.36] Waveform Editor

먼저 시뮬레이션에 필요한 입출력 노드를 불러오기 위해 그림 2.36의 Waveform Editor 창이 열려 있는 상태에서 그림 2.37과 같이 Edit 메뉴의 'Insert Node or Bus...' 항목을 선택한다.

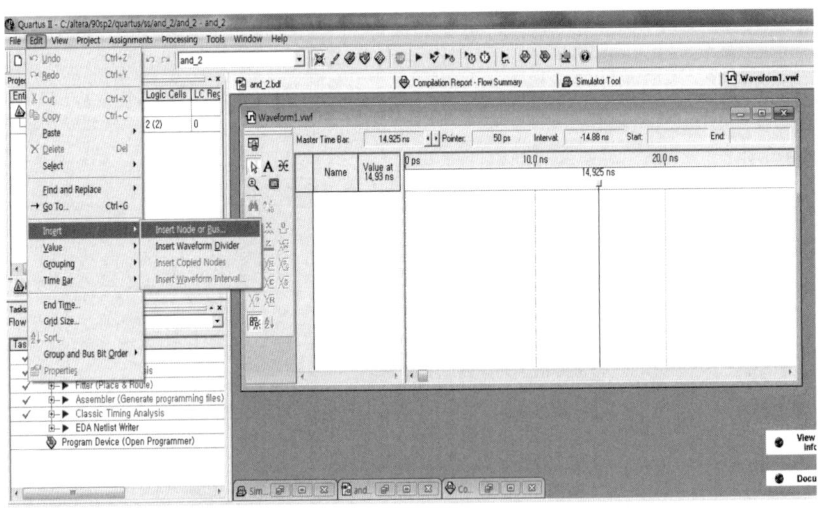

[그림 2.37] Node or Bus... 불러오기

다음으로 입출력 노드를 찾기 위해 Node Finder 버튼을 누른다.

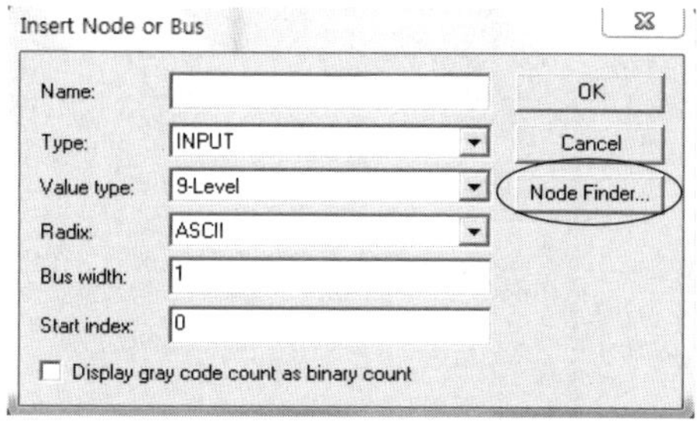

[그림 2.38] Insert Node or Bus

그림 2.39는 Node를 불러오기 위한 Node Finder 창이다. Name의 부분을 '*'으로 type 하고, Filter의 항목을 'Pins : all'로 설정한 후 'List' 버튼을 누르면 아래의 그림과 같이 로직에서 사용된 노드들이 나타난다. Node Finder 창 중앙의 '>>'버튼을 눌러 전체를 오른쪽으로 이동시킨 후 OK 버튼을 누르고, Insert Node or Bus 창에서 OK 버튼을 누르면 그림 2.40과 같이 입출력 노드가 나타난다.

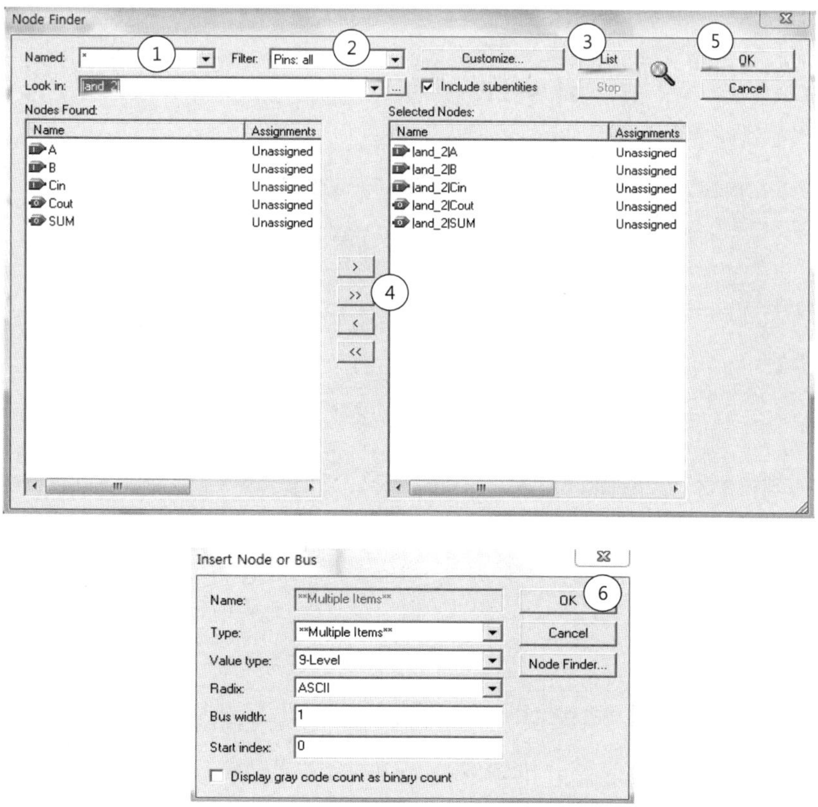

[그림 2.39] Node Finder

여기서 Filter의 “Pins : all" 항목은 ‘입력과 출력 노드 모두’를 선택하는 항목이다.

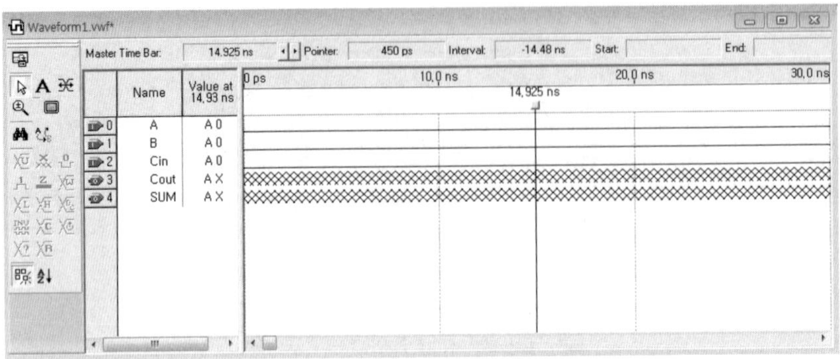

[그림 2.40] 입출력 노드가 포함된 Waveform Editor

그림 2.40에서 출력 노드는 입력을 주면 설계된 회로에 의해 자동으로 나오는 항목이므로 표시가 되어 있다. 즉 입력 파형만 원하는 대로 주면 되고 표시가 되어있는 출력단자의 경우 시뮬레이션 결과 값을 보여주게 된다.

다음으로 Waveform Editor에서는 시뮬레이션을 위한 여러 가지 설정을 조정할 수 있는데 먼저 입출력 조건을 표현하는 단위라 할 수 있는 Grid Size는 그림 2.41와 같이 Edit 메뉴의 Grid Size에서 변경할 수 있다. Time Period를 최소 50ns 이상으로 설정하는게 시뮬레이션 하기 편하다.

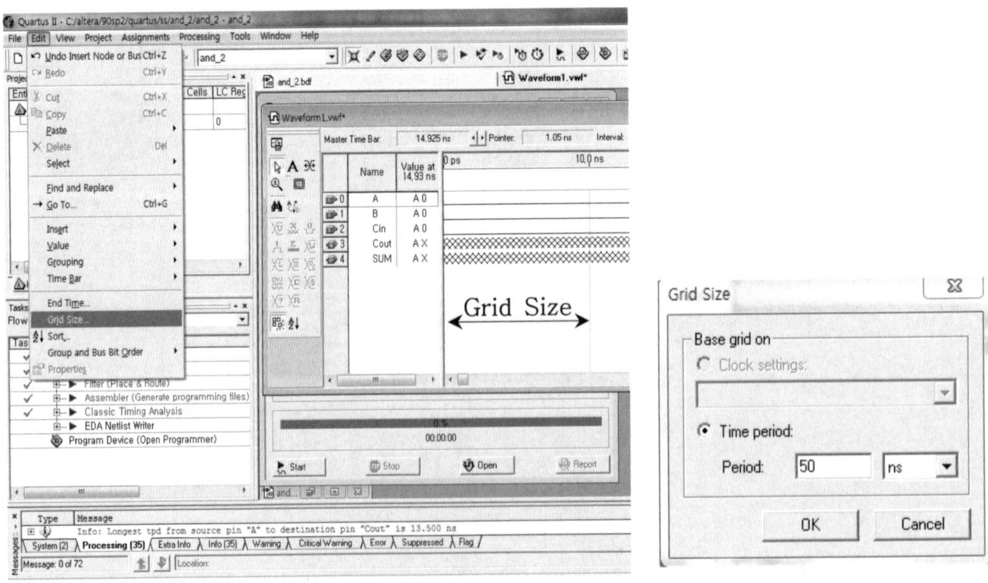

[그림 2.41] Grid Size 조정 메뉴

시뮬레이션이 끝나는 시간인 End Time도 그림 2.42와 같이 Edit 메뉴의 End Time 항목을 선택하여 변경할 수 있다.

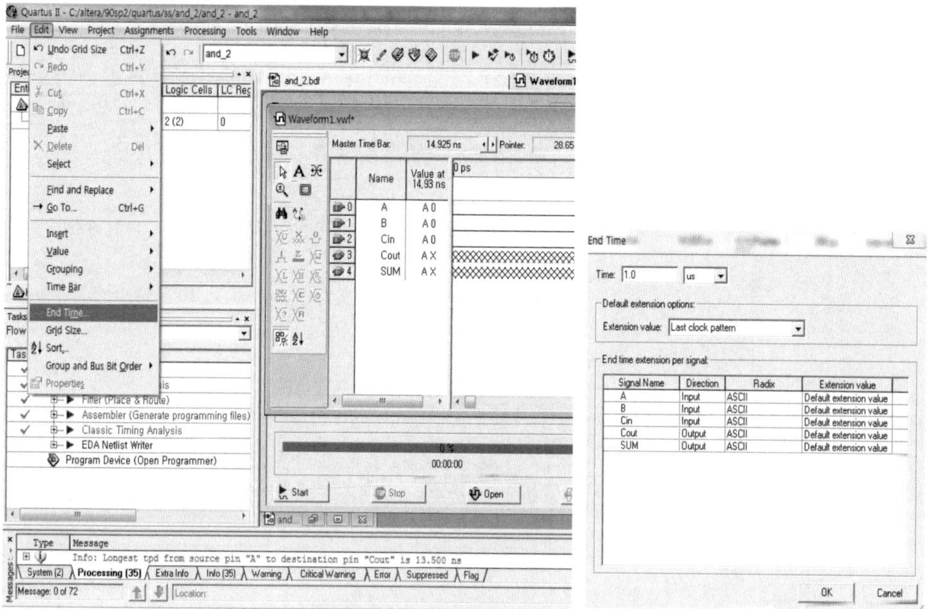

[그림 2.42] End Time 설정

그림 2.43는 View 메뉴의 Fit in Window 항목을 선택하여 Waveform Editor 창에 End Time까지 한 화면에 보이도록 한 것이다.

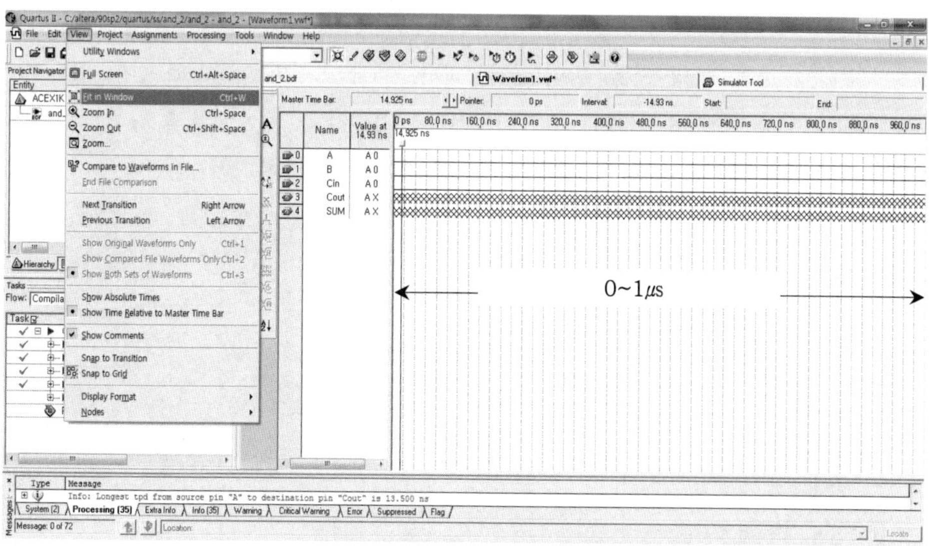

[그림 2.43] Fit in Window 화면

그림 2.44와 같이 원하는 부분을 드래그 한 후 좌측의 1 또는 0 버튼을 이용해서 1과 0의 값을 입력할 수 있다.

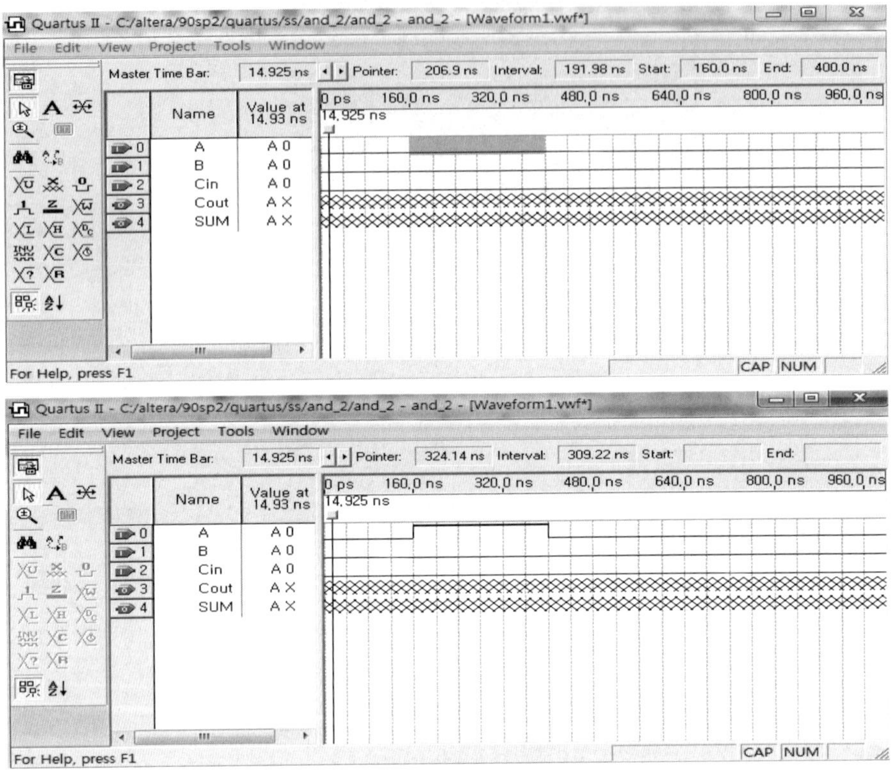

[그림 2.44] 입력값 설정

Clock('0'과 '1'의 반복) 입력도 가능하다. 아래 그림의 화살표와 같이 입력 노드 앞의 아이콘을 누르면 줄 전체가 클릭되는데 이 상태에서 버튼을 누르면 그림 2.45과 같은 clock 창이 나타나 'clock 형태의 입력' 주기를 선택할 수 있다.

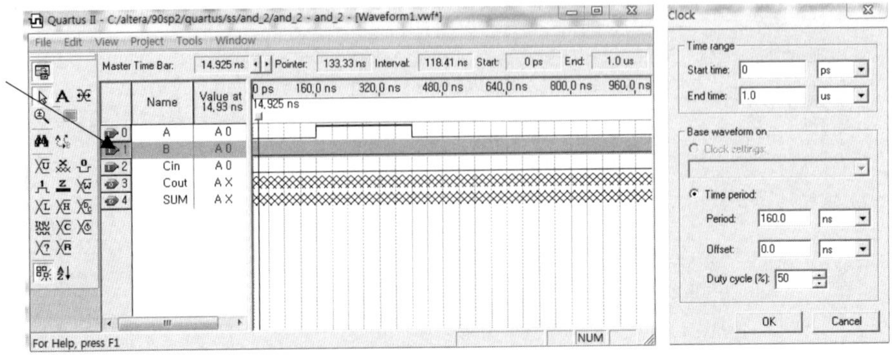

[그림 2.45] clock 형태의 입력 선택

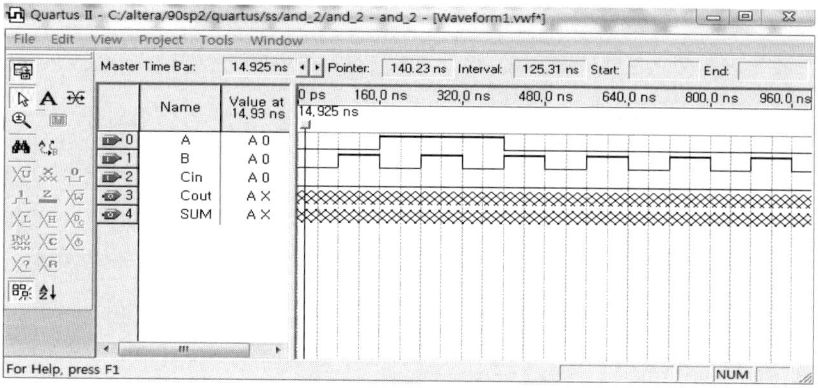

[그림 2.46] clock 형태의 입력

다른 입력 값도 임의로 주고 File 메뉴의 Save를 통해 저장한 후, Simulator Tool의 'Start' 버튼을 이용하여 시뮬레이션을 진행한다.

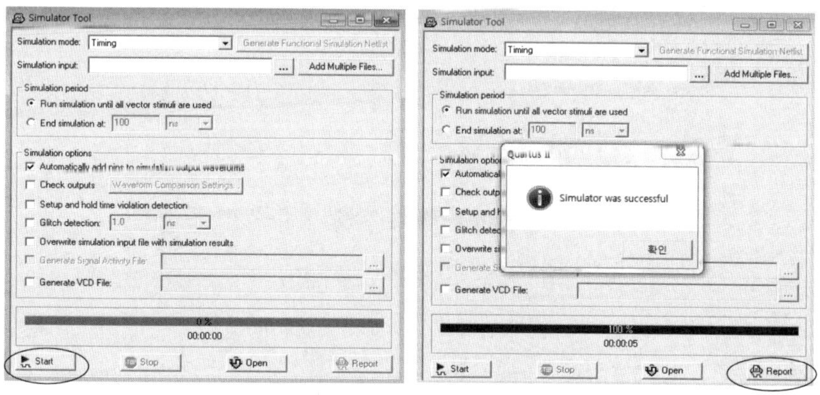

[그림 2.47] Simulator Tool

마지막으로 Simulator Tool의 'Report' 버튼을 이용해 결과를 확인한다.

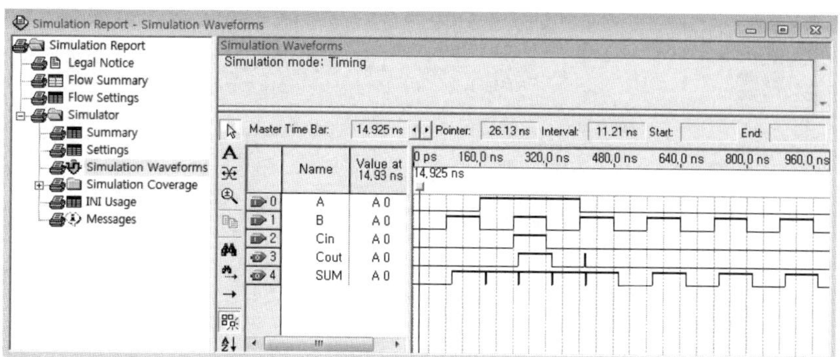

[그림 2.48] 결과 확인

시뮬레이션 결과를 살펴보면 입력보다 약간 늦게 데이터가 출력되고 해저드가 발생하는 것을 볼 수 있는데, 이것은 하드웨어적인 delay time을 적용하였기 때문이다.

이번에는 delay time이 고려하지 않은 시뮬레이션 방법을 살펴보자.

다른 과정은 똑같고 Simulator Tool에서 Simulation mode를 'timing'이 아닌 'functional'로 바꿔준 후 오른쪽의 'Generate Functional Simulation Netlist'를 누르면 된다. 이후 성공 메시지가 나오면 다시 시뮬레이션 해 결과를 확인한다.

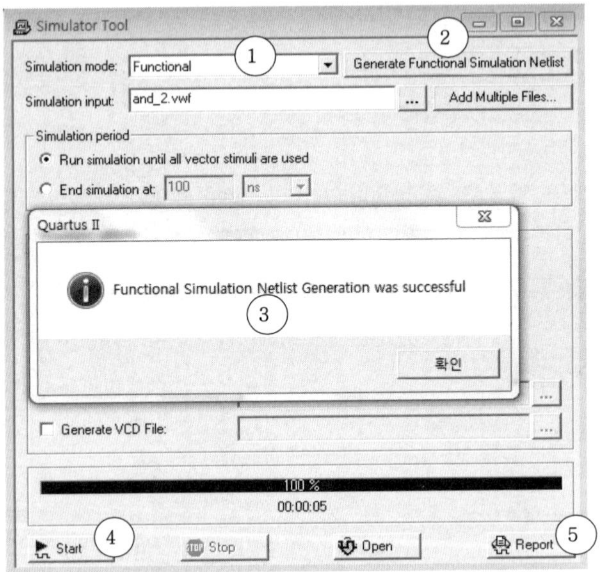

[그림 2.49] functional mode

그림 2.50과 같이 딜레이 및 해저드가 제거됨을 확인할 수 있다.

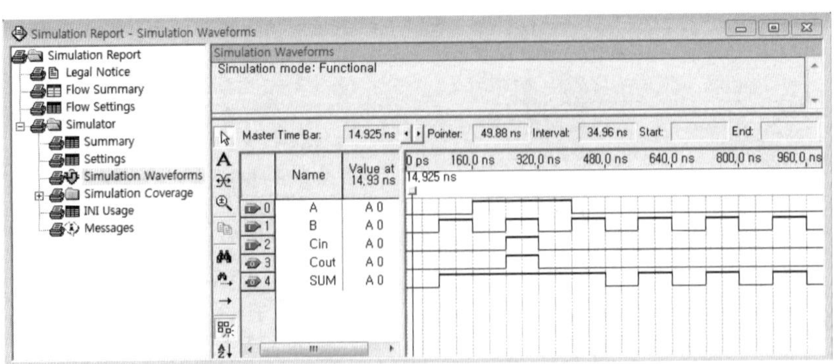

[그림 2.50] functional mode 결과

SECTION 5. 설계된 회로 심볼로 만들기

일반적으로 설계 도구에 의해 디지털 논리 회로를 설계할 때 전체의 회로를 하나의 sheet에 전부 그려 넣는 일은 비합리적이다. 따라서 규모가 큰 프로젝트와 같이 논리가 반복되는 경우나 각각의 기능을 수행하는 블록을 구성할 수 있는 경우에는 이들 블록을 project화하여 하나의 심볼로 저장을 하고, 그 심볼들을 연결하여 전체 회로를 구성한다면 전체 회로의 구성이 한결 간결하게 구성되어질 것이다. 논리회로를 설계할 때에도 작은 부분의 기능을 블록화 하여 심벌로 구성한 후, 점차 큰 구조의 블록으로 구성하여 전체 회로를 그리는 계층 구조적인 방법으로 회로 설계를 한다면 훨씬 효율적일 것이다.

5.1 심볼 만들기

본 절에서는 설계한 회로를 하나의 심볼화하여 저장하고 다른 프로젝트에서 가져다 쓸 수 있는 방법을 공부한다. 앞 절에서 설계한 전가산기를 심볼화하여 저장하고, 새로운 프로젝트에서 전가산기 심볼 4개를 이용하여 4 bit 가산기를 설계해볼 것이다.

그림 2.51과 같이 설계된 Graphic Editor(and_2.bdf)를 열어놓은 상태에서 'File' 메뉴의 [Create/Update] 항목을 선택 후 서브항목 중에서 [Create Symbol File for Current File]을 선택하면 저장할 폴더를 물어보고 project 이름과 동일한 이름으로 심벌이 저장된다.

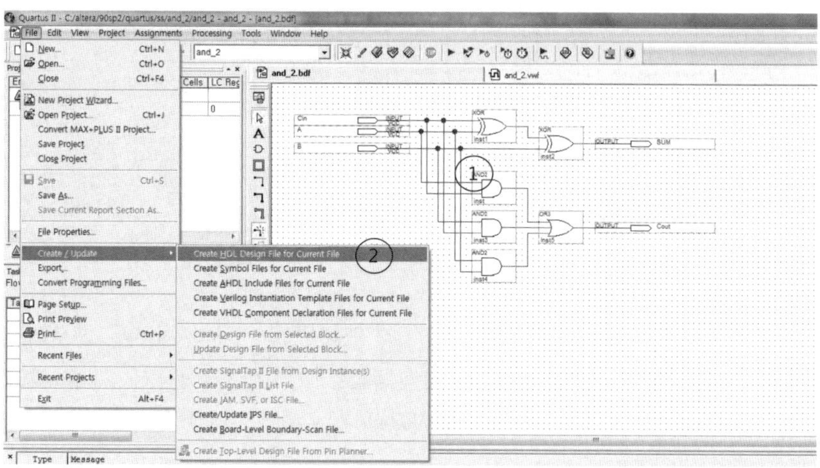

[그림 2.51] Create Symbol File for Current File

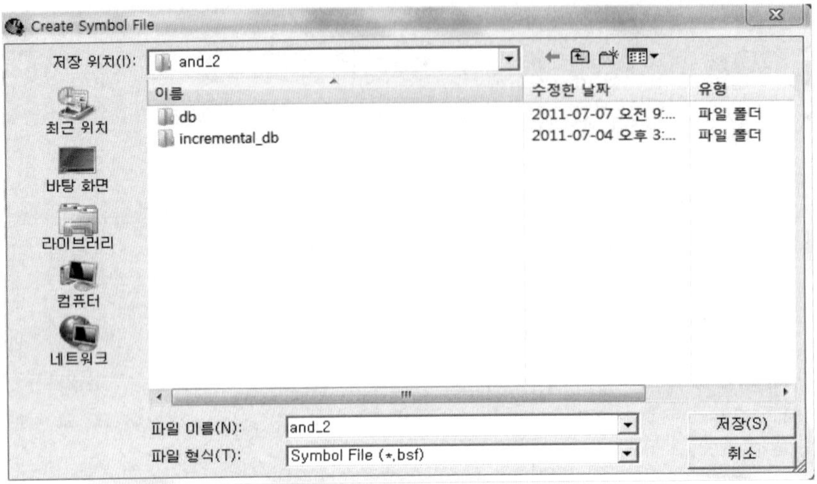

[그림 2.52] 저장될 폴더 지정(그냥 저장 버튼 누른다)

저장된 심볼파일은 [Insert symbol...] 창에서 … 버튼을 누르고 위에서 저장했던 폴더에 들어가 보면 확인이 가능하다.

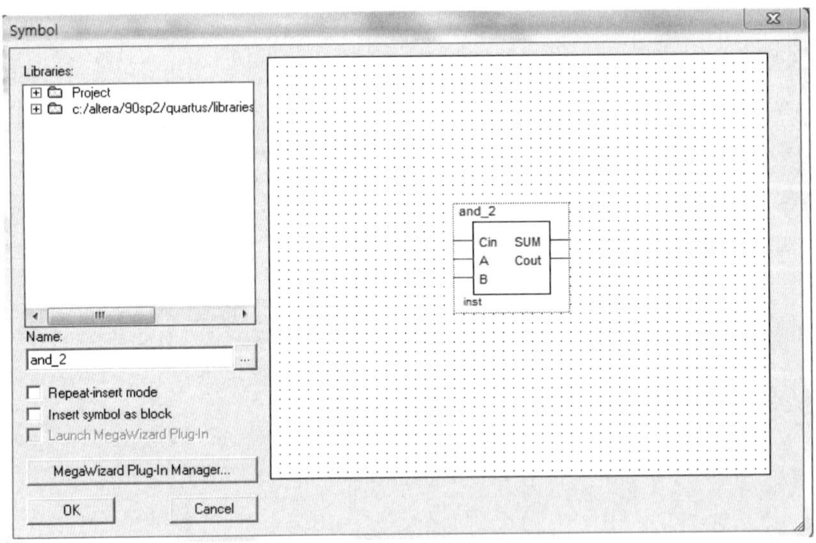

[그림 2.53] 전가산기 심볼 확인

전가산기 회로를 심볼로 만드는 과정까지 끝이 났다. 이제 새로운 프로젝트를 생성해 4 bit 가산기를 설계해보자. 새로운 프로젝트를 진행할 것이므로 현재 열려있는 프로젝트는 [File] 메뉴의 [Close Project] 항목을 이용해 닫아주면 된다.

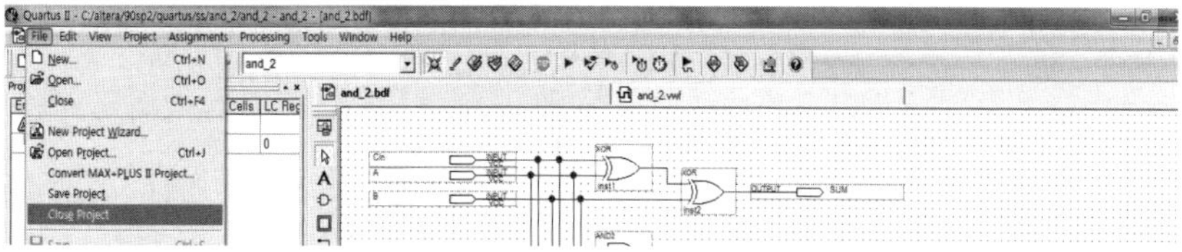

[그림 2.54] Close Project

4 bit 가산기도 앞장에서 배웠던 방법대로 프로젝트 생성, 회로설계, 컴파일, 시뮬레이션의 순서로 설계하면 된다. 단지 Quartus 자체 라이브러리에 있는 심볼을 사용하는 것이 아니라 우리가 만든 심볼을 사용한다는 차이점 밖에 없다.

먼저 [new project wizard]를 이용해 새로운 프로젝트를 생성한다. 다른 프로젝트와 겹치지 않기 위해 'bit4_adder' 라는 새로운 폴더를 만들었고 편의상 프로젝트이름은 폴더이름과 같게 했다.

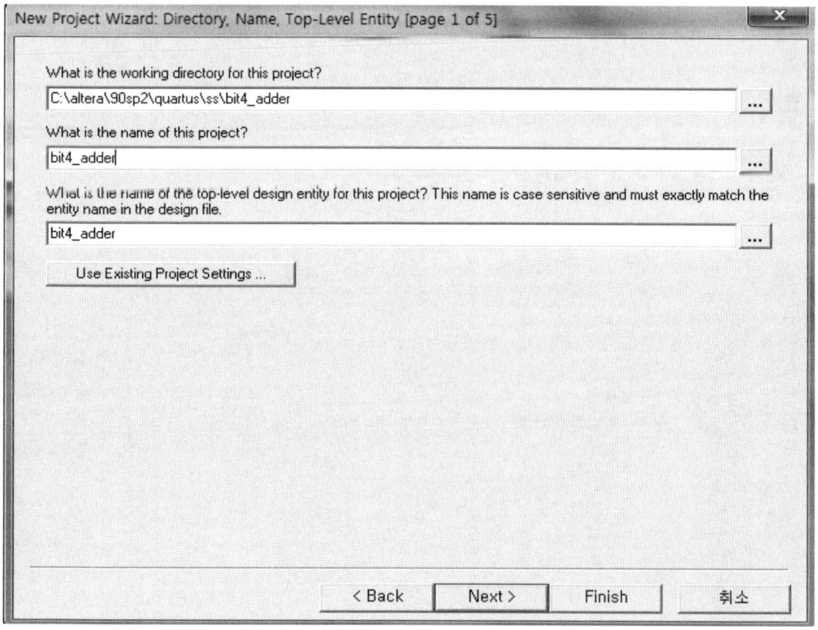

[그림 2.55] new project wizard

[Next] 버튼을 누르면 두 번째 단계인 파일 또는 심볼 추가 화면이 나온다. 여기서 그냥 넘어가지 말고 심볼화하여 저장된 '전가산기 심볼 파일'을 이 프로젝트에서 사용하겠다는 설정을 해줘야한다. ... 버튼을 이용해 전가산기를 설계했던 폴더의 .bdf 파일을 찾아 선택하고 Add 버튼을 이용하면 추가된다(그림 2.56-2.59).

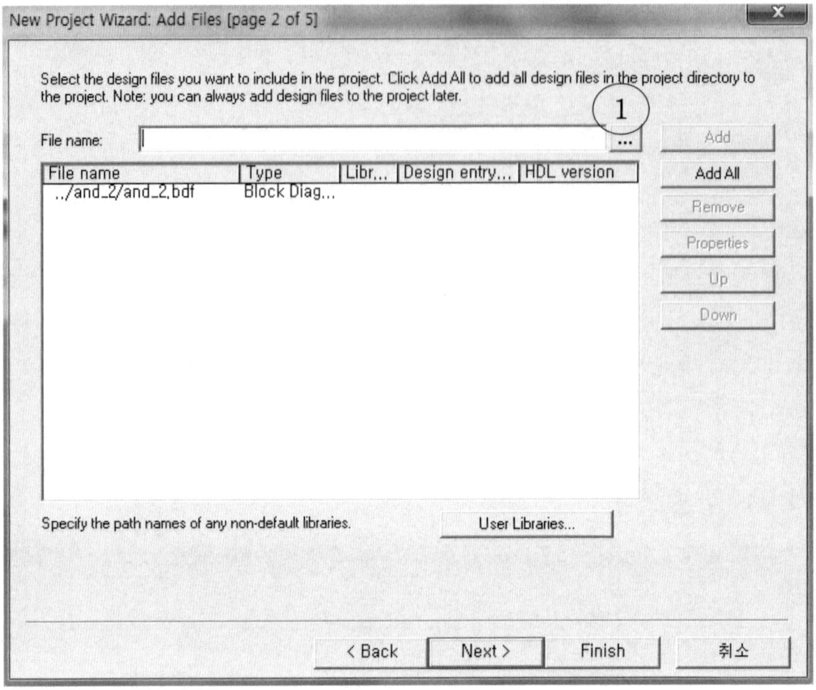

[그림 2.56] 전가산기 심볼 파일 추가 1

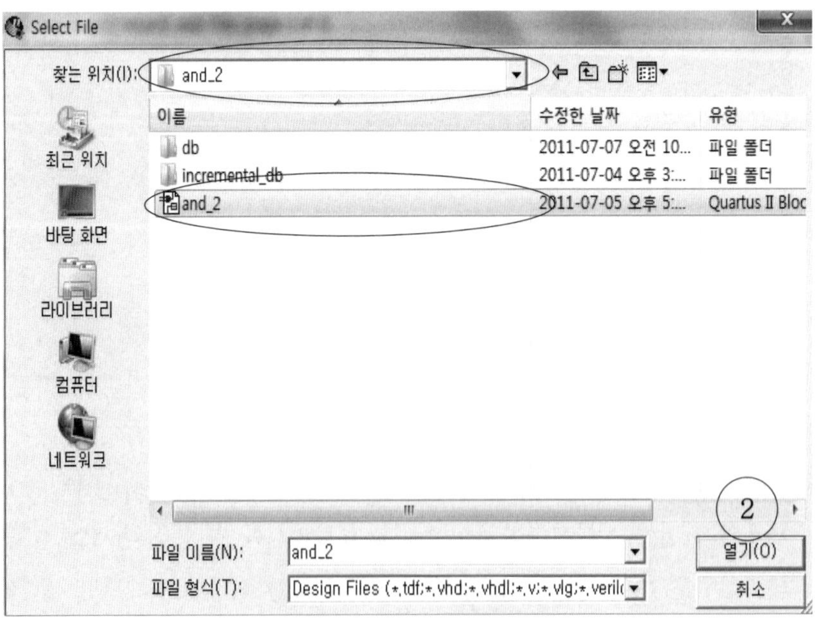

[그림 2.57] 전가산기 심볼 파일 추가 2

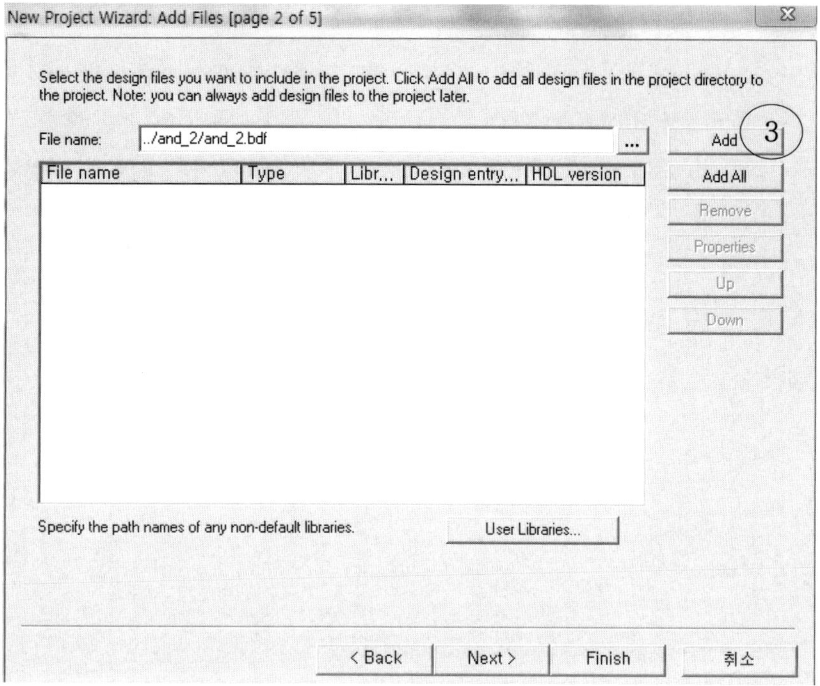

[그림 2.58] 전가산기 심볼 파일 추가 3

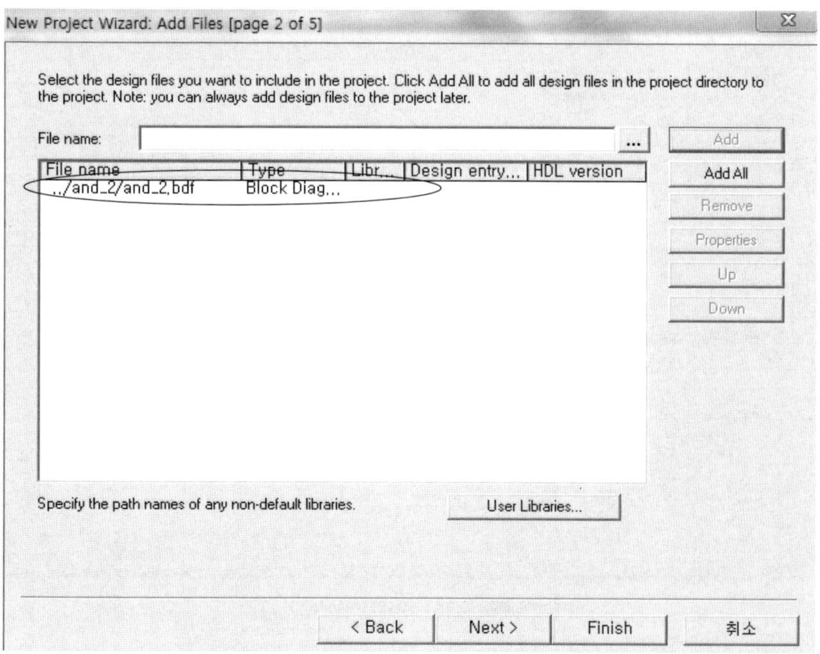

[그림 2.59] 전가산기 심볼 파일 추가 4

나머지 프로젝트 생성 과정은 Section 1의 내용과 같다.

다음으로 [file]메뉴의 서브메뉴인 [New]를 선택하여 Graphic Editor를 불러온 후 Editor의 메뉴에서 [Insert symbol...] 항목을 선택하여 Insert symbol 창을 연다.

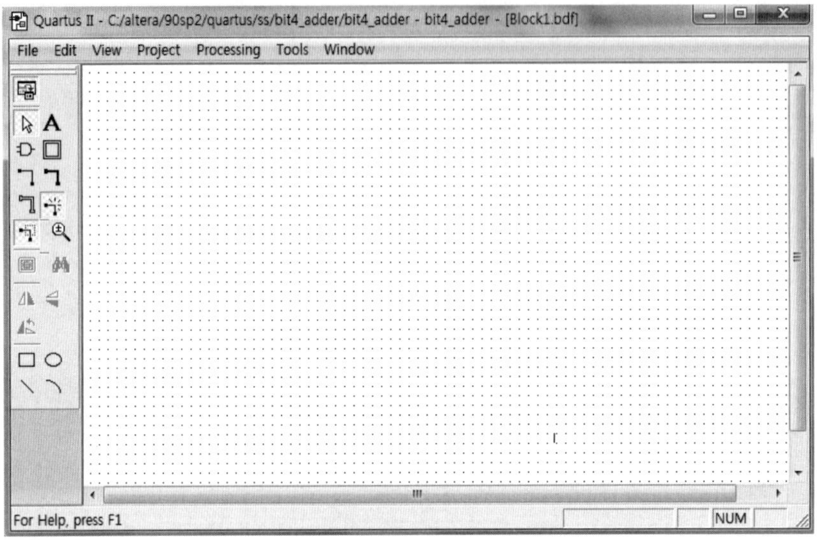

[그림 2.60] Graphic Editor

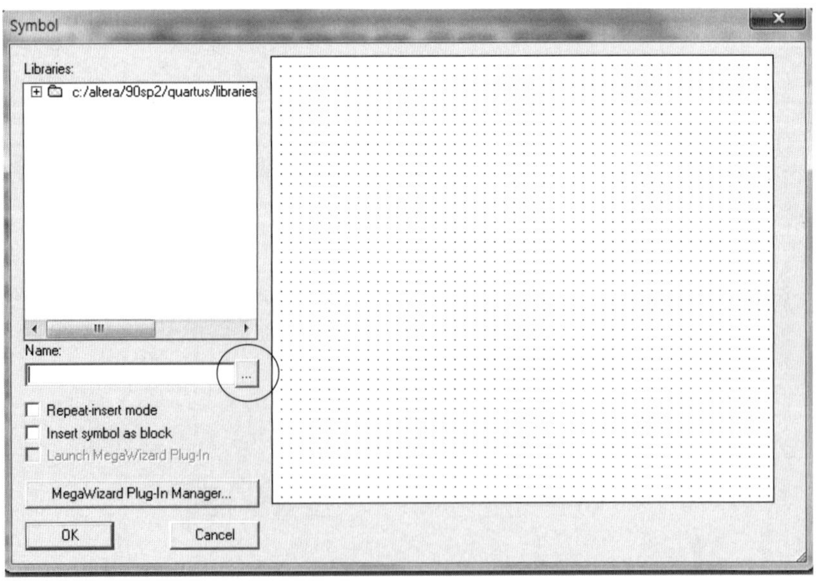

[그림 2.61] Insert symbol

그림 2.61에서 [...] 버튼을 이용해 전가산기를 설계했던 폴더로 이동해 심볼파일을 불러온다.

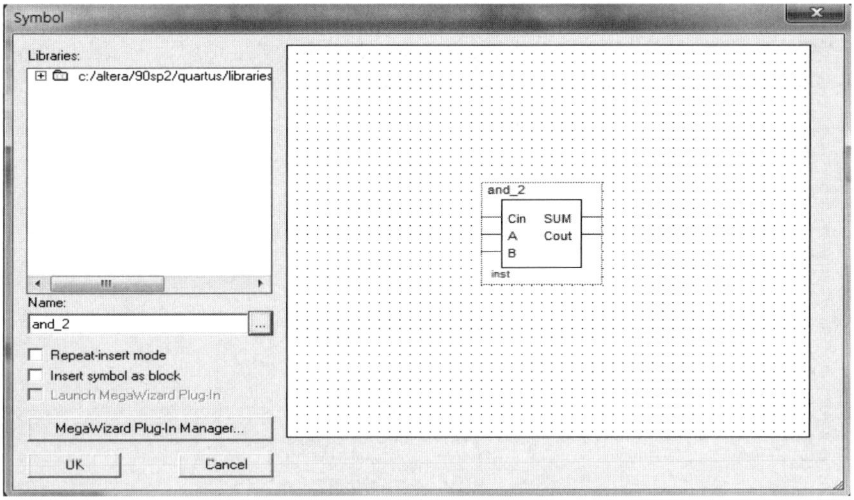

[그림 2.62] 전가산기 심볼 파일

다음 그림 2.63는 전가산기 심볼 파일을 이용해 4bit 가산기를 설계한 회로이다.

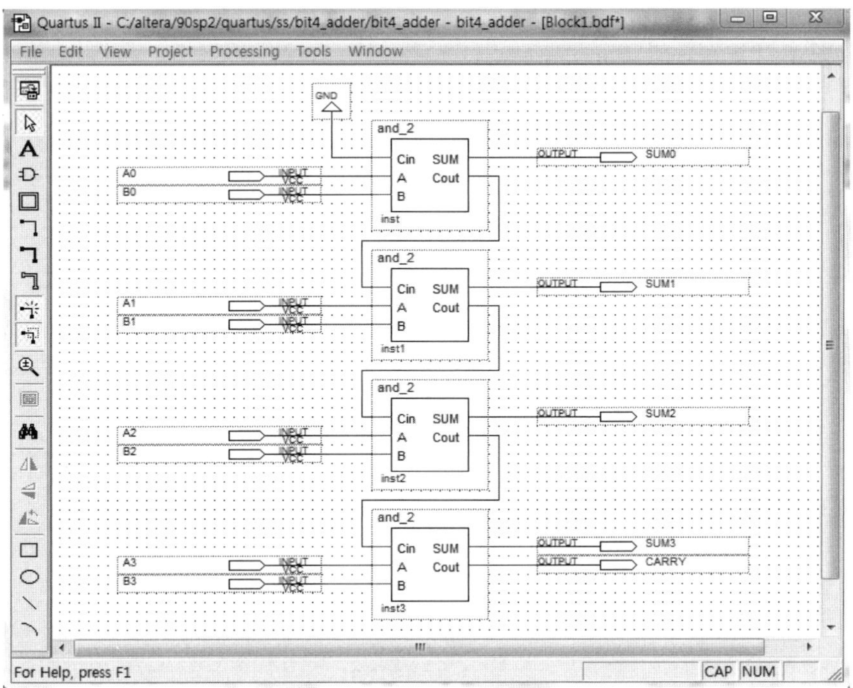

[그림 2.63] 4bit 가산기

그림 2.63을 좀 더 보기 좋게 하기위해 그림 2.64와 같이 전체 영역을 드래그해서 마우스 오른쪽 버튼 누르고 Flip Vertical 항목을 클릭하면 상하가 뒤바뀐 그림 2.64의 회로가 된다.

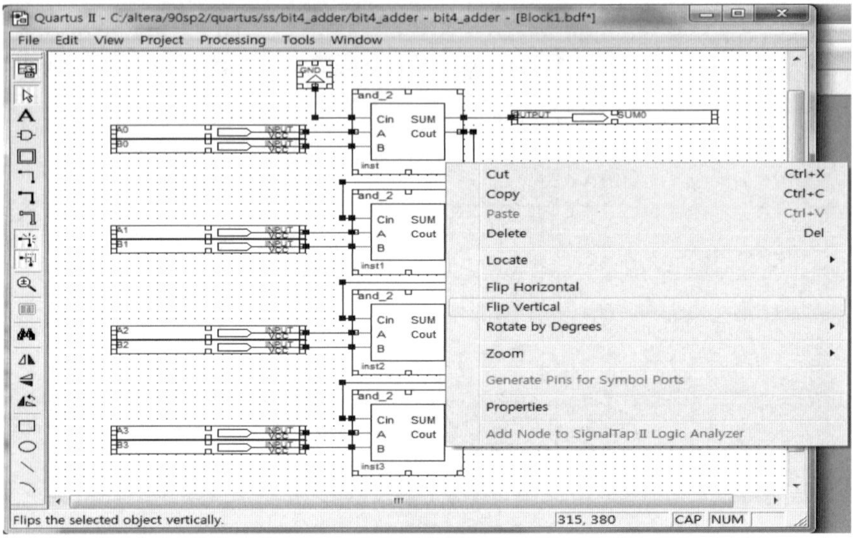

[그림 2.64] Flip Vertical

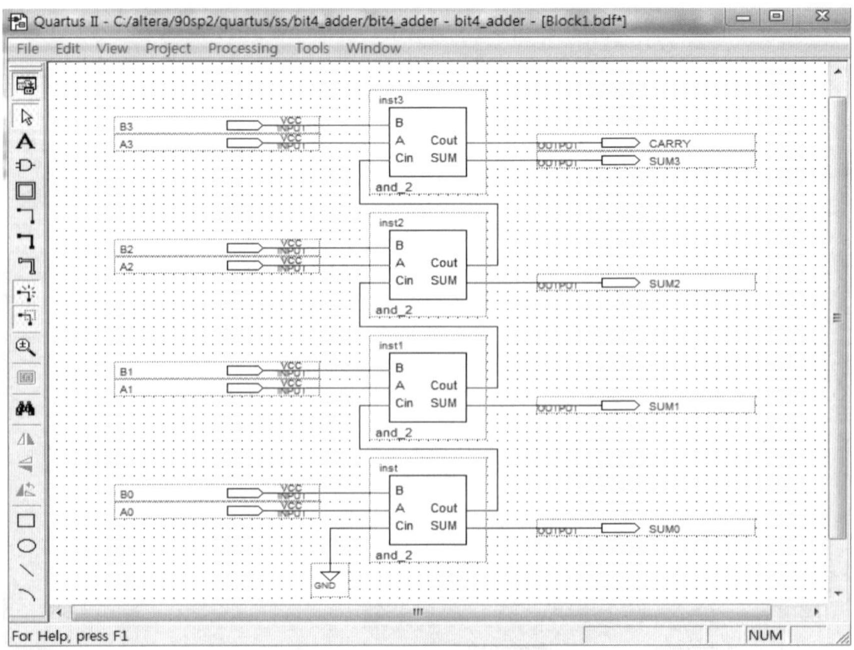

[그림 2.65 안정적인 모양의 회로

그림 2.65는 'A3 A2 A1 A0'의 4 bit와 'B3 B2 B1 B0'의 4 bit를 더해 'SUM3 SUM2 SUM1 SUM0'의 4bit 합과 최종 'CARRY'를 계산하는 회로이다. 하위비트의 CARRY OUT은 상위비트의 CARRY IN으로 들어가며 최하위비트는 전단에서 올라오는 CARRY가 없으므로 '0'값, 즉 GND를 넣어주면 된다.

그림 2.66은 위의 설계된 회로를 저장하기 위한 화면인데 주의해야할 점이 있다. Quartus는 제일 마지막 접근한 폴더를 기억하는 기능을 가지고 있는데 아까 전가산기 심볼파일을 불러올 때 and_2 폴더를 접근했기 때문에 save 버튼을 누르면 and_2 폴더가 그대로 나온다. 별다른 생각 없이 저장 버튼을 누르면 프로젝트를 진행하고 있는 bit4_adder 폴더가 아니라 and_2 폴더에 .bdf파일 저장되기 때문에 컴파일시 에러가 발생한다. 반드시 프로젝트를 진행함에 있어서 모든 생성 파일은 한 폴더에 존재해야 한다. 초보자들이 많이 하는 실수로 항상 주의를 기울여야 한다.

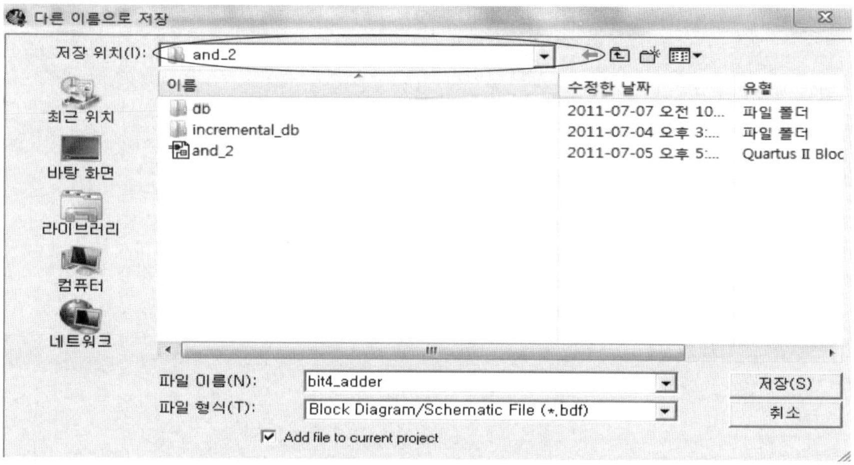

[그림 2.66] 잘못된 save 화면

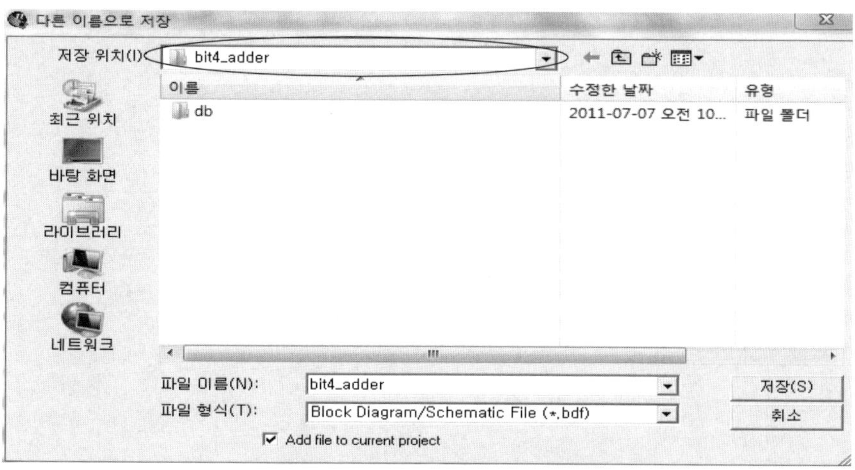

[그림 2.67] 제대로 된 save 화면

그림 2.68은 4 bit 가산기 회로의 시뮬레이션 결과이다. '1010'과 '0100'을 더한 결과로 SUM은 '1110'이 나왔고 최종 CARRY는 '0'이다.

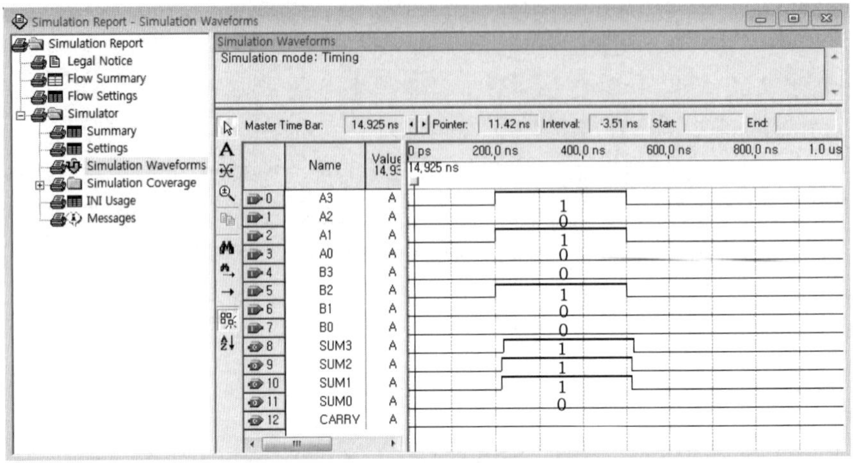

[그림 2.68] 시뮬레이션 결과

PART 2 디지털논리회로이론 및 설계

CHAPTER 3 기초 이론

SECTION 1. 수의 세계

SECTION 2. 디지털 코드

SECTION 1. 수의 세계

과학, 기술, 상업 그리고 우리들의 관심을 가지고 있는 많은 다른 분야에서도 끊임없이 수를 다루고 있다. 가장 일반적인 것은 10진수체계, 2진수체계, 8진수체계, 16진수체계이다. 본 섹션에서는 이들 수의 체계와 각각의 진수 변환방법을 공부한다.

1.1 수의 체계 및 변환

1) 10진수 체계

10진수체계에서는 0에서 9까지의 10개의 숫자(digits) 혹은 기호로 수를 표현한다. 사람의 손가락이 10개라는 사실에서 발전되었으며 어떠한 양도 표시할 수 있다.

10진수체계는 수의 가중치(weight)가 위치에 의해 결정되는 비례값 체계이다. 예를 들어 십진수 234의 맨 앞자리는 2는 100(=10^2)의 가중치를 가지고 있어 200을 의미하고, 두 번째 자리는 10^1 세 번째 자리는 10^0의 가중치를 가지고 있어 각각 30과 4를 의미한다.

$$234 = 2\times10^2 + 3\times10^1 + 4\times10^0$$

위 수식에서 2는 본질적으로 세 숫자 중에서 가장 큰 가중치를 가지는데 이와 같이 맨 윗자리 숫자를 최상위수(most significant digit : MSD)라고 하고, 4은 가장 작은 하중을 가지는데 이를 맨 아랫자리 숫자, 즉 최하의수(least significant digit : LSD)라 한다.

소수점이 잇는 경우는 소수점 이하 첫 번째 자리부터 10^{-1}, 10^{-2}, 10^{-8}의 가중치를 갖는다. 예를 들어 0.23의 2는 10^{-1}의 가중치를 가지고 있어 0.2를 의미하고 3은 10^{-2}의 가중치를 가지고 있어 0.03을 의미한다.

$$0.23 = 2\times10^{-1} + 3\times10^{-2}$$

정수와 소수부분을 같이 표현하면 아래 수식과 같다.

$$234.23 = 2\times10^2 + 3\times10^1 + 4\times10^0 + 2\times10^{-1} + 3\times10^{-2}$$

2) 2진수 체계

대다수의 디지털 시스템에 사용되는 2진수 체계에서는 모든 정보를 0과 1의 두 개의 숫자로만 표현한다. 2진수도 10진수와 같이 가중치 구조로 나타내면 그림 3.1과 같다.

2^3	2^2	2^1	2^0	소숫점	2^{-1}	2^{-2}	2^{-3}
↓	↓	↓	↓	↓	↓	↓	↓
1	0	1	1	·	1	0	1

[그림 3.1] 2진수의 가중치 구조

여기서, 2진 소수점의 왼쪽의 각 자릿수들은 2의 양의 멱승이고, 오른쪽의 각 자릿수들은 2의 음의 멱승이다. 2진수 $1010.101_{(2)}$를 그림 3.1의 가중치를 이용하여 나타내면 다음 수식과 같다.

$$1010.101_{(2)}=(1\times2^3)+(0\times2^2)+(1\times2^1)+(0\times2^0)+(1\times2^{-1})+(0\times2^{-2})+(1\times2^{-3})$$

참고로 2진수 체계에서 n비트로 표현할 수 있는 모든 수는 2n개 이며, 표현 할 수 있는 가장 큰 10진수는 2^n-1개이다. 예를 들어 2 bit로 표현할 수 있는 수는 '00, 01, 10, 11'의 4(2^2)개이고 표현 가능한 가장 큰 수는 $11_{(2)}$ 즉 10진수로 3(2^2-1)이다.

① 2진수를 10진수로 변환

위의 가중치 구조를 이용하면 다음 수식과 같이 2진수를 10진수로 변환할 수 있다. 0의 가중치는 무시하고 1의 가중치만 더하는 방법으로도 쉽게 계산 가능하다.

$$\begin{aligned}1010.101&=(1\times2^3)+(0\times2^2)+(1\times2^1)+(0\times2^0)+(1\times2^{-1})+(0\times2^{-2})+(1\times2^{-3})\\&=8+0+2+0+0.5+0+0.125\\&=10.625_{(10)}\end{aligned}$$

② 10진수 정수를 2진수로 변환

10진수를 2진수로 바꾸는 방법은 ①에서 설명한 2진수를 10진수로 바꾸는 방법을 역으로 취하거나, 10진수를 2로 나누어 몫 0이 될 때까지 나누는 것이다.

예를 들어 12를 2진수로 변환하면,

```
2 | 12
2 |  6  …  0   ↑
2 |  3  …  0
2 |  1  …  1
       0  …  1
```

1단계 $\frac{12}{2}$=몫6, 나머지0

2단계 $\frac{6}{2}$=몫3, 나머지0

3단계 $\frac{3}{2}$=몫1, 나머지1

4단계 $\frac{1}{2}$=몫0, 나머지1

몫이 0이 되었을 때 나머지를 역순으로 정리하면, 변환된 2진수의 값 $1100_{(2)}$을 얻을 수 있다.

③ 10진수 소수를 2진수로 변환

10진수 정수를 2진수로 변환할 때는 2를 계속 곱함으로써 구할 수 있었다. 10진 소수를 2진수로 변환할 때는 이와 반대로 2를 계속 곱하여 정수부분만 취함으로써 구할 수 있다. 예를 들어 0.1875를 2진수로 변환하면,

0.1875×2 = 0.375 …0 ⇒ 정수부분을 취하면 0
0.375×2 = 0.75 …0 ⇒ 정수부분을 취하면 0
0.75×2 = 1.5 …1 ⇒ 정수부분을 취하면 1, 소수부분만 다시 2을 곱하면
0.5×2 = 1.0 …1 ⇒ 정수부분을 취하면 1, 소수부분이 0이므로 중지

$\therefore\ 0.1875_{(10)}=0.0011_{(2)}$

소수 부분이 0이 되면 중지한다. 소수부분이 0이 되지 않고 무한루프에 빠지는 경우도 있는데 그때는 원하는 자릿수 까지만 구하고 중지한다.

$$12.1875_{(10)}=1100.0011_{(2)}$$

3) 8진수 체계

8진수체계는 8을 기수로 가지며, 표현될 수 있는 숫자는 0부터 7까지 총 8개이다. 8진수는 2진수 3 bit를 이용하여 나타낼 수 있는 모든 수($000_{(2)}$~$11_{(2)}$)를 포함하고 있어 유용하게 활용된다. 8진수에서 각각의 디지트가 갖는 가중치는 다음과 같다.

8^4	8^3	8^2	8^1	8^0	·	8^{-1}	8^{-2}	8^{-3}	8^{-4}	8^{-5}

[그림 3.2] 8진수의 가중치 표현

① 8진수를 10진수로 변환

8진수를 10진수로의 변환은 8진수 각각의 자릿수에 부과되어 있는 가중치를 곱해 줌으로써 얻을 수 있다.

$$\begin{aligned} 228_{(8)} &= 2\times 8^2 + 2\times 8^1 + 2\times 8^0 \\ &= 2\times 64 + 2\times 8 + 2\times 1 \\ &= 146_{(10)} \end{aligned}$$

② 10진수를 8진수로 변환

10진수를 8진수로 변환할 때도 2진수로 변환하는 것과 같이 8로 계속 나눠 나머지만 취하면 된다. $818_{(10)} = 1462_{(8)}$

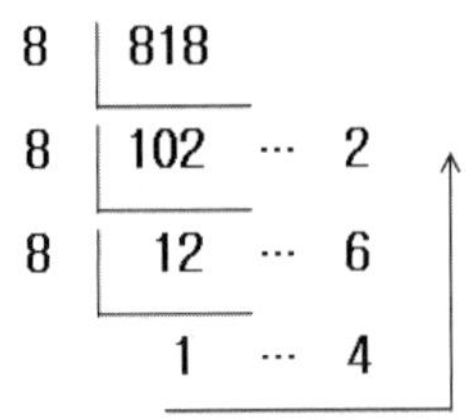

③ 8진수-2진수 변환

앞서 설명한대로 8진수는 2진수 3 bit를 이용하여 나타낼 수 있는 모든 수($000_{(2)} \sim 111_{(2)}$)를 포함하고 있어 8진수-2진수 변환은 매우 쉽다.

8진수를 2진수로 변환할 때는 각각의 자릿수 별로 3 bit 2진수를 할당해주면 되고, 2진수를 8진수로 변환할 때는 뒷자리부터 3 bit씩 끊어서 8진수를 할당해주면 된다.

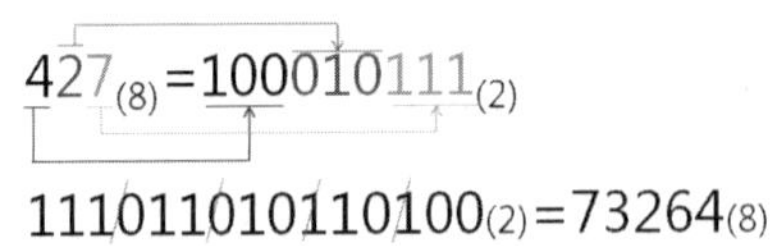

[그림 3.3] 8진수-2진수 변환

[표3.1] 8진수-2진수 변환

2진수	8진수
000	0
001	1
010	2
011	3
100	4
101	5
110	6
111	7

4) 16진수 체계

16진수는 16을 기수로 사용한다. 16개의 기호는 0~9까지 숫자와 A, B, C, D, E, F를 사용한다. 16진수는 2진수 4 bit를 이용하여 나타낼 수 있는 모든 수($0000_{(2)}$~$1111_{(2)}$)를 포함하고 있어 유용하게 활용된다. 대부분의 컴퓨터는 내부적으로 2진수 연산을 수행하지만, 2진수의 길이가 길어지면(32 bit, 64 bit) 읽고 쓰기 어렵기 때문에 편하게 16진수로 읽고 쓸 수 있는 기능을 제공하고 있다. 그림 3.4는 16진수의 가중치 구조를 나타내고 있으며, 표 3.2는 16진수와 10진수, 그리고 2진수와의 관계를 나타낸다.

16^4	16^3	16^2	16^1	16^0	•	16^{-1}	16^{-2}	16^{-3}	16^{-4}	16^{-5}

[그림 3.4] 16진수의 가중치 표현

[표 3.2] 16진수, 10진수, 2진수

16진수	10진수	2진수
0	0	0000
1	1	0001
2	2	0010
3	3	0011
4	4	0100
5	5	0101
6	6	0110
7	7	0111
8	8	1000
9	9	1001
A	10	1010
B	11	1011
C	12	1100
D	13	1101
E	14	1110
F	15	1111

① 16진수를 10진수로 변환

16진수를 10진수로의 변환은 16진수 각각의 자릿수에 부과되어 있는 가중치를 곱해 줌으로써 얻을 수 있다.

$$
\begin{aligned}
156_{(16)} &= 1 \times 16^2 + 5 \times 16^1 + 6 \times 16^0 \\
&= 256 + 80 + 6 \\
&= 342_{(10)}
\end{aligned}
$$

② 10진수를 16진수로 변환

10진수를 16진수 변환하는 방법은 2진수나 8진수로 변환하는 방법과 같다. 10진수를 더 나눌 수 없을 때까지 16으로 계속 나눠서 나머지를 취하면 된다.

$$567_{(10)}=237_{(16)}$$

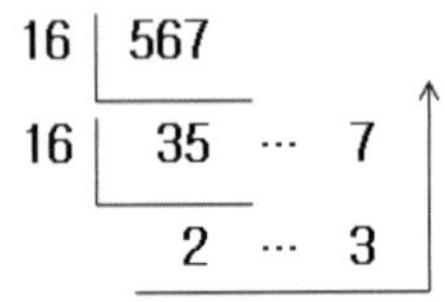

③ 16진수-2진수 변환

앞서 설명한대로 16진수는 2진수 4 bit를 이용하여 나타낼 수 있는 모든 수($0000_{(2)}$~$1111_{(2)}$)를 포함하고 있어 16진수-2진수 변환은 매우 쉽다.

16진수를 2진수로 변환할 때는 각각의 자릿수 별로 4 bit 2진수를 할당해주면 되고, 2진수를 16진수로 변환할 때는 뒷자리부터 4 bit씩 끊어서 16진수를 할당해주면 된다.

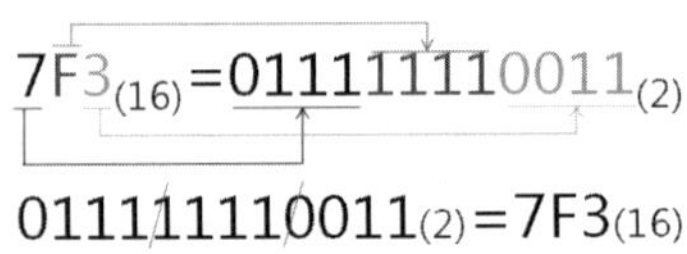

[그림 3.5] 16진수-2진수 변환

연습문제

다음을 진수 변환하시오.

① $127.35_{(10)}$를 2진수로 변환하시오.

② $725_{(8)}$를 2진수로 변환하시오.

③ $1011010011100101_{(2)}$를 16진수로 변환하시오.

④ $725_{(10)}$를 16진수로 변환하시오.

SECTION 2. 디지털 코드

앞서 설명한대로 대부분의 컴퓨터에서는 2진수 연산을 수행하지만 입출력 장치나 기타 디스플레이 장치 등에서는 2진수로 입출력이 불가능하기 때문에 입출력에 적합한 특수한 코드가 필요하다. 이와 같이 특정 시스템에 적합한 코드체계가 필요한 경우에 디지털 코드를 사용한다.

2.1 디지털 코드

1) BCD 코드

BCD 코드는 Binary Coded Decimal의 약자로 2진 부호화 10진수의 총칭이다. 키패드와 같이 시스템의 입출력장치에서 대부분 사용되는 10진수 숫자와 상호변환이 용이한 코드로 10진수의 각 자릿수 숫자에 2진수 4 bit를 할당하여 만들 수 있다. 0에서 9까지의 숫자에만 2진수 4 bit를 할당하기 때문에 $0000(0_{(10)})$에서 $1001(9_{(10)})$까지의 2진수만 사용하며 1010, 1011, 1100, 1101, 1110, 1111과 같은 수는 사용하지 않는다.

10진수 $123_{(10)}$을 BCD 코드로 변환해 보면 그림 3.6과 같다.

1	2	3	(10진수)
↓	↓	↓	
0001	0010	0011	(BCD코드)

$123_{(10)} = 00100100011_{(BCD)}$

[그림 3.6] BCD 코드 변환 방법

위의 BCD 코드는 엄밀히 말하면 4 bit만 가지고 각 자리수를 나타내므로 8421코드(4 bit의 가중치 $2^3=8$, $2^2=4$, $2^1=2$, $2^0=1$을 이용해 표현)라고 하는 것이 더 정확하다.

2) 3초과 코드 (excess-3 code)

3초과 코드는 BCD 코드에 $3_{(10)}=0011_{(2)}$을 더한 코드이다. 3중 코드라고도 하며 비트를 반전시키면 10진수의 9의 보수를 구할 수 있어 감산에 용이한 코드이다.

10진수 $34_{(34)}$를 3초과 코드로 바꾸면 다음과 같다.

3	4
+3	+3
6	7
(0110)	(0111)

[그림 3.7] 3초과 코드 변환 방법

즉, 각 비트에 3을 더한 후 이결과를 2진수로 변환시키거나, BCD코드를 만든 후 $0011_{(2)}$을 더하면 된다. 10진수 $34_{(10)}$를 3초과 코드로 바꾸면 $01100111_{(excess-3)}$이 된다.

표 3.3은 10진수와 BCD코드, 3초과 코드의 대응관계를 나타낸다.

[표 3.3] 10진수, BCD코드, 3초과 코드의 대응관계

10진수	BCD코드	3초과 코드
0	0000	0011
1	0011	0100
2	0010	0101
3	0011	0110
4	0100	0111
5	0101	1000
6	0110	1001
7	0111	1010
8	1000	1011
9	1001	1100

3) 그레이 코드 (Gray code)

그레이 코드는 계속되는 수가 1 bit만 변화하도록 만든 코드이다. 최소 변환 코드(minimum-change code)라고도 부르며 각각의 비트가 1 bit씩만 변화하기 때문에 보다 빠른 카운트가 가능하고 오류 가능성이 적다.

그림 3.8은 2진수를 그레이 코드로 변환하는 과정을 보여주고 있다. 최상위 비트(MSB)는 그대로 내려가고 다음 비트부터는 더해서(+) 내려가면 된다. 이때 최상위 비트는 무시한다.

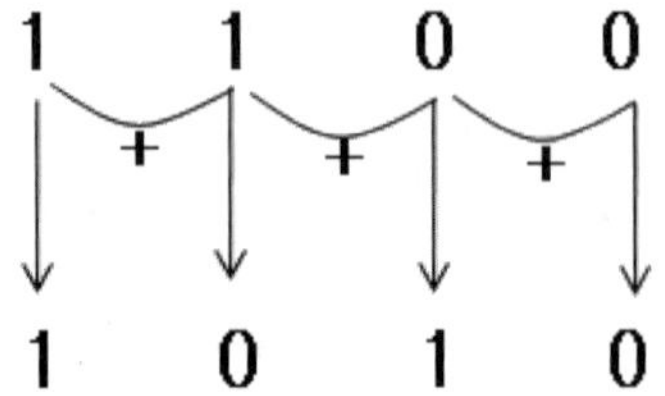

[그림 3.8] 2진수-그레이 코드 변환

여기서 '더해서 내려가고, 최상위 비트를 무시' 하는 것은 뒤에서 배울 XOR 연산과 같으므로 실제 회로를 설계할 때는 XOR 게이트를 이용하면 된다. 2진수-그레이 코드 변환 회로는 CHAPTER 4에서 자세히 다루게 된다.

표 3.4는 10진수, 2진수, 그레이 코드의 대응관계를 나타낸다.

[표 3.4] 그레이 코드의 대응관계

10진수	2진수	그레이 코드
0	0000	0000
1	0001	0001
2	0010	0011
3	0011	0010
4	0100	0110
5	0101	0111
6	0110	0101
7	0111	0100
8	1000	1100
9	1001	1101
10	1010	1111
11	1011	1110
12	1100	1010
13	1101	1011
14	1110	1001
15	1111	1000

역변환(그레이 코드- 2진수 변환)은 다음과 같이 반대로 연산 하면 된다.

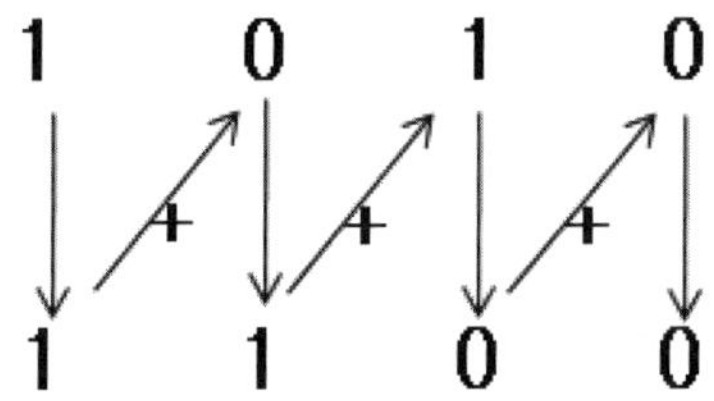

[그림 3.9] 그레이 코드- 2진수 변환

연습문제

다음 진법의 수를 코드로 답하시오

① $165_{(10)}$를 BCD 코드로 바꾸시오.

② $128_{(10)}$을 3초과 코드로 바꾸시오.

③ $101101_{(10)}$를 그레이 코드로 바꾸시오.

④ $10101_{(Grary)}$를 2진수로 바꾸시오.

PART 2 디지털논리회로이론 및 설계

CHAPTER 4 조합논리회로 설계

SECTION 1. 기본 논리 게이트

디지털 시스템은 기본적으로 '0(Low)'과 '1(High)' 두 개의 상태를 가지는 소자들로 구성된다. 이들의 연산에는 부울 대수와 스위칭함수가 사용되며 AND, OR, NOT의 기본 게이트들로 구현할 수 있다. 여기서 게이트는 단일 신호 또는 다수의 신호를 입력으로 받아들여서 기초 논리에 따르는 논리 출력을 내보내는 회로를 말한다. 본 절에서는 AND, OR, NOT 게이트의 이론적 배경과 설계 방법을 설명한다.

1.1 기본 논리 게이트

1) AND 논리와 AND 게이트

AND 논리의 특성은 그림 4.1과 같이 스위치가 직렬로 구성되어 있는 회로에 의해 잘 설명되어질 수 있다. 그림 4.1은 어느 하나의 스위치가 열린 상태이거나 스위치 1, 2 모두 열린 상태에서는 LED에 불이 들어오지 않으며, 모두 닫힌 상태에서만 LED가 ON상태가 된다. 여기서 스위치 1, 2가 닫혀 있는 상태를 '1', 열려 있는 상태를 '0'이라고 한다면 스위치 A와 B의 상태 조합은 표 4.1과 같다.

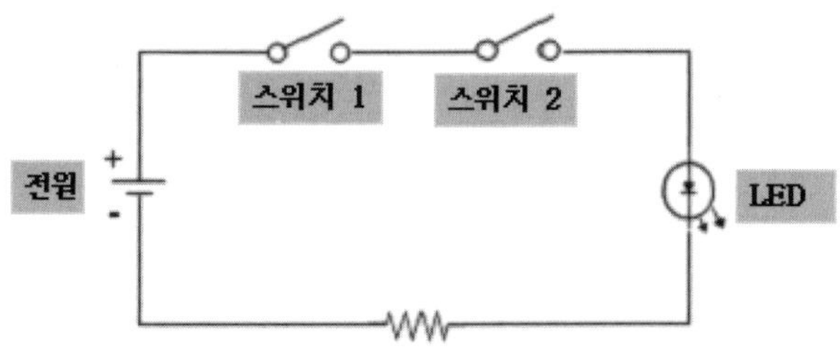

[그림 4.1] AND 논리 개념을 위한 회로

[표 4.1] 상태 조합

스위치1	스위치2	LED
0	0	0
0	1	0
1	0	0
1	1	1

이와 같이 '모든 조건이 참일 때만 출력이 참' 인 논리를 AND 논리라고 하며, 이런 논리를 실현시켜주는 논리 소자를 AND게이트라고 한다. AND 게이트는 2개 이상의 입력을 갖으며 출력은 하나를 나타낸다.

※ AND 연산 특징

① 입력 변수들의 논리 상태가 모두 '1'인 경우에만 AND 연산의 결과가 '1'이 된다.
② 입력 변수들의 논리 상태가 한 개라도 '0'인 경우에는 AND 연산의 결과는 '0'이 된다.
③ AND 연산은 일반 대수에서 '0'과 '1'만 갖고 수행하는 연산 결과와 같다.

다음은 각각 2입력 AND 게이트의 표시기호, 논리식, 진리표이다. 논리식에서 '· '는 생략 가능하다.

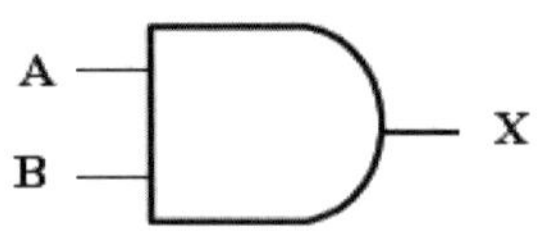

$X = A \cdot B$

A	B	Y
0	0	0
0	1	0
1	0	0
1	1	1

[그림 4.2] AND 게이트의 표시기호, 논리식, 진리표

2) OR 논리와 OR 게이트

OR 논리의 특성도 그림 4.3과 같은 회로로 설명할 수 있다. 그림 4.3은 어느 하나의 스위치라도 닫힌 상태이거나 모두 닫힌 상태에서 LED에 불이 들어오며, 모두 열린 상태에서만 LED가 OFF 상태가 되는 병렬 특성을 가진다.

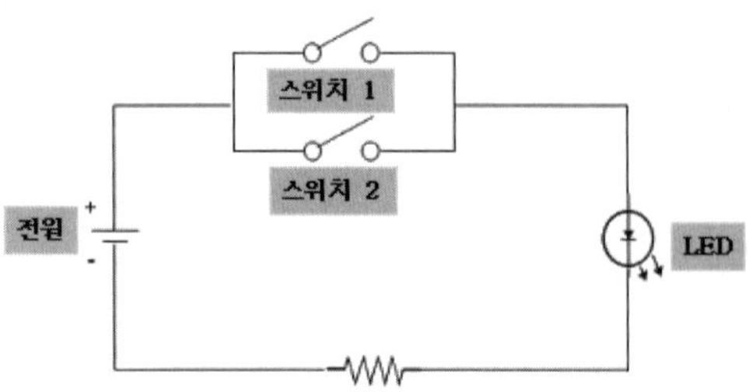

스위치1	스위치2	LED
0	0	0
0	1	1
1	0	1
1	1	1

[그림 4.3] OR논리 개념을 위한 회로

이와 같이 '어느 하나의 조건이라도 참이면 출력이 참'인 논리를 OR논리라고 하며, 이런 논리를 실현시켜주는 논리 소자를 OR 게이트라고 한다.

※ OR 연산 특징

① 입력 변수 중에서 한 입력이라도 논리 상태가 '1'이면 OR 연산의 결과는 논리 상태 '1'이 된다.

② 입력 변수의 논리 상태가 모두 '0'일 때만 OR 연산의 결과는 논리 상태 '0'이 된다.

③ OR 연산은 1+1=1, 1+1+1=1 등과 같이 일반 대수의 덧셈 결과와는 다르다

다음은 각각 2입력 OR 게이트의 표시기호, 논리식, 진리표이다.

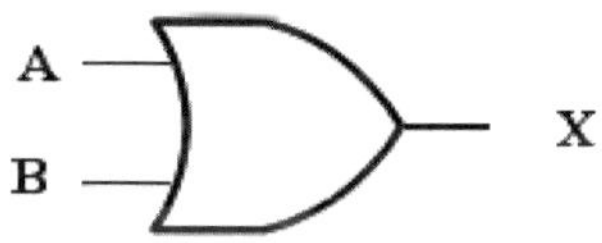

X=A+B

A	B	Y
0	0	0
0	1	1
1	0	1
1	1	1

[그림 4.4] OR게이트의 표시기호, 논리식, 진리표

3) NOT 논리와 NOT 게이트

NOT 논리는 '조건이 참이면 출력은 거짓, 조건이 거짓이면 출력이 참'이라는 논리를 가지고 있으며, 이런 논리를 실현시켜주는 논리소자를 NOT 게이트라고 한다.

NOT 게이트는 가장 유용하고 간단한 회로로 입력신호에 대한 반전 신호가 출력에 나타나도록 구성되며, 각각의 논리계열에서 한 개의 입력과 한 개의 출력만을 갖는다. 즉 입력이 '1(High)' 이면 출력은 '0(Low)' 상태로, 입력이 '0(Low)'이면 출력은 '1(High)' 상태로 반전된다는 것으로 인버터(Inverter) 라고 부르기도 한다.

다음은 각각 NOT 게이트의 표시기호, 논리식, 진리표이다.

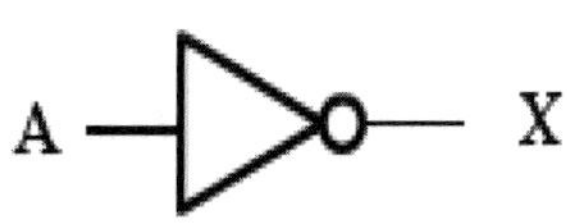

X=A'

A	Y
0	1
1	0

[그림 4.5] NOT 게이트의 표시기호, 논리식, 진리표

1.2 Quartus II를 이용한 Schematic 설계

1) 사용 장비 및 부품

-. Schematic, Simulation : PC, ALTERA QUARTUS II

-. TTL-IC를 이용한 실험 : 전원공급기, 브레드보드, IC 7408, IC 7432, IC 7404

2) Quartus II를 이용한 Schematic 설계

-. 다음 회로도를 Quartus II를 이용하여 Schematic 설계하고 결과를 확인한다.

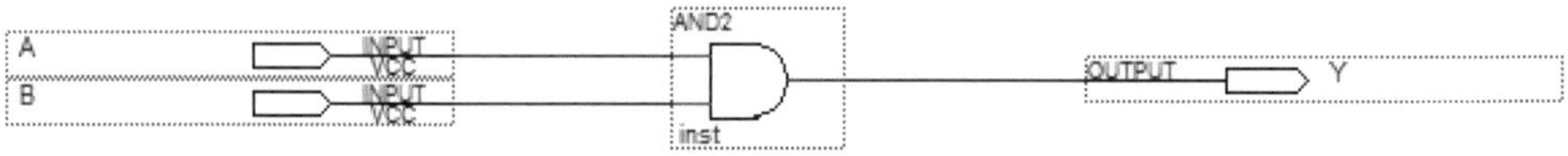

(a) 2입력 AND 게이트

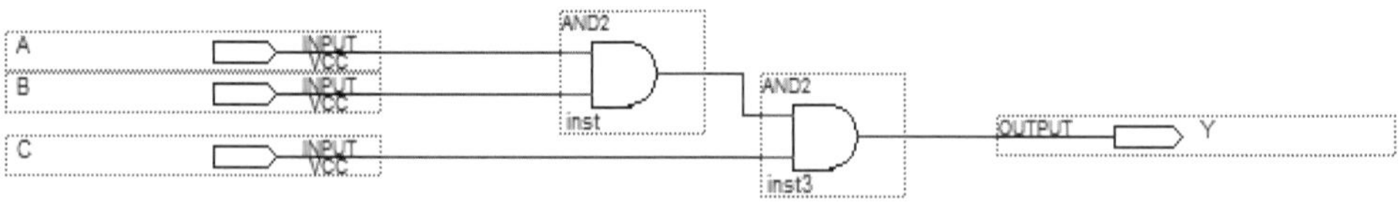

(b) 3입력 AND 게이트

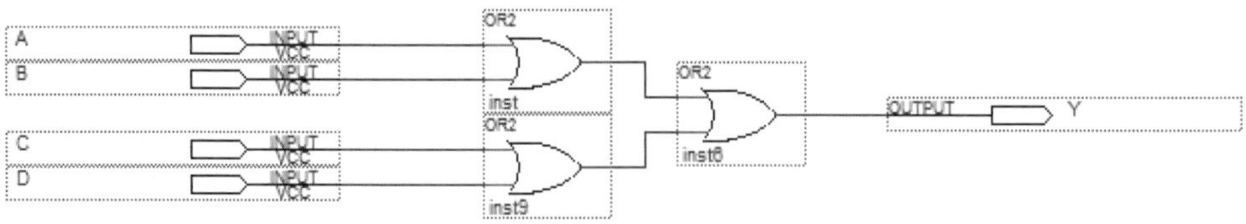

(c) 4입력 OR 게이트

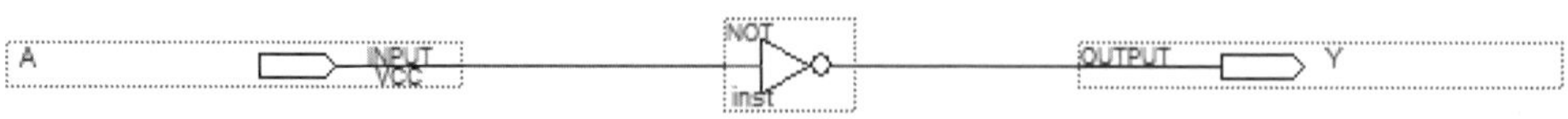

(d) NOT 게이트

[그림 4.6] 실험 회로도

3) TTL IC를 이용한 설계

-. TTL IC를 이용하여 그림 4.6의 회로를 브레드보드에 구현하고 결과를 확인한다. 입력은 토글스위치를 사용하며 결과는 LED로 확인한다.

☞ 기본적인 회로 구성 방법

그림 4.7은 브레드보드의 내부 기판 배열을 보여주고 있다. 빨간 선 부분이 실제 연결된 부분이므로 같은 선에 소자를 일렬로 배열하는 오류를 범하지 않도록 한다.

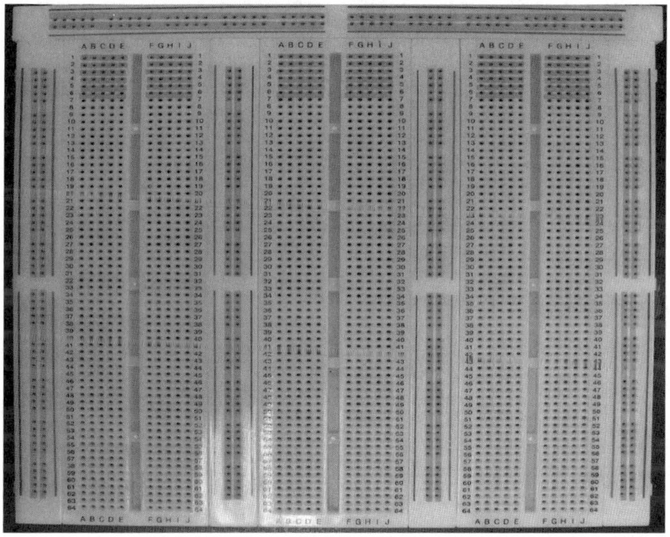

[그림 4.7] 브레드보드

다음으로 그림 4.8은 전원공급기 전면부이다. 전원버튼과 전압조절 레버, 전류제어 레버, 전압 및 전류 표시부, 5 V 인가 단자로 구성되어있다. 전압조절 레버는 인가 전압을 설정해 주는 레버이고 전류조절 레버는 최대 전류를 제한해 줄 수 있는 레버이다. 전압 및 전류 표시부에 실제 인가 전압과 전류가 표시되며, 5 V 인가 단자에서는 설정된 전압이 아닌 5 V 전압만 인가해준다. 대부분의 실습용 전원공급기는 그림과 같이 좌우 2개의 채널을 가지고 있는데 어느 채널을 사용하든 상관없다.

본 실험은 전압을 5 V에 맞추고, 전류 제어 레버는 중간의 적당한 위치에 놓고 진행한다.

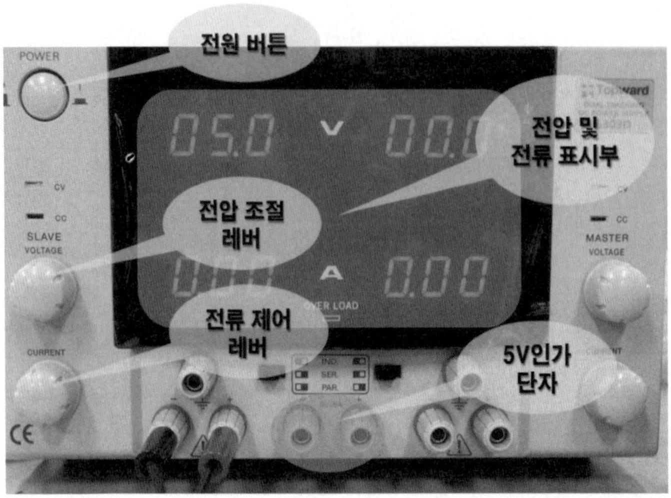

[그림 4.8] 전원공급기

다음 그림은 본 실험에서 사용하는 IC 7404, 7408, 7432의 핀 번호이다.

2입력 OR게이트인 IC 7432를 보면 2입력 OR게이트가 4개가 들어있다. 기본적으로 VCC와 GND를 연결한 상태에서 4개의 OR게이트 중 어느 것을 사용하든 무방하며 4개를 모두 사용해도 된다.

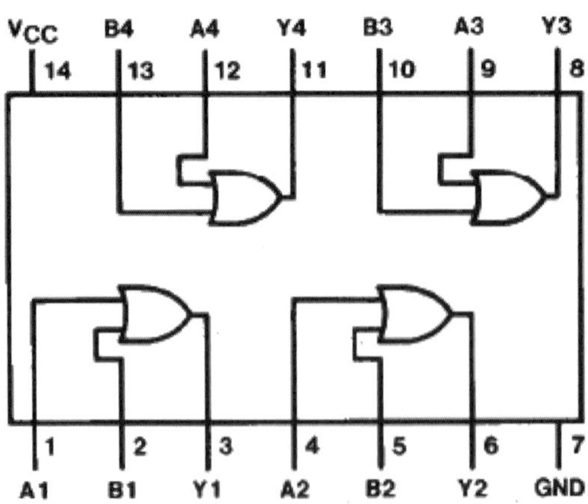

IC 7432

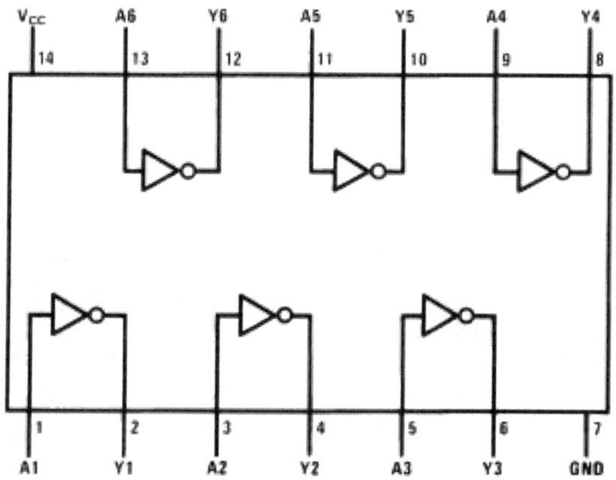

IC 7404

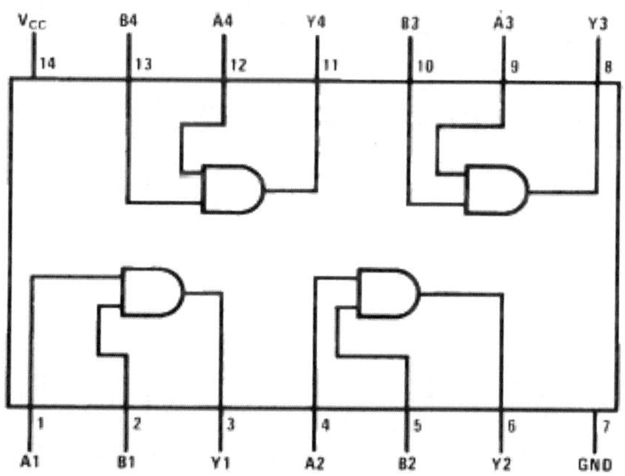

IC 7408

[그림 4.9] 핀번호

그림 4.10은 실험 결과를 확인하기 위한 LED의 외형이다. LED는 극성을 가지고 있어 +, - 극성을 구별해 연결해줘야 한다. 반대로 연결하면 LED가 손상을 입게 되므로 주의해야 한다.

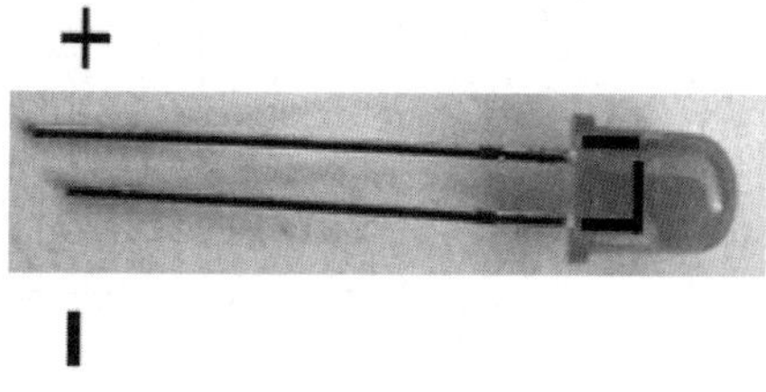

[그림 4.10] LED

이제 기본적인 준비가 끝났으면 그림 4.11과 같이 회로를 구성한다. NOT게이트와 2입력 AND게이트의 실험 회로도로 VCC는 5 V를 주고 결과는 LED로 확인한다. 'VCC(1) or GND(0)'부분은 게이트 입력부로 토글스위치가 있으면 VCC(1)와 GND(0)를 병렬 연결하여 실험하고, 토글스위치가 없다면 직접 손으로 VCC와 GND에 꽂아가며 출력의 변화를 확인한다.

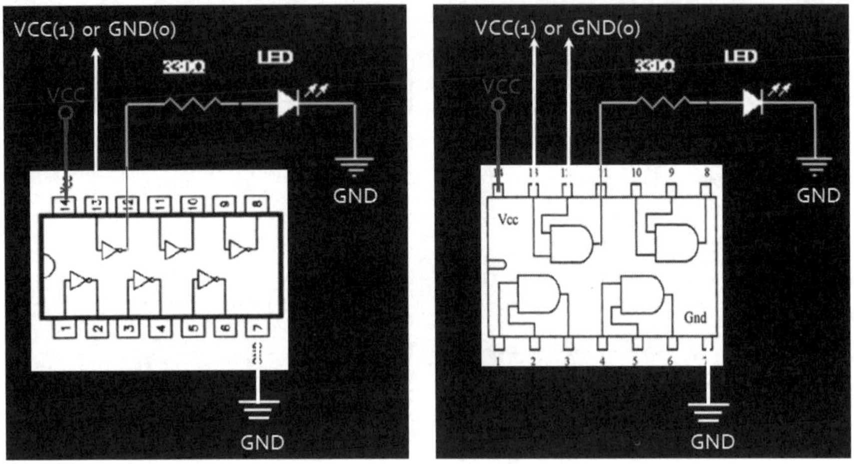

[그림 4.11] NOT게이트와 2입력 AND게이트의 실험 회로도

그림 4.12는 브레드보드에 실제 소자를 이용하여 구성한 회로이다.

[그림 4.12] NOT게이트와 2입력 AND게이트 실험

그림 4.6의 나머지 실험 회로들도 위와 같은 방법으로 실험한다.

4) 실험 결과

-. QUARTUS II의 Waveform Editor를 이용하여 결과를 확인한다.

-. TTL IC를 이용하여 회로를 구성하고 LED로 결과를 확인한다.

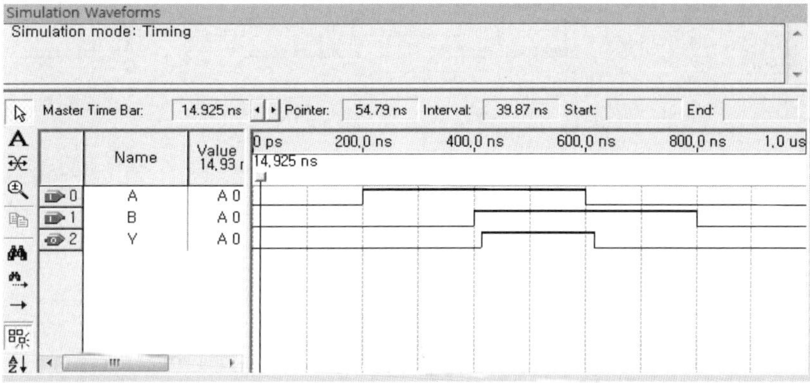

(a) 2 입력 AND 게이트

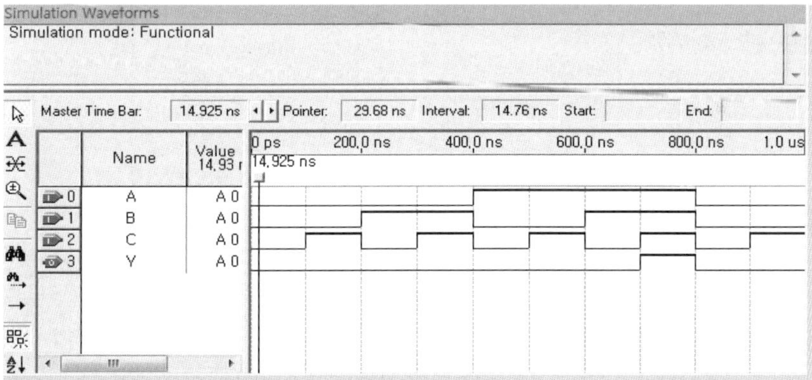

(b) 3 입력 AND 게이트

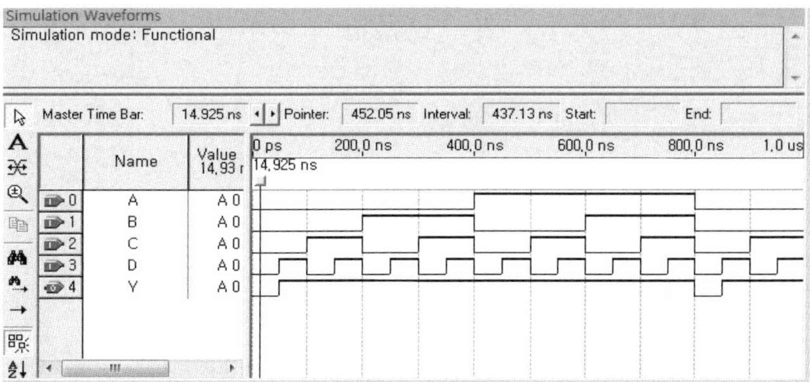

(c) 4 입력 OR 게이트

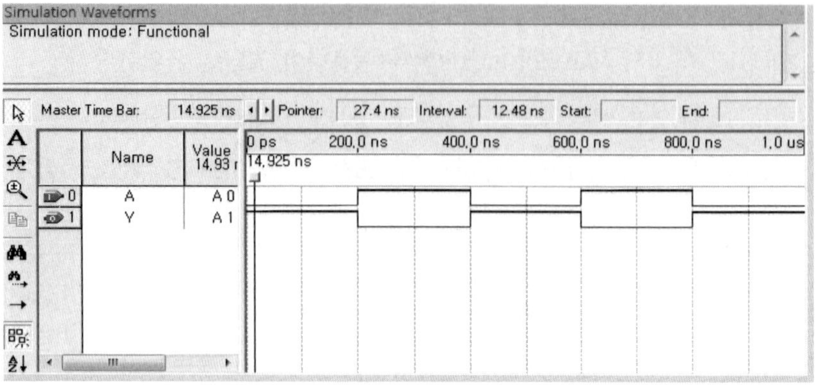
Simulation Waveforms
Simulation mode: Functional
Master Time Bar: 14.925 ns
Pointer: 27.4 ns
Interval: 12.48 ns
Start:
End:
Name
Value 14.93 n
0 ps
200.0 ns
400.0 ns
600.0 ns
800.0 ns
1.0 us
14.925 ns
0
A
A 0
1
Y
A 1

(d) NOT 게이트

복습문제

다음 회로들을 Quartus II 를 이용하여 시뮬레이션 결과를 확인하시오.

(a)

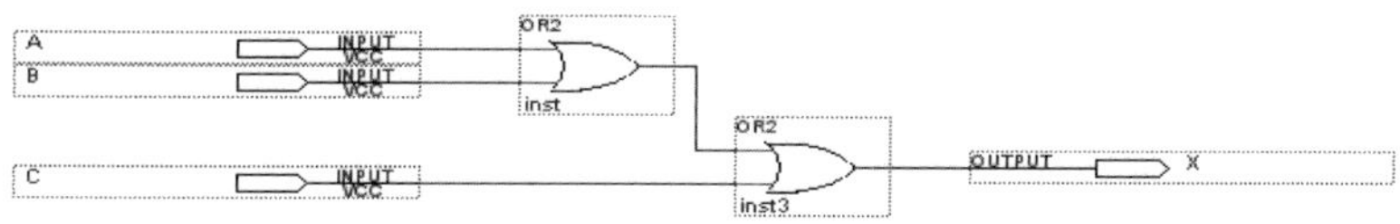

(b)

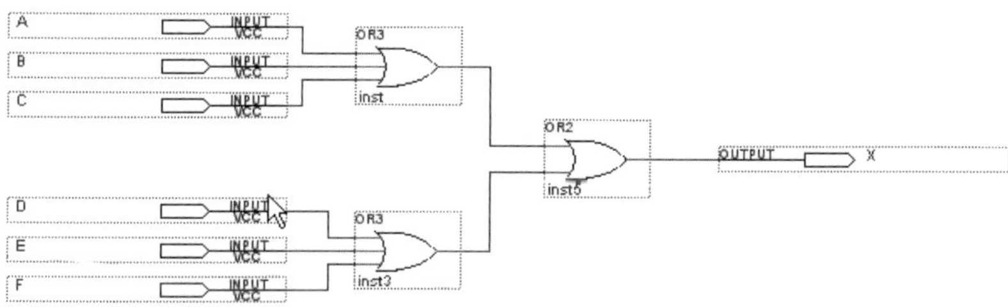

(c)

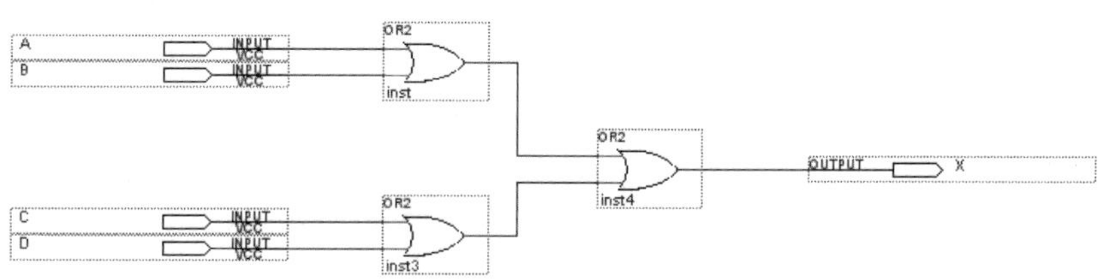

SECTION 2. 범용 및 응용게이트

SECTION 1에서는 AND 게이트, OR 게이트, NOT 게이트에 대해서 살펴보았다. 하지만, 동일 품목을 대량으로 생산하는 디지털 제품이나 컴퓨터에서는 생산원가, 작업 비용 등의 경제적인 이유로 인해 AND 게이트, OR 게이트, NOT 게이트가 그대로 사용되는 일의 거의 없으며, 주로 AND 게이트에 NOT 게이트를 직렬로 연결하거나 OR 게이트에 NOT 게이트를 직렬로 연결한 NAND, NOR 게이트로 구성된다(범용성, Versatility). 이번 섹션에서는 범용게이트인 NAND, NOR게이트와 다양한 방면에 활용이 가능한 응용게이트인 XOR, XNOR 게이트에 대해서 살펴본다.

2.1 범용 게이트

1) NAND 게이트

NAND 게이트는 AND 게이트와 마찬가지로 두 개 이상의 입력과 하나의 출력으로 이루어지며, 출력은 AND 게이트와 반대로 입력신호 중 어느 하나라도 '0'이면 출력이 '1'이 되고 모두 '1'일 경우에만 출력이 '0'이 된다. 즉 AND 게이트의 출력에 NOT 게이트를 붙여 놓은 것이라고 생각하면 된다. 표시는 AND 게이트의 출력에 작은 동그라미 ' ○ ' 를 붙여서 표현한다. ' ○ '는 NOT을 의미한다.

다음은 각각 2입력 NAND 게이트의 표시기호, 논리식, 진리표이다.

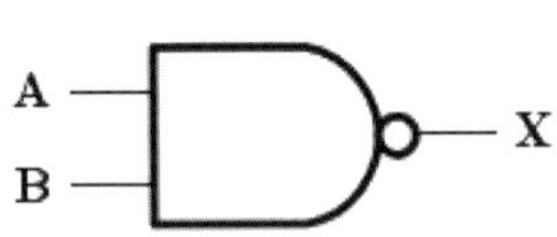

$X=(AB)'$

A	B	X
0	0	1
0	1	1
1	0	1
1	1	0

[그림 4.13] NAND 게이트의 표시기호, 논리식, 진리표

2) NOR 게이트

NOR 게이트는 OR 게이트의 출력을 반전시킨 것으로 입력신호 중 어느 하나라도 '1'이면 출력이 '0'이 되고 모두 '0'일 경우에만 출력이 '1'이 된다. 두 개 이상의 입력과 하나의 출력으로 이루어지며, OR게이트의 출력에 작은 동그라미 '○' 를 붙여서 표현한다.

다음은 각각 2입력 NOR 게이트의 표시기호, 논리식, 진리표이다.

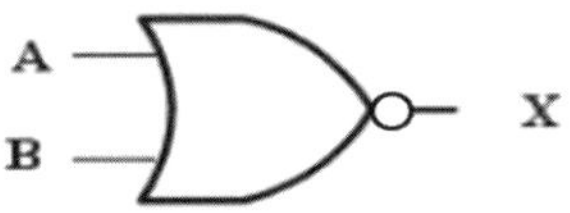

X=(A+B)'

A	B	X
0	0	1
0	1	0
1	0	0
1	1	0

[그림 4.14] NOR 게이트의 표시기호, 논리식, 진리표

2.2 응용 게이트

1) XOR 게이트

XOR 연산은 그레이코드(Gray code) 변환과 패리티 검사 회로(Parity-check circuit) 등에 널리 사용되며 두 입력신호 A, B가 서로 같을 때는 '0', 서로 다를 때는 '1'이 되는 논리소자이다. 이 경우 두 입력신호 A, B는 배타적 OR(exclusive OR) 관계에 있다고 하고, 이러한 논리를 만족시키는 회로를 XOR 게이트라 한다.

다음은 각각 XOR 게이트의 표시기호, 논리식, 진리표이다.

X=A⊕B

A	B	X
0	0	0
0	1	1
1	0	1
1	1	0

[그림 4.15] XOR 게이트의 표시기호, 논리식, 진리표

2) XOR 게이트 회로 설계

XOR 게이트를 설계하기 위해서는 그림 2.5의 진리표를 바탕으로 논리식을 이끌어 내야한다. 논리식을 이끌어 내는 방법으로는 SOP(Sum of products)방법과 POS(Product of sum)방법이 있는데 일반적으로 TTL 논리에서는 SOP방법을 많이 사용한다. 즉 출력이 '1'이 되기 위한 입력값들을 곱의합 형태로 나열한 것으로써 이에 대해서는 SECTION 3에서 자세히 다루게 된다. SOP형태로 나타낸 XOR게이트의 논리식은 다음 식과 같다.

$$X=A' \cdot B + A \cdot B'$$

논리식을 바탕으로 회로를 구성하면 그림 4.16과 같다.

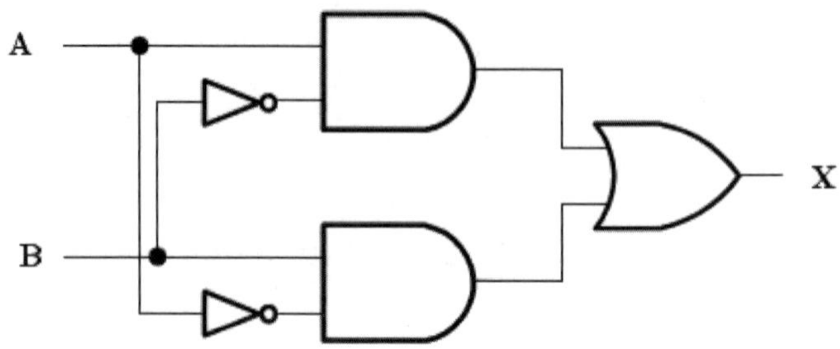

[그림 4.16] XOR 게이트의 논리 회로

3) XNOR 게이트

XNOR 게이트는 XOR 게이트의 출력을 반전시킨 회로로 다음과 같은 기호, 논리식, 진리표를 가지고 있다.

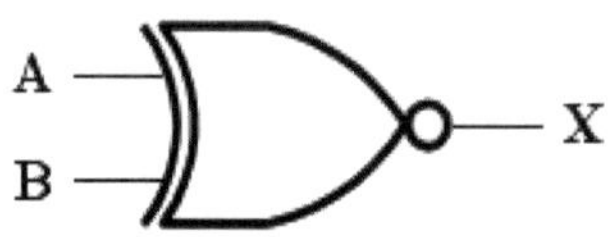

$X=A\oplus B$

A	B	X
0	0	1
0	1	0
1	0	0
1	1	1

[그림 4.17] XNOR 게이트의 표시기호, 논리식, 진리표

4) XOR 게이트의 응용

XOR게이트는 그레이코드(Gray code) 변환과 패리티 검사 회로(Parity-check circuit) 등에 응용이 가능하다.

① 그레이코드(Gray code) 변환

앞선 SECTION 3에서는 그레이 코드에 대해 공부하였다. 여기서는 2진-그레이 코드 변환 회로를 설계해보자. 2진-그레이 코드 변환 회로는 '기본적으로 캐리를 무시한 덧셈 연산'을 하고 있는 XOR 연산을 통해 간단히 설계할 수 있다.

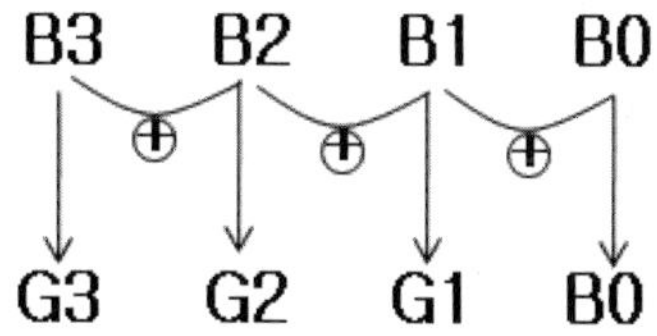

[그림 4.18] XOR 연산을 이용한 2진수-그레이 코드 변환

그림 4.18의 연산을 XOR 게이트를 이용하여 표현하면 아래 그림과 같다. 2진수의 첫 번째 비트는 그대로 사용하고 두 번째 비트부터는 2진수의 앞 비트와 해당 번째의 비트를 XOR 연산을 하여 생성한다.

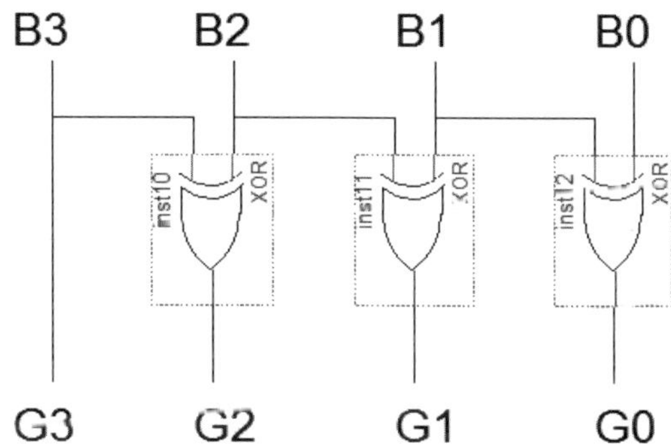

[그림 4.19] 2진수-그레이코드 변환기

역변환은 역변환(그레이 코드- 2진수 변환 회로)은 다음과 같이 반대로 구성하면 된다.

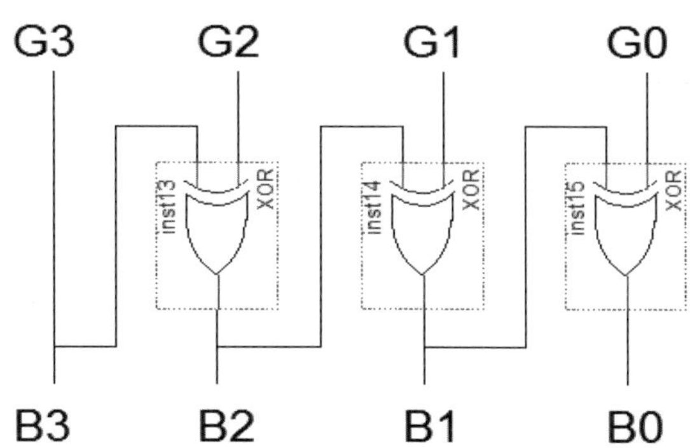

[그림 4.20] 그레이 코드-2진수 변환 회로

② 패리티 검사 회로(Parity-check circuit)

패리티 검사란 디지털 정보 전송(송수신)과정에서 잡음 등에 의해 발생한 오류 데이터를 검사하는 과정을 말하며, 패리티 발생기에 의해 생성된 패리티 비트를 추가함으로써 이루어질 수 있다. 여기서 패리티 비트는 전송하고자하는 데이터에 추가되는 가외 비트를 말한다. 패리티 검사 방식으로는 짝수 패리티 방식과 홀수 패리티 방식이 있다.

[표 4.2] 홀수 패리티와 짝수패리티의 진리표

전송 데이터			짝수 패리티	홀수 패리티
A	B	C	P	P
0	0	0	0	1
0	0	1	1	0
0	1	0	1	0
0	1	1	0	1
1	0	0	1	0
1	0	1	0	1
1	1	0	0	1
1	1	1	1	0

먼저 짝수 패리티 방식은 전송하고자 하는 데이터의 '1의 개수'가 짝수개가 되도록 만들어주는 방식이다. 예를 들어 전송 데이터가 1000011이라고 할 때, 코드 그룹에는 3개의 1이 존재하므로 패리티 비트에 1을 첨가하여 전체 1의 개수를 짝수로 만들면 된다. 패리티 비트를 포함한 코드 그룹은 아래와 같다.

1 1 0 0 0 0 1 1

만약, 1000001코드가 주어지면 1의 개수가 짝수이므로 패리티 비트는 0이 된다. 따라서 패리티 비트 0을 붙여 패리티 비트를 포함한 새 코드 그룹은 다음과 같다.

0 1 0 0 0 0 1 1

표 4.2를 바탕으로 부울대수(SECTION 3에서 자세히 다룸)를 이용하여 짝수 패리티 비트의 논리식을 이끌어 내면 다음 식과 같다.

$$
\begin{aligned}
P &= A'B'C+A'BC'+AB'C'+ABC \\
&= A'(B'C+BC')+A(B'C'+BC) \\
&= A'(B\oplus C)+A(B\oplus C)' \\
&= A\oplus B\oplus C
\end{aligned}
$$

위 식을 바탕으로 논리 회로를 구현하면 다음과 같다.

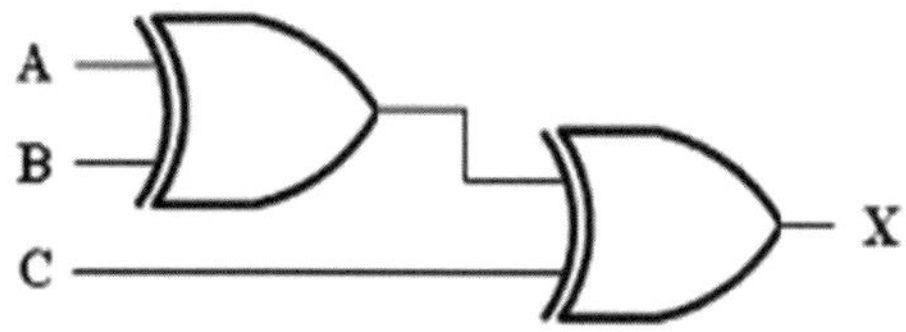

[그림 4.21] 3비트 입력에 대한 짝수 패리티 발생기

다음으로 홀수 패리티 방식은 전체 1의 개수가 홀수가 되도록 만들어주는 방식이다. 예를 들어 1000001에는 패리티 비트는 1이 첨가되고, 1000011에는 0이 첨가 된다.

표 4.2를 보면 짝수 패리티 비트는 홀수 패리티 비트와 정확히 반대인 것을 확인할 수 있다. 그러므로 짝수 패리티 비트 논리식에 NOT 연산만 취해주면 홀수 패리티 비트 논리식을 구할 수 있다. 홀수 패리티 비트의 논리식은 다음과 같다.

$$P=(A \oplus B \oplus C)'$$

논리식을 바탕으로 회로를 설계하면 그림 4.22와 같다.

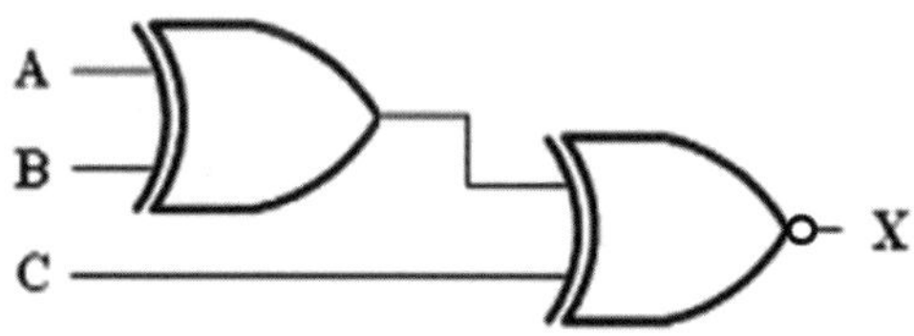

[그림 4.22] 3비트 입력에 대한 홀수 패리티 발생기

이와 같은 패리티 방법은 송신기와 수신기 사이에 짝수 패리티 방법을 쓸 것인지 홀수 패리티 방법을 쓸 것인지 미리 약속을 해야 한다. 송신기에서는 보내는 각 정보에 적당한 패리티 비트를 포함한 1의 개수가 패리티 방법에 따라 홀수인지 짝수인지를 검색하는 과정을 거치게 되는데 이를 패리티 검사(checking the parity)라고 한다. 에러를 검출했을 경우에는 송신기에 마지막 데이터를 다시 전송하라고 요구해야 한다.

연습문제

다음 물음에 답하시오

① 짝수 패리티 비트와 홀수 패리티 비트의 차이점을 설명하시오.

② 전송하고자 하는 신호가 10110101이다. 홀수 패리티 비트를 구하시오.

③ 5 bit 2진수-그레이 코드 변환기를 설계하시오.

2.3 Quartus II를 이용한 Schematic 설계

1) 사용 장비 및 부품

-. Schematic, Simulation : PC, ALTERA QUARTUS II

-. TTL-IC를 이용한 실험 : 전원공급기, 브레드보드, IC 7400, IC 7402, IC 7486

2) Quartus II를 이용한 Schematic 설계

-. 다음 회로도를 Quartus II를 이용하여 Schematic 설계하고 결과를 확인한다.

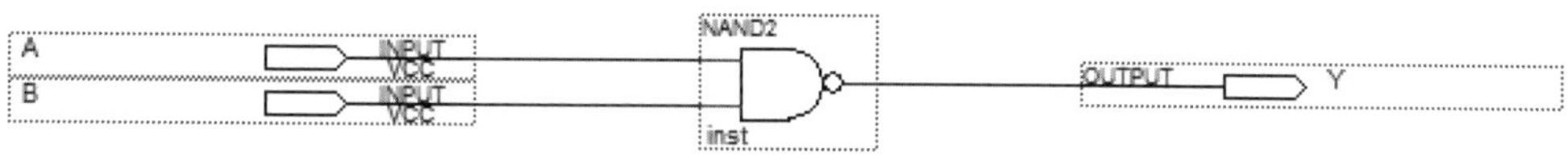

(a) 2입력 NAND 게이트

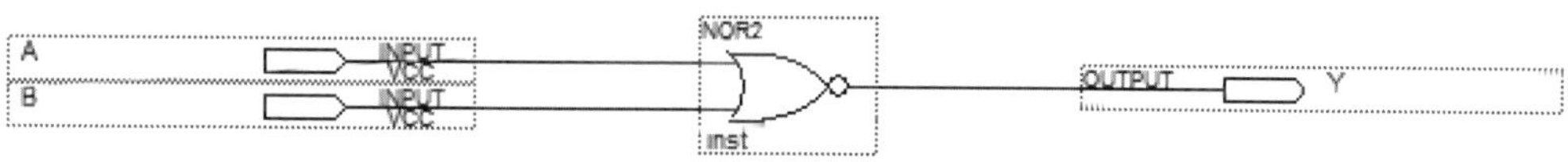

(b) 2입력 NOR 게이트

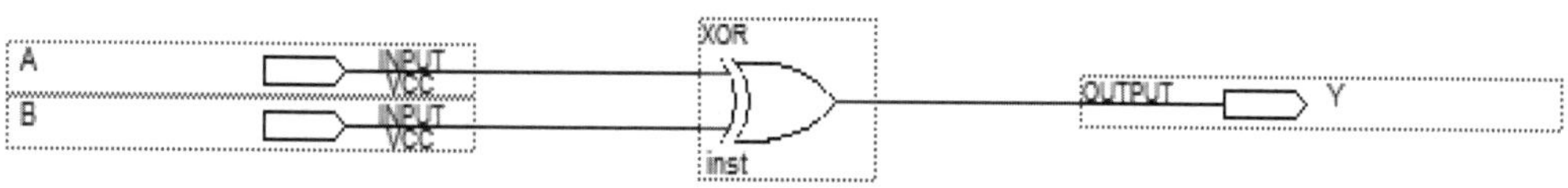

(c) XOR 게이트

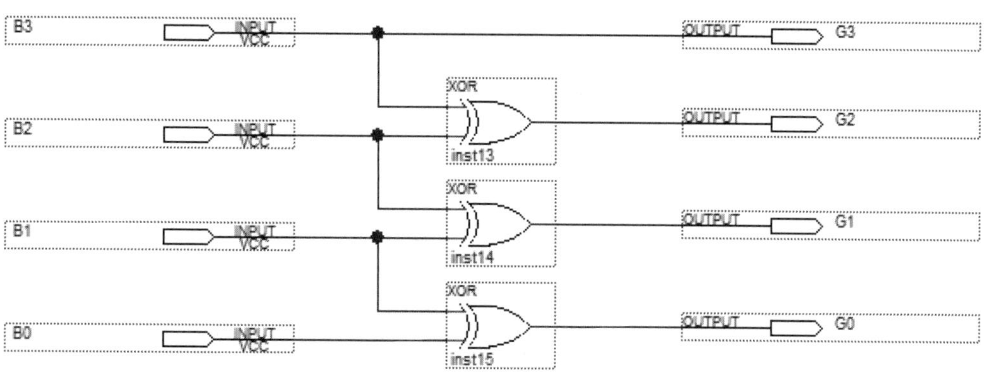

(d) 2진수-그레이 코드 변환기

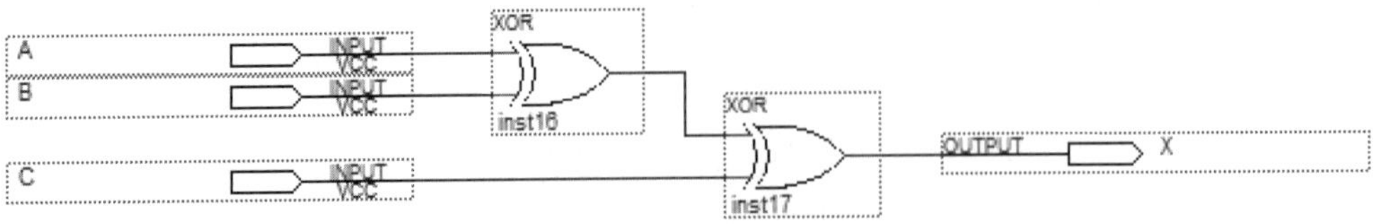

(e) 3비트 입력에 대한 짝수 패리티 발생기

[그림 4.23] 실험 회로도

3) TTL IC를 이용한 설계

-. TTL IC를 이용하여 그림 4.23의 회로를 브레드보드에 구현하고 결과를 확인한다. 입력은 토글스위치를 사용하며 결과는 LED로 확인한다. 다음은 IC 7400, IC 402, IC 7486의 핀번호이다.

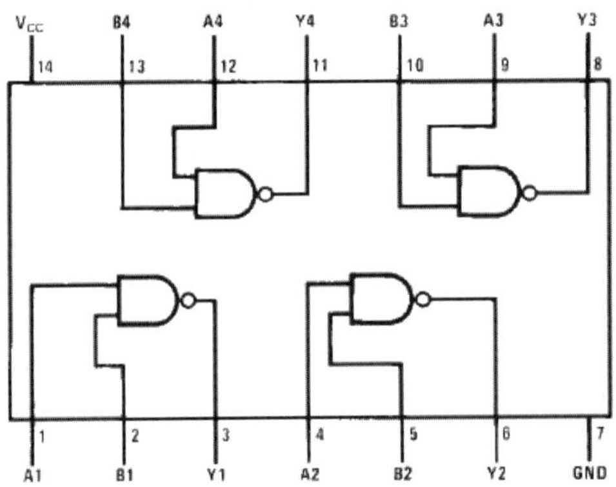

IC 7400

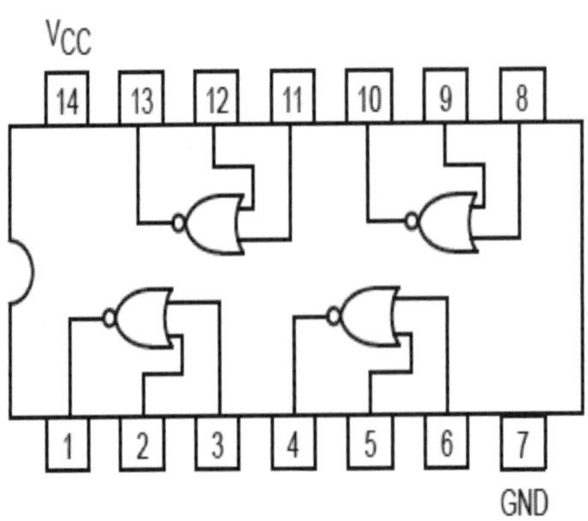

IC 7402

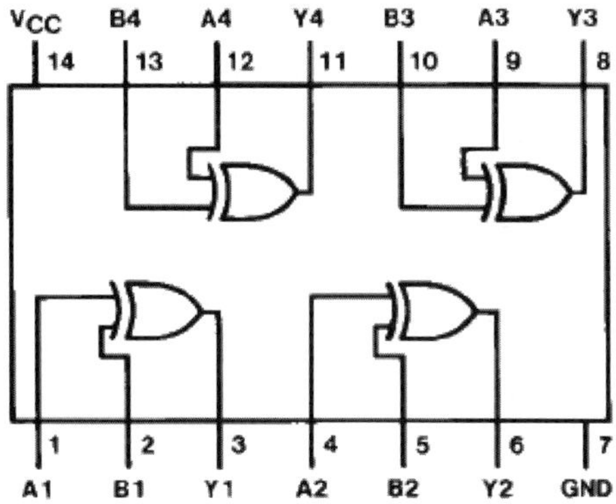

IC 7486

4) 실험 결과

-. QUARTUS II의 Waveform Editor를 이용하여 결과를 확인한다.

-. TTL IC를 이용하여 회로를 구성하고 LED로 결과를 확인한다.

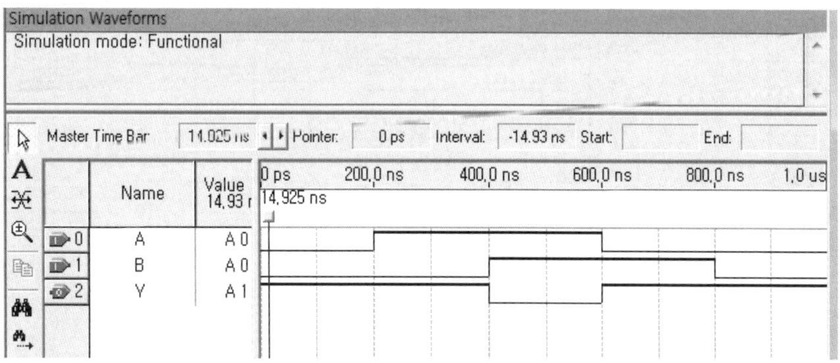

(a) 2입력 NAND 게이트

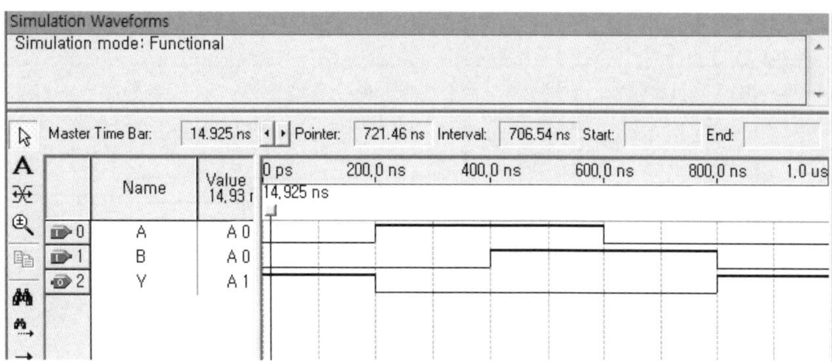

(b) 2입력 NOR 게이트

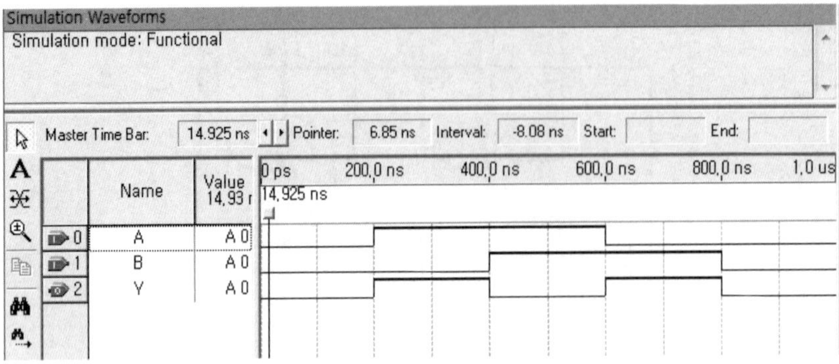

(c) XOR 게이트

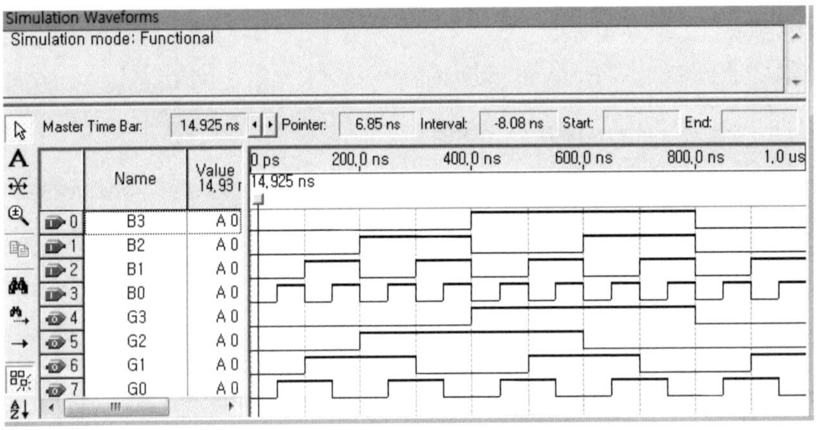

(d) 2진수-그레이 코드 변환기

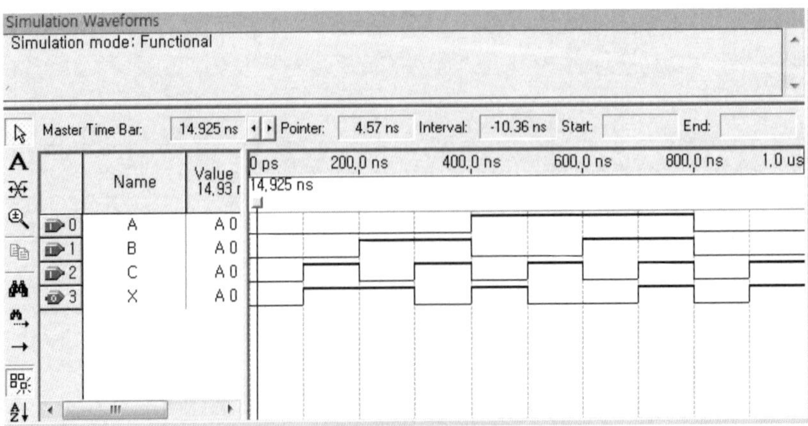

(e) 3비트 입력에 대한 짝수 패리티 발생기

연습문제

① 3비트 입력에 대한 홀수 패리티 발생 회로를 설계하고 시뮬레이션 결과를 확인하시오.

② 그레이코드의 장점을 간단히 설명하시오.

③ 그레이 코드-이진 변환 회로를 설계하고 시뮬레이션 결과를 확인하시오.

SECTION 3. 부울대수를 이용한 간소화

부울대수(Boolean algebra)는 조지 부울(George Boole)이란 영국의 수학자에 의해 1854년 발표된 논문이다. 이는 논리문을 명백하게 묘사하고, 논리문의 사실여부를 결정하기 위한 형식적 방법을 제공하며, {0,1,2, ... ,N}이란 여러 개의 값을 가진 영역에 대하여 정의가 가능하다.

이후 Claude Shannon에 의해 최초로 논리회로의 해석과 설계에 적용되었으며, 부울 대수를 근거로 2상태 소자(0(low)과 1(high))에 사용되는 스위칭 이론은 논리 회로 설계에 있어서 이론적인 기반이 되었다. 스위칭 이론은 부울대수의 부분집합으로 AND, OR, NOT의 기본 논리 연산자로 구성되어 있으며, 임의의 집합에 있는 원소의 수가 정확히 {0,1}의 두 개뿐인 2치 부울대수라고 할 수 있다.

3.1 부울 대수

1) 부울 대수의 기본 규칙

① 닫음 (Closure)

집합 A에 있는 모든 원소 a, b에 대하여

(a) a+b는 A의 모든 원소이고

(b) a · b도 A의 모든 원소이다.

② 항등 (Identity)

(a) $a+0=0+a=a$

(b) $a \cdot 1=1 \cdot a=a$

③ 교환 (Commutativity)

(a) $a+b=b+a$

(b) $a \cdot b=b \cdot a$

④ 분배 (Distributivity)

(a) $a \cdot (b+c)=(a \cdot b)+(a \cdot c)$

(b) $a+(b \cdot c)=(a+b) \cdot (a+c)$

⑤ 보수 (Complement)

(a) $a+a'=1$

(b) $a \cdot a'=0$

⑥ A에는 적어도 두 개의 다른 원소가 존재한다.

2) 스위칭 대수(switching algebra) 정리

다음은 흔히 사용되는 스위칭 대수의 정리들이다.

정리 1 Idempotence

(a) $a+a=a$

(b) $a \cdot a=a$

정리 2 Identity

(a) $a+0=a$

(b) $a \cdot 1=a$

정리 3 Association

(a) $a+(b+c)=(a+b)+c$

(b) $a \cdot (b \cdot c)=(a \cdot b) \cdot c$

정리 4 Involution

(a) $(a')'=a$

정리 5 Absorption

(a) $a+a \cdot b=a$

(b) $a \cdot (a + b)=a$

정리 6 Adjacency

(a) $a \cdot b+a \cdot b'=a$

(b) $(a + b) \cdot (a + b')=a$

정리 7 Consensus

(a) a · b+a' · c+b · c=a · b+a' · c

(b) (a+b) · (a'+c) · (b+c)=(a+b) · (a'+c)

정리 8 Simplification

(a) a+(a' · b)=a+b

(b) a · (a'+b)=a · b

정리 9 DeMorgan의 정리

(a) (a+b)'=a' · b'

(b) (a · b)'=a'+b'

위의 정리 및 규칙들을 증명하기 위한 방법으로는 벤다이어그램을 이용한 방법, 진리표를 이용한 방법, 기본 공리를 이용한 방법, 모든 입력값을 보여주는 방법 등 여러 가지가 있다.

먼저 제2분배법칙(a+(b · c)=(a+b) · (a+c))은 일반 대수학에서는 성립하지 않아 혼동을 느끼는 경우가 많다. 부울 대수에서는 성립함을 증명해보자. 아래 표 4.3은 진리표를 이용한 증명 방법으로 순서대로 좌변부터 bc를 계산하고 a+bc를 계산한 후에 우변 (a+b), (a+c), (a+b) · (a+c)를 순서대로 계산 후 최종적으로 a+bc와 (a+b) · (a+c)가 같음을 이용해 증명하였다.

[표 4.3] a+(b · c)=(a+b) · (a+c)의 증명

A	B	C	좌변			우변		
A	B	C	A	BC	A+BC	A+B	A+C	(A+B) · (A+C)
0	0	0	0	0	0	0	0	0
0	0	1	0	0	0	0	1	0
0	1	0	0	0	0	1	0	0
0	1	1	0	1	1	1	1	1
1	0	0	1	0	1	1	1	1
1	0	1	1	0	1	1	1	1
1	1	0	1	0	1	1	1	1
1	1	1	1	1	1	1	1	1

다음으로 제1 분배법칙은 다음과 같이 다른 정리와 규칙을 이용해 증명할 수 있다.

(A+B)(A+C)=A(A+C)+B(A+C)
=AA+AC+BA+BC
=A+AC+AB+BC
=A(1+C+B)+BC
=A • 1+그림 4.23 벤다이어그램을 이용한 증명BC
=A+BC

그림 4.24는 정리 5의 a+a·b=a을 벤다이어그램을 이용해 증명한 것이다.

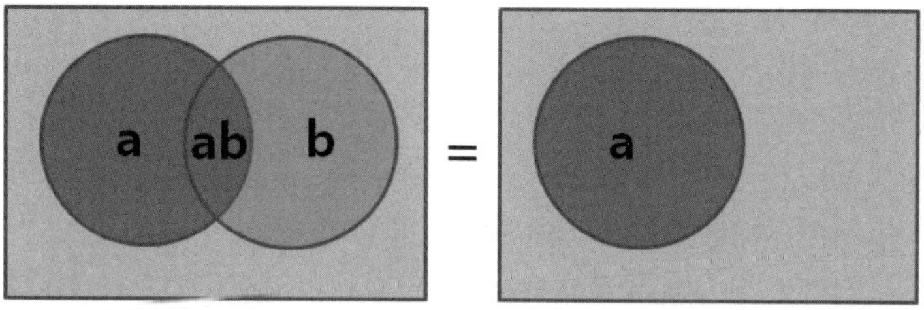

[그림 4.24] 벤다이어그램을 이용한 증명

3) 부울 대수를 이용한 간소화

구현된 논리식을 하드웨어로 구현하기 위해서는 회로의 구현과 비용문제에 대해 심각하게 생각할 필요가 있다. 복잡한 회로를 같은 성능을 유지하면서 빠르고, 적은 비용으로 구현할 수 있다면 엄청난 시간적, 경제적 이익을 볼 수 있을 것이다. 앞에서 공부한 부울 대수를 이용하여 복잡한 논리식을 간소화해 보자.

예제 다음 논리식을 부울 대수를 이용하여 간소화하여 회로를 설계하시오.

X=AB + AB'C

위의 논리식을 앞에서 설명한 부울대수를 이용하여 간소화 하면 다음과 같은 결과를 얻을 수 있다.

X=AB+AB'C
=A(B+B'C)
=A(B+B')(B+C)
=A · 1 · (B+C)
=A(B+C)=AB+AC

다음으로 간소화된 논리식을 바탕으로 회로를 구현하면 그림 4.25와 같다.

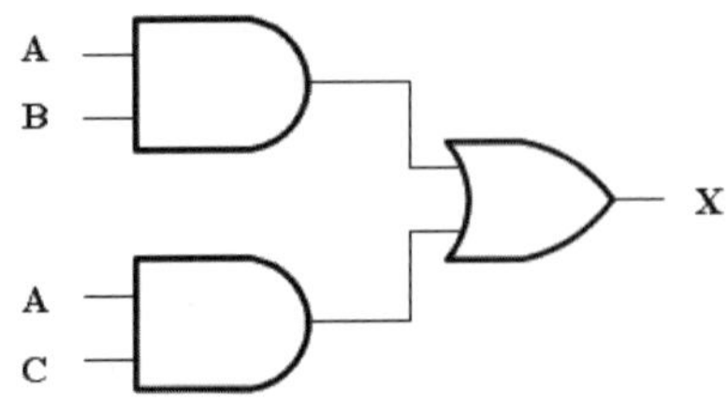

[그림 4.25] 간소화된 회로 구현

※ DeMorgan의 정리

DeMorgan의 정리는 AND, OR, NOT 게이트로 이루어진 회로를 NAND 게이트와 NOR 게이트만으로 회로를 구성하는데 사용될 수 있다. 이것은 하드웨어를 설계 할 때 경제적 측면에서 매우 중요한 역할을 담당한다. 반도체 칩을 제작하는 경우에 여러 개의 마스크 패턴(AND, OR, NOT 게이트 패턴)으로 제작하는 것보다 NAND 게이트 패턴으로만 만드는 것이 설비 측면에서 원가 절감 효과가 있기 때문이다.

DeMorgan의 정리는 제1법칙 $(a \cdot b)'=a'+b'$과 제2법칙 $(a+b)'=a' \cdot b'$의 두 가지가 있다. 먼저 제1법칙을 회로로 그려보면 그림 4.26 (a)와 같다. 즉 '각각의 입력을 NOT해서 최종적으로 OR한 것은 NAND게이트와 같다'는 것이다. DeMorgan의 정리를 이용하기 위해 위 그림 4.25의 회로 AND 레벨과 OR레벨 사이에 NOT-NOT을 붙여 주면 결과 영향을 미치지 않는 4.27 (b)의 회로가 된다. 따라서 AND 레벨은 NOT이 붙으면서 바로 NAND 게이트가 되고 뒤의 OR 레벨은 DeMorgan의 제1법칙에 의해 NAND 게이트가 되어 최종적으로 (c)와 같이 NAND 게이트로만 이루어진 회로가 구성된다.

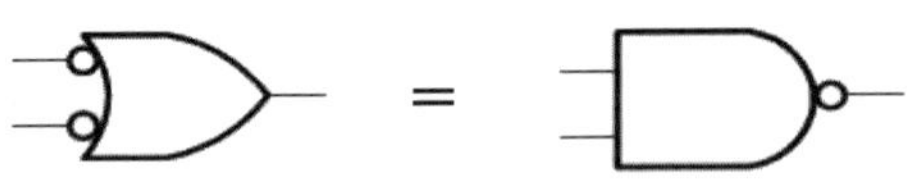

(a)

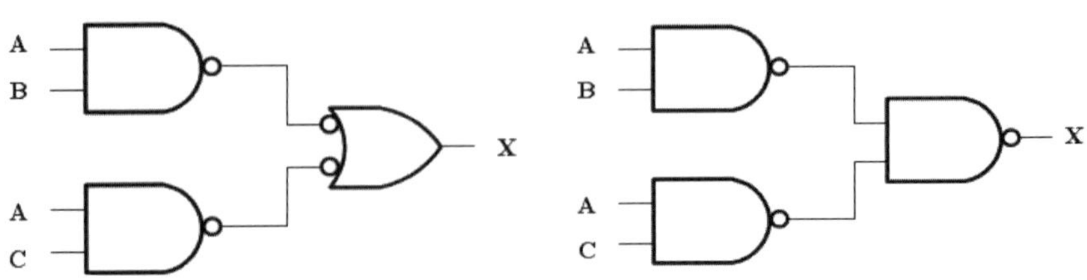

(b) (c)

[그림 4.26] NAND 게이트만으로 구성

DeMorgan의 정리 제2법칙 (a+b)'=a' · b'도 마찬가지로 회로로 그려보면 그림 4.27 (a)와 같다. 즉 '각각의 입력을 NOT해서 최종적으로 AND한 것은 NOR 게이트와 같다'는 것으로 (b)의 회로 OR 레벨과 AND 레벨 사이에 NOT-NOT을 붙여 주면 결과 영향을 미치지 않는 (c)의 회로가 된다. 뒤의 AND 레벨은 DeMorgan의 정리 제2법칙에 의해 최종적으로 (d)와 같이 NOR 게이로만 이루어진 회로가 된다.

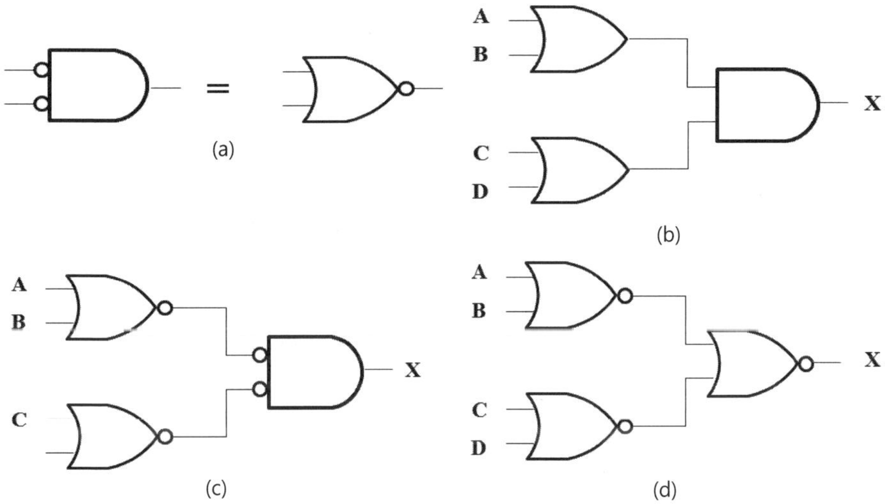

[그림 4.27] NAND 게이트만으로 구성

정리하면 AND 레벨 다음에 OR 레벨이 오는 회로(SOP 형태)는 NAND 게이트로만 이루어진 회로로 바꿀 수 있고, OR 레벨 다음에 AND 레벨이 오는 회로(POS 형태)는 NOR 게이트로만 이루어진 회로로 바꿀 수 있다는 것이다. SOP 및 POS에 대해서는 뒤에서 자세히 다룬다.

회로에 NOT 게이트가 들어가 있는 경우도 그림 4.28과 같이 NAND 또는 NOR 게이트로 바꿀 수 있다.

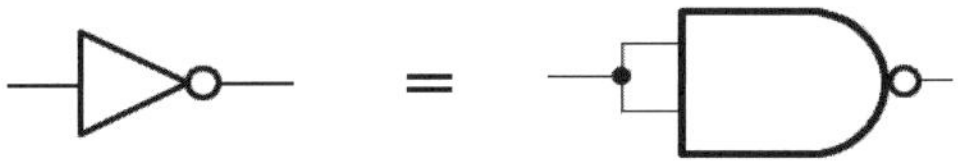

(a) NOT 게이트를 NAND 게이트로 변환

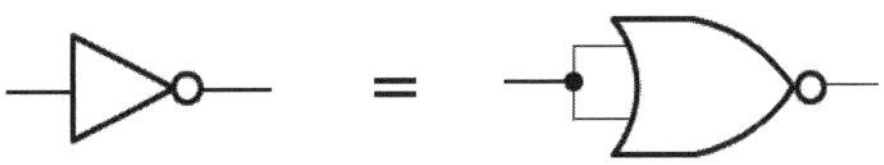

(b) NOT 게이트를 NOR 게이트로 변환

[그림 4.28] NAND, NOR 게이트로 변환

예제 그림 4.29의 회로를 NAND 게이트로만 이루어진 회로로 바꾸시오.

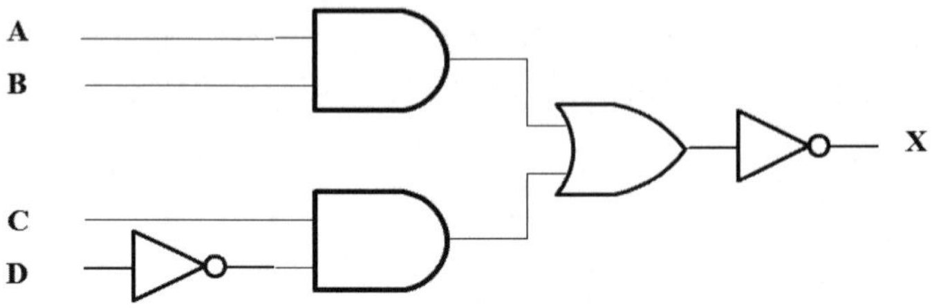

[그림 4.29] 예제 회로

AND 레벨과 OR 레벨 사이에 NOT-NOT을 붙여 준 후 DeMorgan의 정리 제1 법칙을 이용하여 뒤의 OR 레벨을 NAND 게이트로 바꿔준다. 다음으로 NOT 게이트도 그림 4.28 (a)를 이용하여 NAND 게이트로 바꿔주면 아래 그림 4.30와 같이 NAND 게이트로만 이루어진 회로가 된다.

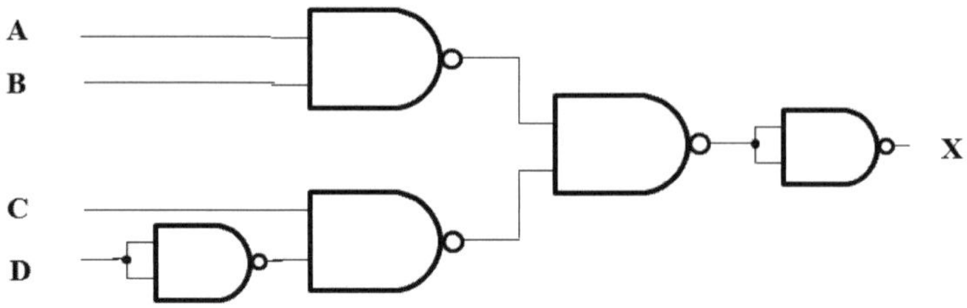

[그림 4.30] 결과 회로

연습문제

다음 논리식을 부울 대수를 이용하여 간소화하고 간소화된 논리식을 바탕으로 회로를 설계하시오. 최종적으로 NAND 또는 NOR게이트로만 이루어진 회로를 재구현하시오.

① 3비트 입력에 대한 홀수 패리티 발생 회로를 설계하고 시뮬레이션 결과를 확인하시오.

② 그레이코드의 장점을 간단히 설명하시오.

③ 그레이 코드-이진 변환 회로를 설계하고 시뮬레이션 결과를 확인하시오.

3.2 Quartus II 및 TTL IC를 이용한 회로 설계

1) 사용 장비 및 부품

-. Schematic, Simulation : PC, ALTERA QUARTUS II

-. TTL-IC를 이용한 실험 : 전원공급기, 브레드보드, IC 7404, IC 7408, IC 7411, IC 7432

2) Quartus II를 이용한 Schematic 설계

-. 다음 실험 회로도 (a), (b), (c)가 같음을 Quartus II를 이용하여 Schematic 설계하여 확인하여라.

$$X = AB + AB'C = A(B+C) = AB+AC$$

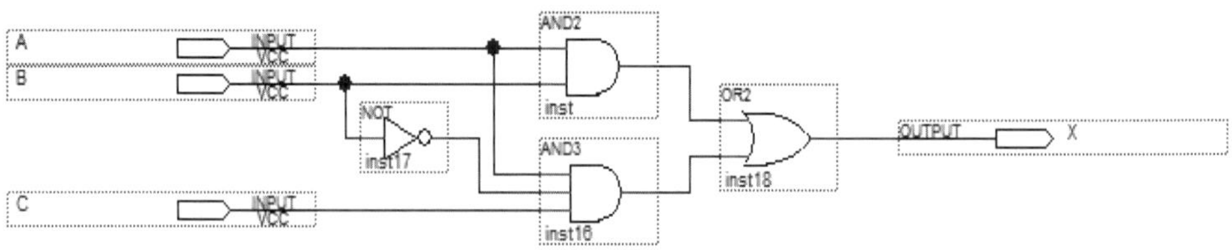

(a) 원회로 [X=AB+AB'C]

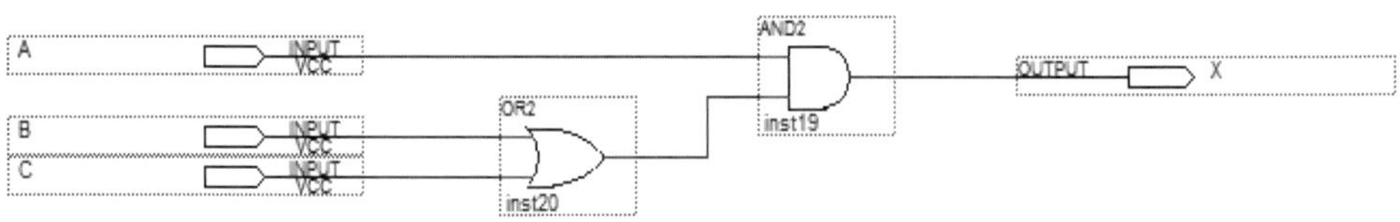

(b) 간소화된 회로 1 [X=A(B+C)]

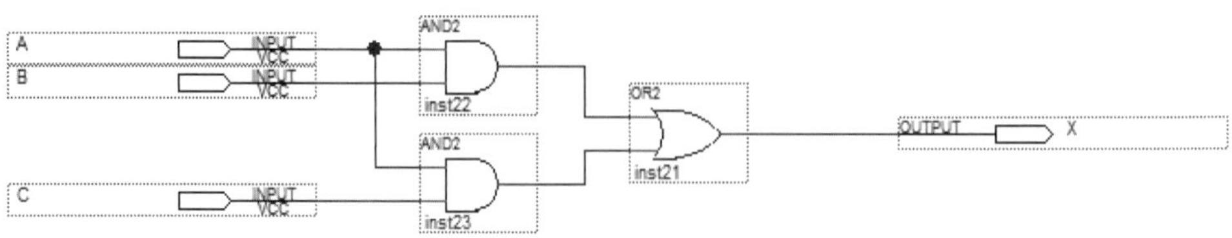

(c) 간소화된 회로 2 [X=AB+AC]

[그림 4.31] 실험 회로도

3) TTL IC를 이용한 설계

-. TTL IC를 이용하여 그림 4.31의 회로를 브레드보드에 구현하고 결과를 확인한다. 입력은 토글스위치를 사용하며 결과는 LED로 확인한다. 다음은 IC 7404, IC 7408, IC 7411, IC 7432 의 핀 번호이다.

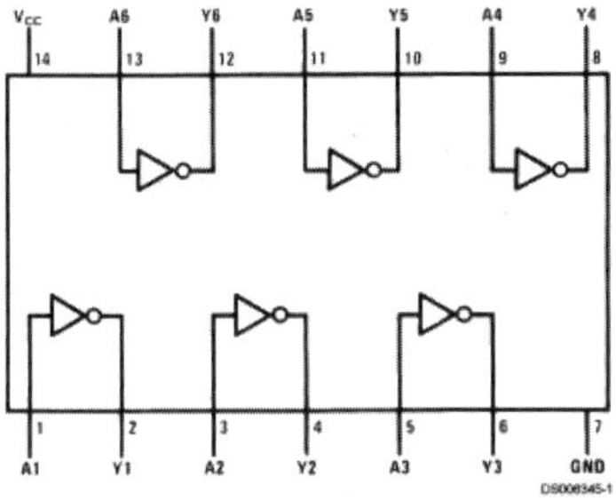

IC 7404

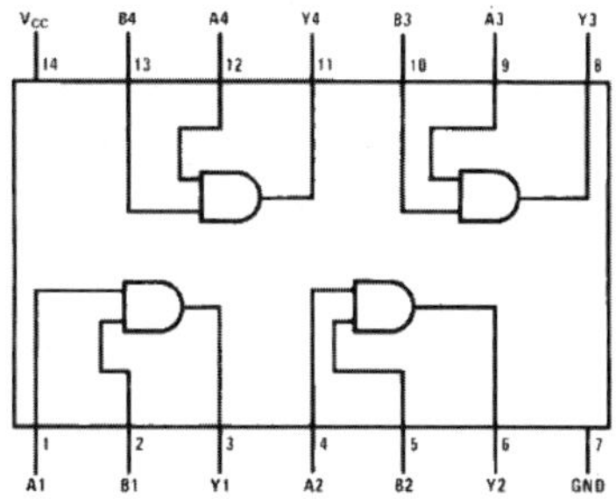

IC 7408

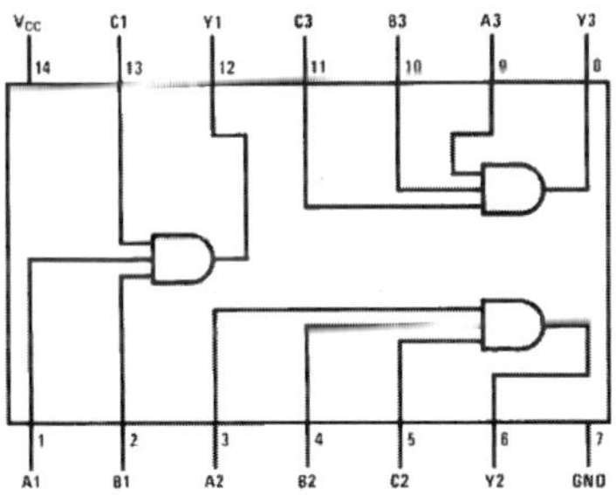

IC 7411

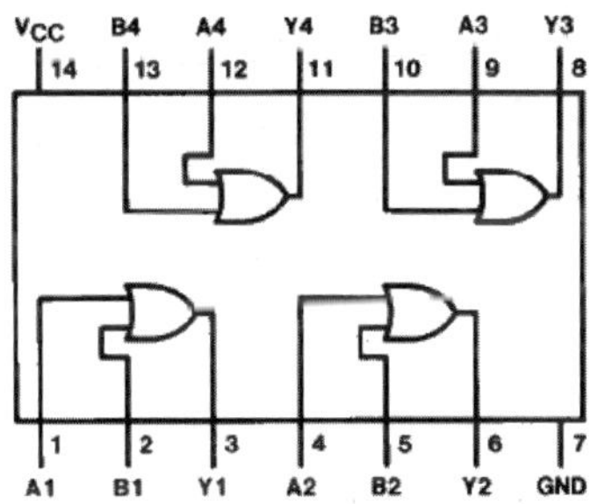

IC7432

4) 실험 결과

-. QUARTUS II의 Waveform Editor를 이용하여 결과를 확인한다.

-. TTL IC를 이용하여 회로를 구성하고 LED로 결과를 확인한다.

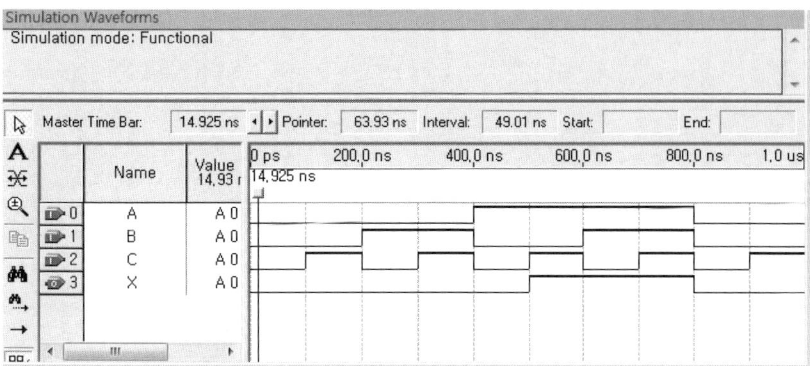

(a) 원회로 [X = AB+AB'C]

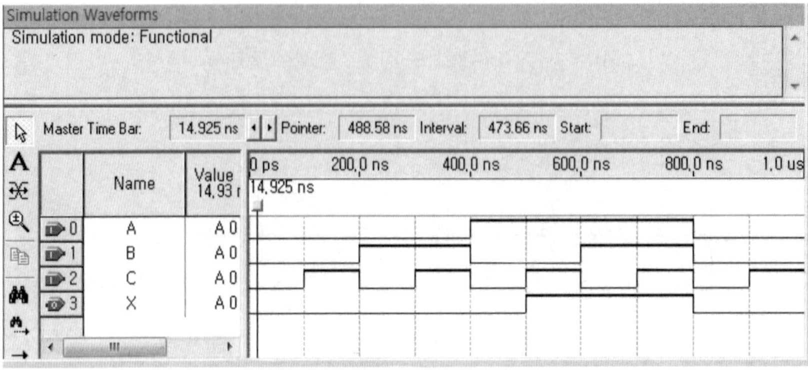

(b) 간소화된 회로 1 [X = A(B+C)]

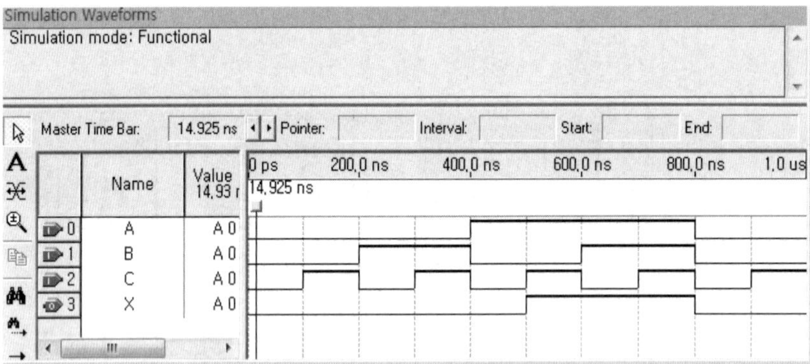

(c) 간소화된 회로 2 [X = AB+AC]

이와 같이 실험 회로도 (a), (b), (c)의 결과가 같음을 확인하였다.

연습문제

X=(A+B)(B+C)(C+A') 을 부울대수를 이용하여 간소화 하고, Quartus Ⅱ를 이용해 시뮬레이션하여 원 회로와 간소화된 회로의 결과가 같음을 확인하시오.

SECTION 4. 부울식의 표준형 및 카르노우 맵을 이용한 간소화

앞서 말한대로 복잡한 회로를 같은 성능을 유지하면서 빠르고, 적은 비용으로 간소화된 회로로 구현할 수 있다면 엄청난 시간적, 경제적 이익을 볼 수 있을 것이다.

논리 회로를 간소화하기 위한 방법으로는 크게 세 가지가 있다. 첫 번째 방법은 앞에서 설명한 부울 대수를 이용하여 간소화하는 것이다. 이는 많은 경험적 요소와 재능을 필요로 하므로 많이 사용하지는 않는다. 두 번째 방법은 카르노우 맵(Karnaugh map)을 이용한 방법이다. 이는 가장 일반적으로 사용하는 간소화 방법으로 작은 입력 변수(6변수 또는 그 이하)에서 효율적으로 사용할 수 있다. 하지만 입력 변수의 수가 많아지게 되면 구현이 힘들어 지는 단점이 있어 다변수에서는 마지막 간소화 방법인 퀸-맥클러스키(Quine-McCluskey) 방법을 주로 사용한다. 퀸-맥클러스키 방법은 반복된 비교 작업으로 인해 프로그램으로의 구현이 쉽다. 본 섹션에서는 부울식의 표준형과 이를 이용한 카르노우 맵 간소화 방법을 공부한다.

4.1 부울식의 표준형

부울식을 표현하는 방법은 SOP(Sum of Product)형태와 POS(Product of Sum)의 2 가지가 있다. 먼저 SOP형태는 최소항(minterm)을 나열한 것으로 회로로 구현되었을 때 AND_OR 형태가 되어 최종적으로 NAND 게이트로 이루어진 회로 만들 수 있고, POS 형태는 최대항(maxterm)을 나열한 것으로 회로로 구현되었을 때 OR-AND 형태가

[표 4.4] 최소항과 최대항

A B C	최소항(Minterms)	최대항(Maxterms)
0 0 0	A'B'C'	A+B+C
0 0 1	A'B'C	A+B+C'
0 1 0	A'BC'	A+B'+C
0 1 1	A'BC	A+B'+C'
1 0 0	AB'C'	A'+B+C
1 0 1	AB'C	A'+B+C'
1 1 0	ABC'	A'+B'+C
1 1 1	ABC	A'+B'+C'

되어 최종적으로 NOR 게이트로 이루어진 회로를 만들 수 있다. 여기서 최소항은 '1'을 기준으로 각각의 항들을 AND 연산한 결과이고, 최대항 '0'을 기준으로 각각의 항을 OR 연산한 결과이다. 최소항과 최대항이 표 4.4에 나타나있다. 최소항은 '1' 기준이기 때문에 '0' 일때 프라임(')을 붙여주고 최대항은 '0' 기준이기 때문에 '1'일때 프라임(')을 붙여준다. 최소항은 AND 연산, 최대항은 OR 연산에 기인하여 이름 붙여졌다.

이때 최소항은 'm0, m1, m2, ...' 와 같이 소문자 'm' 을 사용하여 간략히 나타낼 수 있고, 최대항은 'M0, M1, M2, ...' 와 같이 대문자 'M'을 사용하여 간략히 나타낼 수 있다.

[표 4.5] 간략화 기호를 사용한 최소항과 최대항

A B C	최소항(Minterms)	최대항(Maxterms)
0 0 0	A'B'C'=mo	A+B+C=M0
0 0 1	A'B'C=m1	A+B+C'=M1
0 1 0	A'BC'=m2	A+B'+C=M2
0 1 1	A'BC=m3	A+B'+C'=M3
1 0 0	AB'C'=m4	A'+B+C=M4
1 0 1	AB'C=m5	A'+B+C'=M5
1 1 0	ABC'=m6	A'+B'+C=M6
1 1 1	ABC=m7	A'+B'+C'=M7

예를 들어 아래 표 4.6와 같이 동작하는 회로가 있다고 하자. A, B, C는 입력이고 Y는 출력이다.

[표 4.6] 진리표

입력	출력
A B C	Y
0 0 0	1
0 0 1	0
0 1 0	0
0 1 1	1
1 0 0	1
1 0 1	0
1 1 0	0
1 1 1	1

표 4.6의 진리표에 최소항과 최대항을 적어 넣으면 표 4.7과 같다. 위에서도 언급했다시피 최소항은 '1' 기준이기 때문에 출력이 '1' 나오는 경우를 가지고 만들 수 있고, 최대항은 '0' 기준이기 때문에 출력이 '0' 나오는 경우를 가지고 만들 수 있다.

[표 4.7] 진리표 (Minterms & Maxterms)

A B C	Y	Minterms	Maxterms
0 0 0	1	A'B'C'	
0 0 1	0		A+B+C'
0 1 0	0		A+B'+C
0 1 1	1	A'BC	
1 0 0	1	AB'C'	
1 0 1	0		A'+B+C'
1 1 0	0		A'+B'+C
1 1 1	1	ABC	

표 4.7의 진리표에서 최종적으로 최소항을 OR 연산하여 나열하면 아래 수식과 같다. 이와 같은 논리식을 SOP(Sum of Product, 곱의합) 형태의 논리식이라고 한다.

$$Y(A,B,C)=A'B'C'+A'BC+AB'C'+ABC \quad : (\text{SOP 형태})$$

마찬가지로 최대항을 AND 연산하여 나열하면 다음과 같다. 이와 같은 논리식을 POS(Product of Sum, 합의곱) 형태의 논리식이라고 한다.

$$Y(A,B,C)=(A+B+C')(A+B'+C)(A'+B+C')(A'+B'+C) \quad : (\text{POS 형태})$$

즉 하나의 진리표로부터 얻을 수 있는 수식은 SOP 형태의 수식과 POS 형태의 수식 2가지이다. 위 2개의 수식은 '=' 이 성립하는 같은 수식이다.

$$\begin{aligned} Y(A,B,C)&=A'B'C'+A'BC+AB'C'+ABC \\ &=(A+B+C')(A+B'+C)(A'+B+C')(A'+B'+C) \end{aligned}$$

마지막으로 SOP 형태의 수식은 간략화 된 최소항 표기와 'Σ' 를 이용하여 다음과 같이 표현할 수 있다.

$$
\begin{aligned}
Y(A,B,C) &= A'B'C' + A'BC + AB'C' + ABC \\
&= m0 + m3 + m4 + m7 \\
&= \Sigma m(0,\ 3,\ 4,\ 7)
\end{aligned}
$$

마찬가지로 POS 형태의 수식도 간략화 된 최대항 표기와 'Π' 를 이용하여 다음과 같이 표현이 가능하다.

$$
\begin{aligned}
Y(A,B,C) &= (A+B+C')(A+B'+C)(A'+B+C')(A'+B'+C) \\
&= 1M2M5M6 \\
&= \Pi M(1,\ 2,\ 5,\ 6)
\end{aligned}
$$

예제 다음 진리표에 최소항과 최대항을 적어 넣고, SOP 및 POS 형태의 논리식을 구하시오.

[표 4.8] 진리표

A	B	C	Y
0	0	0	0
0	0	1	0
0	1	0	0
0	1	1	0
1	0	0	0
1	0	1	1
1	1	0	1
1	1	1	1

최소항과 최대항을 구하면 표 4.9와 같다.

[표 4.9] 진리표 (Minterms & Maxterms)

A	B	C	Y	Minterms	Maxterms
0	0	0	0		A+B+C
0	0	1	0		A+B+C'
0	1	0	0		A+B'+C
0	1	1	0		A+B'+C'
1	0	0	0		A'+B+C
1	0	1	1	AB'C	
1	1	0	1	ABC'	
1	1	1	1	ABC	

다음으로 SOP 형태의 논리식과 POS 형태의 논리식은 다음과 같다.

$$Y = AB'C + ABC' + ABC \qquad Y = (A+B+C)(A+B+C')(A+B'+C)(A+B'+C')(A'+B+C)$$
$$= m5 + m6 + m7 \qquad = M0M1M2M3M4$$
$$= \Sigma m(5,\ 6,\ 7) \qquad = \Pi M(0,\ 1,\ 2,\ 3,\ 4)$$

4.2 카르노우 맵을 이용한 간소화

앞서 부울 대수를 이용한 간소화 방법을 공부하였다. 부울 대수를 이용한 간소화 방법은 어렵고 복잡하여 최소화된 논리식을 얻기가 어렵고, 제대로 간소화 되었는지 확인하기 어려운 단점을 가지고 있어 많이 사용하지 않는다. 본 절에서는 구현이 쉽고 체계화 된 간소화 방법인 카르노우 맵(Karnaugh map) 방법을 공부한다. 일반적으로 가장 많이 사용하는 간소화 방법으로 작은 입력 변수(6변수 또는 그 이하)에서 효과적으로 사용할 수 있다.

1) 2변수 카르노우 맵

카르노우 맵은 모든 입력에 대한 출력을 그림 4.32 (b)와 같은 사각형 배열에 나타낸다. 먼저 A와 B로 들어올 수 있는 모든 입력을 각각 세로축과 가로축에 배열하고 (c)와 같이 진리표를 바탕으로 각각의 셀에 출력값을 넣어준다. 예를 들어 진리표에서 입력 A가 '0'이고 입력 B가 '0'인 경우 출력 '1'을 해당 셀에 넣어주면 된다.

카르노우 맵 작성이 끝나면 다음단계로 각각의 셀을 묶어 입력변수를 간소화 해주면 된다. 간소화 방법은 SOP 형태와 POS 형태의 두 가지 방법이 있는데 먼저 SOP 형태의 간소화 방법을 살펴보자.

앞서 4.1절에서 SOP 형태의 논리식은 '1'을 기준으로 작성된 AND-OR 형태임을 살펴보았다. 마찬가지로 카르노우 맵을 이용하여 SOP 형태의 간소화된 논리식을 구하는 경우에도 '1'을 기준으로 묶어서 입력 변수를 제거해준 후 AND-OR 형태의 논리식을 만들어주면 된다. 이때 간소화 방법은 그림 4.33의 규칙을 따른다.

A B	Y
0 0	1
0 1	0
1 0	1
1 1	0

(a)

A \ B	0	1
0		
1		

(b)

A \ B	0	1
0	1	0
1	1	0

(c)

[그림 4.32] 카르노우 맵 작성

1. 모든 1이 포함되도록 묶는다.
2. 인접된 셀들을 직사각형이나 정사각형으로 묶는다(대각선으로는 묶을 수 없다).
3. 2^n으로 큰 그룹부터 작은 그룹으로 순으로 묶는다. [총 셀의 개수가 4개면 4(=2^2), 2(=2^1), 1(=2^0)순으로 모든 '1'이 포함되게 최대한 크게 묶어준다]
4. 묶어준 셀의 입력값을 비교하여 다른 입력이 존재하는 변수는 소거해준다.
5. 마지막으로 AND-OR 형태의 간소화된 논리식을 구한다.

[그림 4.33] 간소화 규칙

그림 4.34 (a)는 카르노우 맵을 그룹으로 묶어준 것이다. 모든 '1'이 포함되는 직사각형 또는 정사각형 형태로 묶어준 것으로 4(=2^2)개로는 묶이지 않아 2(=2^1)개로 묶어주었다. 카르노우 맵에서는 크게 묶어 줄수록 더 많은 간소화가 이루어진다. 다음으로 묶어준 셀의 입력변수를 비교하여 다른 입력이 존재하는 변수는 소거해주면 된다. A입력(세로축)을 보면 묶인 셀이 '0'과 '1'에 걸쳐져 있으므로 A변수는 소거가 가능하다. 의미를 살펴보면 'A가 0이어도 출력이 1이 나오고 A가 1이어도 출력이 1이 나오기 때문에 출력이 1이 나오기 위해서 A에 0 들어오든 1 들어오든 신경 쓸 필요가 없다'는 것으로 수식에서 삭제하는 것이 가능하다. B입력(가로축)을 보면 셀이 '0'에만 걸쳐져있으므로 '출력이 1 나오기 위한 B입력은 반드시 0'이어야하며 소거가 불가능하다. 따라서 A는 소거되었으며 B는 0 일때 출력이 1 나옴을 확인할 수 있다. 여기서 SOP 형태는 '1' 기준이므로 B가 0 일때 프라임(')을 붙여 표현하면 그림 4.34 (b)와같이 B'으로 간소화할 수 있다.

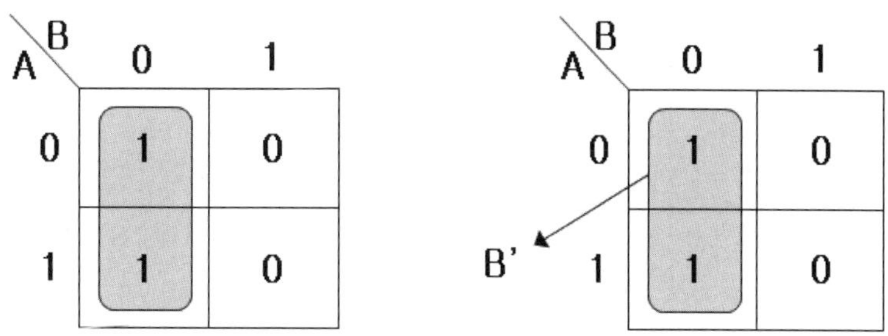

(a) (b)

[그림 4.34] 간소화

마지막으로 간소화된 논리식은 다음과 같다.

$$Y(A,B)=B'$$

그림 4.35는 2입력 카르노우 맵을 이용한 여러 가지 간소화 예를 보여주고 있다.

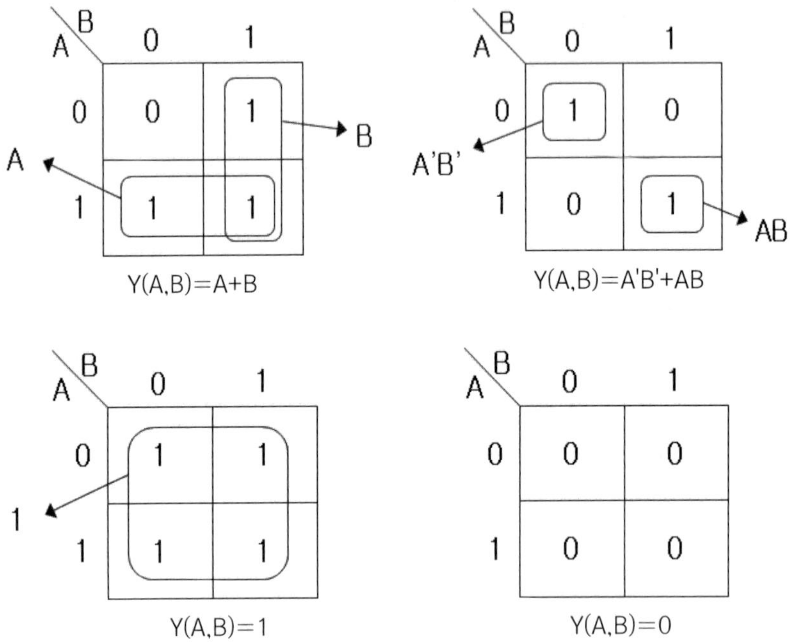

[그림 4.35] 여러 가지 간소화 예제

2) 3변수 카르노우 맵

3변수 카르노우 맵도 2변수 카르노우 맵과 같은 방법으로 간소화 하면 된다. 단지 셀의 개수가 4개가 아니라 8개라는 차이점만 가지고 있다. 따라서 셀을 묶을 때도 8, 4, 2, 1개의 순으로 최대한 크게 묶어주면 된다.

그림 4.36 3변수 카르노우 맵을 이용한 간소화 과정을 보여주고 있다. (b)의 카르노우 맵을 보면 세로축은 A입력이고 가로축은 B와 C의 입력을 묶어서 표현하고 있다. 이때 BC는 00, 01, 10, 11 순이 아니라 00, 01, 11, 10 순으로 모든 셀이 1비트 차이가 나도록 배열하였음을 주의해야한다. (c) 그림을 보면 모든 셀이 1값을 가지고 있지 않기 때문에 8개로는 묶이지 않으며, 직사각형 형태로 4개의 셀과 2개의 셀로 묶을 수 있다. 이때 4개로 묶은 셀은 B입력의 0, 1과 C입력의 0, 1에 모두 걸쳐져 있어 가로축(B, C)이 전부 소거되며, 세로축은 A가 0이므로 A'이 된다. 마찬가지로 2개로

묶은 셀도 간소화하면 B·C가 되어 최종적으로 간소화된 논리식은 Y=A'+BC가 된다.

A B C	Y
0 0 0	1
0 0 1	1
0 1 0	1
0 1 1	1
1 0 0	0
1 0 1	0
1 1 0	0
1 1 1	1

(a)

A \ BC	00	01	11	10
0	1	1	1	1
1	0	0	1	0

(b)

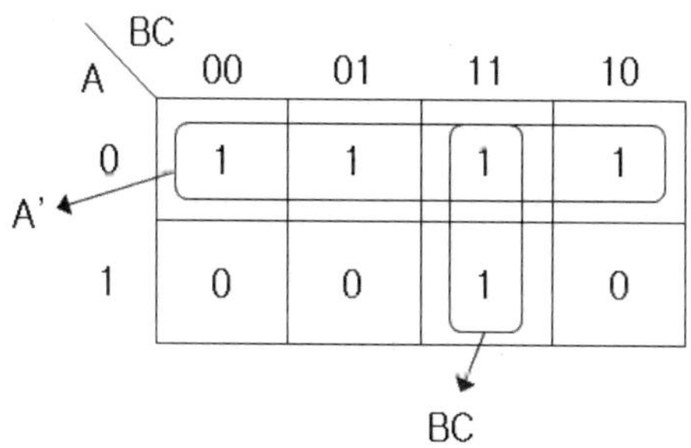

(c) 간소화된 논리식 : Y(A,B,C)=A'+BC

[그림 4.36] 3변수 카르노우 맵을 이용한 간소화

예제 다음 진리표에 카르노우 맵을 이용하여 SOP 형태로 간소화하시오.

A B C	Y
0 0 0	1
0 0 1	1
0 1 0	0
0 1 1	1
1 0 0	1
1 0 1	0
1 1 0	1
1 1 1	1

[그림 4.37] 진리표

그림 4.37의 진리표를 바탕으로 카르노우 맵을 작성하면 다음과 같다.

A \ BC	00	01	11	10
0	1	1	1	0
1	0	0	1	1

[그림 4.38] 3변수 카르노우 맵

그림 4.38에서 묶을 수 있는 모든 그룹은 그림 4.39과 같다. 여기서 각각의 그룹들을 주항(Prime Implicant, PI)이라고 한다.

앞의 그림 4.36에서 주항은 A'과 BC 두 개가 있으며, 그림 4.39에서는 A'B', A'C, BC, AB의 4개가 있다.

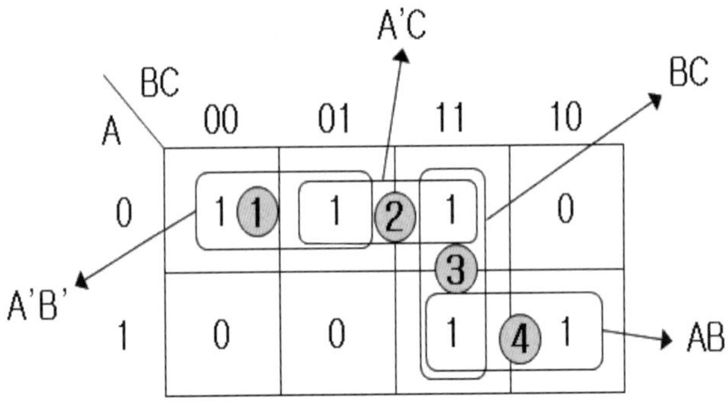

[그림 4.39] 주항

카르노우 맵에서는 모든 '1'을 한번 이상만 포함시키면 되기 때문에 그림 4.39의 모든 주항을 수식에 포함시킬 필요는 없다. ①번과 ④번 주항을 선택한 후에 ②번과 ③번 주항 중 어느 하나만 선택하여 모든 '1'을 포함하게 만들면 보다 효율적인 간소화가 이루어질 것이다. 여기서 ①번과 ④번 주항의 "000", "110"셀과 같이 한번만 묶여진 '1'이 존재하기 때문에 반드시 포함되어야 하는 주항을 필수주항(Essential Prime Implicant, EPI)라고 한다. 위에서 필수 주항은 A'B', AB의 두 개가 있다.

따라서 간소화된 논리식은 그림 4.40와 같이 두 개가 존재한다.

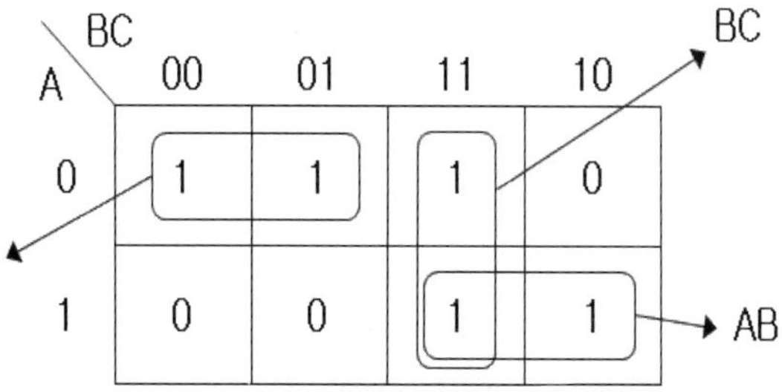

(a) Y(A,B,C)=A'B'+AB+A'C (②번 주항 선택)

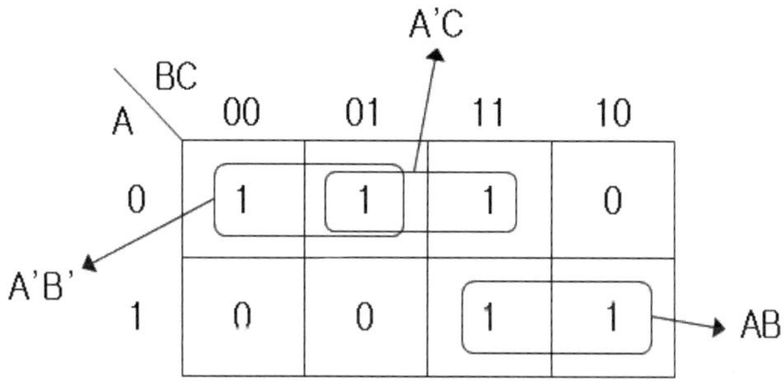

(b) Y(A,B,C)=A'B'+AB+BC (③번 주항 선택)

[그림 4.40] 간소화된 논리식

예제 다음 논리식을 카르노우 맵을 이용하여 SOP 형태로 간소화하시오.

$$Y(A,B,C) = \Sigma m(0,\ 1,\ 2,\ 3,\ 4,\ 6)$$

앞에서는 진리표를 이용해 카르노우 맵을 만드는 방법을 살펴보았다. 카르노우 맵은 반드시 진리표로부터 유도되어야 할 필요는 없으나 진리표를 그려주는 습관을 가지는 것이 나중에 시행착오를 방지할 수 있는 좋은 방법이다. 하지만 논리식으로부터 바로 카르노우 맵을 유도하는 것도 가능하다. SOP 형태의 논리식은 ()안의 숫자에 해당하는 셀에 '1' 값을 넣어주면 되고, POS 형태의 논리식은 '0' 값을 넣어주면 된다.

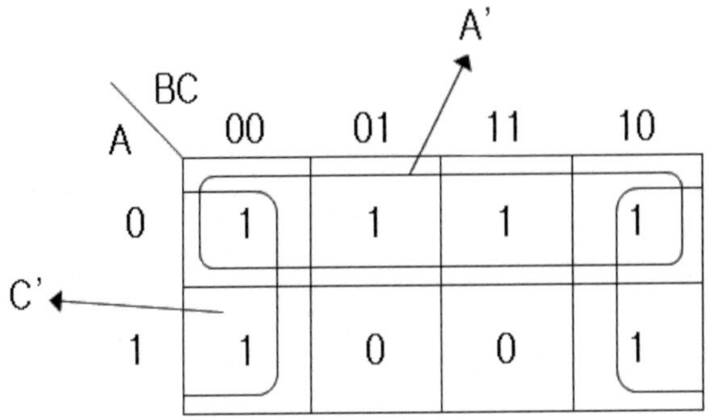

[그림 4.41] 3변수 카르노우 맵을 이용한 간소화

그림 4.41의 논리식에서 주항은 A', C'이고 필수주항도 마찬가지로 A', C'이다. 따라서 간소화된 논리식은 다음과 같다.

Y(A,B,C)=A'+C'

참고로 그림 4.42의 B'C', BC'은 주항이 아니다. 최대한 크게 묶은 항들만 주항으로 간주한다.

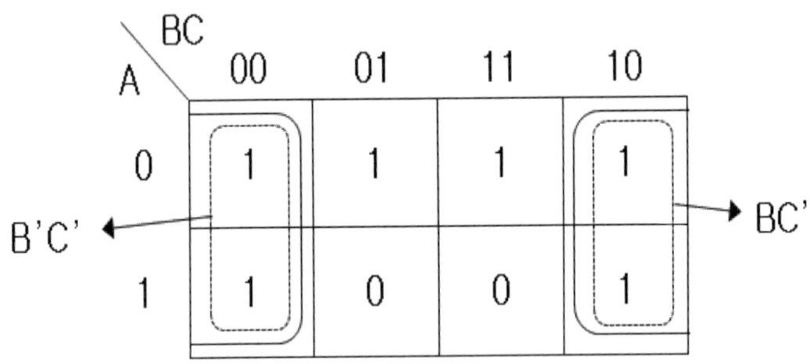

[그림 4.42] 주항의 개념

3) 4변수 카르노우 맵

4변수 카르노우 맵도 3변수 카르노우 맵과 같은 방법으로 간소화 하면 된다. 단지 셀의 개수가 8개가 아니라 16개라는 차이점만 가지고 있다. 따라서 셀을 묶을 때도 16, 8, 4, 2, 1개의 순으로 묶어주면 된다.

그림 4.43은 4변수 카르노우 맵을 이용한 간소화 과정을 보여주고 있다.

A	B	C	D	Y
0	0	0	0	1
0	0	0	1	1
0	0	1	0	1
0	0	1	1	1
0	1	0	0	1
0	1	0	1	1
0	1	1	0	1
0	1	1	1	1
1	0	0	0	0
1	0	0	1	1
1	0	1	0	0
1	0	1	1	1
1	1	0	0	0
1	1	0	1	1
1	1	1	0	0
1	1	1	1	1

(a)

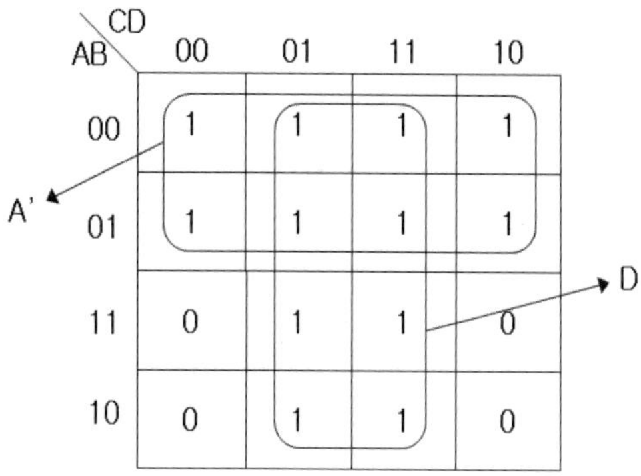

(b)

[그림 4.43] 4변수 카르노우 맵을 이용한 간소화

(b)에서 주항은 A', D이고 필수주항도 A', D이다. 간소화된 논리식은 다음과 같다.

$$Y(A,B,C,D)=A'+D$$

예제 다음 논리식을 카르노우 맵을 이용하여 SOP 형태로 간소화하시오.

$$Y(A,B,C,D)=\Pi M(1,\ 3,\ 11,\ 12,\ 14,\ 15)$$

POS형태의 수식이기 때문에 해당셀에 '0'값을 넣어준 다음 SOP 형태('1' 기준)로 간소화한다.

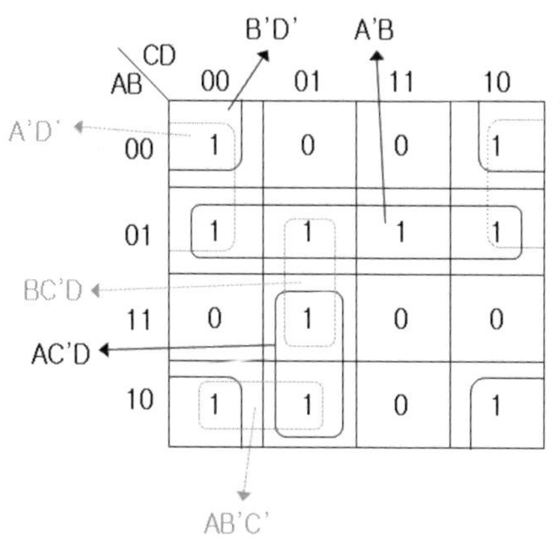

[그림 4.44] 4변수 카르노우 맵을 이용한 간소화

그림 4.44에서 주항은 A'D', B'D', A'B, AB'C', AC'D, BC'D이고 필수주항은 A'B, B'D'이다. 필수 주항을 포함한 주항들을 적절히 배열(그림 4.44의 실선)하면 다음과 같이 간소화할 수 있다.

$$Y(A,B,C,D)=A'B+B'D'+AC'D$$

4) 5변수 카르노우 맵

5 변수 카르노우 맵의 간소화 과정은 4변수 카르노우 맵과 같으나 3차원 맵을 사용한다는 점만 다르다. 그림 4.45는 A=0인 평면과 A=1인 평면이 위아래 연결되어 3차원 입방체로 표현된 카르노우 맵이다. 각각의 평면 세로축은 BC, 가로축은 DE의 입력값을 나타내고 있다. 두 평면 같은 위치의 BCDE 값은 같으며 A값만 다르다. 예들 들어 위쪽 평면의 첫 번째 셀은 ABCDE 입력이 "00000"일때 출력값이고, 아래쪽 평면은 "10000"일때의 출력값이다. 따라서 위아래 셀도 ABCDE값이 00000과 10000으로 1 bit 차이가 나므로 묶어서 간소화 할수 있다. 즉, 상하좌우 모두 묶을 수 있으며, 총 셀의 개수가 16개이므로 16, 8, 4, 2, 1의 순으로 최대한 크게 묶어준다.

그림 4.46는 위의 그림은 옆으로 펼쳐서 간소화한 그림이다. 블록이 A=0인 평면과 A=1인 평면에 모두 걸쳐져 있으면 A값을 소거할 수 있다. 어느 한 평면 안에 블록이 생성되면 4변수 카르노우 맵과 같은 방법으로 간소화하면 된다.

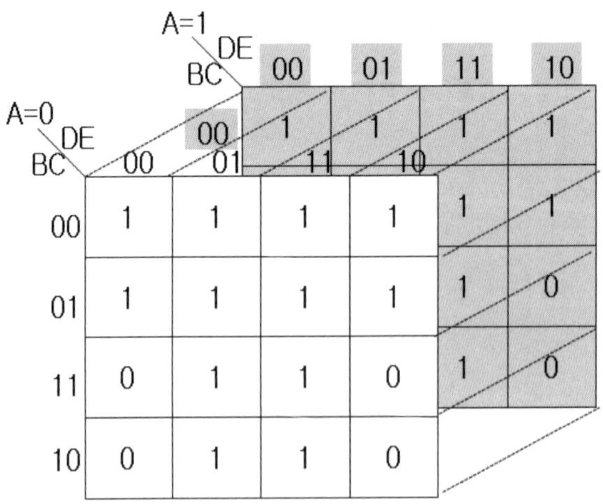

[그림 4.45] 5변수 카르노우 맵

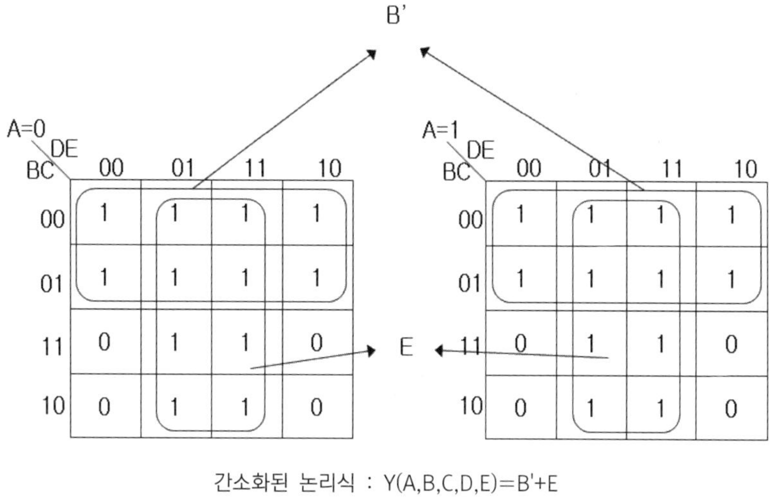

[그림 4.46] 5변수 카르노우 맵을 이용한 간소화

예제 다음 논리식을 카르노우 맵을 이용하여 SOP 형태로 간소화하시오.

$Y(A,B,C,D,E)=\Sigma m(0, 1, 2, 3, 5, 9, 13, 16, 17, 18, 19, 22, 25, 28, 30)$

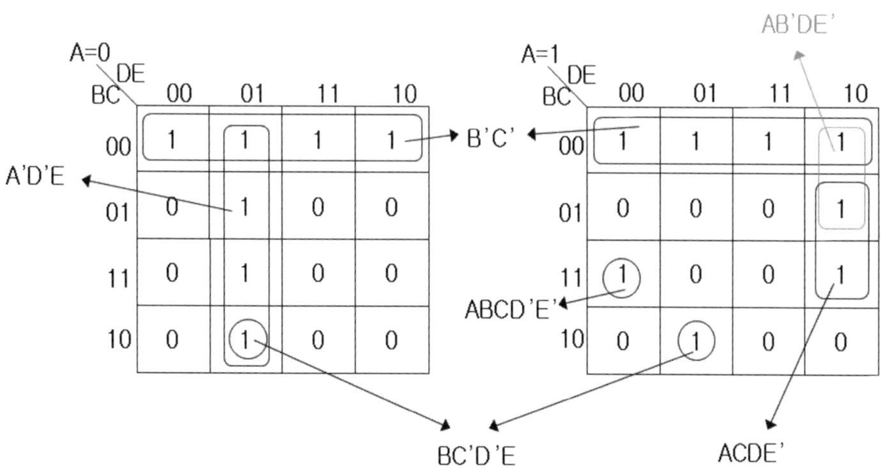

[그림 4.47] 5변수 카르노우 맵을 이용한 간소화

그림 4.47에서 주항은 A'D'E, B'C', ABCD'E', BC'D'E, ACDE', AB'DE'이고 필수 주항은 A'D'E, B'C', ABCD'E', BC'D'E, ACDE'이다. 따라서 간소화된 논리식은 다음과 같다.

$$Y(A,B,C,D,E)=A'D'E+B'C'+ABCD'E'+BC'D'E+ACDE'$$

5) 무상관(don't care)항이 포함된 카르노우 맵 간소화

무상관항(don't care terms)은 특정 입력에 대한 출력을 고려할 필요가 없는 경우에 발생한다, 출력이 '0'이든 '1'이든 상관없는 항을 말하며 논리식에는 'd' 진리표에는 'X'로 표현한다. 다음은 무상관항이 포함된 논리식과 진리표이다.

$$Y(A,B,C)=\Sigma m(0,\ 1,\ 6)+d(2,\ 3,\ 5)$$

A B C	Y
0 0 0	1
0 0 1	1
0 1 0	X
0 1 1	X
1 0 0	0
1 0 1	X
1 1 0	1
1 1 1	0

[그림 4.48] 무상관항이 포함된 진리표

무상관항은 출력이 '0'이든 '1'이든 상관없으므로 간소화 과정에서 편의에 따라 '0'에 포함시켜도 되고 '1'에 포함시켜도 된다. 그림 4.49은 무상관항이 포함된 카르노우 맵 간소화 과정을 보여주고 있다. 카르노우 맵에서는 크게 묶을수록 더 많이 간소화되기 때문에 A' 그룹의 'X'는 '1'에 포함시켰고 BC'의 그룹의 'X'는 묶어줄 필요가 없어 '0'에 포함시켰다.

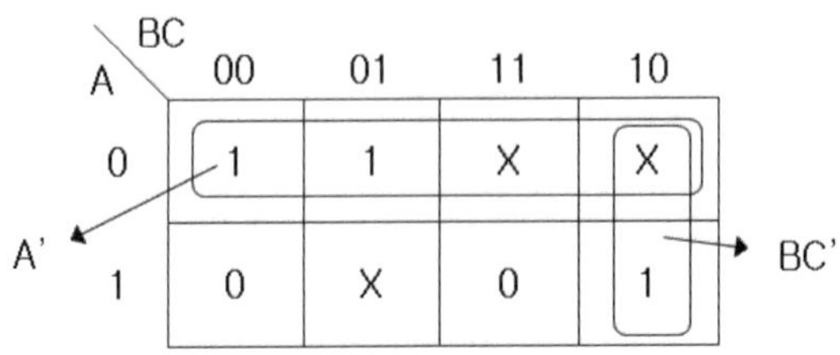

[그림 4.49] 무상관항이 포함된 카르노우 맵 간소화

따라서 그림 4.49에서의 주항은 A', BC' 이고 필수주항도 A', BC' 이다. 간소화된 논리식은 다음과 같다.

$$Y(A,B,C)=A'+BC'$$

예제 다음 논리식을 카르노우 맵을 이용하여 SOP 형태로 간소화하시오.

$$Y(A,B,C,D)=\Sigma m(1,\ 5,\ 7,\ 10)+d(9,\ 11,\ 13,\ 15)$$

무상관항이 포함된 수식으로 카르노우 맵으로 간소화하면 그림 4.50와 같다. 주항은 C'D, BD, AB'C이고 필수주항은 C'D, BD, AB'C이다.

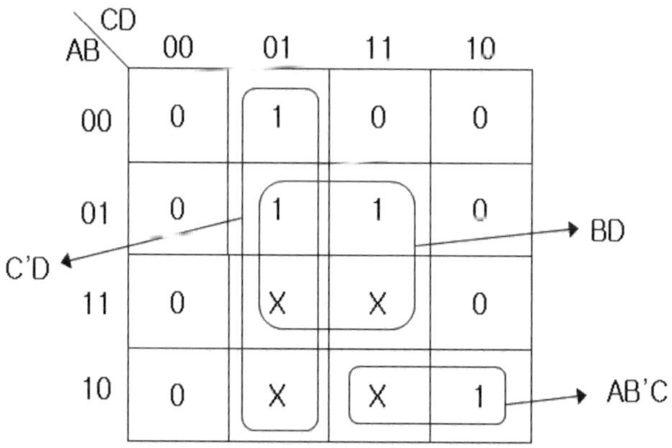

간소화된 논리식 : Y(A,B,C,D)=C'D+BD+AB'C

[그림 4.50] 무상관항이 포함된 카르노우 맵 간소화

5) 카르노우 맵을 이용한 POS 형태의 간소화 방법

지금까지 카르노우 맵을 이용한 SOP 형태의 방법에 대해 살펴보았다. 여기서는 POS 형태의 간소화 방법을 공부한다.

POS 형태의 간소화 방법은 SOP 형태의 간소화하는 방법에서 '1' 기준을 '0' 기준으로 바꾸는 것을 제외하고는 똑같다. 즉, '0'을 기준으로 그룹화하여 입력 변수를 제거해준 후 OR-AND 형태의 논리식을 만들어주면 된다. 이때 간소화 방법은 그림 4.33(SOP 형태의 간소화 규칙)에서 '1'을 '0'으로 바꿔준 다음의 규칙을 따른다.

1. 모든 0이 포함되도록 묶는다.
2. 인접된 셀들을 직사각형이나 정사각형으로 묶는다(대각선으로는 묶을 수 없다).
3. 2^n으로 큰 그룹부터 작은 그룹으로 순으로 묶는다. [총 셀의 개수가 4개면 $4(=2^2)$, $2(=2^1)$, $1(=2^0)$순으로 모든 '0'이 포함되게 최대한 크게 묶어준다]
4. 묶어준 셀의 입력값을 비교하여 다른 입력이 존재하는 변수는 소거해준다.
5. 마지막으로 OR-AND 형태의 간소화된 논리식을 구한다.

[그림 4.51] POS 간소화 규칙

그림 4.52은 POS 형태의 간소화 방법을 보여주고 있다. (a)의 진리표로부터 (b)의 카르노우 맵을 작성하는 단계는 SOP 형태와 같다. (c)의 간소화 과정을 보면 조금 다른데 POS 형태는 '0' 기준이기 때문에 소거되지 않은 입력변수가 '1'일 때 프라임(')을 붙여주었다. 이때 각각의 블록은 OR 연산을 블록 간에는 AND 연산을 하여 최종적으로 POS 형태의 수식을 만든다.

A	B	C	Y
0	0	0	1
0	0	1	0
0	1	0	0
0	1	1	0
1	0	0	0
1	0	1	0
1	1	0	0
1	1	1	1

(a)

A \ BC	00	01	11	10
0	1	0	0	0
1	0	0	1	0

(b)

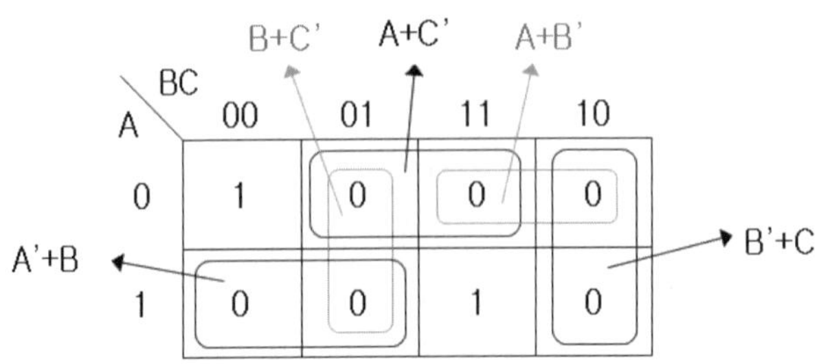

(c)

[그림 4.52] POS 형태의 간소화

그림 4.52 (c)에서 주항은 A'+B, B+C', A+C', A+B', B'+C이며 필수 주항은 A'+B, A+C', B'+C이다. 따라서 간소화된 POS 형태의 논리식은 다음과 같다.

$$Y(A,B,C)=(A'+B)(A+C')(B'+C)$$

예제 다음 논리식을 카르노우 맵을 이용하여 SOP 형태로 간소화하시오.

$$Y(A,B,C,D)=\Sigma m(1,\ 5,\ 7,\ 9,\ 10,\ 11)+d(12,\ 15)$$

그림 4.53에서 주항은 C+D, A+B+C', A+D, B'+D, A'+B'이고 필수 주항은 C+D, A+B+C', A'+B' 이다.

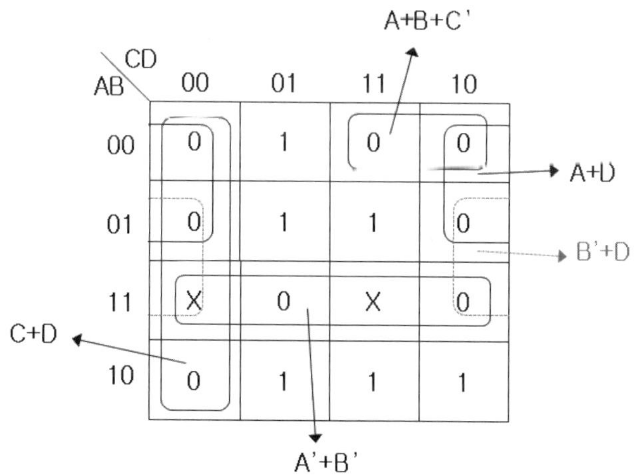

[그림 4.53] 카르노우 맵을 이용한 POS 형태의 간소화

필수 주항과 주항을 적절히 배열하여 간소화된 논리식을 구하면 다음과 같다.

$$Y(A,B,C,D)=(C+D)(A+B+C')(A+D)(A'+B')$$

예제 다음 논리식을 카르노우 맵을 이용하여 SOP 형태와 POS 형태로 각각 간소화하고 회로를 구현하시오.

$$X(A,B,C)=AB+AB'C$$

먼저 표준 SOP 및 POS 형태의 논리식을 구하기 위해 다음과 같은 진리표(truth table)를 작성한다.

[표 4.10] 진리표

A B C	AB	AB'C	X=AB+AB'C	Minterms	Maxterms
0 0 0	0	0	0		A+B+C
0 0 1	0	0	0		A+B+C'
0 1 0	0	0	0		A+B'+C
0 1 1	0	0	0		A+B'+C'
1 0 0	0	0	0		A'+B+C
1 0 1	0	1	1	AB'C	
1 1 0	1	0	1	ABC'	
1 1 1	1	0	1	ABC	

표 4.10의 진리표에 의해 표준 SOP 형태의 논리식은 다음과 같이 구해진다.

$$\begin{aligned}X(A,B,C)&=AB'C+ABC'+ABC\\&=m5+m6+m7\\&=\Sigma m(5,\ 6,\ 7)\end{aligned}$$

표 4.10의 진리표에 의해 표준 POS 형태의 논리식은 다음과 같이 구해진다.

$$\begin{aligned}X(A,B,C)&=(A+B+C)(A+B+C')(A+B'+C)(A+B'+C')(A'+B+C)\\&=M0\cdot M1\cdot M2\cdot M3\cdot M4\\&=\Pi M(0,\ 1,\ 2,\ 3,\ 4)\end{aligned}$$

진리표 또는 논리식을 이용해 카르노우 맵을 작성하면 그림 4.54과 같다.

A \ BC	00	01	11	10
0	0	0	0	0
1	0	1	1	1

[그림 4.54] 카르노우 맵 작성

먼저 그림 4.54의 카르노우 맵을 이용하여 SOP 형태로 간소화하면 그림 4.55와 같다.

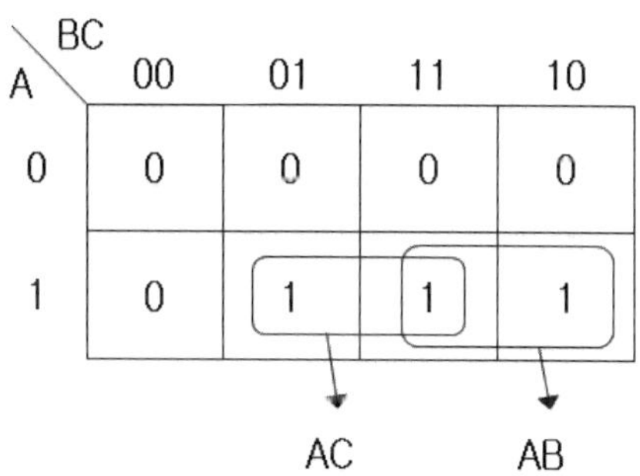

간소화된 논리식 : X(A,B,C)=AB+AC

[그림 4.55] K-MAP을 이용한 SOP형태의 간소화

다음으로 POS 형태로 간소화하면 그림 4.56와 같다.

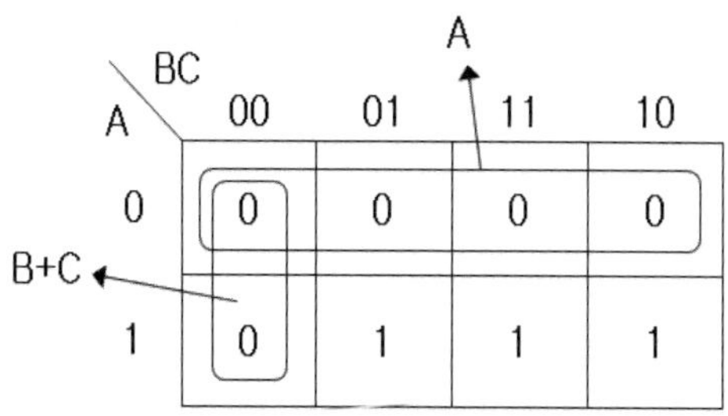

간소화된 논리식 : X(A,B,C)=(B+C)·A

[그림 4.56] K-MAP을 이용한 POS 형태의 간소화

간소화된 논리식을 이용하여 회로를 구현하면 그림 4.57과 같다.

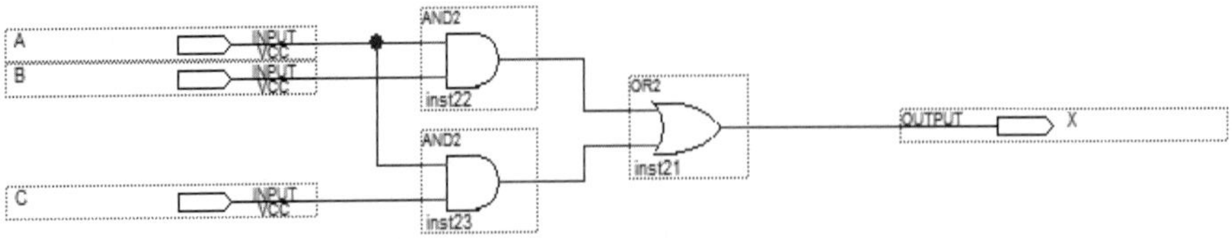

(a) SOP 형태의 회로

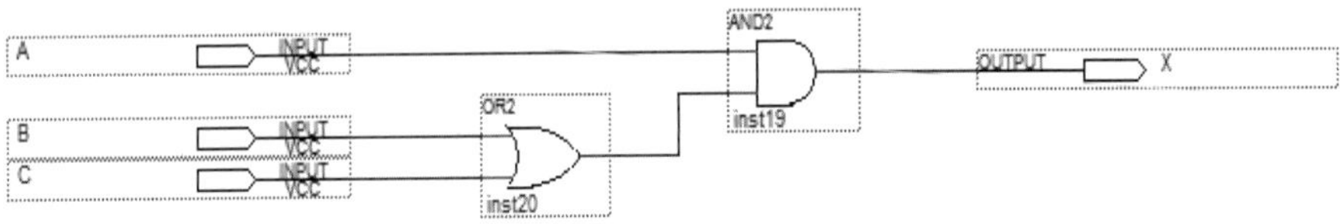

(b) POS 형태의 회로

[그림 4.57] 회로 구현

연습문제

※ 다음 물음에 답하시오.

1. 다음 진리표에 최소항과 최대항을 적어 넣으시오.

A B C	Y	Minterms	Maxterms
0 0 0	1		
0 0 1	0		
0 1 0	1		
0 1 1	0		
1 0 0	0		
1 0 1	1		
1 1 0	1		
1 1 1	1		

2. 위의 진리표를 이용해 표준 SOP 형태와 표준 POS 형태의 논리식을 구하시오.
3. 카르노우 맵을 이용해 SOP와 POS 형태로 각각 간소화하시오.
4. 간소화된 논리식을 이용해 회로를 설계하시오.
5. 설계된 회로를 NAND 또는 NOR 게이트로 이루어진 회로로 바꾸시오.

※ 다음 논리식을 SOP와 POS 형태로 각각 간소화 하시오
(① 진리표, ② 카르노우 맵을 이용한 간소화, ③ 주항, ④ 필수 주항, ⑤ 간소화된 논리식).

6. $Z(A,B,C)=\Sigma m(0, 1, 2, 3, 4, 5, 6, 7)$
7. $Z(A,B,C)=\Sigma m(0, 1, 2, 3, 5, 6)$
8. $Z(A,B,C,D)=\Pi M(0, 1, 2, 3, 6, 9, 10, 13, 14)$
9. $Z(A,B,C,D)=\Sigma m(1, 5, 6, 7, 8, 10, 13, 14)+d(12, 15)$
10. $Z(A,B,C,D,E)=\Sigma m(1, 5, 6, 7, 8, 10, 13, 14, 29, 30, 31)+d(12, 15, 26)$

4.3 Quartus II 및 TTL IC를 이용한 회로 설계

1) 사용 장비 및 부품

-. Schematic, Simulation : PC, ALTERA QUARTUS II

-. TTL-IC를 이용한 실험 : 전원공급기, 브레드보드, IC 7404, IC 7408, IC 7411, IC 7432, IC 744075

2) Quartus II를 이용한 Schematic 설계

-. 다음 논리식을 카르노우 맵을 이용하여 SOP 형태와 POS 형태로 각각 간소화하고, 간소화된 논리식을 바탕으로 Schematic 설계하여 결과를 확인하시오.

X(A,B,C)=A'B'C+A'BC+AB'C

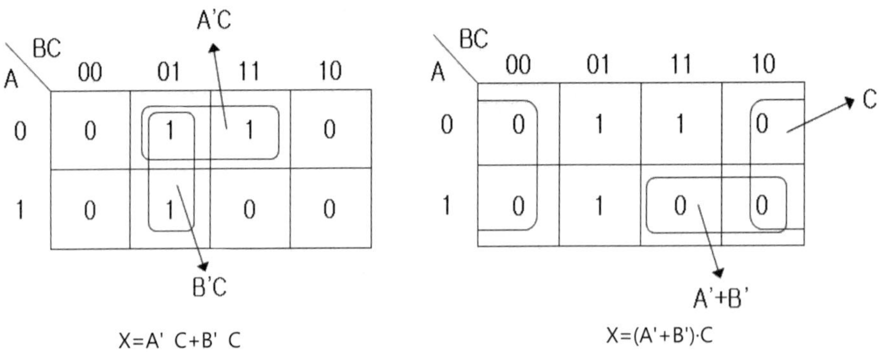

[그림 4.58] SOP와 POS 간소화

〈Schematic 설계〉

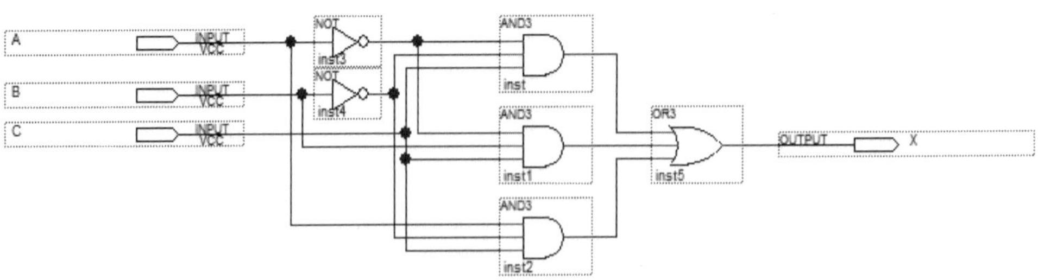

(a) 원회로 [X=A'B'C+A'BC+AB'C]

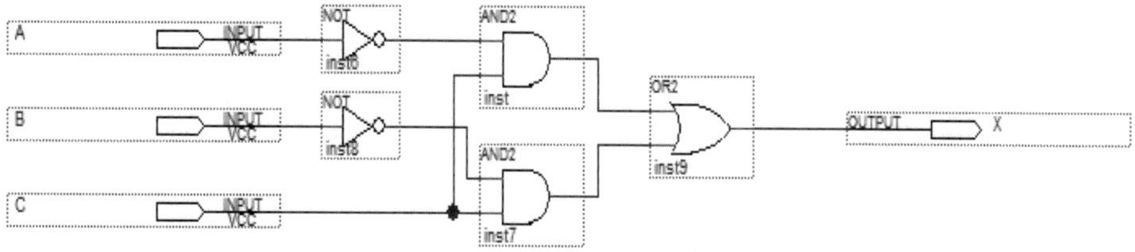

(b) SOP 형태의 간소화 회로 [X=A'C+B'C]

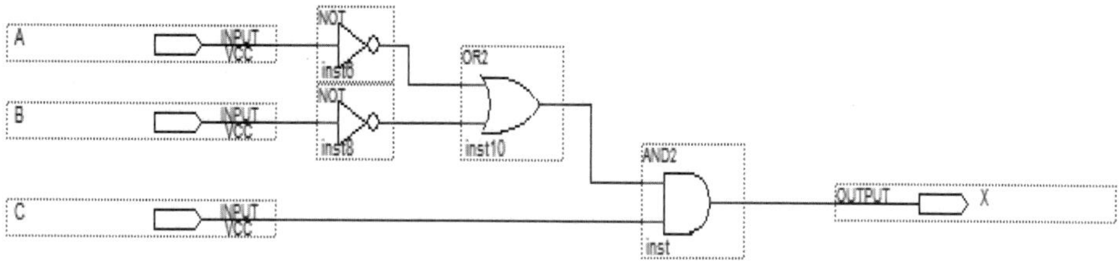

(c) POS 형태의 간소화 회로 [X=(A'+B')·C]

[그림 4.59] 실험 회로도

3) TTL IC를 이용한 설계

-. TTL IC를 이용하여 그림 4.59의 회로를 브레드보드에 구현하고 결과를 확인한다. 입력은 토글스위치를 사용하며 결과는 LED로 확인한다. 다음은 IC 7404, IC 7408, IC 7411, IC 7432, IC 744075 의 핀 번호이다.

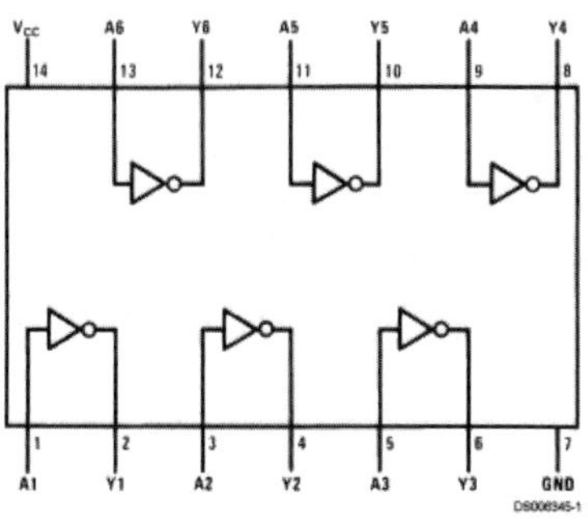

IC 7404

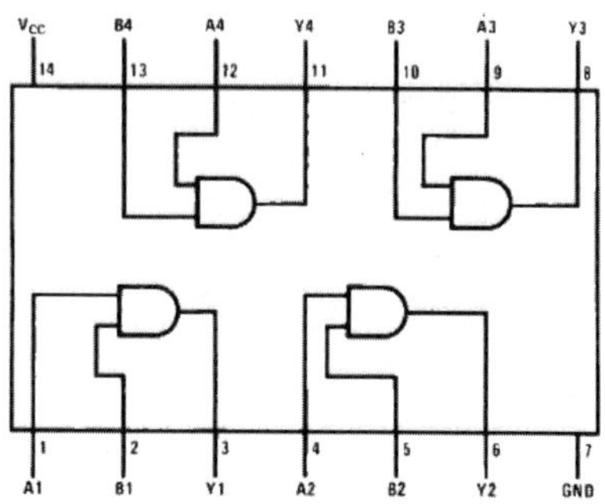

IC 7408

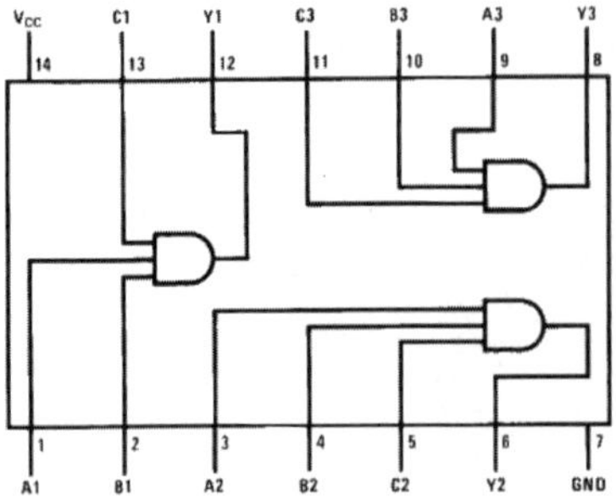

IC 7411

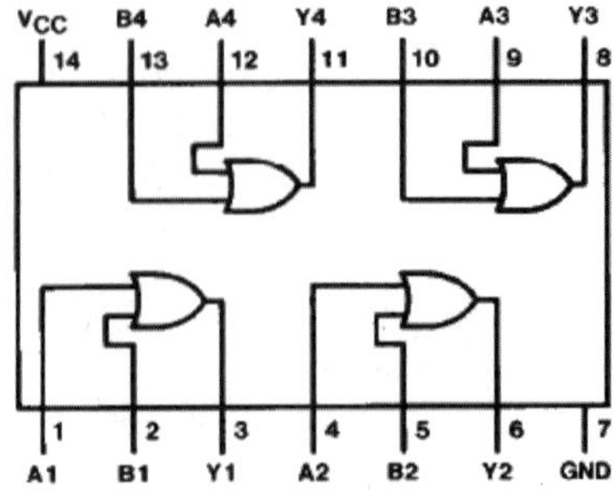

IC7432

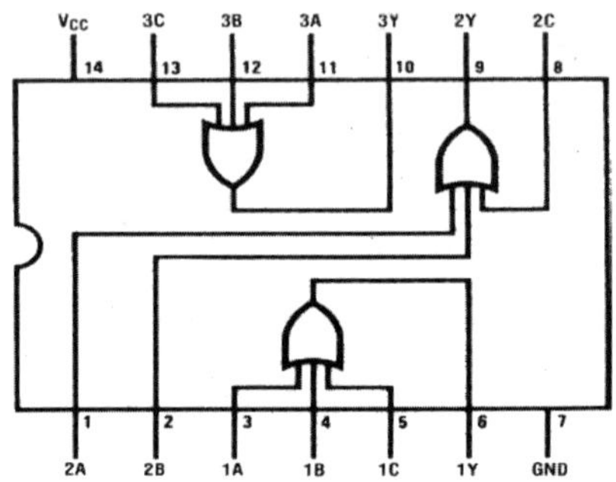

IC 744075

4) 실험 결과

-. QUARTUS II의 Waveform Editor를 이용하여 결과를 확인한다.

-. TTL IC를 이용하여 회로를 구성하고 LED로 결과를 확인한다.

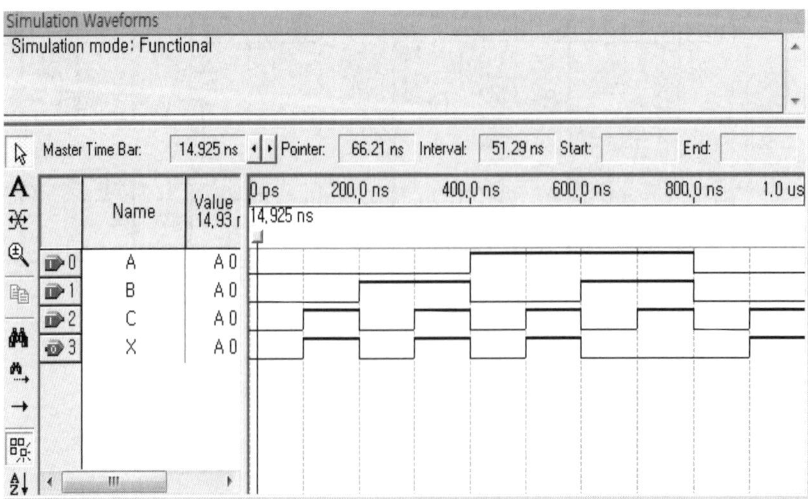

(a) 원회로 [X=A'B'C+A'BC+AB'C]

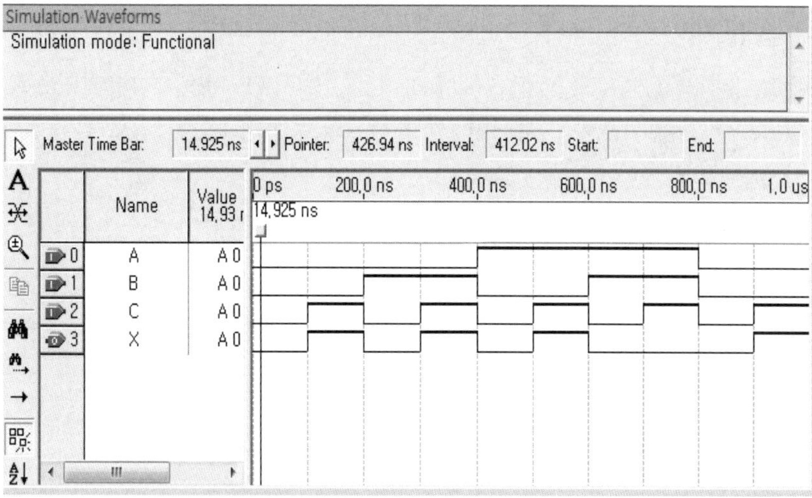

(b) SOP 형태의 간소화 회로 [X=A'C+B'C]

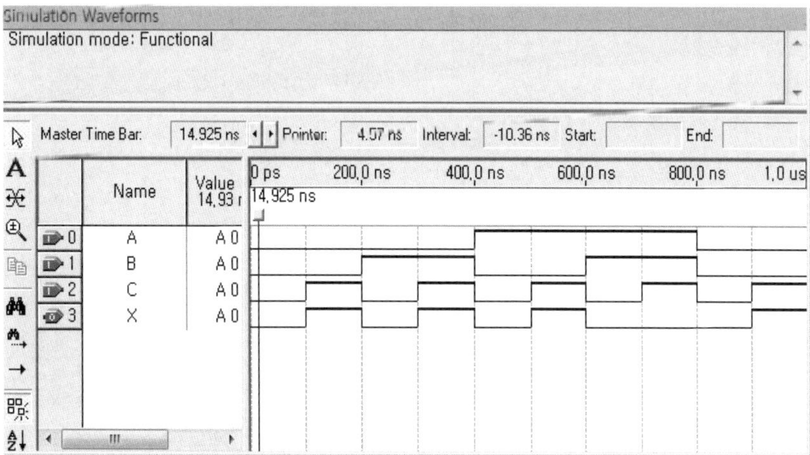

(c) POS 형태의 간소화 회로 [X=(A'+B')·C]

이와 같이 실험 회로도 (a), (b), (c)의 결과가 같음을 확인하였다.

연습문제

다음 논리식을 카르노우 맵을 이용하여 SOP와 POS 형태로 각각 간소화 하고, Quartus Ⅱ를 이용해 시뮬레이션하여 원 회로와 간소화된 회로들의 결과가 같음을 확인하시오.

$$X(A,B,C)=m0+m4+m6+m7$$

SECTION 5. 퀸-맥클러스키 방법을 이용한 간소화

앞서 부울대수와 카르노우 맵을 이용한 간소화 방법을 공부하였다. 본 섹션에서는 마지막 간소화 방법으로 퀸-맥클러스키(Quine-McCluskey) 방법을 공부한다. 퀸-맥클러스키 방법은 입력 변수의 수가 많을 때 효율적으로 사용할 수 있으며, 반복된 비교 작업으로 인해 컴퓨터 프로그램으로 구현하여 자동으로 간소화하기 쉬운 장점을 가지고 있다.

5.1 퀸-맥클러스키 방법을 이용한 간소화

퀸-맥클러스키 방법은 최소항 및 최대항의 반복된 비교작업을 통해 주항을 결정하며, 주항 차트를 이용해 필수 주항과 비필수 주항을 적절히 선택하여 간소화하게 된다. 카르노우 맵과 같이 SOP와 POS 형태의 두 가지 방법으로 산소화가 가능하다. 먼저 최소항 비교 방법을 이용한 SOP 형태의 간소화 방법을 공부한다.

1) 퀸-맥클러스키 방법을 이용한 SOP 형태의 간소화

SOP 형태로 간소화하기 위해서는 최소항 즉, 출력이 '1' 나오기 위한 항을 비교하여 주항을 결정하여야한다. 먼저 논리식을 바탕으로 표 4.11과 같이 진리표를 그린다.

$$Y(A,B,C,D) = \Sigma m(0,\ 2,\ 6,\ 7,\ 8,\ 10,\ 13)$$

[표 4.11] 진리표

번호	A	B	C	D	Y
0	0	0	0	0	1
1	0	0	0	1	0
2	0	0	1	0	1
3	0	0	1	1	0
4	0	1	0	0	0
5	0	1	0	1	0
6	0	1	1	0	1
7	0	1	1	1	1
8	1	0	0	0	1
9	1	0	0	1	0
10	1	0	1	0	1
11	1	0	1	1	0
12	1	1	0	0	0
13	1	1	0	1	1
14	1	1	1	0	0
15	1	1	1	1	0

다음으로 주항을 구하기 위해 각 최소항을 다른 모든 최소항과 비교 결합 하여야한다. 여기서 비교의 개수를 줄이기 위해서는 각 최소항을 1의 개수에 따라 정렬하면 된다. 그림 4.60는 최소항만 나열한 것이고, 그림 4.61은 각항을 1의 개수에 따라 정렬한 것이다. ()안의 숫자는 항의 번호이다.

Minterms	
(0)	0000
(2)	0010
(6)	0110
(7)	0111
(8)	1000
(10)	1010
(13)	1101

[그림 4.60] 최소항 나열

	Minterms	
그룹 0	(0)	0000
그룹 1	(2)	0010
	(8)	1000
그룹 2	(6)	0110
	(10)	1010
그룹 3	(7)	0111
	(13)	1101

[그림 4.61] '1'의 개수에 따라 정렬

그림 4.61에서 그룹 0은 '1'의 개수가 0개, 그룹 1은 '1'의 개수가 1개, 그룹 2는 '1'의 개수가 2개, 그룹 3은 '1'의 개수가 4개인 항을 모아놓은 것이다. 다음 단계로 각각의 항들이 1 bit만 차이가 나는지를 비교 결합하게 되는데 이와 같이 정렬하면 그룹 내의 항들과 이웃하지 않은 항들은 비교 할 필요가 없어 계산량을 상당히 줄일 수 있다. 이유는 1 bit만 다른 두 개의 항을 찾아야 하는데 같은 그룹 내의 항들은 0010, 1000 같이 최소 2bit 이상 차이가 나기 때문이다. 이웃하지 않는 그룹들의 항들도 최소 2bit 이상의 차이가 나므로 그룹 0는 그룹 1, 그룹 1은 그룹 2, 그룹 2는 그룹 3과만 비교하면 된다.

그림 4.62는 그룹 0과 그룹 1의 모든 항을 비교하여 1bit 차이나는 항을 찾아 결합한 것이다. 두 항을 결합할 때 소거되는 변수는 '-' 로 표시한다. 예를 들어 0000항과 0010항은 3번째 변수만(1 bit만) 달라 소거할 수 있으며 결합된 항은 00-0 으로 최소항 번호와 함께 오른쪽에 다시 적어준다. 이때 한번이라도 결합에 사용된 항들에는 √ 표시를 한다. 변수 소거의 개념은 부울 대수에서 배웠던 ab+ab'=a에 근거한다.

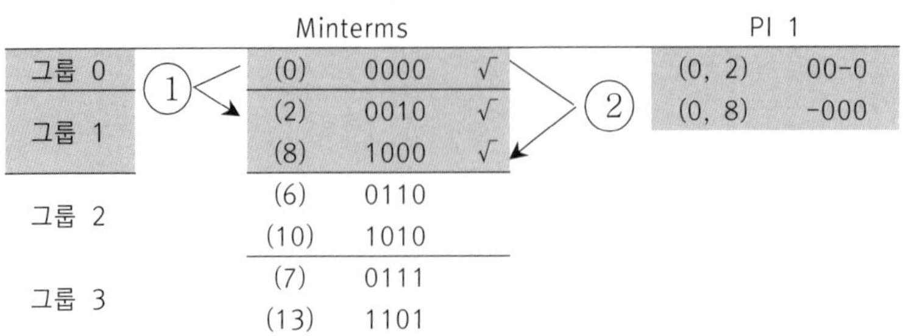

[그림 4.62] 비교 및 결합

마찬가지로 그룹 1과 그룹2의 모든 항{ (0010, 0110), (0010, 1010), (1000, 0110), (1000, 1010) }과 그룹 2와 그룹 3의 모든 항{ (0110, 0111), (0110, 1101), (1010, 0111), (1010, 1101) }을 비교하여 결합하면 그림 4.63와 같다.

	Minterms			PI 1	
그룹 0	(0)	0000	√	(0, 2)	00-0
그룹 1	(2)	0010	√	(0, 8)	-000
	(8)	1000	√	(2, 6)	0-10
그룹 2	(6)	0110	√	(2, 10)	-010
	(10)	1010	√	(8, 10)	10-0
그룹 3	(7)	0111	√	(6, 7)	011-
	(13)	1101			

[그림 4.63] 주항 결정 I

그림 4.63를 보면 'PI 1' 항들도 1의 개수에 따라 그룹으로 나누어져 있음을 확인할 수 있다. 따라서 그림 4.63과 같이 'PI 1'을 비교 결합하여 'PI 2'를 만드는 것이 가능하다. 예를 들어 (00-0, 0-10), (00-0, -010)은 2bit 차이로 결합할 수 없으나 (00-0, 10-0)은 1bit 차이로 첫 번째 변수를 소거하고 -0-0으로 다시 쓸 수 있다

	Minterms			PI 1			PI 2	
그룹 0	(0)	0000	√	(0, 2)	00-0	√	(0, 2, 8, 10)	-0-0
그룹 1	(2)	0010	√	(0, 8)	-000	√	(0, 8, 2, 10)	-0-0
	(8)	1000	√	(2, 6)	0-10			
그룹 2	(6)	0110	√	(2, 10)	-010	√		
	(10)	1010	√	(8, 10)	10-0	√		
그룹 3	(7)	0111	√	(6, 7)	011-			
	(13)	1101						

[그림 4.64] 주항 결정 II

그림 4.64 'PI 2'의 -0-0과 같이 중복항을 제거하고, 더 이상 비교 결합 할 수 없을 때까지 과정을 반복하여 끝을 낸다. 최종적으로 √ 체크 되어 있지 않은 항들이 주항(Prime Implicant, PI)이며 '-'가 많을수록 많이 간소화된 것이다. 여기서 주항은 1101(ABC'D), 0-10(A'CD'), 011-(A'BC), -0-0(B'D')의 4개이다.

위의 주항들을 나열하면 다음과 같이 간소화된 논리식을 얻을 수 있다.

$$Y = ABC'D + A'CD' + A'BC + B'D'$$

그러나 카르노우 맵에서도 살펴보았듯이 모든 주항을 나열하는 것은 비효율적이다. 필수 주항을 구하고 선택되지 않은 나머지 주항들을 적절히 배열하면 보다 간략화된 논리식을 구할 수 있을 것이다. 이번에는 주항의 최소집합을 구하는데 사용되는 주항 차트에 대해 알아본다.

그림 4.65는 위의 예제에 대한 주항차트이다. 세로축에는 결정된 주항을 나열하였으며 가로축 상단에는 최소항을 나열하였다. 주항은 그림 4.64에서 √ 체크되지 않은 항들로 주항차트에도 최소항 번호를 같이 기입해주어야 편하며, 가로축 상단의 최소항은 번호만 순서대로 기입해주면 된다. 다음으로 주항에 표기된 최소항 번호에 따라 각 행과 열에 '×'를 표기한다. 예를 들어 '(0, 2, 8, 10) -0-0' 같은 경우에는 0, 2, 8, 10의 최소항으로부터 얻어졌기 때문에 해당 행의 0, 2, 8, 10번 열에 '×'를 표기하면 된다.

PI		0	2	6	7	8	10	13
(13)	1101							×
(2, 6)	0-10		×	×				
(6, 7)	011-			×	×			
(0, 2, 8, 10)	-0-0	×	×			×	×	

(Minterms: 0, 2, 6, 7, 8, 10, 13)

[그림 4.65] 주항차트 작성

그림 4.65에서 어떤 최소항 '×'가 하나의 주항에만 포함되어 있을 때 이 주항을 **필수 주항**(Essential Prime Implicant, EPI)이라고 한다. 예를 들어 2번 최소항과 6번 최소항은 각각 0-10, -0-0과 0-10, 011-의 두 주항에 포함되어 있어(한 열에 '×'가 2개이므로) 필수 주항이 아니며 0번, 7번, 8번, 10번, 13번 최소항은 모두 하나씩만 주항에 포함되어 있어 필수주항이 된다. 여기서는 13번 최소항으로 인해 1101(ABC'D), 7번 최소항으로 인해 011-(A'BC), 0번 8번 10번 최소항으로 인해 -0-0(B'D')이 필수주항이 된다. 다음과 같이 필수주항에 ○표시를 하면 보다 쉽게 확인이 가능하다.

PI		0	2	6	7	8	10	13
(13)	1101							(×)
(2, 6)	0-10		×	×				
(6, 7)	011-			×	(×)			
(0, 2, 8, 10)	-0-0	(×)	×			(×)	(×)	

(Minterms: 0, 2, 6, 7, 8, 10, 13)

[그림 4.66] 주항차트 작성

필수 주항은 최소항 즉, '1'이 단 한번만 묶여진 주항으로 간소화된 논리식에 반드시 포함되어야한다. 어떤 필수주항을 포함하게 되면 그림 4.67과 같이 그 행에 있는 모든 최소항이 포함된다. 그림에서는 1101(ABC'D), 011-(A'BC), -0-0(B'D') 필수주항을 선택함으로 인해 그 행에 있는 모든 항들이 포함되는 것을 보여주고 있다.

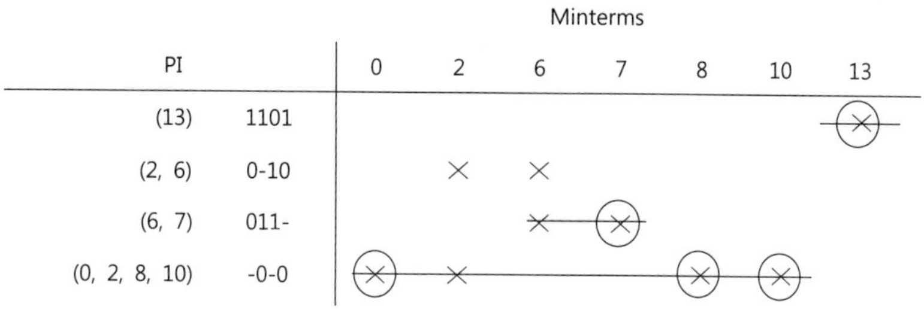

[그림 4.68] 주항차트 작성

다음으로 모든 최소항은 한번난 포함되면 되게 때문에 그림 4.69과 같이 필수주항에 포함된 열들도 같이 소거시켜준다.

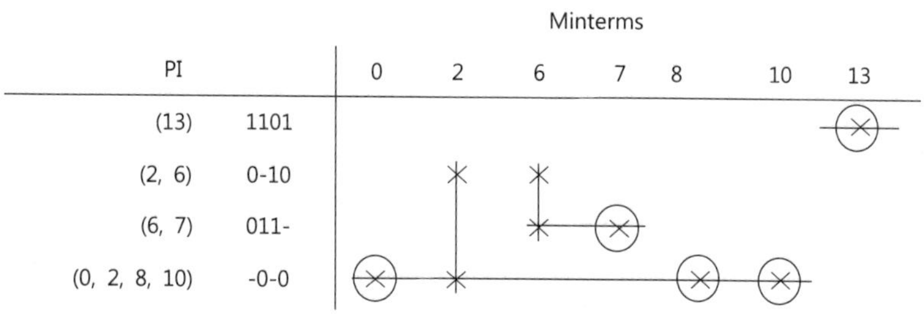

[그림 4.69] 주항차트 작성

최종적으로 위의 예제에서는 필수주항만으로 모든 최소항을 포함시킬 수 있으므로 다음과 같이 간소화된 논리식을 구할 수 있다.

$$Y=ABC'D+A'BC+B'D'$$

다음 예제에서는 필수주항만으로 모든 최소항을 포함시킬 수 없는 경우를 다룬다.

예제 다음 논리식을 퀸-맥클러스키 방법을 이용하여 SOP 형태로 간소화하시오.

$$Y(A,B,C,D)=\Sigma m(5,\ 6,\ 7,\ 9,\ 10,\ 11,\ 13)$$

먼저 표 4.12와 같이 진리표를 그린다.

[표 4.12] 진리표

번호	A	B	C	D	Y
0	0	0	0	0	0
1	0	0	0	1	0
2	0	0	1	0	0
3	0	0	1	1	0
4	0	1	0	0	0
5	0	1	0	1	1
6	0	1	1	0	1
7	0	1	1	1	1
8	1	0	0	0	0
9	1	0	0	1	1
10	1	0	1	0	1
11	1	0	1	1	1
12	1	1	0	0	0
13	1	1	0	1	1
14	1	1	1	0	0
15	1	1	1	1	0

진리표를 바탕으로 '1'의 개수에 따라 그룹으로 나열한다.

Minterms	
5	0101
6	0110
7	0111
9	1001
10	1010
11	1011
13	1101

	Minterms	
그룹 2	5	0101
	6	0110
	9	1001
	10	1010
그룹 3	7	0111
	11	1011
	13	1101

[그림 4.70] 최소항 나열 및 정렬

진리표를 바탕으로 그림 4.72과 같이 주항을 결정한다. 그림 4.72에서 주항은 PI 1에서 '1의 개수가 2개'인 한 그룹만 남았기 때문에 더 이상 소거가 불가능하며 따라서 PI 2로 올라갈 필요가 없이 PI 1에서 주항 결정이 끝난다.

Minterms				PI 1	
그룹 2	(5)	0101	√	(5, 7)	01-1
	(6)	0110	√	(5, 13)	-101
	(9)	1001	√	(6, 7)	011-
	(10)	1010	√	(9, 11)	10-1
그룹 3	(7)	0111	√	(9, 13)	1-01
	(11)	1011	√	(10, 11)	101-
	(13)	1101	√		

[그림 4.71] 주항 결정

따라서 주항은 A'BD, BC'D, A'BC, AB'D, AC'D, AB'C의 총 6개이다. 주항차트를 작성하면 그림 4.72과 같다.

PI		5	6	7	9	10	11	13
(5, 7)	01-1	×		×				
(5, 13)	-101	×						×
(6, 7)	011-		⊗	×				
(9, 11)	10-1				×		×	
(9, 13)	1-01				×			×
(10, 11)	101-					⊗	×	

[그림 4.72] 주항차트

따라서 필수주항은 011-(A'BC), 101-(AB'C) 이다. 포함되지 않은 5번 9번 13번 최소항을 포함하기 위해 임의로 -101(BC'D), 10-1(AB'D) 주항을 선택하면 간소화된 논리식은 다음과 같다.

$$Y=A'BC+AB'C+BC'D+AB'D$$

다음 예제에서는 무상관항이 포함된 퀸 맥클러스키 간소화 방법을 공부한다.

예제 다음 논리식을 카르노우 맵을 이용하여 SOP 형태로 간소화하시오.

$$Y(A,B,C,D,E)=\Sigma m(2,\ 4,\ 5,\ 7,\ 10,\ 11,\ 21,\ 28)+d(3,\ 18)$$

먼저 표 4.13과 같이 진리표를 그린다.

[표 4.13] 진리표

번호	A	B	C	D	E	Y
0	0	0	0	0	0	0
1	0	0	0	0	1	0
2	0	0	0	1	0	1
3	0	0	0	1	1	X
4	0	0	1	0	0	1
5	0	0	1	0	1	1
6	0	0	1	1	0	0
7	0	0	1	1	1	1
8	0	1	0	0	0	0
9	0	1	0	0	1	0
10	0	1	0	1	0	1
11	0	1	0	1	1	1
12	0	1	1	0	0	0
13	0	1	1	0	1	0
14	0	1	1	1	0	0
15	0	1	1	1	1	0
16	1	0	0	0	0	0
17	1	0	0	0	1	0
18	1	0	0	1	0	X
19	1	0	0	1	1	0
20	1	0	1	0	0	0
21	1	0	1	0	1	1
22	1	0	1	1	0	0
23	1	0	1	1	1	0
24	1	1	0	0	0	0
25	1	1	0	0	1	0
26	1	1	0	1	0	0
27	1	1	0	1	1	0
28	1	1	1	0	0	1
29	1	1	1	0	1	0
30	1	1	1	1	0	0
31	1	1	1	1	1	0

진리표를 바탕으로 '1'의 개수에 따라 그룹으로 나열한다. 이때 무상관항은 최대한 많은 변수를 소거해줄 수 있도록 최소항에 포함시켜준다.

Minterms	
2	00010
3	00011
4	00100
5	00101
7	00111
10	01010
11	01011
18	10010
21	10101
28	11100

	Minterms	
그룹 1	2	00010
	4	00100
그룹 2	3	00011
	5	00101
	10	01010
	18	10010
그룹 3	7	00111
	11	01011
	21	10101
	28	11100

[그림 4.73] 최소항 나열 및 정렬

진리표를 바당으로 주항을 결정한다.

	Minterms			PI 1			PI 1	
그룹 1	(2)	00010	√	(2, 3)	0001-	√	(2, 3, 10, 11)	0-01-
	(4)	00100	√	(2, 10)	0-010	√	(2, 10, 3, 11)	0-01-
그룹 2	(3)	00011	√	(2, 18)	-0010			
	(5)	00101	√	(4, 5)	0010-			
	(10)	01010	√	(3, 7)	00-11			
	(18)	10010	√	(3, 11)	0-011	√		
그룹 3	(7)	00111	√	(5, 7)	001-1			
	(11)	01011	√	(5, 21)	-0101			
	(21)	10101	√	(10, 11)	0101-	√		
	(28)	11100						

[그림 4.74] 주항 결정

따라서 주항은 ABCD'E', B'C'DE', A'B'CD', A'B'DE, A'B'CE, B'CD'E, A'C'D의 총 7개이다. 주항차트를 작성하면 그림 4.75과 같다. 여기서 주항차트를 만들 때는 무상관항을 빼준다.

PI		Minterms 2	4	5	7	10	11	21	28
(28)	11100								⊗
(2, 18)	-0010	×							
(4, 5)	0010-		⊗	×					
(3, 7)	00-11				×				
(5, 7)	001-1			×	×				
(5, 21)	-0101			×				⊗	
(2, 3, 10, 11)	0-01-	×				⊗	⊗		

[그림 4.75] 주항차트

따라서 필수주항은 ABCD'E', A'B'CD', B'CD'E, A'C'D 이다. 포함되지 않은 7번 최소항을 포함하기 위해 임의로 00-11(A'B'DE) 주항을 선택하면 간소화된 논리식은 다음과 같다.

$$Y=ABCD'E'+A'B'CD'+B'CD'E+A'C'D+A'B'DE$$

2) 퀸-맥클러스키 방법을 이용한 POS 형태의 간소화

퀸-맥클러스키 방법을 이용한 POS 형태의 간소화 방법은 SOP 형태의 간소화 방법과 비교하여 '최소항을 비교 결합'하는 것이 아니라 '최대항을 비교 결합'한다는 것을 제외하는 똑같다. 다음 논리식을 POS 형태로 간소화하기 위해 진리표를 만들면 표 4.14와 같다.

$$Y(A,B,C,D)=\Sigma m(0, 2, 6, 7, 8, 10, 13)$$

[표 4.14] 진리표

번호	A	B	C	D	Y
0	0	0	0	0	1
1	0	0	0	1	0
2	0	0	1	0	1
3	0	0	1	1	0
4	0	1	0	0	0
5	0	1	0	1	0
6	0	1	1	0	1
7	0	1	1	1	1
8	1	0	0	0	1
9	1	0	0	1	0
10	1	0	1	0	1
11	1	0	1	1	0
12	1	1	0	0	0
13	1	1	0	1	1
14	1	1	1	0	0
15	1	1	1	1	0

다음으로 주항을 구하기 위해 최대항을 0의 개수에 따라 정렬하면 다음과 같다.

Maxterms	
1	0001
3	0011
4	0100
5	0101
9	1001
11	1011
12	1100
14	1110
15	1111

	Maxterms	
그룹 1	1	0001
	4	0100
그룹 2	3	0011
	5	0101
	9	1001
	12	1100
그룹 3	11	1011
	14	1110
	15	1111

[그림 4.76] 최소항 나열 및 정렬

진리표를 바탕으로 주항을 결정한다.

	Maxterms			PI 1			PI 1	
그룹 1	(1)	0001	√	(1, 3)	00-1	√	(1, 3, 9, 11)	-0-1
	(4)	0100	√	(1, 5)	0-01		(1, 9, 3, 11)	-0-1
그룹 2	(3)	0011	√	(1, 9)	-001	√		
	(5)	0101	√	(4, 5)	010-			
	(9)	1001	√	(4, 12)	-100			
	(12)	1100	√	(3, 11)	-011	√		
그룹 3	(11)	1011	√	(9, 11)	10-1	√		
	(14)	1110	√	(12, 14)	11-0			
	(15)	1111	√	(11, 15)	1-11			
				(14, 15)	111-			

[그림 4.77] 주항 결정

따라서 주항은 A+C+D', A+B'+C, B'+C+D, A'+B'+D, A'+C'+D', A'+B'+C', B+D' 의 총 7개이다. 주항차트를 작성하면 그림 4.78와 같다.

PI		Maxterms 1	3	4	5	9	11	12	14	15
(1, 5)	0-01	×			×					
(4, 5)	010-			×	×					
(4, 12)	-100			×				×		
(12, 14)	11-0							×	×	
(11, 15)	1-11						×			×
(14, 15)	111-								×	×
(1, 3, 9, 11)	-0-1	×	⊗			⊗	×			

[그림 4.78] 주항차트

따라서 필수주항은 B+D' 이다. 포함되지 않은 4, 5, 12, 14, 15번 최대항을 포함하기 위해 임의로 010-(A+B'+C), 11-0(A'+B'+D), 111-(A'+B'+C') 주항을 선택하면 간소화된 논리식은 다음과 같다.

$$Y=(B+D')(A+B'+C)(A'+B'+D)(A'+B'+C')$$

연습문제

※ 다음 물음에 답하시오.

1. 다음 진리표에 최소항과 최대항을 적어 넣으시오.

A B C	Y	Minterms	Maxterms
0 0 0	1		
0 0 1	0		
0 1 0	1		
0 1 1	0		
1 0 0	1		
1 0 1	0		
1 1 0	1		
1 1 1	1		

2. 위의 진리표를 이용해 표준 SOP 형태와 표준 POS 형태의 논리식을 구하시오.
3. 퀸-맥클러스키 방법을 이용해 SOP와 POS 형태로 각각 간소화하시오.
4. 간소화된 논리식을 이용해 회로를 설계하시오.
5. 설계된 회로를 NAND 또는 NOR 게이트로 이루어진 회로로 바꾸시오.

※ 다음 논리식을 SOP와 POS 형태로 각각 간소화 하시오(① 진리표, ② 퀸-맥클러스키 방법을 이용한 간소화, ③ 주항, ④ 필수 주항, ⑤ 간소화된 논리식).

6. $Z(A,B,C)=\Sigma m(0, 1, 2, 3, 4, 5, 6, 7)$
7. $Z(A,B,C)=\Sigma m(0, 1, 2, 5, 6)$
8. $Z(A,B,C,D)=\Pi M(0, 1, 2, 3, 4, 9, 10, 13, 14)$
9. $Z(A,B,C,D)=\Sigma m(1, 5, 6, 10, 13, 14)+d(12, 15)$
10. $Z(A,B,C,D,E)=\Sigma m(1, 5, 7, 8, 10, 14, 29, 30, 31)+d(12, 15, 26)$

5.2 Quartus II 및 TTL IC를 이용한 회로 설계

1) 사용 장비 및 부품

-. Schematic, Simulation : PC, ALTERA QUARTUS II

-. TTL-IC를 이용한 실험 : 전원공급기, 브레드보드, IC 7404, IC 7408, IC 7411, IC 7432, IC 744075

2) Quartus II를 이용한 Schematic 설계

-. 다음 논리식을 퀸-맥클러스키 방법을 이용하여 SOP 형태로 간소화하고, 간소화된 논리식을 바탕으로 Schematic 설계하여 결과를 확인하시오.

$$Y(A,B,C)=A'B'C+A'BC+A'BC'$$

[표 4.15] 진리표

번호	A B C	Y
0	0 0 0	0
1	0 0 1	1
2	0 1 0	1
3	0 1 1	1
4	1 0 0	0
5	1 0 1	0
6	1 1 0	0
7	1 1 1	0

	Minterms			PI 1	
그룹 1	(1)	001	√	(1, 3)	0-1
	(2)	010	√	(2, 3)	01-
	(3)	011	√		

[그림 4.79] 주항 결정

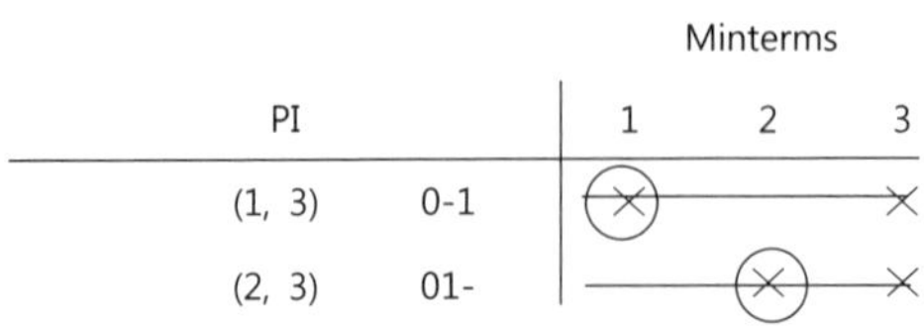

[그림 4.80] 주항차트

간소화된 논리식 : $Y=A'C+A'B$

〈Schematic 설계〉

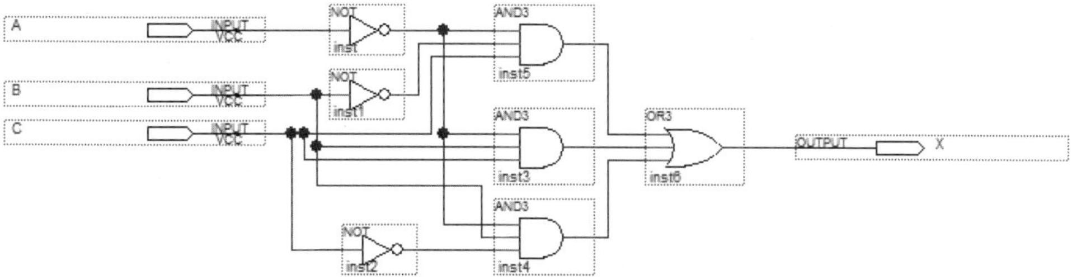

(a) 원회로 [Y(A,B,C)=A'B'C+A'BC+A'BC']

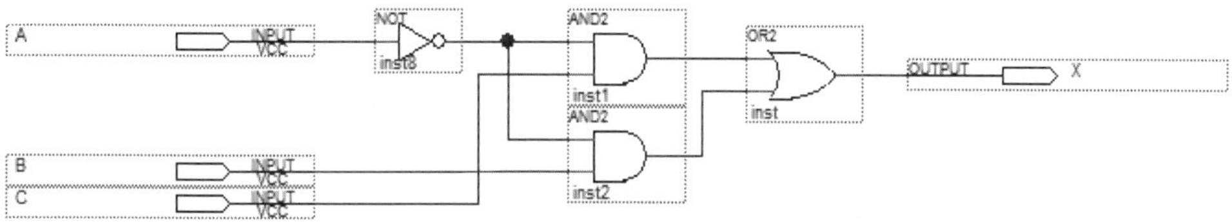

(b) 간소화된 회로 [Y=A'C+A'B]

[그림 4.81] 실험 회로도

3) TTL IC를 이용한 설계

-. TTL IC를 이용하여 그림 4.81의 회로를 브레드보드에 구현하고 결과를 확인한다. 입력은 토글스위치를 사용하며 결과는 LED로 확인한다. 다음은 IC 7404, IC 7408, IC 7411, IC 7432, IC 744075의 핀번호이다.

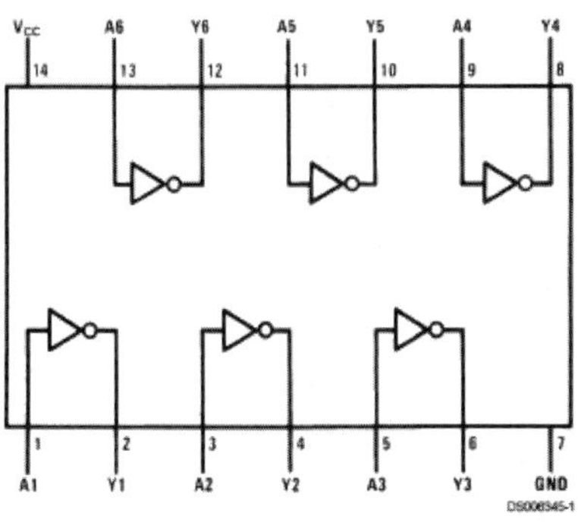

IC 7404

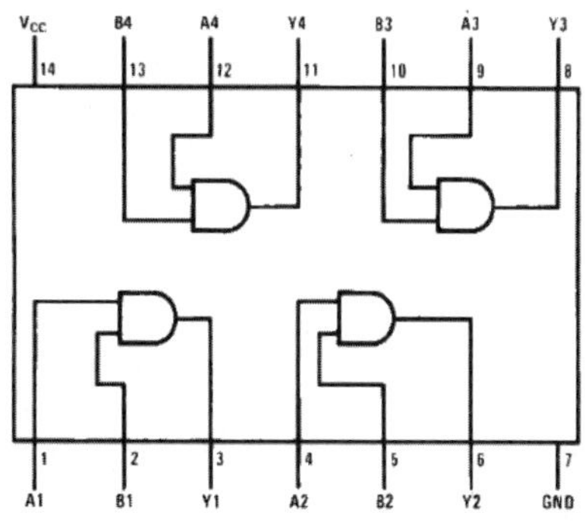

IC 7408

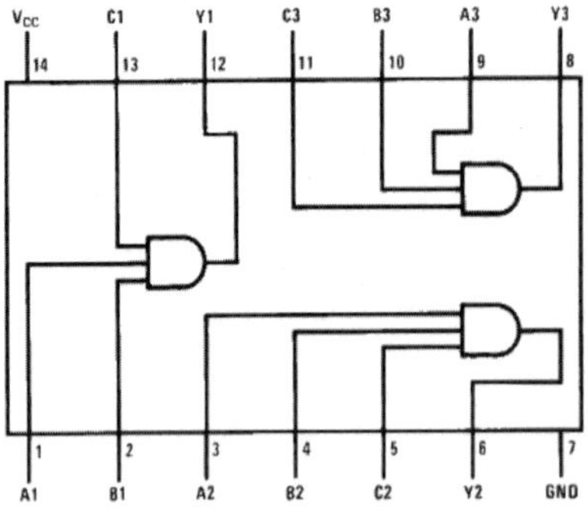

IC 7411

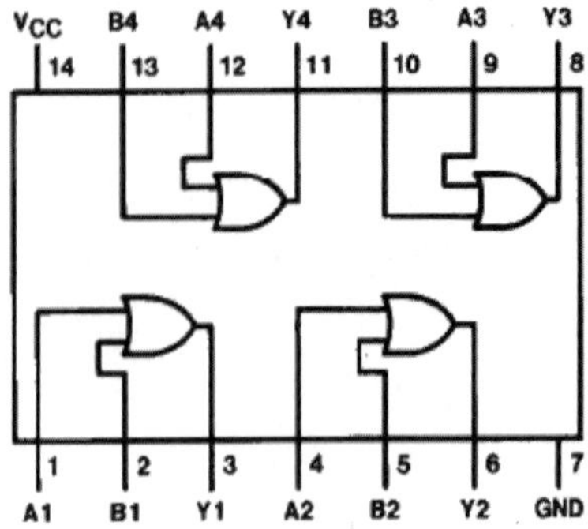

IC7432

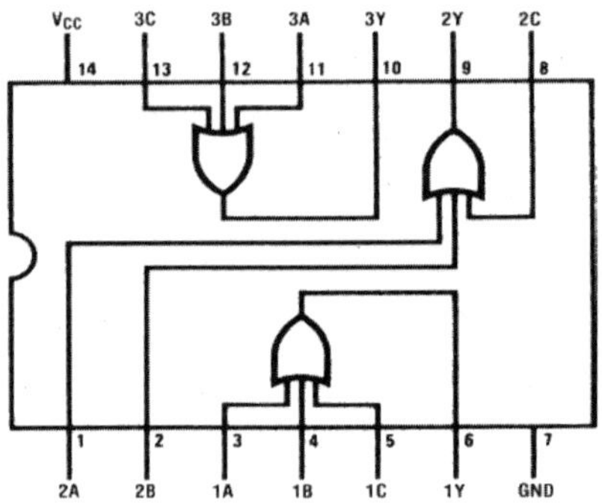

IC 744075

4) 실험 결과

-. QUARTUS II의 Waveform Editor를 이용하여 결과를 확인한다.

-. TTL IC를 이용하여 회로를 구성하고 LED로 결과를 확인한다.

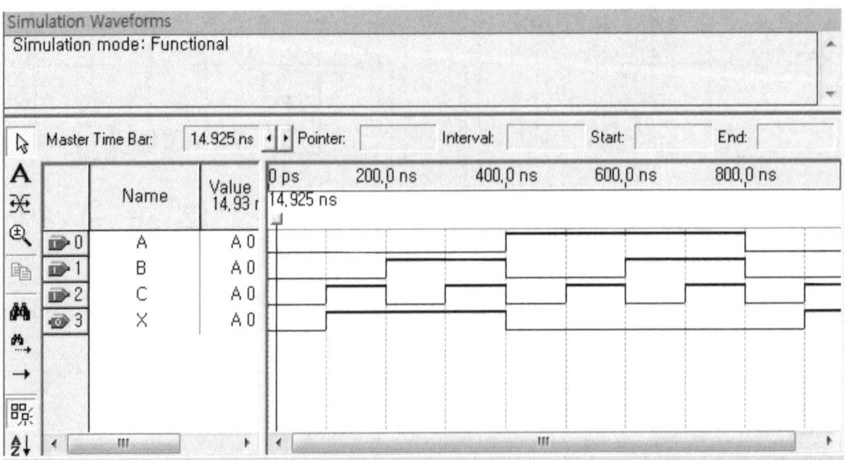

(a) 원회로 [Y(A,B,C)=A'B'C+A'BC+A'BC']

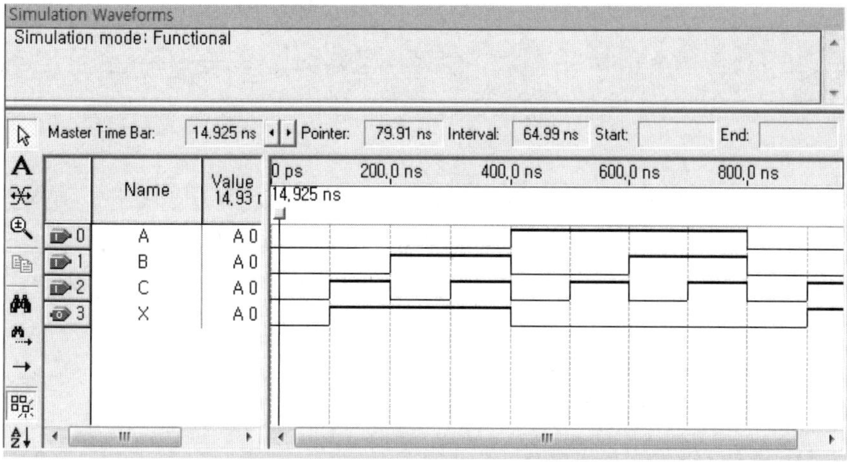

(b) 간소화된 회로 [Y=A'C+A'B]

5) 복습 문제

다음 논리식을 퀸-맥클러스키 방법을 이용하여 SOP와 POS 형태로 각각 간소화 하고, Quartus Ⅱ를 이용해 시뮬레이션하여 원 회로와 간소화된 회로들의 결과가 같음을 확인하시오.

X(A,B,C,D)=m0+m4+m6+m7+m8+m9+m10+m11

SECTION 6. 조합논리회로 설계 절차 및 산술연산회로 설계

지금까지 여러분은 조합논리회로를 설계하기 위한 기본적인 내용을 공부하였다. 본 섹션에서는 조합논리회로 설계 절차를 구체적으로 살펴보고, 조합논리 회로를 공부할 때 가장 먼저 나오는 예제 중의 하나인 산술연산회로(+, -, *, /)를 설계해본다.

6.1 조합논리회로 설계 절차

1) 조합논리회로와 순차논리회로

디지털회로는 조합논리회로와 순차논리회로의 두 가지로 나눌 수 있다. 먼저 조합논리회로란 출력이 현재의 입력에 의해서만 결정되는 회로를 말한다. 쉽게 말해 '게이트들로만 이루어져 있는 회로'로 입력이 들어오면 게이트들만을 통과하여 출력이 바로 결정된다. 다음 수식은 조합논리회로의 개념을 설명하고 있다.

$$\text{Output}=f(\text{Input})$$

그림 4.82은 조합논리회로의 블록도이다.

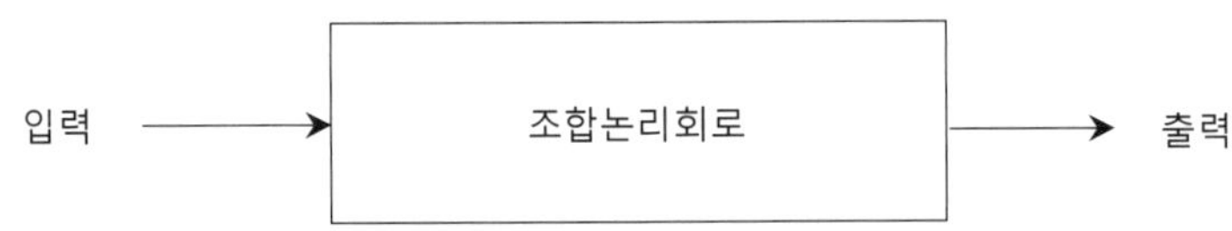

[그림 4.82] 조합논리회로

CHAPTER 5에서 배우게 될 순차논리회로는 출력이 현재의 입력뿐만 아니라 과거상태에 의해서도 결정된다는 것이 조합논리회로와 다르다. 여기서 상태란 메모리에 저장된 값을 의미한다. 따라서 과거에 내보냈던 출력을 저장하기 위한 메모리(래치, 플립플롭)가 필요하며 밀리모델(Mealy Model)과 무어모델(Moore Model)의 두가지 형태로 회로를 설계할 수 있다. 다음 수식은 밀리모델과 무어모델의 개념을 설명하고 있다.

$$\text{밀리모델} : \text{Output}=f(\text{Input, Current state})$$

$$\text{무어모델} : \text{Output}=f(\text{Current state})$$

그림 4.83는 순차논리회로의 블록도이다.

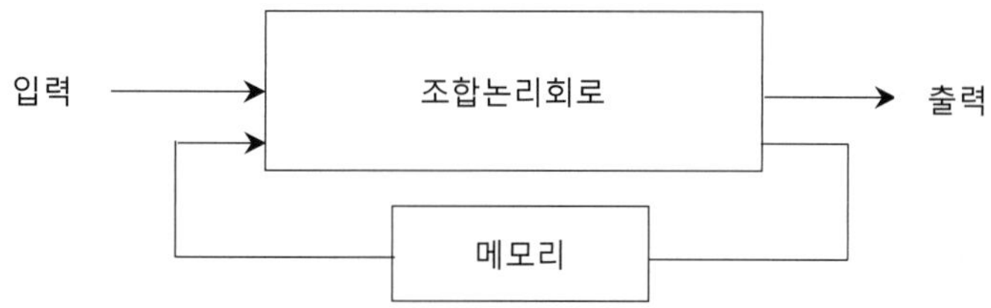

[그림 4.83] 순차논리회로

2) 조합논리회로 설계 절차

그림 4.84는 조합논리회로의 설계 절차이다. 주어진 문제 이해하고 설계를 위한 기본적인 내용들을 정의하는 것으로 시작한다. 다음으로 문제 해결을 위한 진리표를 작성한 후 이를 논리식으로 표현하여 회로를 간소화하게 된다. 이 후 간소화된 논리시을 바탕으로 회로도를 그리고 최종적으로 구현 및 검증 단계를 거쳐 시스템이 완성된다.

문제 인식 단계에서는 문제를 이해하고 입출력 변수 및 노드를 정의한다. 진리표 작성 및 논리 간소화 단계에서는 실제 입력과 출력값을 정의하고 이를 SOP 또는 POS 형태의 논리식으로 표현한 후 부울대수, 카르노우 맵, 퀸 맥클러스키 방법 등을 이용하여 회로를 간소화한다. 구현 및 검증 단계에서는 Quartus II, OR CAD 등으로 회로도를 작성한 후 시뮬레이션, FPGA, TTL IC 등을 이용하여 회로를 검증함으로써 설계 절차가 완료된다.

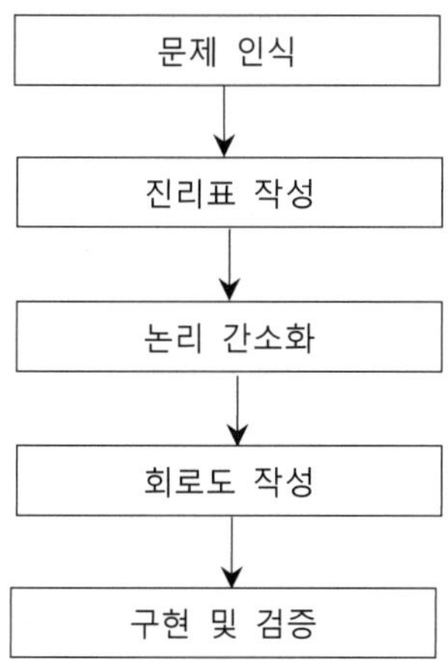

[그림 4.84] 순차논리회로 설계 절차

6.2 산술연산회로 설계

CPU의 기능적인 측면에서 본 산술연산장치는 산술연산과 논리연산을 수행하는 전자회로들로 구성되어진다. 여기서 산술연산은 가ㆍ감ㆍ승ㆍ제를 나타내지만, 감산과 승산, 제산 모두 가산을 기본으로 이루어진다. 즉 가산기를 설계하게 되면 이 가산기를 이용하여 감산, 승산, 제산이 모두 이루어진다는 것이다. 따라서 산술연산장치 회로는 반가산기 및 전가산기를 이용한 병렬 가산기로 구성되어 있다. 본 섹션에서는 위의 조합논리회로 설계 절차에 따라 반가산기, 전가산기, 반감산기, 전감산기를 설계해보고 이를 연결하여 n bit 가산기 및 감산기를 구성해본다. 또한 승산기와 제산기의 개념을 설명하고 실제 회로를 구성해 봄으로써 이해를 돕는다.

1) 반가산기와 전가산기

디지털에서 가산은 산술연산인 가ㆍ감ㆍ승ㆍ제의 기본적인 연산으로써 중요한 의미를 가진다. 실제 컴퓨터의 감산과정은 가산에 보수의 가산을 취하는 방법으로 이루어지며 승산은 가산의 반복으로, 또 제산 역시 감산의 반복으로 이루어진다.

가산기는 하위 자리로부터 올라오는 자리올림(Carry)의 고려 여부에 따라서 전가산기(Full Adder)와 반가산기(Half Adder)로 나뉜다. 즉 전가산기는 자리올림을 고려한 3개의 이진수를 가산하는 회로이고, 반가산기는 두 개의 이진수만을 가산하는 회로이다. 따라서 전가산기가 완전한 가산동작을 한다고 할 수 있으며 하나의 전가산기는 조합논리회로 설계 방법에 의해 개별설계가 가능하며, 반가산기 설계 후 두 개의 반가산기를 연결하여 설계할 수도 있다.

먼저 반가산기(Half Adder)는 전단에서 올라오는 올림수를 고려하지 않고 두 개의 이진수만을 가산하는 회로로 진리표는 다음과 같다.

[표 4.16] 반가산기의 진리표

입력		출력	
A	B	Carry	Sum
0	0	0	0
0	1	0	1
1	0	0	1
1	1	1	0

위의 진리표에서 Sum이 1인 경우는 A'·B와 A· B'이고, Carry가 1인 경우는 A·B일 때이다. 따라서 Sum과 Carry에 대한 SOP 형태의 논리식은 다음과 같다.

$$\text{Sum} = A' \cdot B + B' \cdot A = A \oplus B$$

$$\text{Carry} = A \cdot B$$

위의 논리식을 카르노우 맵을 이용하여 간소화 하면 그림 4.85과 같다. 간단한 회로이므로 더 이상 간소화가 안되는 것을 확인할 수 있다.

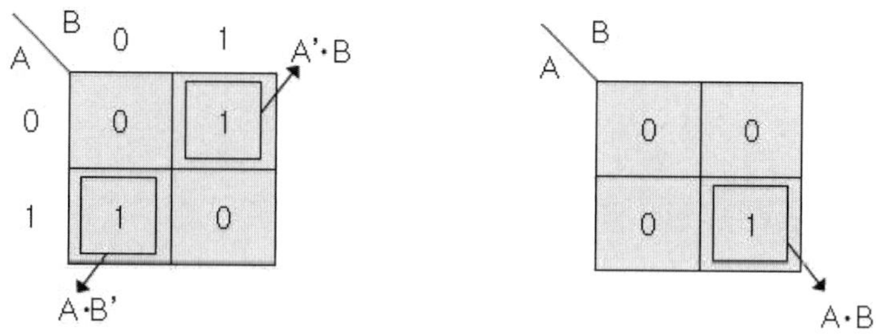

$$\text{Sum} = A' \cdot B + B' \ A$$
$$= A \oplus B$$

$$\text{Carry} = A \cdot B$$

[그림 4.85] 카르노우 맵을 이용한 간소화

그림 4.86는 위의 논리식을 회로로 나타낸 것이다. 하위 비트의 올림수(CARRY)를 고려하지 않은 반가산기 회로로 두 개의 1 bit 2진수(A, B)만을 가산하므로 주로 가산 회로의 최하위비트 가산에 사용된다.

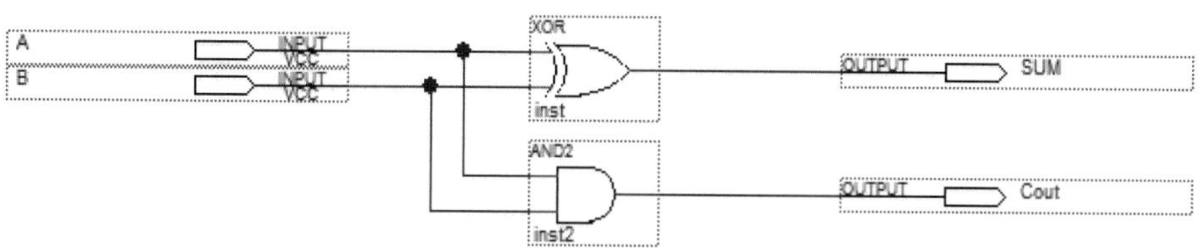

[그림 4.86] 반가산기 회로도

다음으로 전가산기는 전단에서 올라오는 올림수(Carry)까지도 고려한 가산기로 총 3개의 1 bit 이진수 (A, B, Cin)를 더하는 회로이다. 다음은 전가산기 회로의 진리표이다.

[표 4.17] 전가산기의 진리표

입력			출력	
Carry(in)	A	B	Carry(out)	Sum
0	0	0	0	0
0	0	1	0	1
0	1	0	0	1
0	1	1	1	0
1	0	0	0	1
1	0	1	1	0
1	1	0	1	0
1	1	1	1	1

진리표에서 논리식을 이끌어 내면, Sum이 1인 경우는 Cin'·A'·B, Cin'·A·B', Cin·A'·B', Cin·A·B 이고, Carry(out)이 1인 경우는 Cin'·A·B, Cin·A'B, Cin·A·B', Cin·A·B이다. 따라서 진리표를 이용하여 SOP 형태의 논리식을 만들면 다음과 같다.

$$Sum = Cin' \cdot A' \cdot B + Cin' \cdot A \cdot B' + Cin \cdot A' \cdot B' + Cin \cdot A \cdot B$$

$$Carry(in) = Cin' \cdot A \cdot B + Cin \cdot A' \cdot B + Cin \cdot A \cdot B' + Cin \cdot A \cdot B$$

위의 두 식을 각각 부울대수와 카르노우 맵을 이용하여 간소화 하면 다음 수식과 같다.

☞ 부울대수와 XOR 이용한 간소화

① $$\begin{aligned} Sum &= Cin' \cdot A' \cdot B + Cin' \cdot A \cdot B' + Cin \cdot A' \cdot B' + Cin \cdot A \cdot B \\ &= Cin' \cdot (A' \cdot B + A \cdot B') + Cin \cdot (A' \cdot B' + A \cdot B) \\ &= Cin' \cdot (A \oplus B) + Cin \cdot (A \oplus B)' \\ &= Cin \oplus (A \oplus B) \end{aligned}$$

Carry(out)의 경우에는 간소화 방법에 따라 다음과 같이(②, ③) 간소화된 논리식이 다를 수 있으나 결과는 모두 진리표와 같이 동작한다.

② $$\begin{aligned} Carry(out) &= Cin' \cdot A \cdot B + Cin \cdot A' \cdot B + Cin \cdot A \cdot B' + Cin \cdot A \cdot B \\ &= A \cdot B \cdot (Cin + Cin') + Cin \cdot (A' \cdot B + A \cdot B') \\ &= A \cdot B + Cin \cdot (A \oplus B) \end{aligned}$$

③ Carry(out) $= Cin' \cdot A \cdot B + Cin \cdot A' \cdot B + Cin \cdot A \cdot B' + Cin \cdot A \cdot B$

$= (Cin' \cdot A \cdot B + Cin \cdot A' \cdot B) + (Cin \cdot A \cdot B' + Cin \cdot A' \cdot B)$

$+ (Cin \cdot A \cdot B + Cin \cdot A' \cdot B)$

$= A \cdot Cin + B \cdot Cin + A \cdot B$

다음으로 그림 4.87과 같이 카르노우 맵으로 간소화하여도 결과가 같음을 확인 할 수 있다.

☞ k-map과 XOR를 이용한 간소화

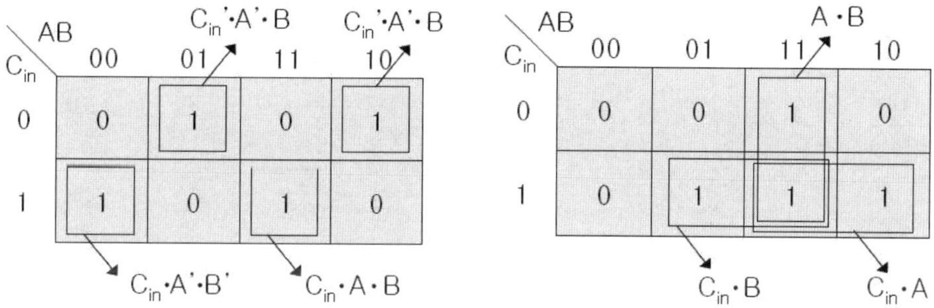

Sum=Cin'·A'·B + Cin'·A·B'+ Cin·A'·B' + Cin·A·B
=Cin⊕(A⊕B)

Carry(out)=A·Cin + B·Cin + A·B

[그림 4.87] k-map과 XOR를 이용한 간소화

위의 수식을 바탕으로 회로를 구성하면 그림 4.88와 같다.

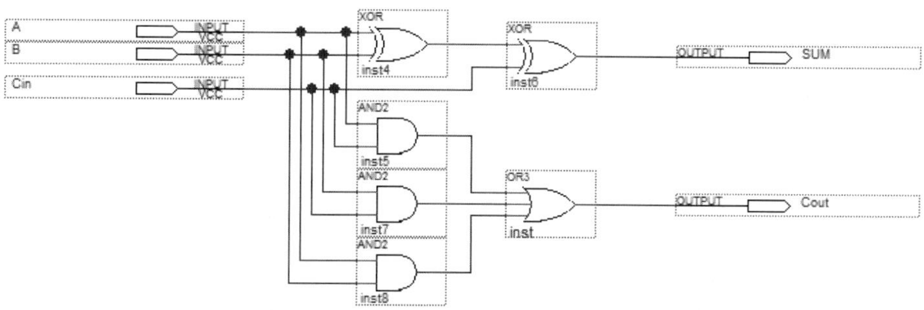

[그림 4.88] 전가산기 회로

다음으로 가산기를 심볼화하여 저장한 후 전가산기를 4개 연결하여 4 bit 가산기를 설계한다. 그림 4.89는 위의 전가산기 회로를 심볼화하여 저장한 그림이다.

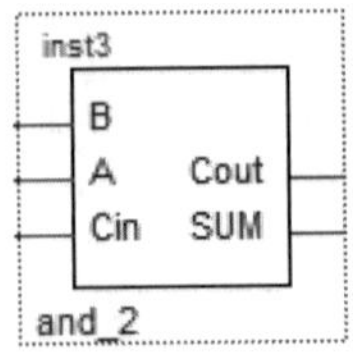

[그림 4.89] 전가산기 회로 심볼

그림 4.90은 전가산기 심볼을 이용하여 4 bit 가산기를 설계한 것이다. 최하위비트에 전가산기를 사용하였으므로 전단에서 올라오는 올림수는 GND를 연결하여 '0' 값을 넣어준다.

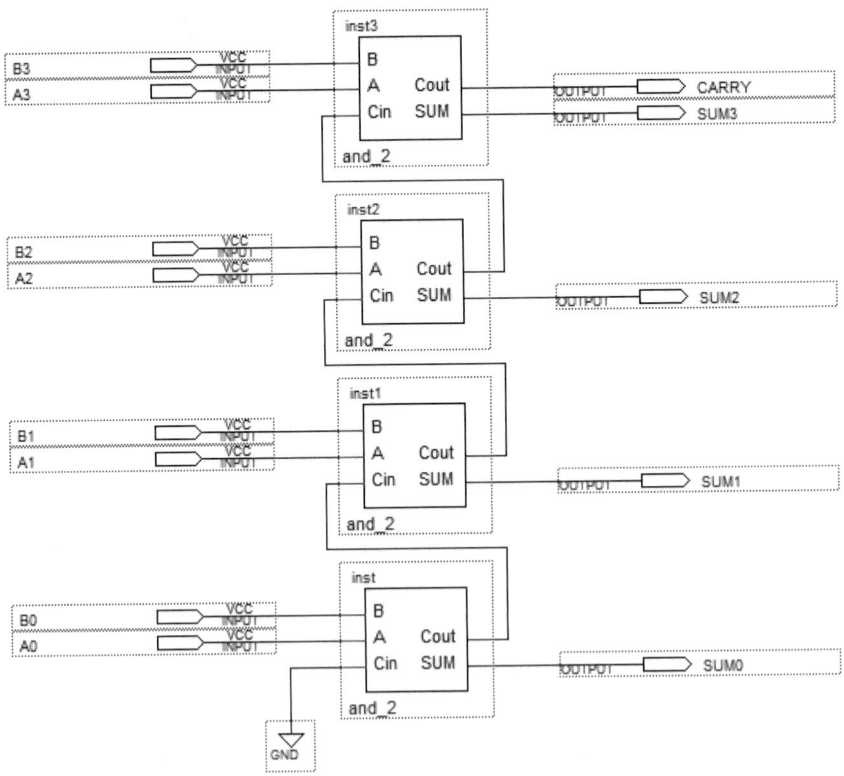

[그림 4.90] 4bit 가산기

2) 반감산기와 전감산기

감산은 보수의 가산방법으로 이루어지는 방법과 이진수의 자체 감산에 의한 방법 두 가지가 있다. 실제로 이용가치가 높고, 흔히 연산장치(ALU)에 사용되는 것은 보수에 의한 방법이다. 먼저 개념적인 설명을 위해서 이진수의 자체 감산에 의한 방법에 대해서 설명한다.

감산기는 역시 윗자리로부터 빌려서 오는 값, 즉 자리내림(borrow)의 고려 여부에 따라서 전감산기(Full Subtractor)와 반감산기(Half Subtractor)로 나뉜다. 전감산기는 자리내림을 고려한 3개의 이진수를 감산하는 회로이고, 반감산기는 두 개의 이진수 한 자리만을 감산하는 회로이다. 전감산기도 전가산기와 마찬가지로 하나의 전감산기는 두 개의 반감산기로 구성할 수 있다.

먼저 반감산기(Half Subtractor)는 이진수 한 자리의 감산을 실행하는 회로로 피감수를 A 감수를 B라 할 때 A에서 B를 뺀 값, 차를 Differ, 윗자리에서 빌려주는 값을 Borrow라 하면 다음과 같은 진리표를 만들 수 있다.

[표 4.18] 반감산기의 진리표

입력		출력	
A	B	Differ	Borrow
0	0	0	0
0	1	1	1
1	0	1	0
1	1	0	0

위의 진리표에서 Differ이 1인 경우는 A'·B와 A·B'이고, Borrow가 1인 경우는 A·B 일 때이다. 따아서 Differ과 Borrow에 대한 논리식은 다음과 같다.

$$Differ = A' \cdot B + B' \cdot A = A \oplus B$$
$$Borrow = A' \cdot B$$

카르노우 맵을 이용하여 간소화하면 그림 4.91과 같다. 간단한 회로이므로 더 이상 간소화가 안되는 것을 확인할 수 있다.

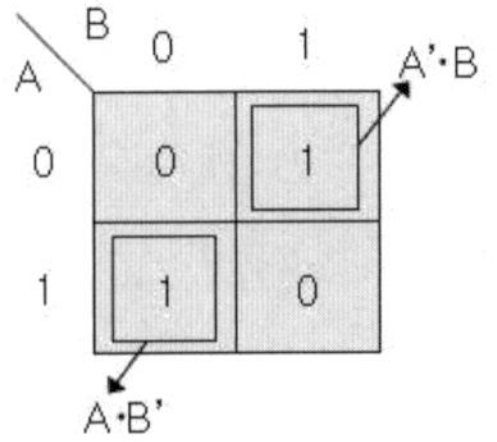

Differ=A' · B + B' · A
=A ⊕ B

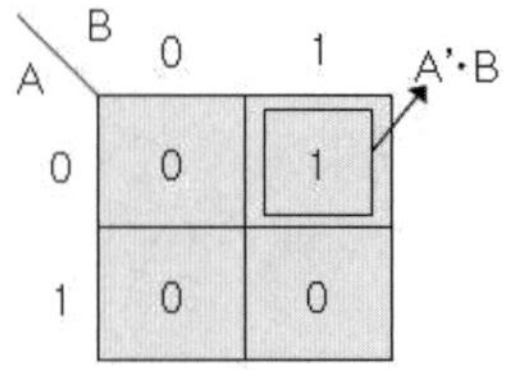

Borrow=A' · B

[그림 4.91] 카르노우 맵을 이용한 간소화

그림 4.92의 회로는 위의 논리식을 회로로 나타낸 것이다. 반감산기는 입력단의 자리내림을 고려하지 않은 두 개의 1 bit비트만 더하는 가산기로 최하위 비트에 사용이 가능하다.

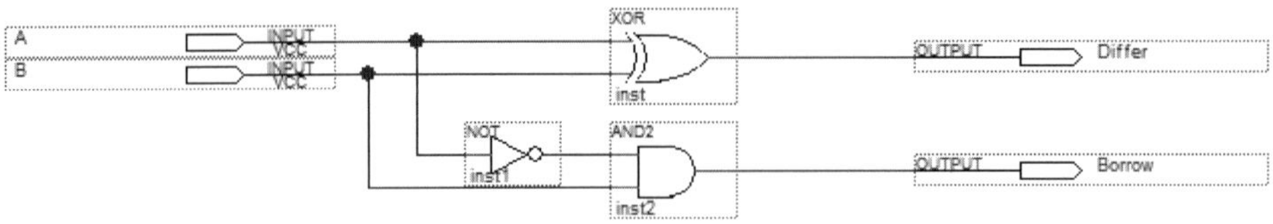

[그림 4.92] 반감산기 회로도

다음으로 전감산기는 반감산기가 처리하지 못하는 빌려온 값(Borrow)을 감안해서 설계되었기 때문에 상위 자리에 있는 비트들의 뺄셈을 할 수 있다. 전감산기의 진리표는 다음과 같다.

[표 4.19] 전감산기의 진리표

입력			출력	
Borrow(in)	A	B	Borrow(out)	Differ
0	0	0	0	0
0	0	1	1	1
0	1	0	0	1
0	1	1	0	0
1	0	0	1	1
1	0	1	1	0
1	1	0	0	0
1	1	1	1	1

진리표에서 논리식을 이끌어 낸면 Sum이 1인 경우는 Bin'·A'·B, Bin'·A·B', Bin·A'·B', Bin·A·B일 때고, Borrow(out)가 1인 경우는 Bin·A'·B', Bin'·A'·B, Bin·A'·B, Bin·A·B 일때이다. 따라서 SOP 형태의 논리식은 다음과 같다.

$$\text{Differ} = \text{Bin}' \cdot A' \cdot B + \text{Bin}' \cdot A \cdot B' + \text{Bin} \cdot A' \cdot B' + \text{Bin} \cdot A \cdot B$$
$$\text{Borrow(out)} = \text{Bin} \cdot A' \cdot B' + \text{Bin}' \cdot A' \cdot B + \text{Bin} \cdot A' \cdot B + \text{Bin} \cdot A \cdot B$$

앞의 두 식을 부울대수와 카르노우 맵을 이용하여 간소화 하면 다음과 같다.

☞ 부울대수를 이용한 간소화

$$\begin{aligned}\text{Differ} &= \text{Bin}' \cdot A' \cdot B + \text{Bin}' \cdot A \cdot B' + \text{Bin} \cdot A' \cdot B' + \text{Bin} \cdot A \cdot B \\ &= \text{Bin}' \cdot (A' \cdot B + A \cdot B') + \text{Bin} \cdot (A' \cdot B' + A \cdot B) \\ &= \text{Bin}' \cdot (A \oplus B) + \text{Bin} \cdot (A \oplus B)' \\ &= \text{Bin} \oplus (A \oplus B)\end{aligned}$$

$$\begin{aligned}\text{Borrow(out)} &= \text{Bin} \cdot A' \cdot B' + \text{Bin}' \cdot A' \cdot B + \text{Bin} \cdot A' \cdot B + \text{Bin} \cdot A \cdot B \\ &= A' \cdot B \cdot (\text{Bin} + \text{Bin}') + \text{Bin} \cdot (A \cdot B + A' \cdot B') \\ &= A' \cdot B + \text{Bin} \cdot (A \oplus B)'\end{aligned}$$

☞ 카르노우 맵을 이용한 간소화

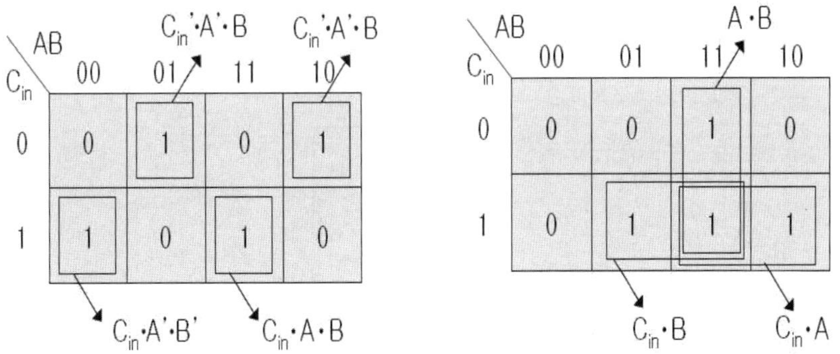

$\text{Differ} = \text{Bin}' \cdot A' \cdot B + \text{Bin}' \cdot A \cdot B' + \text{Bin} \cdot A' \cdot B' + \text{Bin} \cdot A \cdot B = \text{Bin} \oplus (A \oplus B)$

$\text{Borrow(out)} = A \cdot B + \text{Cin} \cdot (A \oplus B)'$

[그림 4.93] 카르노우 맵을 이용한 간소화

위의 수식을 회로로 나타내면 그림 4.94과 같다.

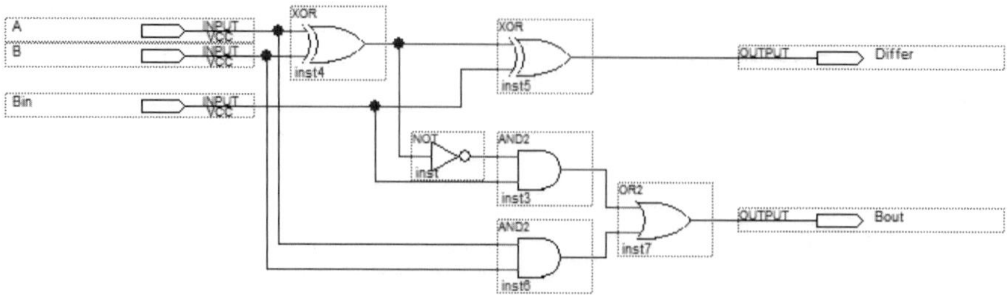

[그림 4.94] 전감산기 회로

다음으로 2의 보수에 의한 감산 방법을 살펴보자. 2의 보수는 1의 보수에 '1'을 더해서 음수를 표현한 방법으로 가산기를 이용해 감산 연산을 수행할 수 있다. 최종캐리를 무시하면 되기 때문에 회로의 크기가 작아지고 표현할 수 있는 수의 범위가 가장 크며, 0이 1개이므로 회로의 안정성이 높아진다.

그림 4.95는 2의 보수 방법을 이용한 4 bit 감산기를 설계한 회로이다. 앞에서 설계한 4 bit 가산기를 이용하여 A-B를 A+(-B)해주는 회로이다. 여기서 (-B)를 2의 보수로 나타내기 위해 B의 각 입력에 NOT 게이트를 넣어주고 최하위 비트의 Cin에 VCC('1')를 더해주었다. 따라서 최종 CARRY를 무시하면 올바른 답이 된다.

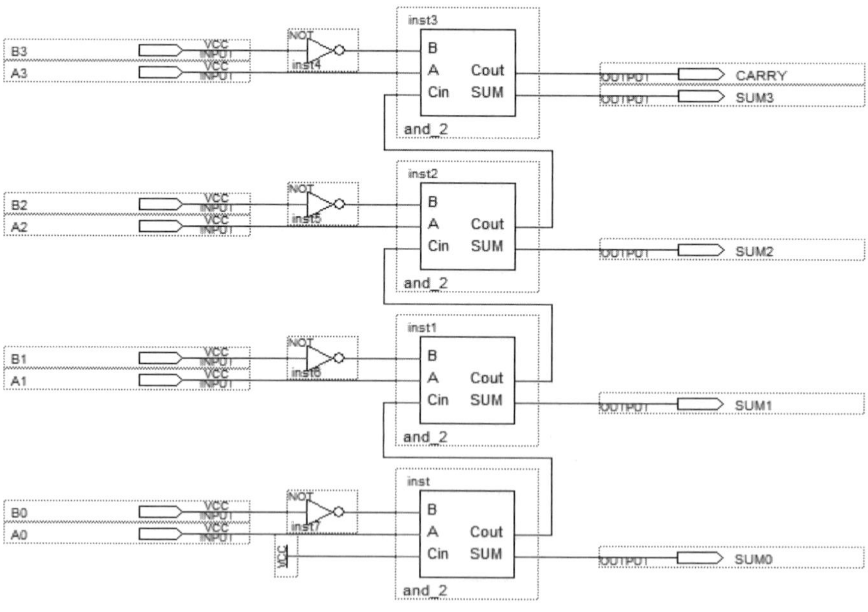

[그림 4.95] 2의 보수 방법을 이용한 4 bit 감산기

3) 승산기와 제산기

승산, 또는 제산의 경우 별도로 설계된 승산기나 제산기를 이용해서 연산하는 경우가 많은데, 실제 하드웨어의 값이 내려가고, 속도가 중시되는 현대 컴퓨터는 다기능 연산장치(Multi-function ALU)에 승산기, 제산기, 기타 다른 연산장치를 각각 갖추어 놓고, 모두 모아서 계산을 한다. 여기에서 하드웨어에 의한 승산은 시프트레지스터를 이용한 소프트웨어에 의한 승산과 배열 승산기가 있는데 여기서는 배열승산기를 주로 다룰 것이다. 또한 제산기의 기본적인 이론과 동작원리에 대해서 알아본다.

① 곱셈의 원리

곱셈은 승수의 수만큼 피승수의 덧셈을 반복해서 수행하는데, 이진 시스템의 경우에 2를 곱하는 것은 피승수를 1비트 좌향 시프트 시키는것과 같다. 그러므로 곱셈은 일련의 시프트와 덧셈을 통해 수행할 수 있는데, 그림 4.96와 같이 4비트 수의 곱셈을 통해 이해해보자.

```
         1 0 1 0
x)       1 0 1 1
----------------
         1 0 1 0
       1 0 1 0
     0 0 0 0
   1 0 1 0
----------------
   1 1 0 1 1 1 0
```

피승수(D) $D=d_{n-1},\dots, d_1, d_0$

승 수(R) $R=r_{n-1},\dots, r_1, r_0$

[그림 4.96] 곱셈 과정

그림 4.96의 과정은 각 자리의 부분적(partial product)을 만들어 이것을 한 자리씩 자리이동을 하면서 더하는 방법이다. 이 방법의 요점은 부분적과 가산과 자리이동의 반복이다. 이러한 방법의 과정은 먼저 승수를 비트별로 비교해 승수의 비트가 ri가 0이면 0을, ri가 1이면 피승수를 복사하는 과정을 거치게 되고, 다음 비트에 대해 자릿수를 증가시켜 그 결과를 더하게 되면 곱셈의 결과를 얻을 수 있다. 하지만 이때 두 수의 곱이 2n비트의 길이도 될 수 있으므로 주의해야 한다.

다음으로 배열 승산기는 고정 소수점 승산에 사용되기 위해 특별한 형태로 만들어졌는데, 그림 4.97은 2 by 2의 승산을 위한 회로를 수행하기 위한 배열 승산기이다.

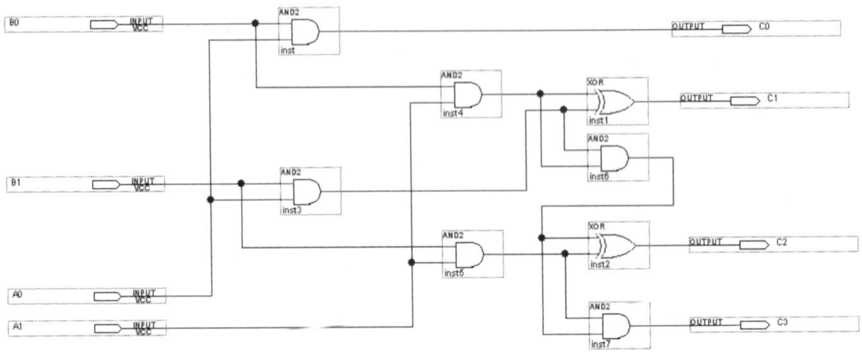

[그림 4.97] 2 by 2 배열 승산기

위의 승산기는 두 비트의 곱이 AND연산과 유사함에 착안해서 두 비트가 모두 1일 때 출력이 1이 되고, 하나라도 0이면 출력이 0이 되는 AND 게이트를 기반으로 설계된다. 최초의 부분적은 AND 게이트로 이루어지며 두 번째 레벨부터는 AND와 하나의 반가산기로 이루어진다. 이보다 더 많은 비트의 합이 이루어질 경우엔 일반적인 n 비트 가산기와 마찬가지로 반가산기 대신 전가산기가 필요하다.

그림 4.98는 2 by 4 배열 승산기이다.

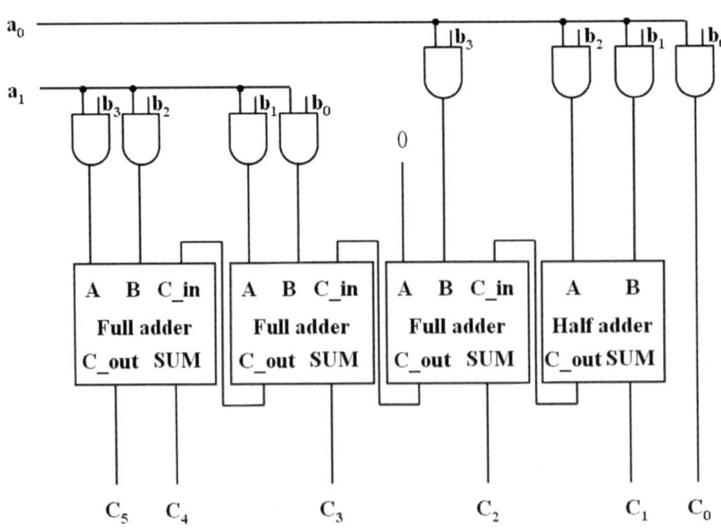

[그림 4.98] 2 by 4 배열 승산기

② 나눗셈의 원리

두 나눗셈을 하려면 제수와 피제수가 주어져야 하며, 또한 그 식에서 몫과 나머지를 구해야 한다. 나눗셈 연산은 곱셈의 형태로 유사하게 주어지는데, 이를 이용해서 곱셈과 유사한 알고리즘과 논리회로를 나눗셈에서도 사용할 수 있다. 곱셈과 나눗셈의 이러한 차이는 곱셈은 가산연산을 먼저 한 후 자릿수 이동을 하는 반면, 나눗셈은 자릿수에 따른 이동 후 감산을 하는 점이 다르다.

```
                1001 ← 몫
제수 → 1100 ) 1110011 ← 피제수
              1100
              -------
                10011
                 1100
              -------
                  111 ← 나머지
```

[그림 4.99] 나눗셈 과정

일반적으로 나눗셈에서는 감산의 반복에 의한 나눗셈을 이용하는데 이 경우 이동 후 감산 과정에서 중간 나머지를 구하기 위해 시험적 감산이 이루어지는 것이 특징인데, 만일 감산 후 그 값이 음수라면 감산 전의 상태로 돌리기 위해 같은 수를 가산하게 된다. 만약 보수의 형태를 취하게 된다면, 감산이 가산으로 대체될 수 있다.

연습문제

1. 순차논리회로와 조합논리회로의 차이점을 설명하시오.
2. 조합논리회로 설계 절차를 설명하시오.
3. 반가산기의 진리표를 그리고 동작을 설명하시오.
4. 전가산기의 진리표를 그리고 동작을 설명하시오.
5. 반가산기 회로 2개를 이용해 전가산기 회로를 설계하시오.
6. 반감산기 회로 2개를 이용해 전감산기 회로를 설계하시오.
7. 5 bit 가산기를 설계하시오.
8. 7번 문제의 5 bit 가산기를 이용해 연산할 수 있는 입력과 출력의 범위를 쓰시오.
9. 2의 보수 방법으로 동작하는 5bit 감산기를 설계하시오.
10. 1의 보수 방법으로 동작하는 4bit 감산기를 설계하시오.

6.3 Quartus II 및 TTL IC를 이용한 회로 설계

1) 사용 장비 및 부품

-. Schematic, Simulation : PC, ALTERA QUARTUS II

-. TTL-IC를 이용한 실험 : 전원공급기, 브레드보드, IC 7400, IC 7402, IC 7486

2) Quartus II를 이용한 Schematic 설계

-. 다음 회로도를 Quartus II를 이용하여 Schematic 설계하고 결과를 확인한다.

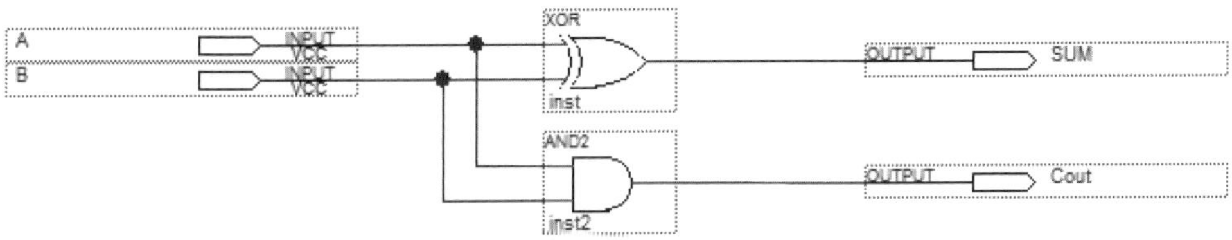

(a) 반가산기

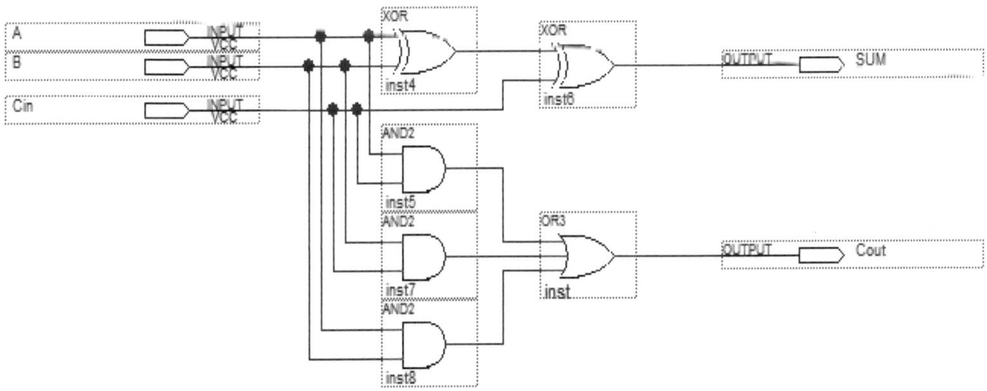

(b) 전가산기

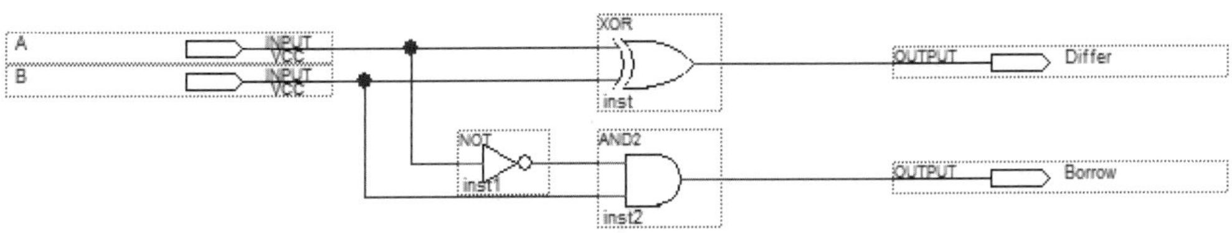

(c) 반감산기

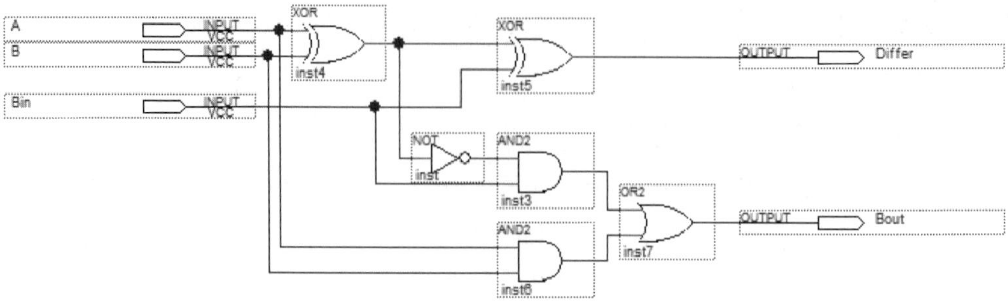

(d) 전감산기

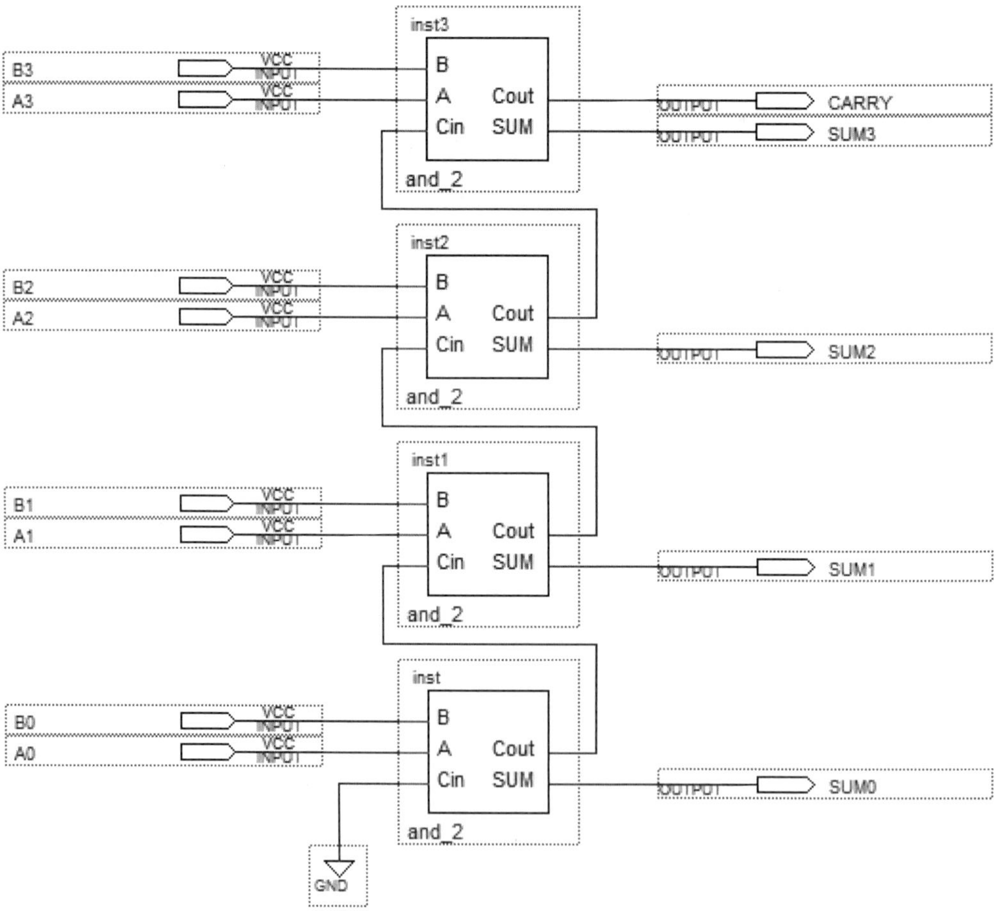

(e) 4 bit 가산기

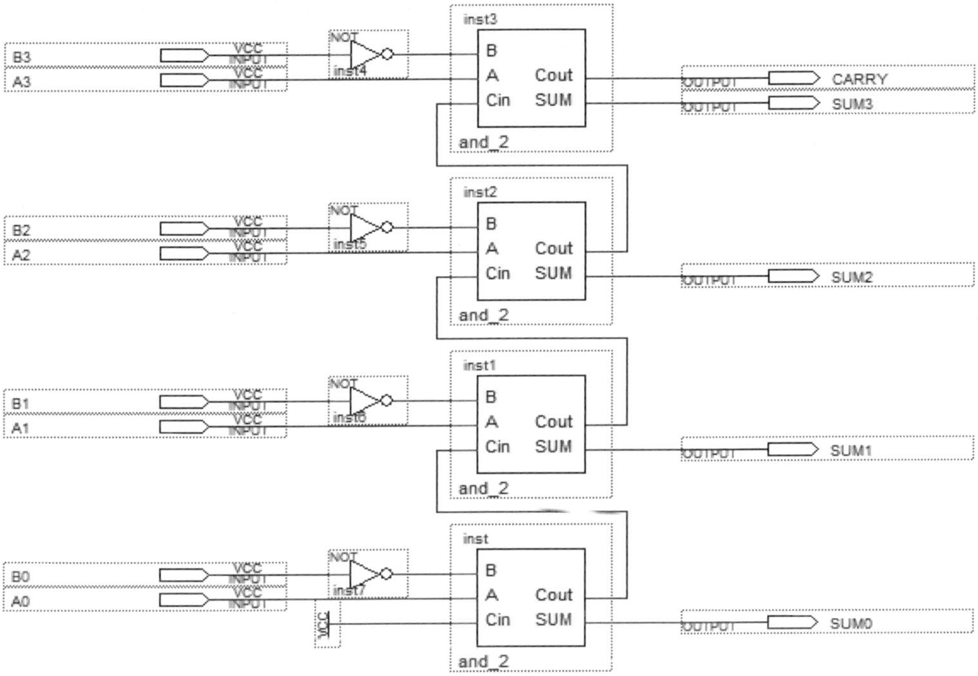

(f) 2의 보수를 이용한 4 bit 감산기

[그림 4.100] 실험 회로도

3) TTL IC를 이용한 설계

-. TTL IC를 이용하여 그림 4.100의 (a)~(d) 회로를 브레드보드에 구현하고 결과를 확인한다. 입력은 토글스위치를 사용하며 결과는 LED로 확인한다. 다음은 IC 7404, IC 7408, IC 7486, IC 7432, IC 744075의 핀 번호이다.

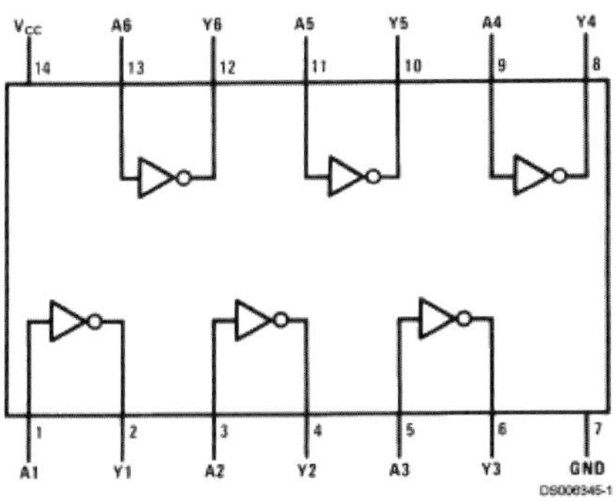

IC 7404

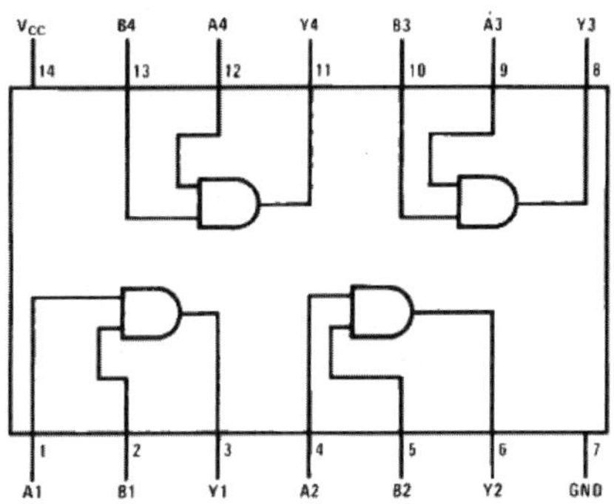

IC 7408

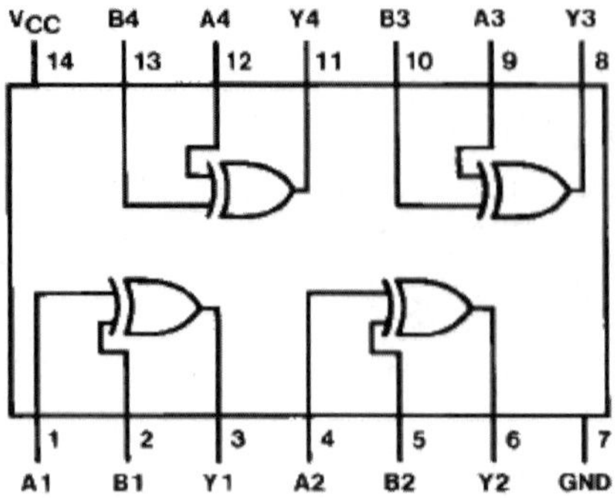

IC 7486

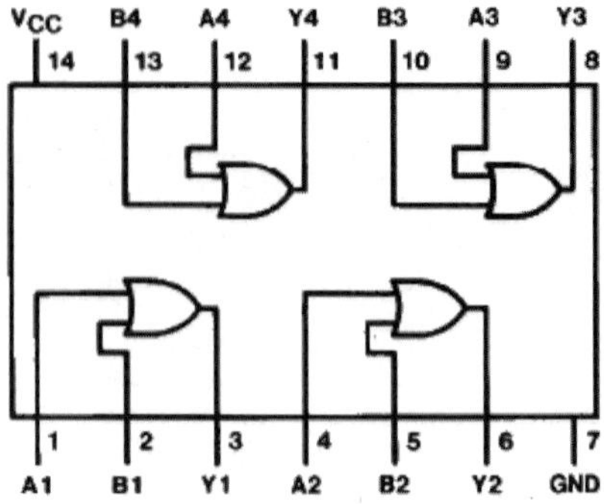

IC7432

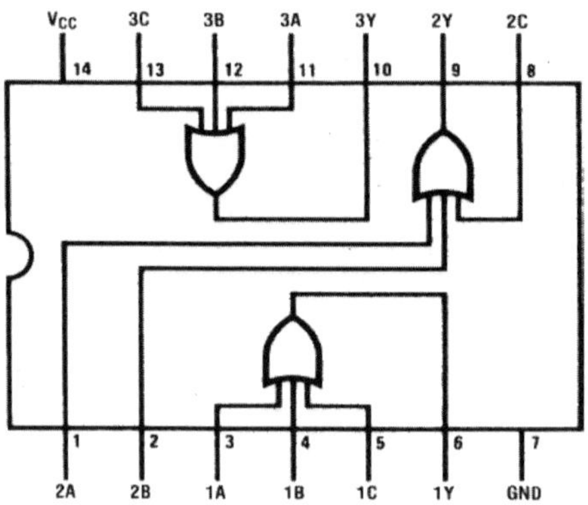

IC 744075

4) 실험 결과

-. QUARTUS II의 Waveform Editor를 이용하여 결과를 확인한다.

-. TTL IC를 이용하여 회로를 구성하고 LED로 결과를 확인한다.

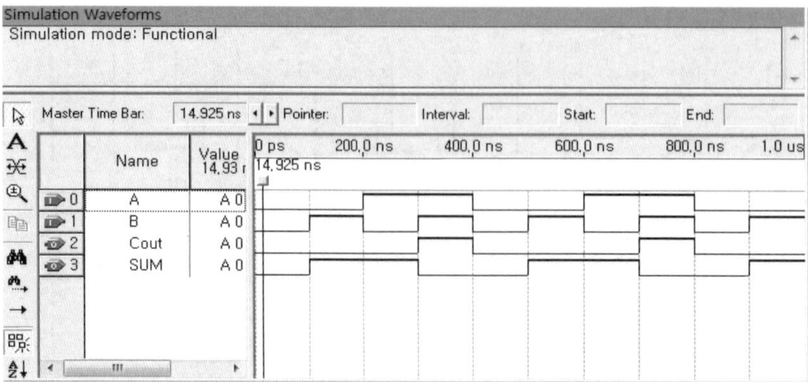

(a) 반가산기

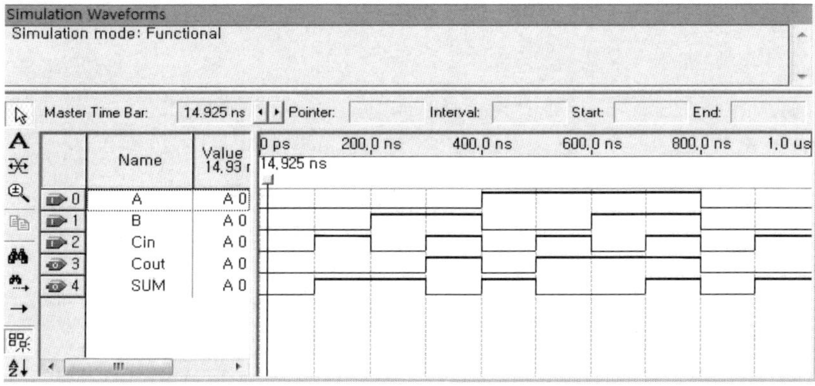

(b) 전가산기

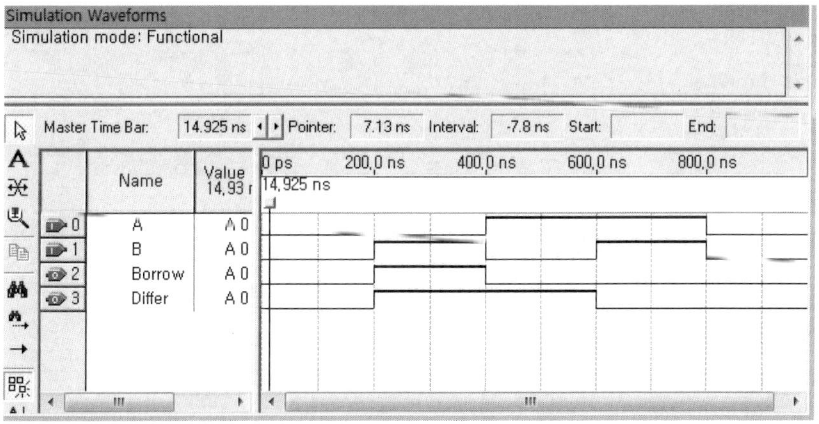

(c) 반감산기

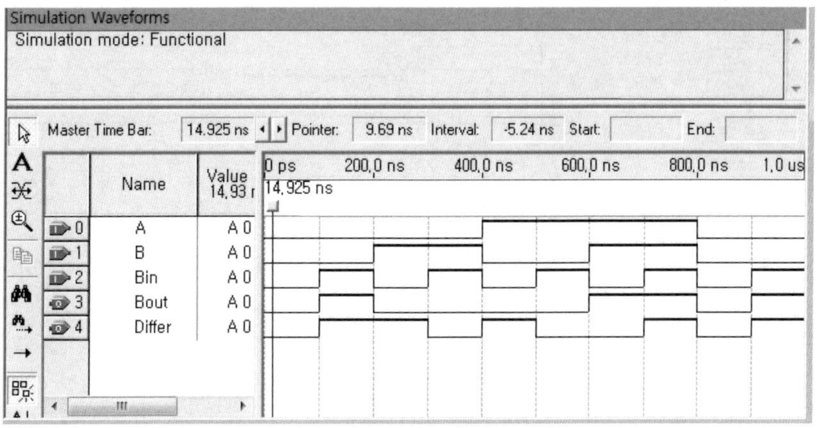

(d) 전감산기

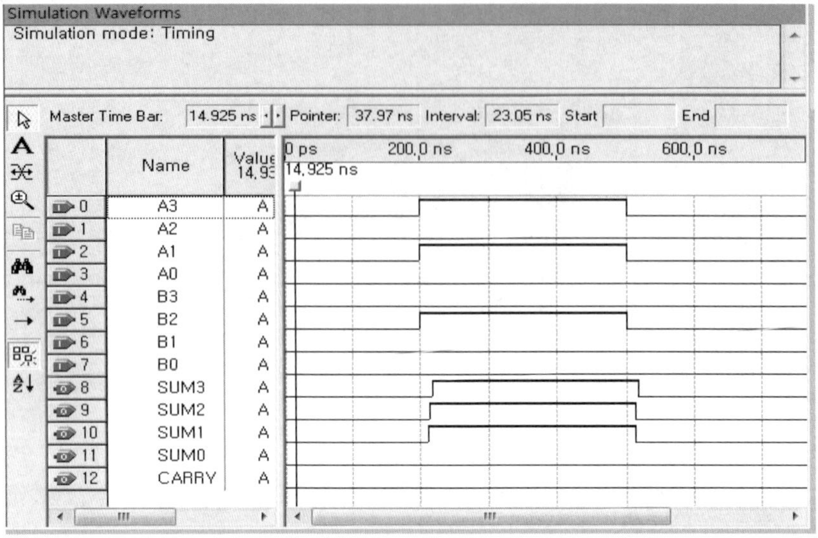

(e) 4 bit 가산기 (1010+0100=1110)

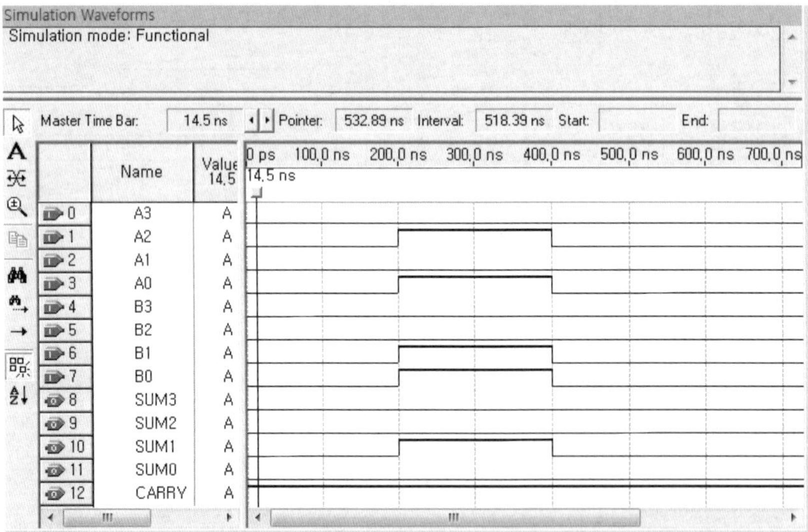

(f) 2의 보수를 이용한 4bit 감산기(5-3=2)

연습문제

4 bit 가산기 2개를 이용하여 8 bit 가산기를 설계하고, Quartus Ⅱ를 이용해 시뮬레이션하여 결과를 확인하시오.

SECTION 7. 비교기 설계

비교기(Comparator)는 두 수를 비교하여 '크다', '작다', '같다' 등을 출력으로 내보내는 회로이다. 간단하게는 XNOR 게이트의 비교특성을 이용하면 되고, 보다 복잡한 비교 회로는 조합논리회로 설계 방법에 따라 설계가 가능하다.

7.1 비교기 설계

1) 조합논리회로와 순차논리회로

간단한 비교기는 XNOR 게이트를 이용해 만들 수 있다. XNOR 게이트가 기본적으로 비교 연산을 하기 때문인데 '같다(=)'와 '같지않다(≠)'의 두 비교가 가능하다. 표 4.20은 XNOR 게이트의 진리표이다. 표를 보면 1 bit의 두 수를 비교하여 입력이 같을 때는 출력이 '1', 입력이 다를 때는 출력이 '0'이 나오는 것을 확인할 수 있다. 따라서 XNOR 게이트를 n개 연결하여 n-bit 비교기 설계가 가능하다. 여기서는 입력이 같은 것을 기준으로 Active High를 출력하는 비교기만 다루게 되지만 Active low 출력이 필요하다면 XNOR 게이트 대신 XOR 게이트를 사용하면 된다.

[표 4.20] XNOR 게이트 진리표

A	B	XNOR
0	0	1
0	1	0
1	0	0
1	1	1

그림 4.101은 XNOR 게이트를 이용한 2 bit 비교기를 보여주고 있다. XNOR 게이트의 출력이 AND 게이트로 들어가므로 2개의 비트가 모두 같아야 '1'이 출력된다. 즉, 2 bit로 이루어진 두 수를 비교 연산하여 같을 때는 '1', 다를 때는 '0'을 출력하는 비교기 회로이다.

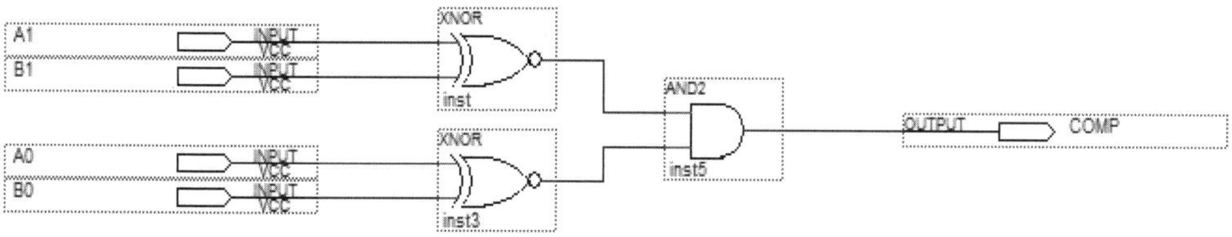

[그림 4.101] 2 bit 비교기(=, ≠)

그림 4.102은 XNOR 게이트를 이용한 4 bit 비교기이다

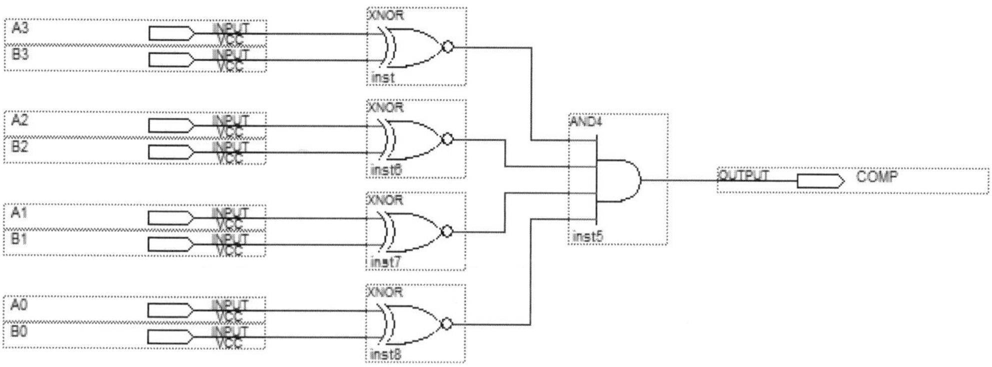

[그림 4.102] 4 bit 비교기(=, ≠)

XNOR 게이트를 이용하여 설계한 회로는 특성상 '같다(=)'와 '같지 않다(≠)' 외에 세부적인 비교 연산은 불가능하다. 따라서 '크다(>)', '작다(<)', '크거나 같다(≤)', '작거나 같다(≥)'와 같은 세부적인 비교연산이 필요할 때는 진리표를 바탕으로한 조합논리 회로 설계 방법에 따라 설계하여야 한다.

표 4.21은 '같다(=)', '크다(>)', '작다(<)'의 3가지 비교연산을 수행할 수 있는 1 bit 비교기의 진리표이다. 입력 A와 B가 같은 경우에는 E, A가 B보다 큰 경우에는 L, A가 B보다 작은 경우에는 S에 '1'값이 출력된다.

[표 4.21] 1 bit 비교기 진리표

A	B	Q		
		E(A=B)	L(A>B)	S(A<B)
0	0	1	0	0
0	1	0	0	1
1	0	0	1	0
1	1	1	0	0

진리표를 바탕으로 SOP 형태의 논리식을 구하면 다음과 같다.

E=A'B'+AB
L=AB'
S=A'B

그림 4.103는 논리식으로 바탕으로 설계된 1 bit 비교기의 회로이다.

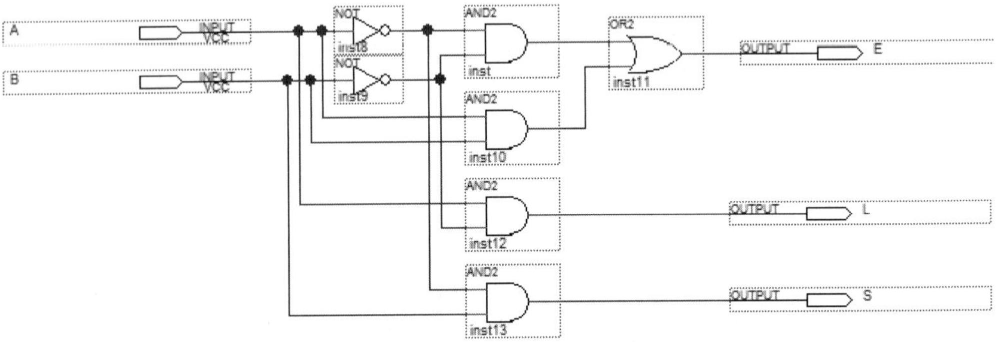

[그림 4.103] 1 bit 비교기 회로

위의 회로를 NAND 게이트만으로 이루어진 회로로 바꾸면 다음과 같다.

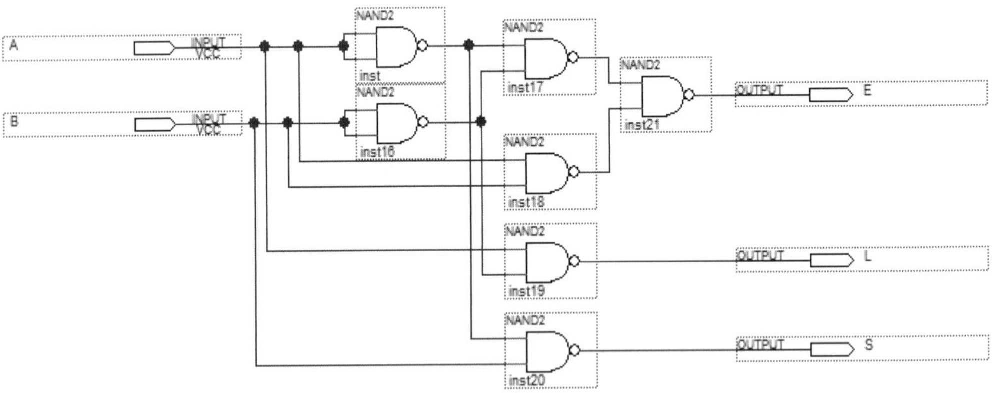

[그림 4.104] NAND 게이트로 이루어진 1 bit 비교기 회로

예제 다음 진리표와 같이 동작하는 비교기를 설계하시오.

[표 4.22] 비교기

A	B	Q	
		EL(A≥B)	S(A<B)
0	0	1	0
0	1	0	1
1	0	1	0
1	1	1	0

진리표를 바탕으로 표준 SOP 형태의 논리식을 구하면 다음과 같다.

$$EL = A'B' + AB' + AB$$
$$S = A'B$$

위의 논리식에서 출력 S는 식이 너무 간단하여 더 이상 간소화할 필요가 없을 것으로 보이며, EL은 카르노우 맵을 이용하여 간소화하면 그림 4.105과 같다.

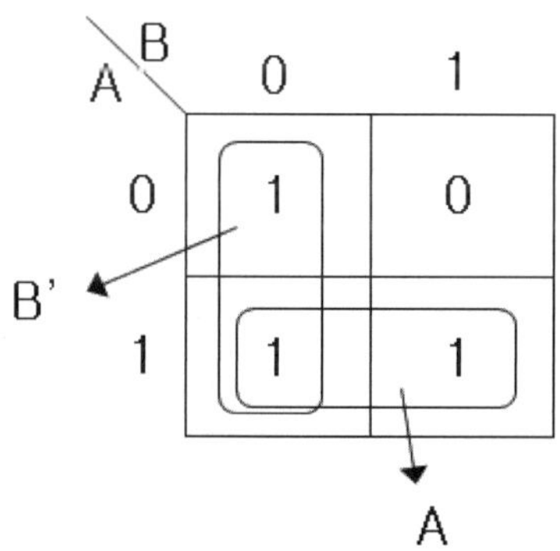

EL=A+B'

[그림 4.105] 카르노우 맵을 이용한 간소화

따라서 간소화된 논리식은 다음과 같다.

$$EL = A + B'$$
$$S = A'B$$

간소화된 논리식으로 바탕으로 회로를 설계하면 그림 4.106과 같다.

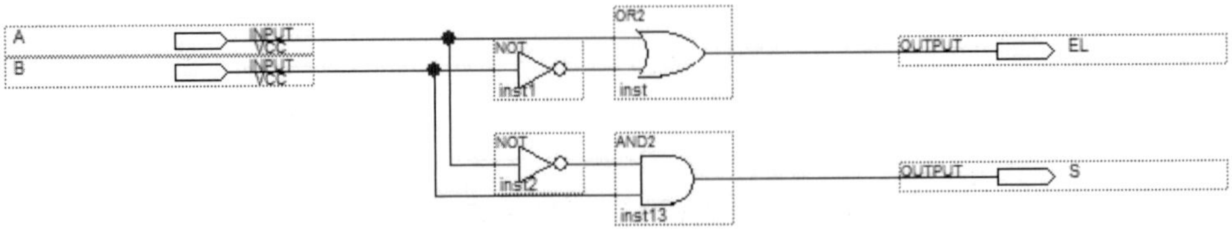

[그림 4.106] 1 bit 비교기 회로

위의 회로를 NAND 게이트만으로 이루어진 회로로 바꾸면 다음과 같다.

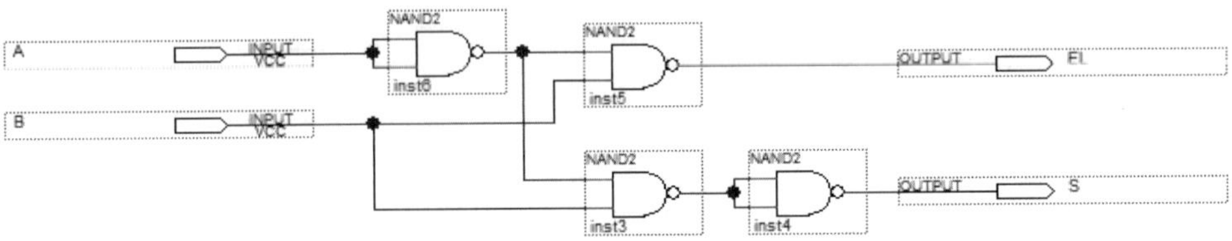

[그림 4.107] NAND 게이트로 이루어진 1 bit 비교기 회로

다음으로 2비트 비교기는 2 bit로 이루어진 두 수를 비교하여 '같다(=)', '크다(〉)', '작다(〈)'의 3가지 출력을 내보내는 회로이다. 입력 A와 B가 같은 경우에는 E, A가 B보다 큰 경우에는 L, A가 B보다 작은 경우에는 S에 '1' 값이 출력된다. 표 4.23은 2 bit 비교기의 진리표이다.

[표 4.23] 2 bit 비교기의 진리표

A1	A0	B1	B0	Q		
				E(A=B)	L(A〉B)	S(A〈B)
0	0	0	0	1	0	0
0	0	0	1	0	0	1
0	0	1	0	0	0	1
0	0	1	1	0	0	1
0	1	0	0	0	1	0
0	1	0	1	1	0	0
0	1	1	0	0	0	1
0	1	1	1	0	0	1
1	0	0	0	0	1	0
1	0	0	1	0	1	0
1	0	1	0	1	0	0
1	0	1	1	0	0	1
1	1	0	0	0	1	0
1	1	0	1	0	1	0
1	1	1	0	0	1	0
1	1	1	1	1	0	0

진리표를 바탕으로 카르노우 맵을 작성하여 간소화된 논리식을 구하면 다음과 같다. E는 2개 이상 묶이는 셀이 없어 간소화가 안되며, L은 A0B1'B0'+A1B1'+ A1A0B0', S는 A1'A0'B0+A0'B1B0+A1'B1으로 간소화된다.

(a) 출력 E의 간소화

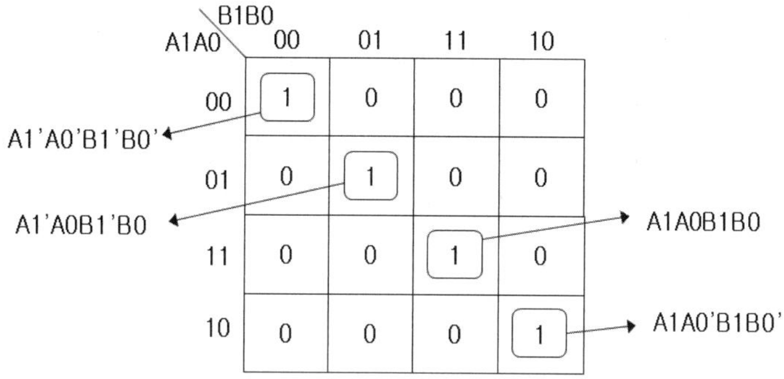

E=A1'A0'B1'B0'+A1'A0B1'B0+A1A0'B1B0'+A1A0B1B0

(b) 출력 L의 간소화

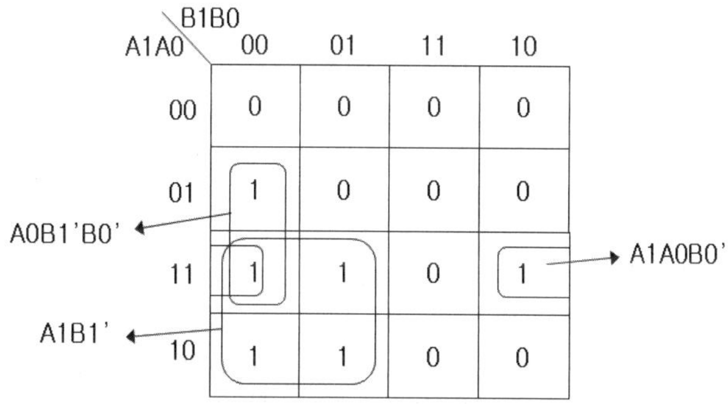

L=A0B1'B0'+A1B1'+A1A0B0'

(C) 출력 S의 간소화

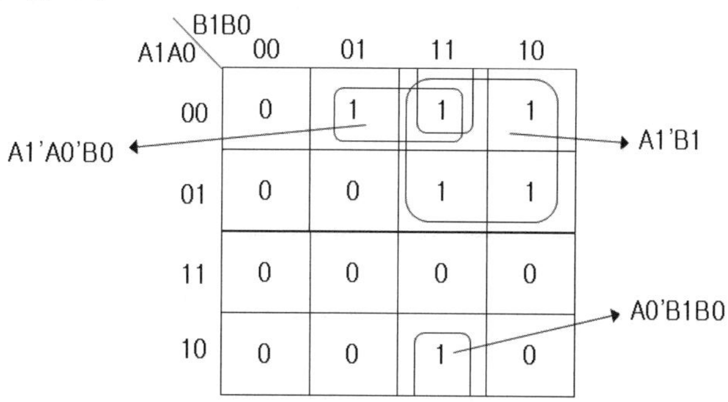

S=A1'A0'B0+A0'B1B0+A1'B1

[그림 4.108] 카르노우 맵을 이용한 간소화

그림 4.109는 논리식으로 바탕으로 설계된 2bit 비교기의 회로이다.

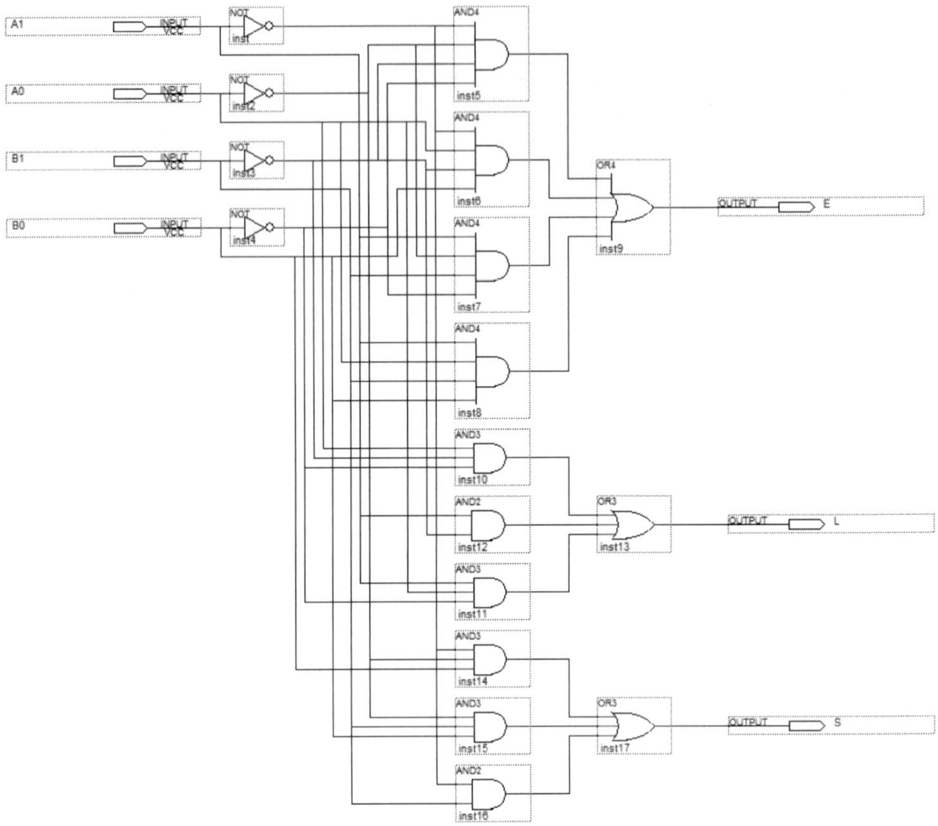

[그림 4.109] 2 bit 비교기 회로

연습문제

1. 같다(=), 같지 않다(≠)를 비교할 수 있는 1 bit 비교기를 기본게이트(AND, OR, NOT)를 이용하여 설계하시오.
2. 작거나 같다(≤)와 크다(〈)를 비교할 수 있는 1 bit 비교기를 설계하시오(설계과정포함).
3. 작거나 같다(≤)와 크다(〈)를 비교할 수 있는 2 bit 비교기를 설계하시오(설계과정포함).

7.2 Quartus II 및 TTL IC를 이용한 회로 설계

1) 사용 장비 및 부품

-. Schematic, Simulation : PC, ALTERA QUARTUS II

-. TTL-IC를 이용한 실험 : 전원공급기, 브레드보드, IC 7400, IC 7402, IC 7486

2) Quartus II를 이용한 Schematic 설계

-. 다음 회로도를 Quartus II를 이용하여 Schematic 설계하고 결과를 확인한다.

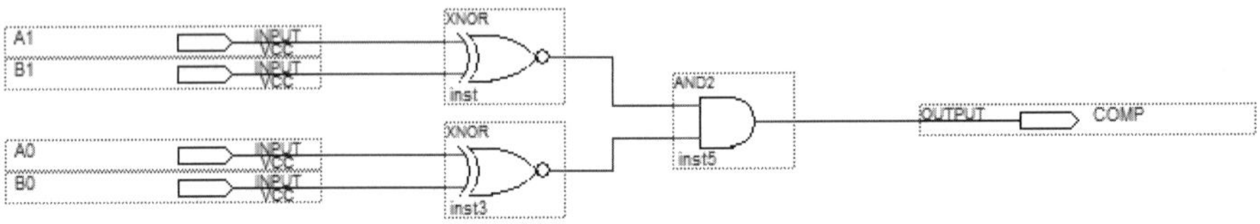

(a) XNOR 게이트를 이용한 2 bit 비교기(=, ≠)

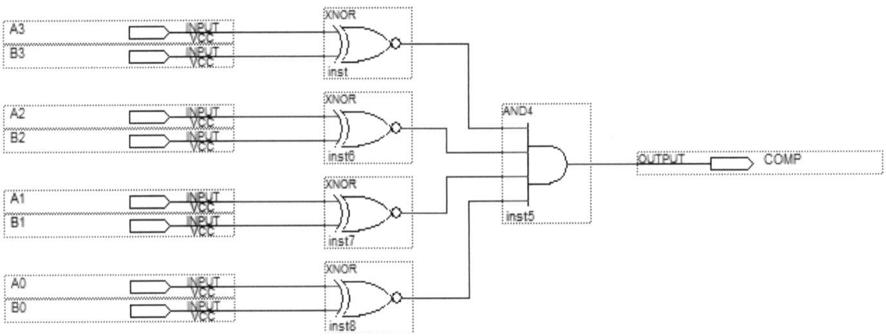

(b) XNOR 게이트를 이용한 4 bit 비교기(=, ≠)

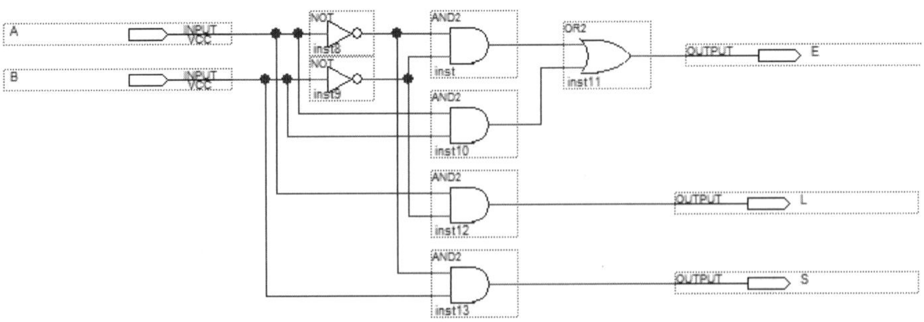

(c) 1 bit 비교기(=, >, <)

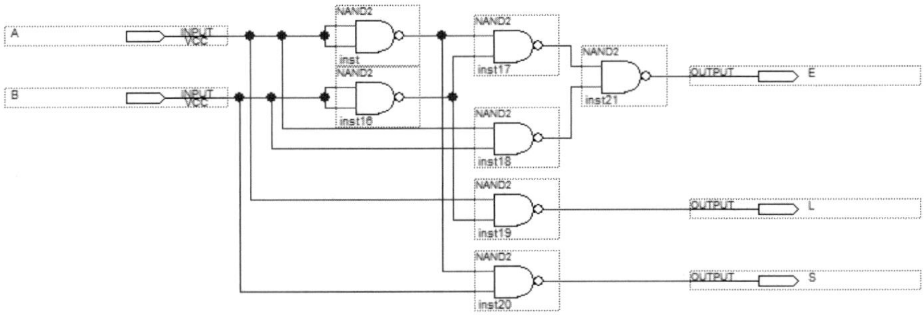

(d) NAND 게이트를 이용한 1 bit 비교기(=, >, <)

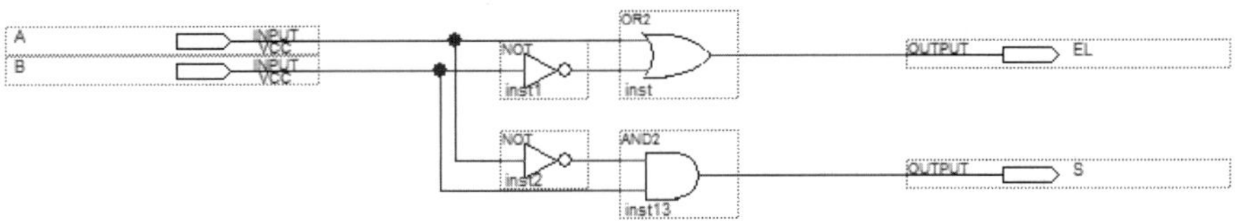

(e) 1 bit 비교기(≥, <)

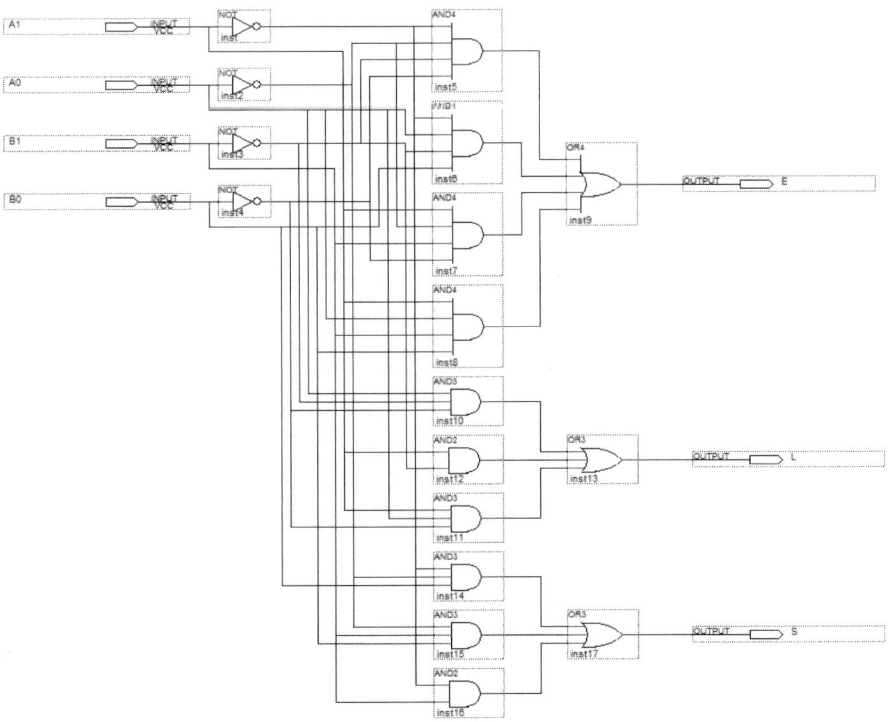

(f) 2 bit 비교기(=, >, <)

[그림 4.110] 실험 회로도

3) TTL IC를 이용한 설계

-. TTL IC를 이용하여 그림 4.110의 (a)~(c) 회로를 브레드보드에 구현하고 결과를 확인한다. 입력은 토글스위치를 사용하며 결과는 LED로 확인한다. 다음은 IC 7404, IC 7408, IC 7432, IC 74266의 핀 번호이다.

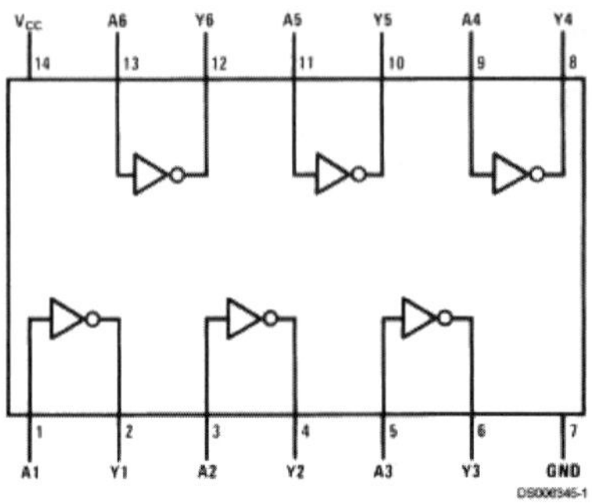

IC 7404

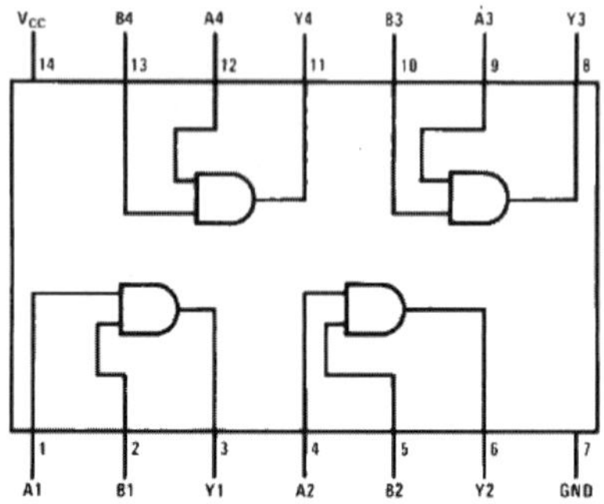

IC 7408

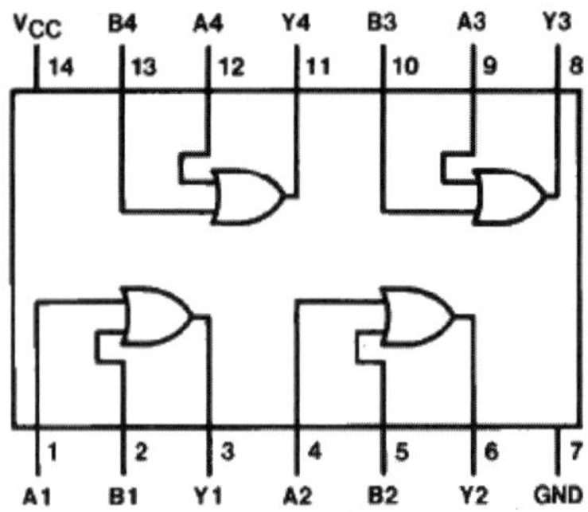

IC 7432

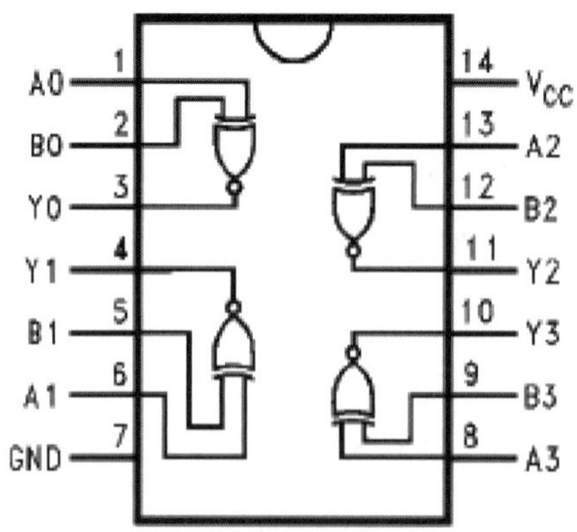

IC 74266

4) 실험 결과

-. QUARTUS II의 Waveform Editor를 이용하여 결과를 확인한다.

-. TTL IC를 이용하여 회로를 구성하고 LED로 결과를 확인한다.

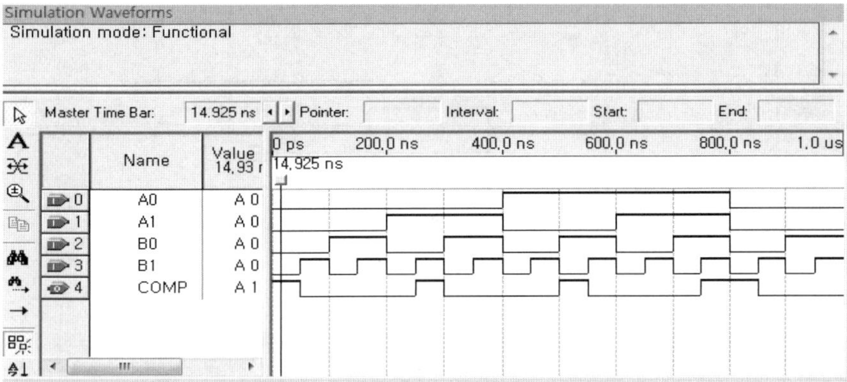

(a) XNOR 게이트를 이용한 2 bit 비교기(=, ≠)

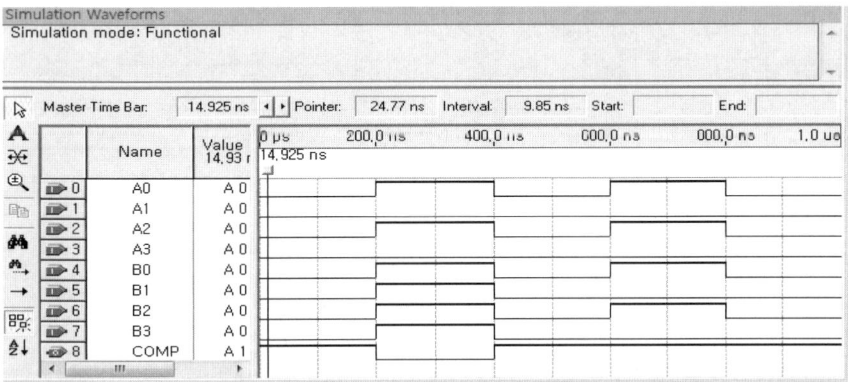

(b) XNOR 게이트를 이용한 4 bit 비교기(=, ≠)

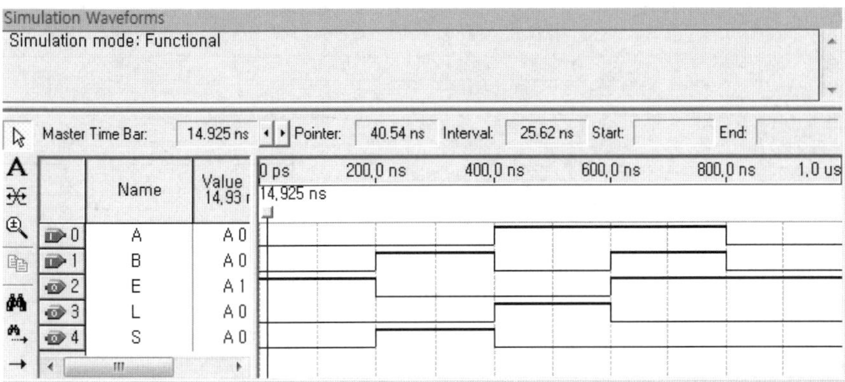

(c) 1 bit 비교기(=, >, <)

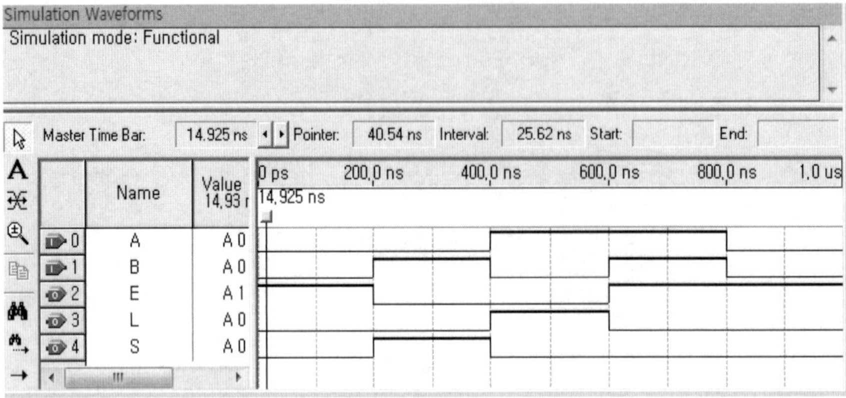

(d) NAND 게이트를 이용한 1 bit 비교기(=, >, <)

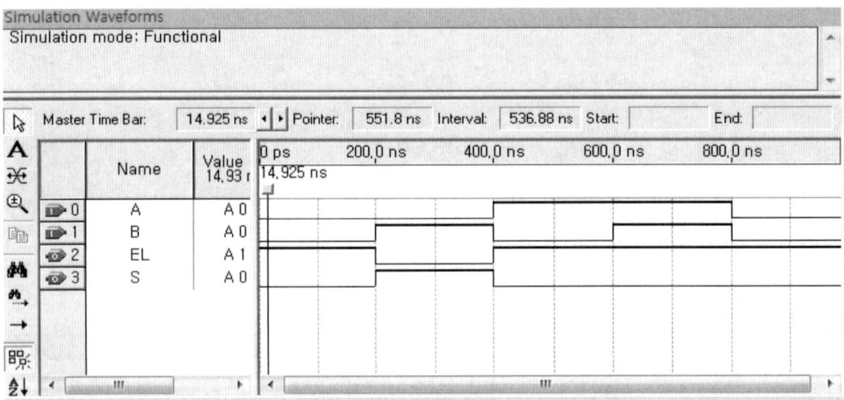

(e) 1 bit 비교기(≥, <)

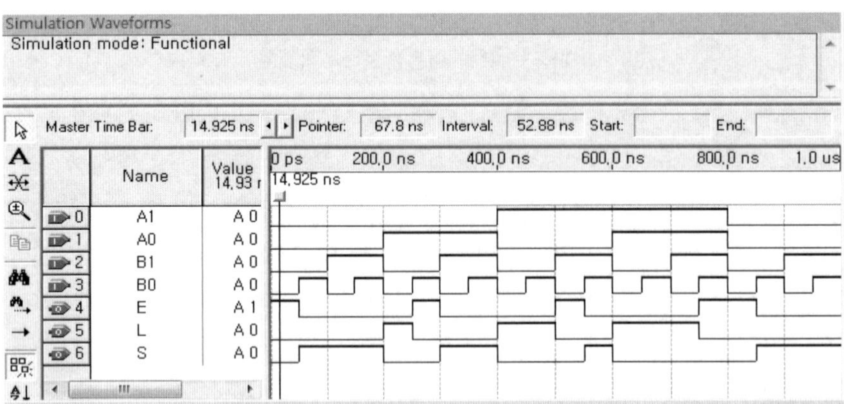

(f) 2 bit 비교기(=, >, <)

연습문제

작거나 같다(≤)와 크다(〈)를 비교할 수 있는 2bit 비교기를 설계하고, Quartus Ⅱ를 이용해 시뮬레이션하여 결과를 확인하시오.

SECTION 8. 디코더와 인코더 설계

디코더란 n개의 2진수나 BCD코드 등을 입력받아서 최대 2n개의 특정 코드를 만들어주는 조합논리회로를 말한다. 반대로 2n개의 특정 코드를 n개의 2진수나 BCD 코드 등으로 복원하는 회로를 인코더라고 한다. 인코더와 디코더는 우리 생활에 밀접한 관계를 맺고 있는데, 예로 숫자를 표시해주는 BCD-7 세그먼트 디코더나 키보드-컴퓨터-모니터 변환, 영상변환, 메모리 주소 지정 등에 사용된다.

8.1 디코더 설계

디코더(Decoder)는 n개의 입력단자를 통하여 들어온 이진 부호를 등가의 다른 이진 부호로 변환한다. 디지털 시스템에서 정보는 이산적인 이진 코드로 표현되기 때문에 n 비트의 2진 코드는 최대 2n개의 서로 다른 정보를 표현 할 수 있다.

표 5.1은 입력 값에 따라 각각 다른 단자에 Active high를 출력하는 디코더의 진리표이다. A, B 두 개의 입력 단자를 통해 들어온 이진 신호에 의해 4개의 출력단자 중 어느 하나가 선택되어 '1'값이 할당된다. 이 디코더는 특정 장치를 선택하는 경우에 사용될 수 있다. 여러 장치들에 각각 고유의 주소를 주고 이들 중에서 하나를 고르는 경우, 디코더의 입력에 주소만 넣어주면 해당 장치는 자동으로 Active high 또는 Active low 형태로 활성화하게 된다.

[표 4.24] 출력이 Active high인 2×4 디코더

A	B	D3	D2	D1	D0
0	0	1	0	0	0
0	1	0	1	0	0
1	0	0	0	1	0
1	1	0	0	0	1

다음 표 4.25는 출력이 Active low인 2×4 디코더의 진리표이다.

[표 4.25] 출력이 Active low인 2×4 디코더

A	B	D3	D2	D1	D0
0	0	0	1	1	1
0	1	1	0	1	1
1	0	1	1	0	1
1	1	1	1	1	0

먼저 출력이 Active high인 2×4 디코더의 회로 설계를 위해 논리식을 구하면 다음과 같다.

D3=A'B', D2=A'B, D1=AB', D0=AB

논리식을 바탕으로 회로를 설계하면 그림 4.111과 같다.

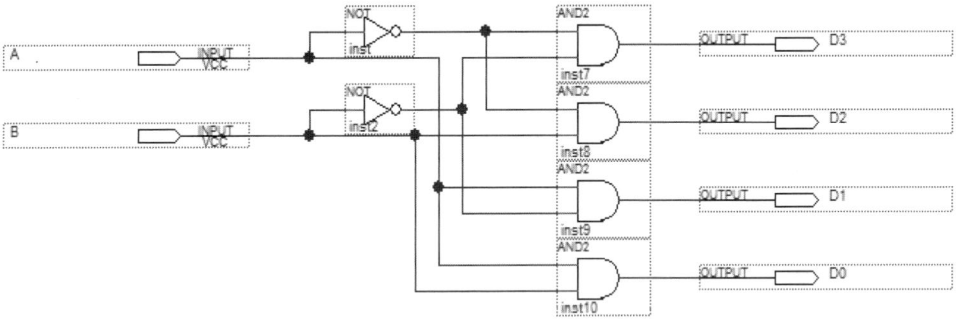

[그림 4.111] 출력이 Active high인 2×4 디코더 회로

다음으로 위의 표 4.24와 표 4.25를 비교해보면 Active high와 Active low 디코더는 출력이 정확히 반대인 것을 확인할 수 있다. 따라서 Active low 디코더 회로는 그림 4.111의 AND 게이트 출력에 NOT을 붙여서 NAND로만 바꿔주면 된다. 그림 4.112은 출력이 Active low인 2×4 디코더 회로이다.

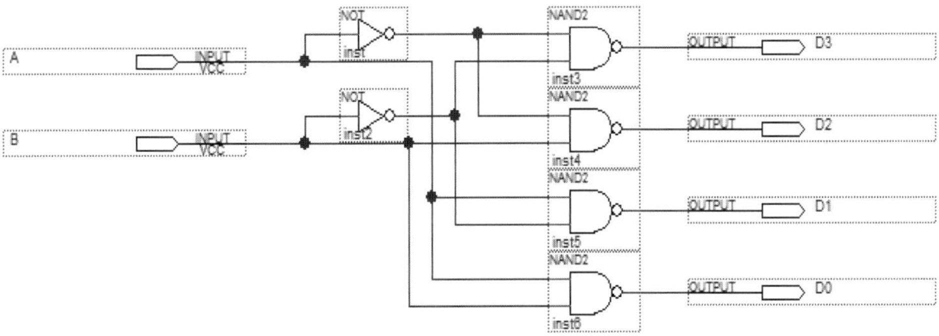

[그림 4.112] 출력이 Active low인 2×4 디코더 회로

표 4.26은 출력이 Active high인 3×8 디코더의 진리표이다.

[표 4.26] 출력이 Active high인 3×8 디코더

A	B	C	D7	D6	D5	D4	D3	D2	D1	D0
0	0	0	1	0	0	0	0	0	0	0
0	0	1	0	1	0	0	0	0	0	0
0	1	0	0	0	1	0	0	0	0	0
0	1	1	0	0	0	1	0	0	0	0
1	0	0	0	0	0	0	1	0	0	0
1	0	1	0	0	0	0	0	1	0	0
1	1	0	0	0	0	0	0	0	1	0
1	1	1	0	0	0	0	0	0	0	1

회로 설계를 위한 논리식은 다음과 같다.

$$D7=A'B'C' \quad D6=A'B'C \quad D5=A'BC' \quad D4=A'BC$$
$$D3=AB'C' \quad D2=AB'C \quad D1=ABC' \quad D0=ABC$$

논리식을 바탕으로 회로를 설계하면 그림 4.113와 같다.

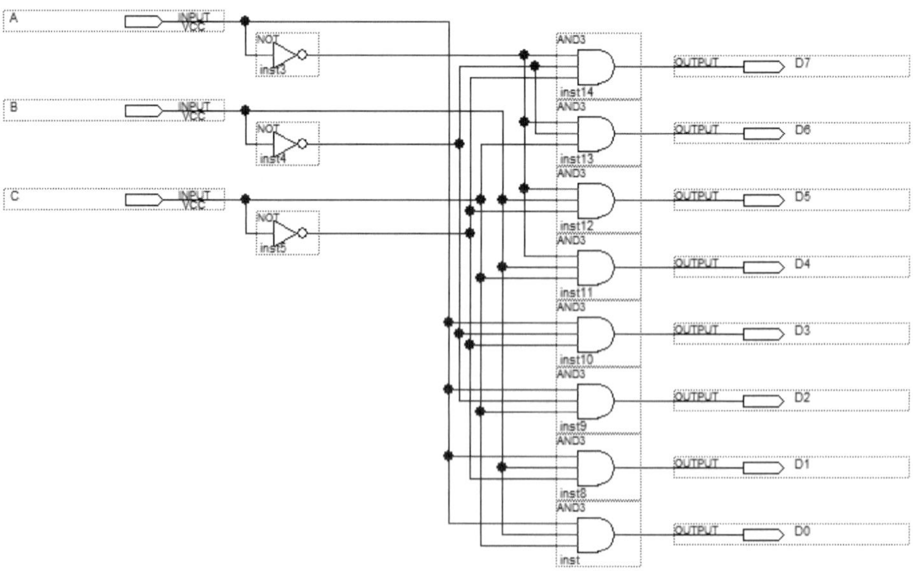

[그림 4.113] 출력이 Active high인 3×8 디코더 회로

마찬가지로 출력이 Active high인 3×8 디코더 회로를 NAND 게이트로 바꾸면 그림 4.114과 같다.

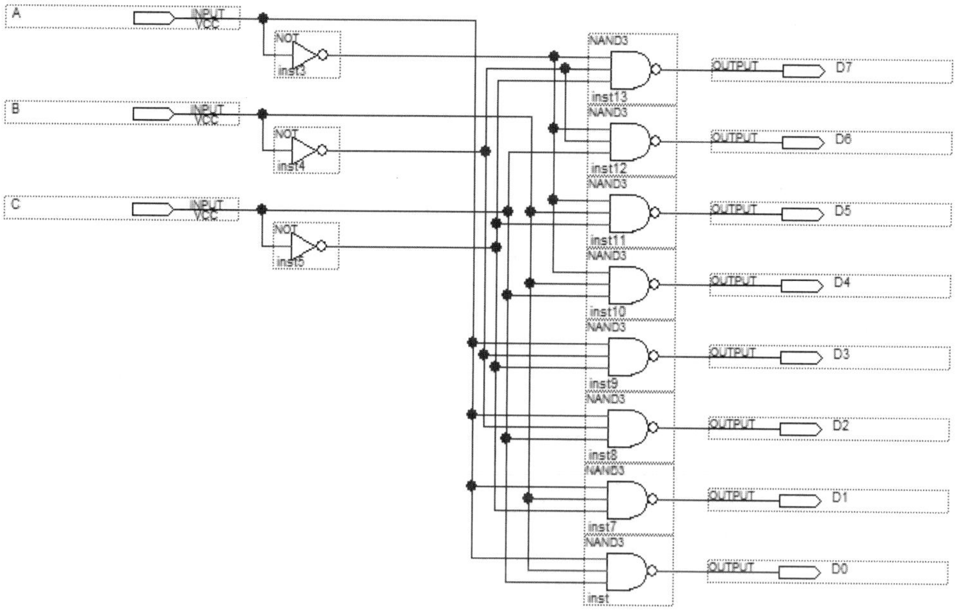

[그림 4.114] 출력이 Active low인 3×8 디코더 회로

8.2 인코더 설계

인코더(Encoder)는 디코더와 반대 역할을 하는 조합회로로 최대 2^n개의 입력신호를 받아 n개의 출력신호를 만든다. 따라서 디코더의 입력과 출력을 바꿔주기만 하면 되며, 인코더와 디코더를 적절히 사용하면 코드화된 신호와 원래신호의 상호 변환이 용이하다.

다음은 표 4.24의 디코더 예제에서 입력과 출력을 바꿔준 4×2 인코더의 진리표이다.

[표 4.27] 4×2 인코더

D3	D2	D1	D0	A	B
1	0	0	0	0	0
0	1	0	0	0	1
0	0	1	0	1	0
0	0	0	1	1	1

위의 진리표를 보면 모든 입력에 '1'이 1개씩만 있는 것을 확인할 수 있다. 따라서 A에 '1'이 출력되기 위해서는 D_1이 '1'이거나(OR) D_0가 '1'이면 된다. 마찬가지로 B에 '1'이 출력되기 위해선 D_2나(OR) D_0가 '1'이면 된다. 이를 바탕으로 OR 게이트를 이용하여 논리식을 세우면 다음과 같다.

$$A = D1 + D0$$
$$B = D2 + D0$$

여기서는 진리표의 내부 데이터 특성이 간단하여 빠르게 구할 수 있었으나 원래는 조합논리회로 설계방법 절차에 따라 구해야한다.

다음은 조합논리회로 설계방법에 따라 설계하기 위한 것으로, 표 4.27의 진리표에 모든 입력을 추가하여 바꾼 것이다. 정의되지 않은 입력은 무상관항으로 처리한다.

[표 4.28] 4×2 인코더

D_3	D_2	D_1	D_0	A	B
0	0	0	0	×	×
0	0	0	1	1	1
0	0	1	0	1	0
0	0	1	1	×	×
0	1	0	0	0	1
0	1	0	1	×	×
0	1	1	0	×	×
0	1	1	1	×	×
1	0	0	0	0	0
1	0	0	1	×	×
1	0	1	0	×	×
1	0	1	1	×	×
1	1	0	0	×	×
1	1	0	1	×	×
1	1	1	0	×	×
1	1	1	1	×	×

다음으로 카르노우 맵 이용하여 간소화하면 다음과 같다. (a)와 (b)를 보면 각각 8셀씩 묶이므로 A=D0+D1, B=D2+D0 로 간소화 되면 위의 논리식과 같음을 확인할 수 있다.

(a) 간소화된 논리식 : A=D1+D0

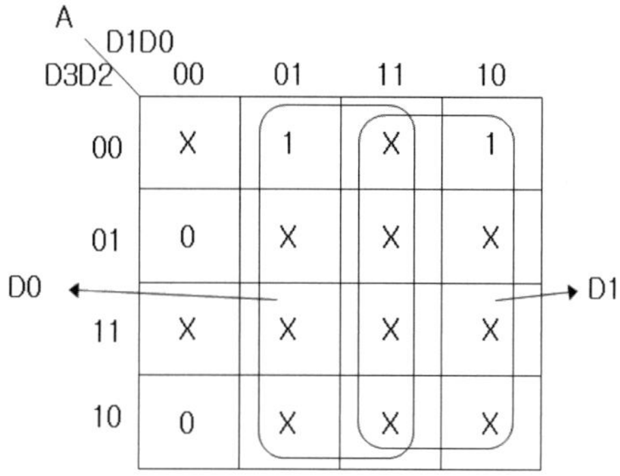

(b) 간소화된 논리식 : B=D2+D0

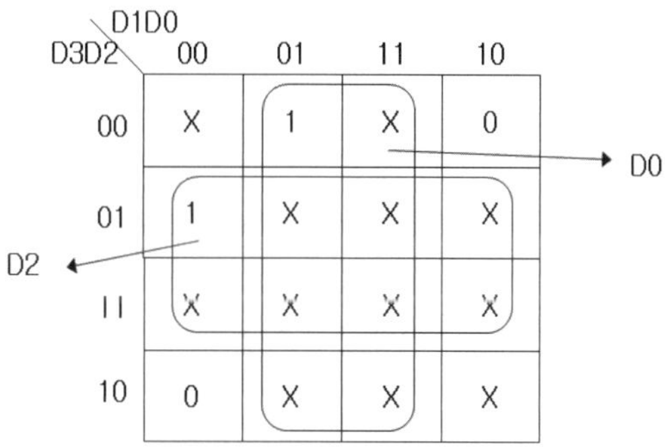

[그림 4.115] 카르노우 맵을 이용한 간소화

최종적으로 회로를 구현하면 다음과 같다. 입력은 4개이지만 원하는 출력을 얻기 위해 D2~D1까지의 입력만 있으면 된다. D3는 회로에서 빼도 상관없다.

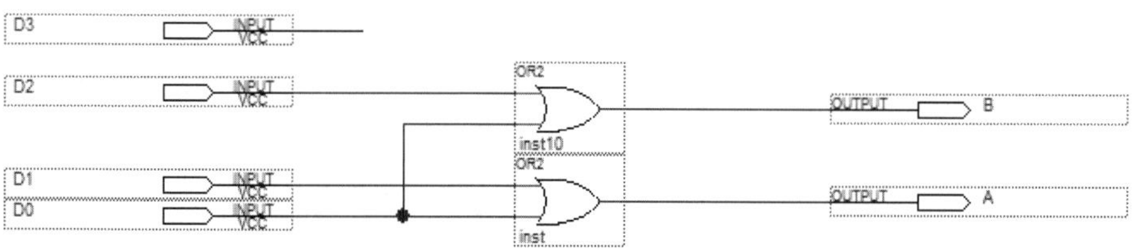

[그림 4.116] 4×2 인코더 회로

다음은 표 4.25의 Active low 2×4 디코더 예제에서 입력과 출력을 바꿔준 4×2 인코더의 진리표이다.

[표 4.29] 4×2 인코더

D_3	D_2	D_1	D_0	A	B
0	1	1	1	0	0
1	0	1	1	0	1
1	1	0	1	1	0
1	1	1	0	1	1

여기서 표 4.29의 진리표(Active low)는 표 4.27(Active high)의 진리표와 모든 입력이 다른 것을 확인할 수 있다. 따라서 Active low 4×2 인코더는 그림 4.117과 같이 Active high 4×2 인코더의 입력에 NOT을 붙여주면 된다.

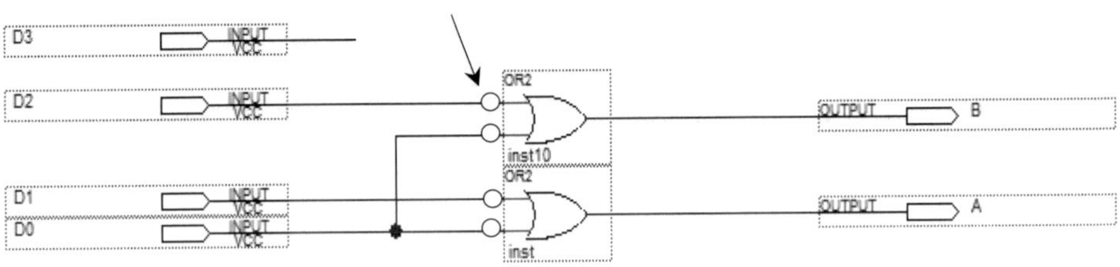

[그림 4.117] Active low 4×2 인코더

그림 4.117의 OR 게이트는 드모르간 법칙에 의해 NAND 게이트로 바꿀 수 있으며 최종적으로 Active low 4×2 인코더의 회로는 그림 4.118와 같다.

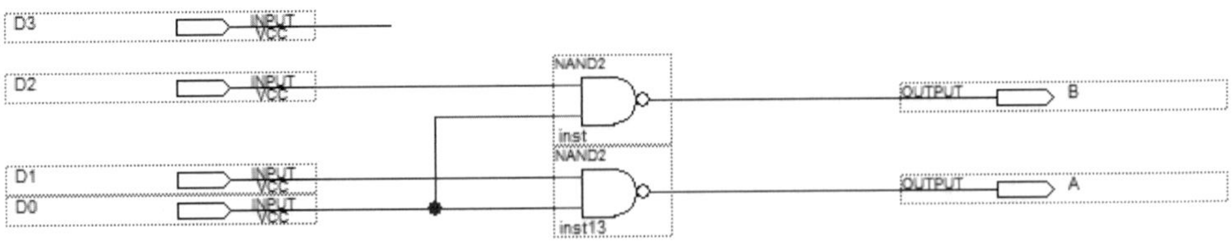

[그림 4.118] Active low 4×2 인코더

마지막으로 다음은 표 4.26의 3×8 디코더 예제에서 입력과 출력을 바꿔준 8×3 인코더의 진리표이다.

[표 4.30] 8×3 인코더

D7	D6	D5	D4	D3	D2	D1	D0	A	B	C
1	0	0	0	0	0	0	0	0	0	0
0	1	0	0	0	0	0	0	0	0	1
0	0	1	0	0	0	0	0	0	1	0
0	0	0	1	0	0	0	0	0	1	1
0	0	0	0	1	0	0	0	1	0	0
0	0	0	0	0	1	0	0	1	0	1
0	0	0	0	0	0	1	0	1	1	0
0	0	0	0	0	0	0	1	1	1	1

진리표를 바탕으로 논리식을 구하면 다음과 같다.

A=D3+D2+D1+D0
B=D5+D4+D1+D0
C=D6+D4+D2+D0

다음으로 논리식을 바탕으로 회로를 구현하면 그림 4.119와 같다. 입력은 8개이지만 원하는 출력을 얻기 위해 D6~D1까지의 입력만 있으면 된다. D7은 회로에서 빼도 상관없다.

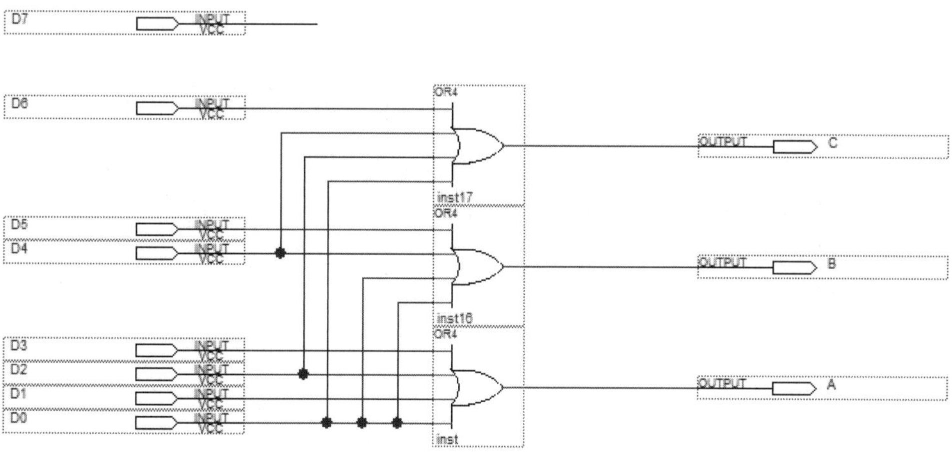

[그림 4.119] 8×3 인코더

8.3 BCD-7 세그먼트 디코더

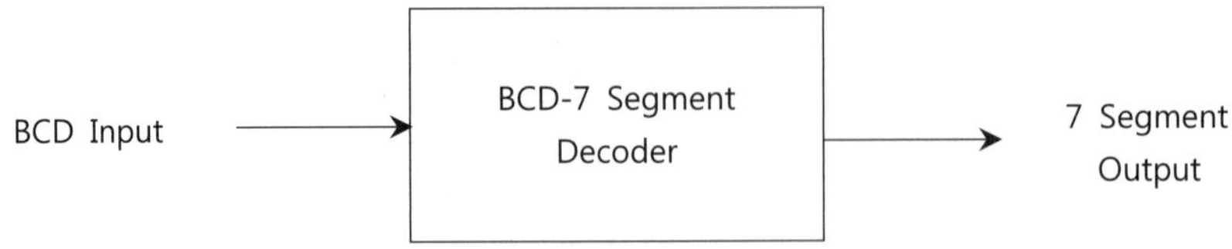

[그림 4.120] BCD-7세그먼트 디코더 블록도

BCD-7 Segment Decoder란 4 bit의 BCD 코드로 10진 한자리 수를 입력을 받아서 이를 7 Segment 소자에 입력할 수 있는 7 bit의 데이터로 바꿔주는 회로로서 위의 그림 4.120과 같이 입력에는 4 bit의 BCD 데이터가 들어가며 출력으로는 7 bit의 7 Segment에 맞는 데이터가 나오게 된다.

먼저 7 segment는 그림 4.121 (a)와 같은 외형으로 하고 있으며 [DP(.))]를 제외하면 7개의 LED로 구성되어 있다. 구성은 BCD 코드를 입력받아 숫자를 표현(LED를 ON, OFF 하는)하는 7개의 코드로 바꿔주어 각각의 LED에 연결해주게 된다. 그림 4.121 (b)는 공통 애노드형 7 segment의 내부 구조이다. 그림의 7 segment는 애노드를 공통으로 사용하므로 각 단자에 GND('0')값을 넣어주었을 때 LED에 불이 들어오는 Active low 형태의 소자이다. 공통 캐소드형 7 segment는 Active high 출력을 만들어주면 된다.

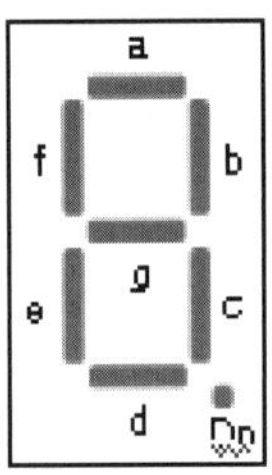

(a)

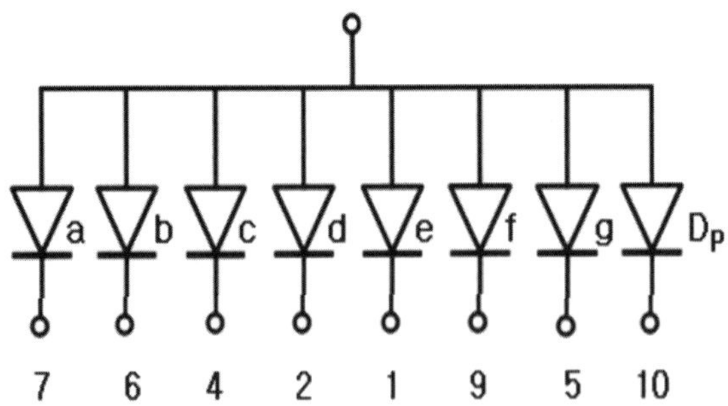

(b)

[그림 4.121] 7 세그먼트

예를 들어 7 segment에서 숫자 1을 표시하기 위해서는 그림 4.121 (a)의 b와 c LED에 불이 들어와야 하므로 디코더 출력을 1001111로 만들어주면 된다. 즉, BCD 입력 "0001"을 "1001111"로 바꿔주는 회로를 설계하면 된다. 마찬가지로 나머지 숫자들도 공동 애노드형 7 segment에 맞는 출력 값으로 바꿔주면 표 4.31과 같다.

[표 4.31] 7 공통 애노드형 BCD-7 segment 진리표

Decimal	BCD Input				Output						
	A	B	C	D	a	b	c	d	e	f	g
0	0	0	0	0	0	0	0	0	0	0	1
1	0	0	0	1	1	0	0	1	1	1	1
2	0	0	1	0	0	0	1	0	0	1	0
3	0	0	1	1	0	0	0	0	1	1	0
4	0	1	0	0	1	0	0	1	1	0	0
5	0	1	0	1	0	1	0	0	1	0	0
6	0	1	1	0	1	1	0	0	0	0	0
7	0	1	1	1	0	0	0	1	1	1	1
8	1	0	0	0	0	0	0	0	0	0	0
9	1	0	0	1	0	0	0	1	1	0	0
10	1	0	1	0	×	×	×	×	×	×	×
11	1	0	1	1	×	×	×	×	×	×	×
12	1	1	0	0	×	×	×	×	×	×	×
13	1	1	0	1	×	×	×	×	×	×	×
14	1	1	1	0	×	×	×	×	×	×	×
15	1	1	1	1	×	×	×	×	×	×	×

위의 진리표를 바탕으로 간소화된 논리식을 구하면 다음과 같다.

a=AB'C'D'+A'C　　b=AB'C+A'BC　　c=A'BC'

d=AB'C'+A'B'C+ABC　　e=A+B'C　　f=AB+BC'+AC'D'

g=B'C'D'+ABC

간소화된 논리식을 바탕으로 회로를 설계하면 그림 4.122과 같다.

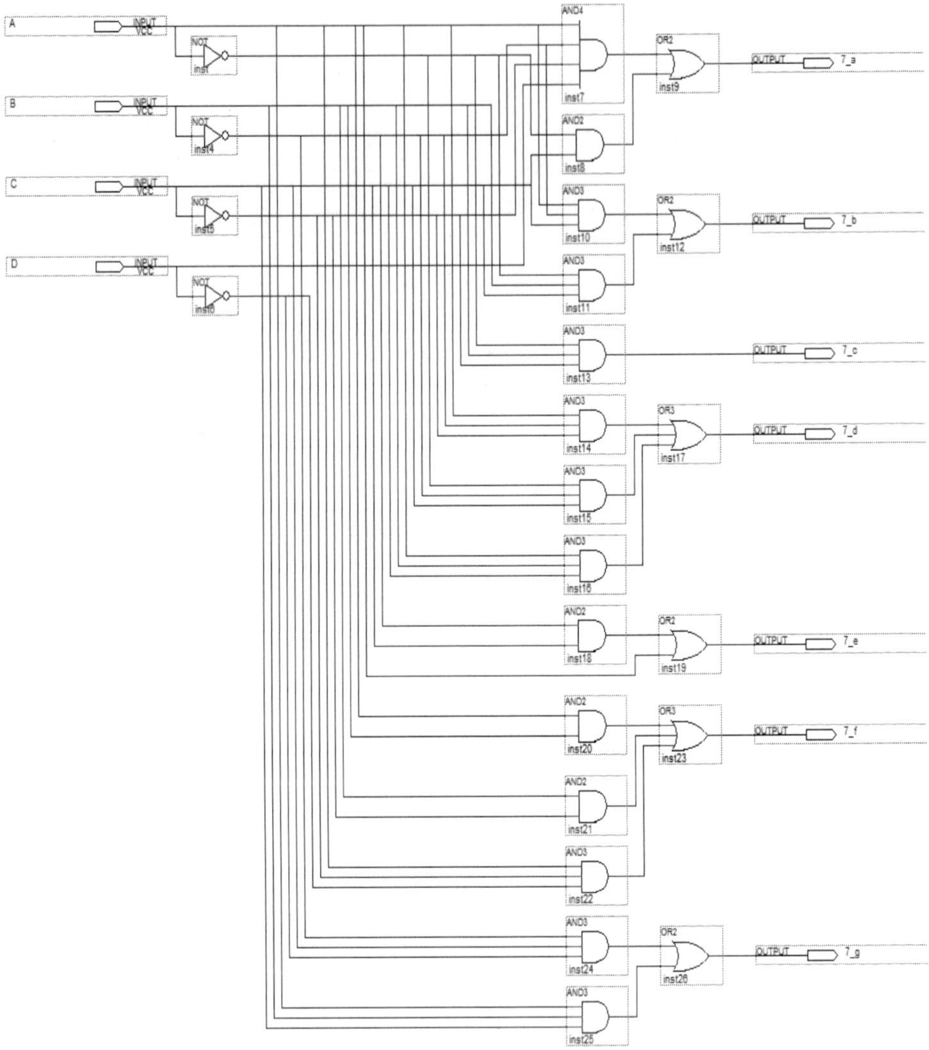

[그림 4.122] BCD-7세그먼트 디코더

연습문제

1. 인코더와 디코더에 대해 설명하시오.
2. Active high 형태의 1×8 디코더를 설계하시오.
3. Active high 형태의 2×4 디코더를 설계하시오.
4. Active high 형태의 3×8 디코더를 설계하시오.
5. Active high 형태의 4×16 디코더를 설계하시오.
6. Active low 형태의 1×8 인코더를 설계하시오.
7. Active low 형태의 2×4 인코더를 설계하시오.
8. Active low 형태의 3×8 인코더를 설계하시오.
9. Active low 형태의 4×16 인코더를 설계하시오.
10. 공통 캐소드형 BCD-7 segment 디코더를 설계하시오.

8.4 Quartus II 및 TTL IC를 이용한 회로 설계

1) 사용 장비 및 부품

-. Schematic, Simulation : PC, ALTERA QUARTUS II

-. TTL-IC를 이용한 실험 : 전원공급기, 브레드보드, IC 7400, IC 7402, IC 7486

2) Quartus II를 이용한 Schematic 설계

-. 다음 회로도를 Quartus II를 이용하여 Schematic 설계하고 결과를 확인한다.

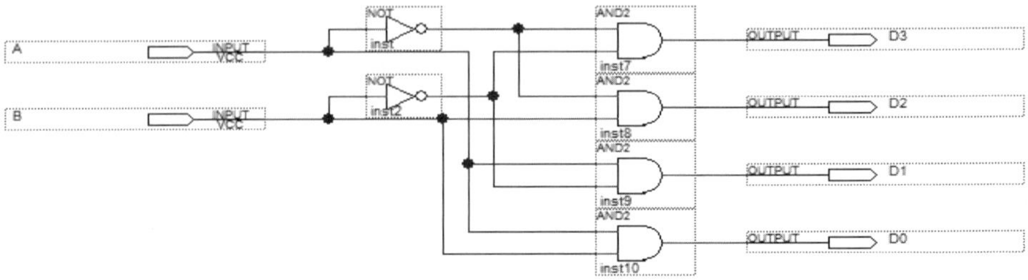

(a) 출력이 Active high인 2×4 디코더 회로

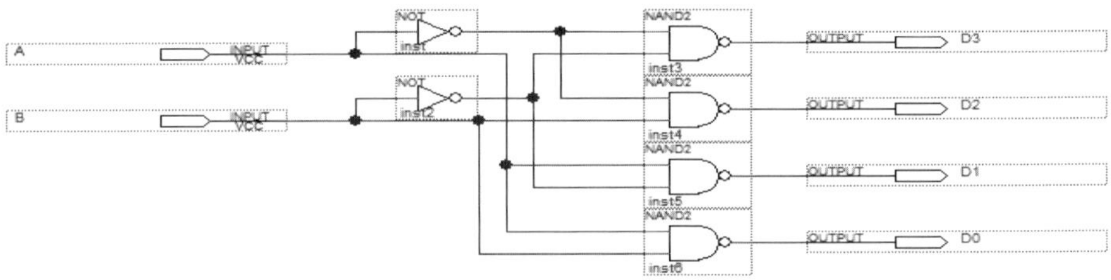

(b) 출력이 Active low인 2×4 디코더 회로

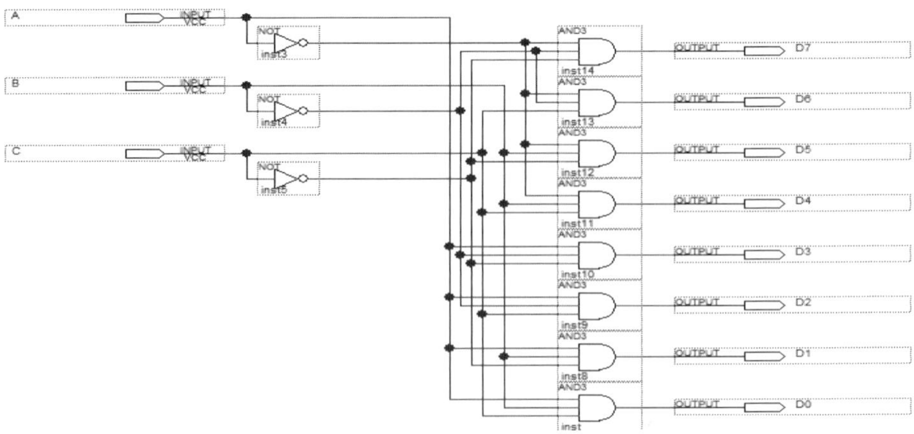

(c) 출력이 Active high인 3×8 디코더 회로

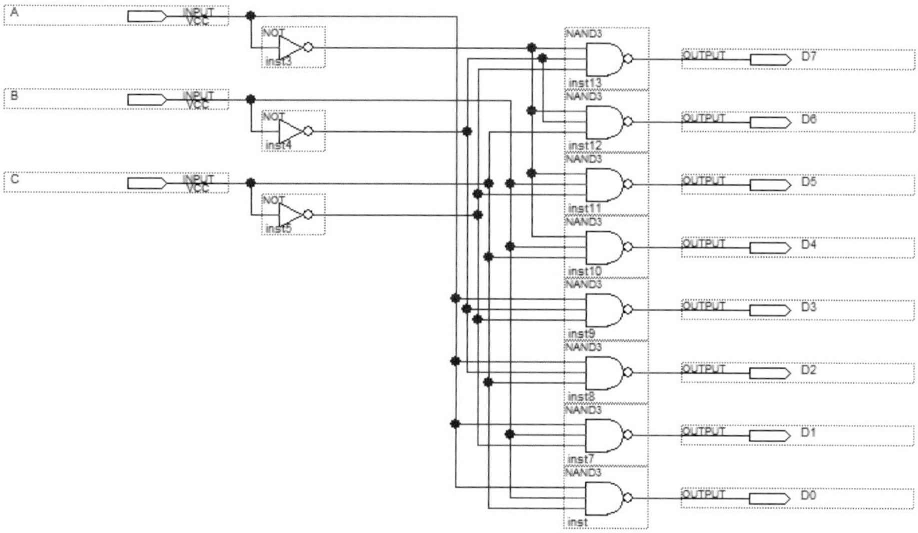

(d) 출력이 Active low인 3×8 디코더 회로

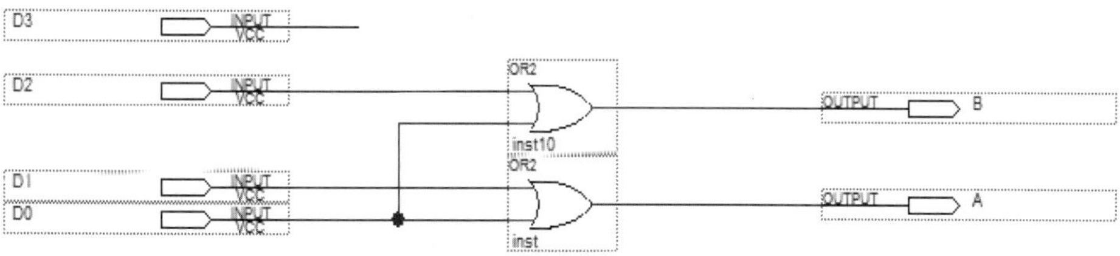

(e) 4×2 Active high 인코더

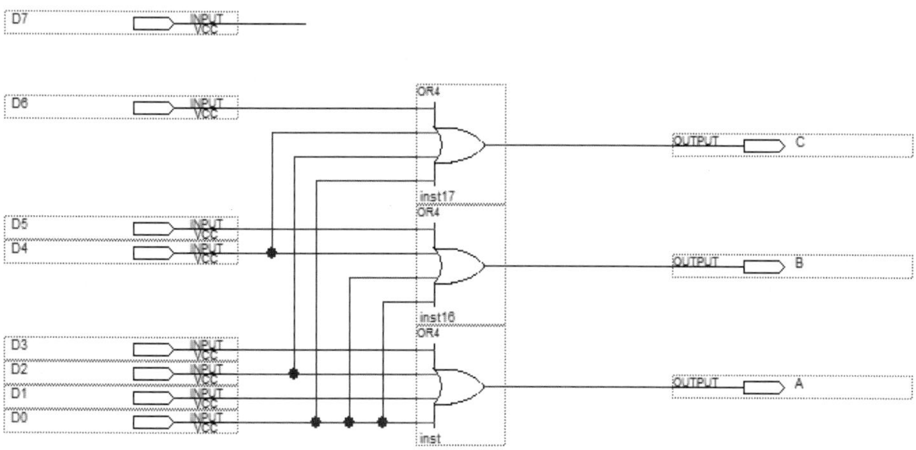

(f) 8×3 인코더

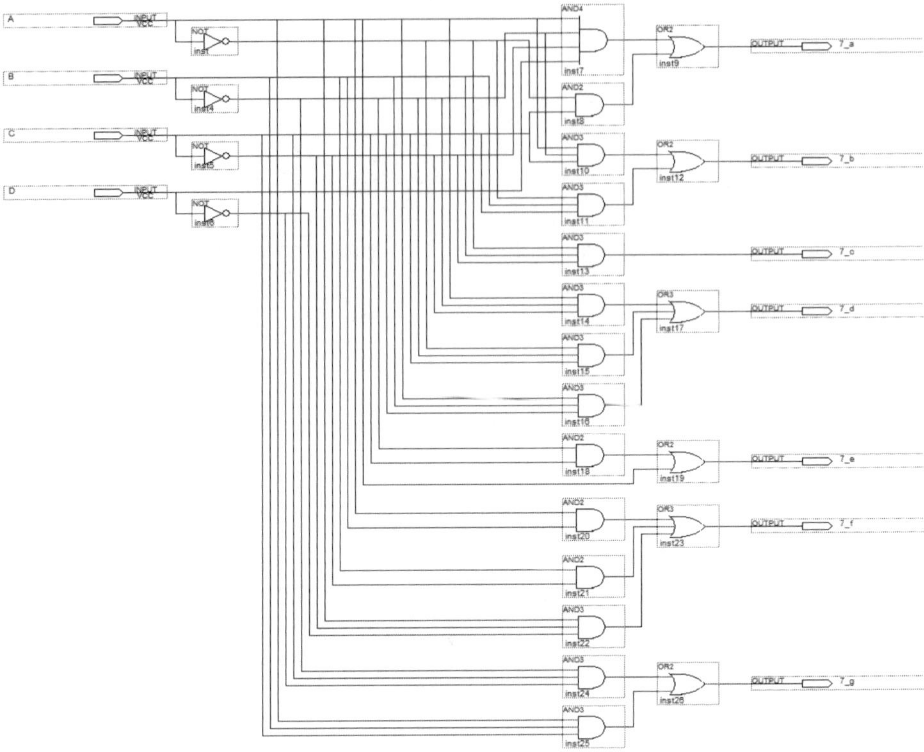

(g) BCD-7세그먼트 디코더(a=AB'C'D'+A'C, b=AB'C+A'BC, c=A'BC', d=AB'C'+A'B'C+ABC, e=A+B'C, f=AB+BC'+AC'D', g=B'C'D'+ABC)

[그림 4.123] 실험 회로도

3) TTL IC를 이용한 설계

-. TTL IC를 이용하여 그림 4.123의 (a), (e) 회로를 브레드보드에 구현하고 결과를 확인한다. 입력은 토글스위치를 사용하며 결과는 LED로 확인한다. 다음은 IC 7404, IC 7408, IC 7432 의 핀 번호이다.

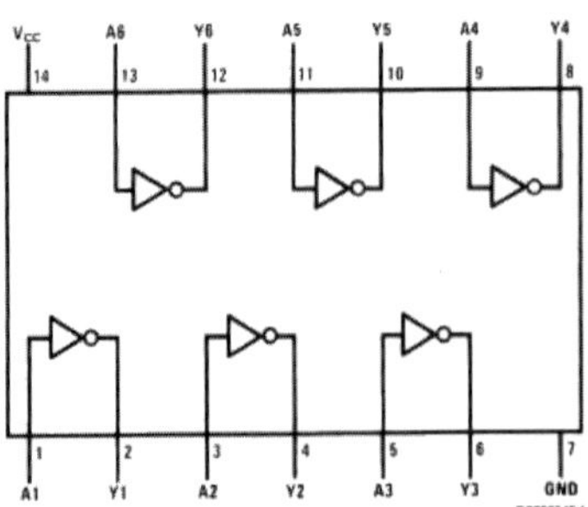

IC 7404

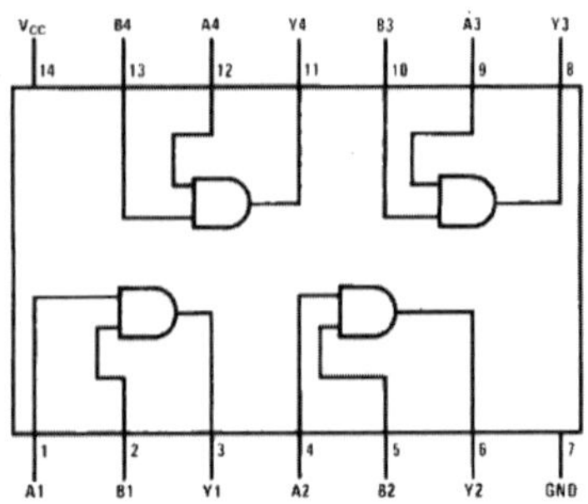

IC 7408

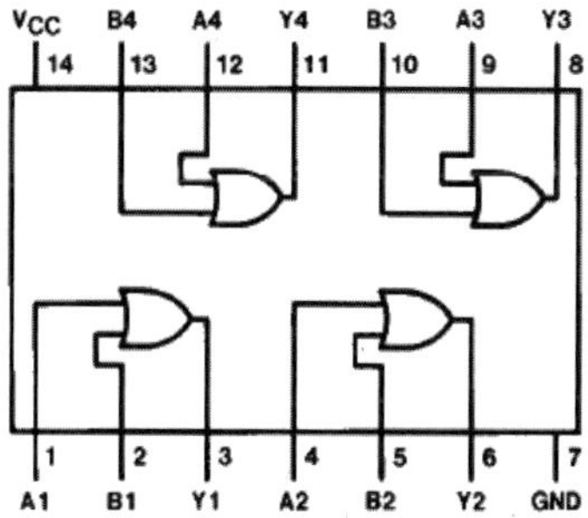

IC 7432

4) 실험 결과

-. QUARTUS II의 Waveform Editor를 이용하여 결과를 확인한다.

-. TTL IC를 이용하여 회로를 구성하고 LED로 결과를 확인한다.

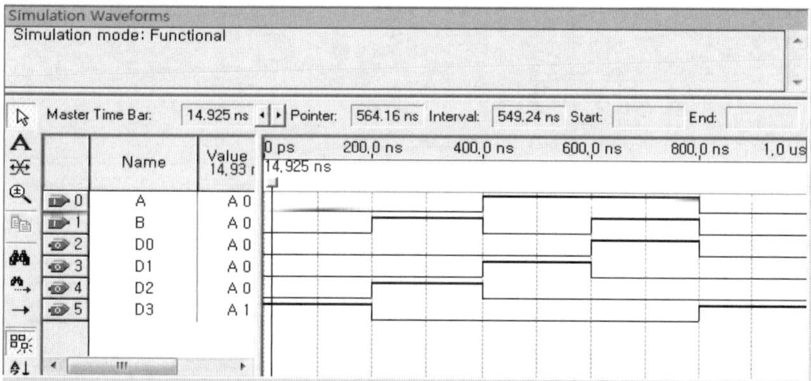

(a) 출력이 Active high인 2×4 디코더 회로

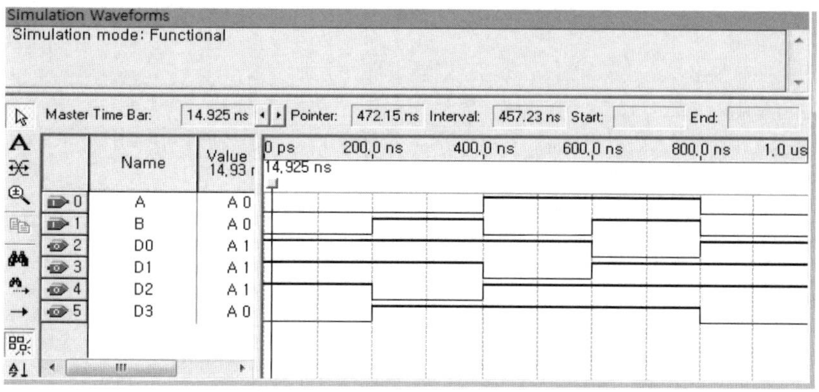

(b) 출력이 Active low인 2×4 디코더 회로

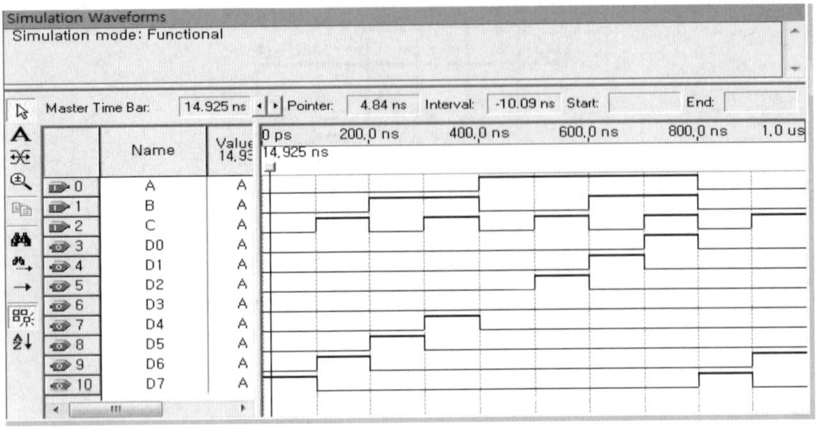

(c) 출력이 Active high인 3×8 디코더 회로

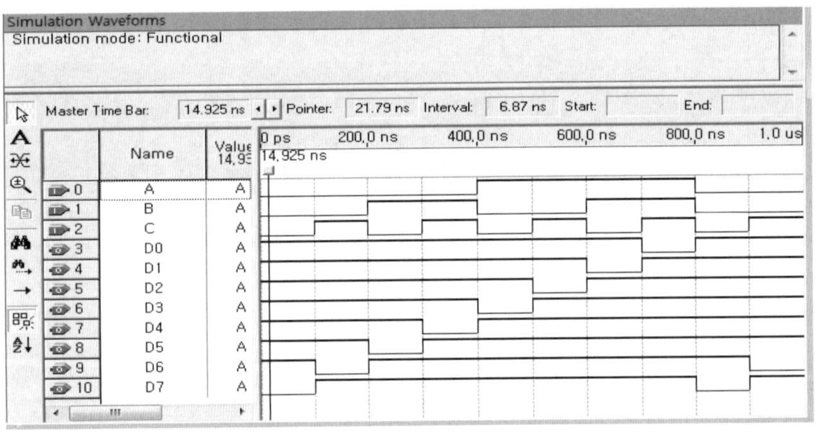

(d) 출력이 Active low인 3×8 디코더 회로

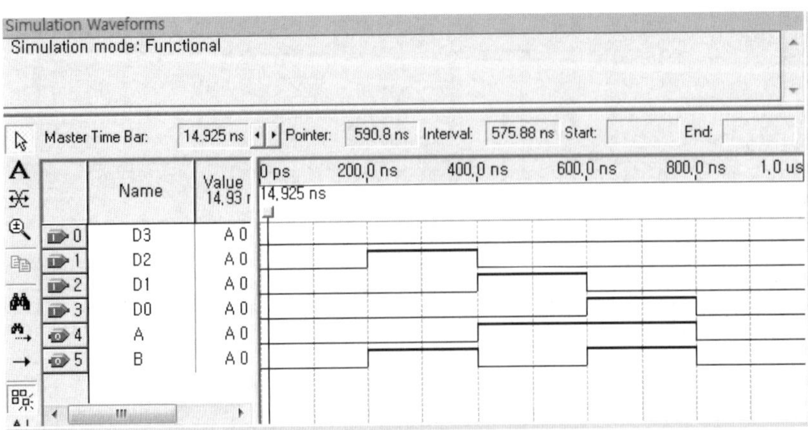

(e) 4×2 Active high 인코더

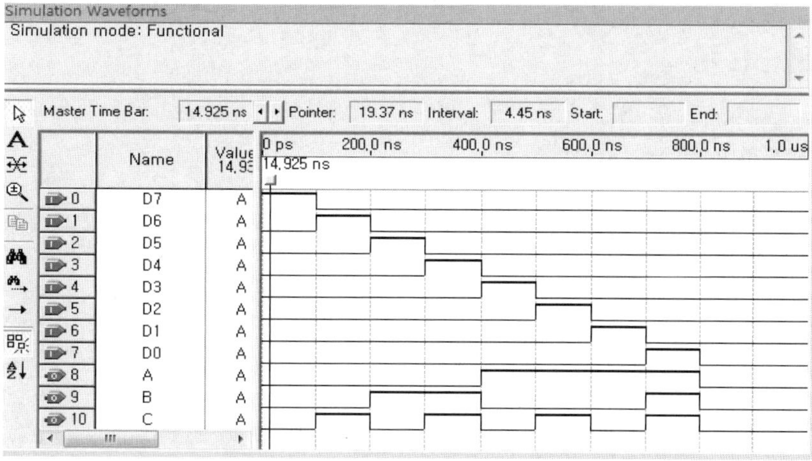

(f) 8×3 인코더

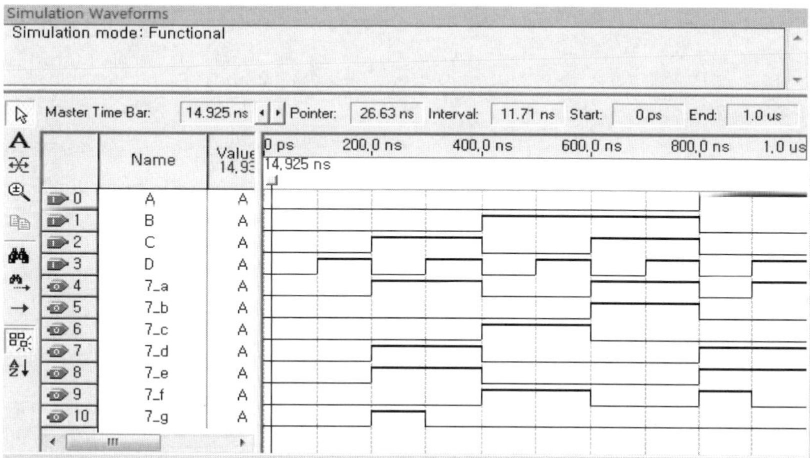

(g) BCD-7세그먼트 디코더

연습문제

공통 캐소드형 BCD-7세그먼트 디코더 설계하고, Quartus Ⅱ를 이용해 시뮬레이션하여 결과를 확인하시오.

SECTION 9. 멀티플렉서와 디멀티플렉서 설계

멀티플렉싱(Multiplexing)은 다수의 입력 데이터를 그보다 적은 선(line)이나 채널(channel)을 통해서 전송하는 기법을 말한다. 대표적인 멀티플렉싱 장치인 멀티플렉서(Multiplexer, MUX)는 여러 개의 입력 데이터 중에서 하나의 데이터만을 선택하여 출력으로 연결하는 데이터 선택기로 n개의 제어신호와 최대 2^n개의 입력선, 1개의 출력선을 가지고 있다. 디멀티플렉서(Demultiplexer, DMUX)는 멀티플렉서와 반대의 역할을 하는 장치로 하나의 입력 데이터를 여러 출력 중의 하나로 전송하는 데이터 분배기이다. 디멀티플렉서는 1개의 입력과 n개의 제어신호, 2^n개의 출력선으로 구성되어있다. 멀티플렉서와 디멀티플렉서는 그림 4.124과 같이 세트로 구성되기도 하는데, 하나의 멀티플렉서 출력신호는 디멀티플렉서를 통해서 원하는 상대에게 전송하는게 가능하다.

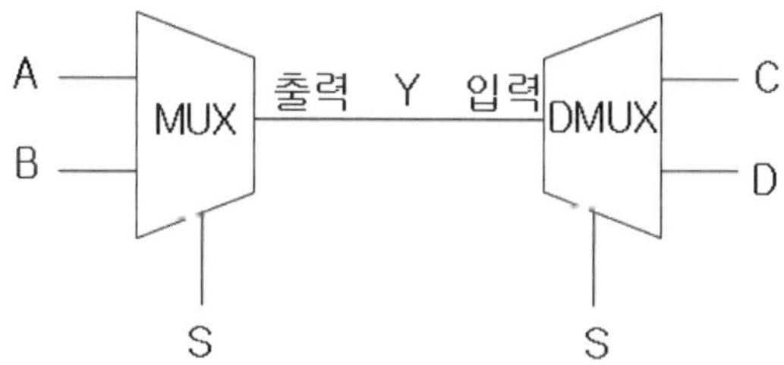

[그림 4.124] 4×1 MUX · DEMUX의 블럭도

9.1 멀티플렉서

2×1 멀티플렉서는 그림 4.125과 같이 2개의 입력선 D0, D1과 1개의 출력선 Y, 제어신호 S로 구성된다. 제어신호 S가 '0'이면 D0로 들어오는 신호가 Y로 출력되며, '1'이면 D1으로 들어오는 신호가 Y에 출력된다.

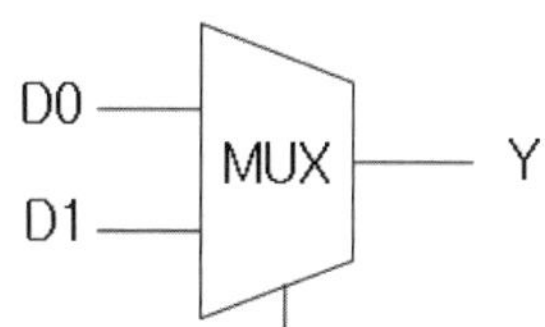

[그림 4.125] 2×1 멀티플렉서 기호

위와 같이 동작하는 2×1 멀티플렉서를 설계하기 위해 진리표를 작성하면 표 4.32와 같다.

[표 4.32] 2×1 멀티플렉서 진리표

S	D0	D1	Y
0	0	0	0
0	0	1	0
0	1	0	1
0	1	1	1
1	0	0	0
1	0	1	1
1	1	0	0
1	1	1	1

진리표를 이용하여 간소화된 논리식을 구하면 그림 4.126와 같다.

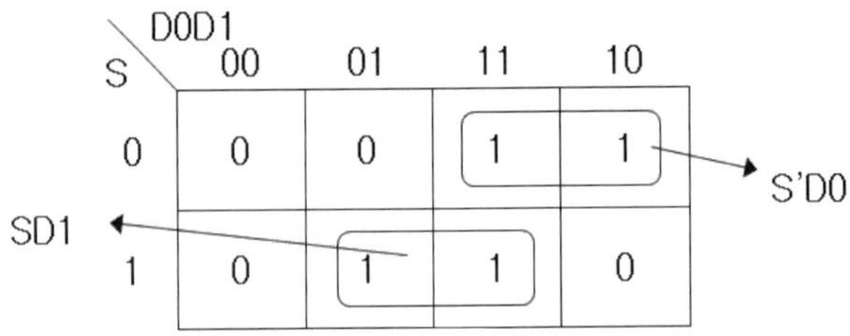

Y=S'D0+SD1

[그림 4.126] 2×1 멀티플렉서 간소화

2×1 멀티플렉서는 다음과 같이 간략화된 진리표를 이용해서 설계도 가능하다. 제어신호에 따른 출력에 바로 입력 변수를 적어준 것으로 멀티플렉서의 특성을 이용하여 진리표를 작성한 것이다.

[표 4.33] 2×1 멀티플렉서 진리표

S	Y
0	D0
1	D1

위의 표에서 간소화된 논리식은 제어신호 S와 입력 D0, D1을 AND-OR 연산하여 SOP 형태로 만들면 된다. 결과는 조합논리회로 설계방법에 의해 설계한 것과 같다.

Y=S'D0+SD1

간소화된 논리식을 바탕으로 회로를 구현하면 그림 4.127과 같다.

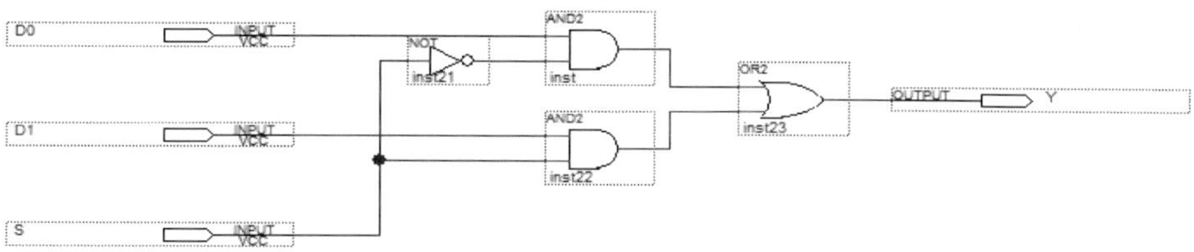

[그림 4.127] 2×1 멀티플렉서

일부 멀티플렉서에는 인에이블 선(Enable line)이 포함되어 있는데, 이는 멀티플렉서가 정상적으로 동작하게 하거나 또는 동작을 멈추게 하는데 사용된다. 아래 표 4.34는 인에이블 선이 포함된 2×1 멀티플렉서의 간략화 된 진리표로 인에이블 선(E)에 '1' 값이 입력되면 멀티플렉서의 출력을 무조건 '0'으로 만들어주고, 인에이블 선(E)에 '0' 값이 입력되면 원래의 2×1 멀티플렉서로 동작하게 된다. 즉, 인에이블 신호는 멀티플렉서의 동작 유무를 제어해 줄 수 있는 일종의 인터럽트(Interrupt) 신호로 볼 수 있다.

[표 4.34] 인에이블 신호가 포함된 2×1 멀티플렉서의 간략화 된 진리표

E	S	Y
1	×	0
0	0	D0
0	1	D1

위의 간략화 된 진리표를 바탕으로 논리식을 구하면 다음과 같다.

Y=E'S'D0+E'SD1

위의 논리식이 옳은지 검증하기위해 원래의 조합논리회로 설계 방법에 따라 논리식을 구해보면 다음과 같다.

표 4.35는 조합논리 회로 설계절차에 따른 2×1 멀티플렉서의 진리표이다.

표 4.35 인에이블 신호가 포함된 2×1 멀티플렉서의 진리표

E	S	D0	D1	Y
0	0	0	0	0
0	0	0	1	0
0	0	1	0	1
0	0	1	1	1
0	1	0	0	0
0	1	0	1	1
0	1	1	0	0
0	1	1	1	1
1	0	0	0	0
1	0	0	1	0
1	0	1	0	0
1	0	1	1	0
1	1	0	0	0
1	1	0	1	0
1	1	1	0	0
1	1	1	1	0

진리표를 바탕으로 간소화하면 그림 4.128와 같다.

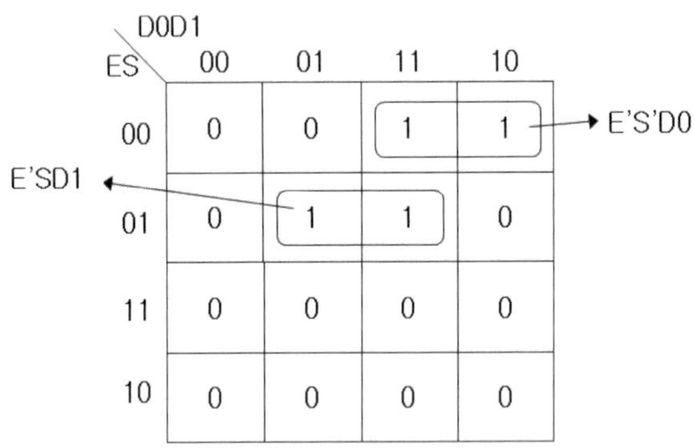

[그림 4.128] 간소화 과정

따라서 간략화 된 진리표에 의한 논리식과 같음을 확인할 수 있다.

$$Y=E'S'D0+E'SD1$$

간소화된 논리식을 이용하여 회로를 설계하면 그림 4.129와 같다.

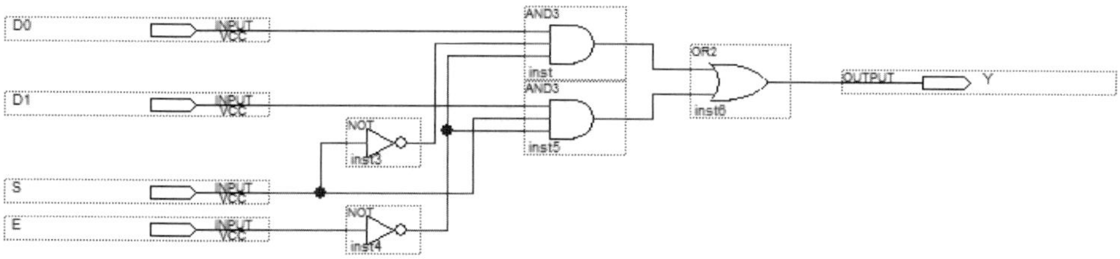

[그림 4.129] 인에이블 신호가 포함된 2×1 멀티플렉서 회로

예제 4×1 멀티플렉서를 설계하시오.

4×1 멀티플렉서는 두 가지 방법에 의해서 설계가 가능하다. 첫 번째 방법은 위와 같이 진리표를 이용해 설계하는 방법이고, 두 번째 방법은 2×1 멀티플렉서를 이용하여 설계하는 방법이다. 먼저 4×1 멀티플렉서의 진리표는 다음과 같다.

[표 4.36] 4×1 멀티플렉서 진리표

S0	S1	Y
0	0	D0
0	1	D1
1	0	D2
1	1	D3

위의 표 4.34에서 제어신호 S0, S1과 입력 D0, D1, D2, D3를 AND 연산 후 최종적으로 OR 연산하여 SOP 형태로 만들면 다음과 같다.

$$Y=S0'S1'D0+S0'S1D1+S0S1'D2+S0S1D3$$

간소화된 논리식을 바탕으로 회로를 설계하면 그림 4.130와 같다.

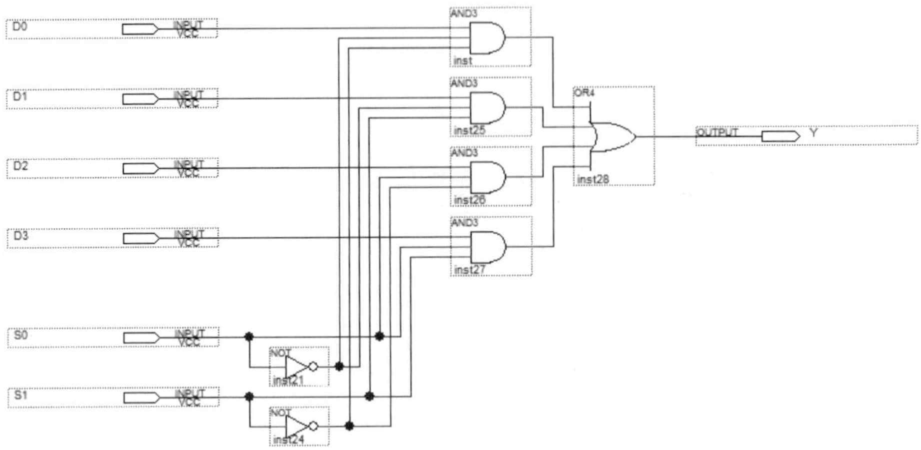

[그림 4.130] 4×1 멀티플렉서

다음으로 그림 4.131은 2×1 멀티플렉서 3개를 이용하여 4×1 멀티플렉서를 구현한 회로이다. 여기서 'MUX2_1'은 그림 4.123의 2×1 멀티플렉서를 심볼화하여 저장한 것으로 S1신호가 앞단, S0신호가 뒷단의 멀티플렉서를 제어하여 위의 4×1 멀티플렉서와 동일한 결과가 출력된다.

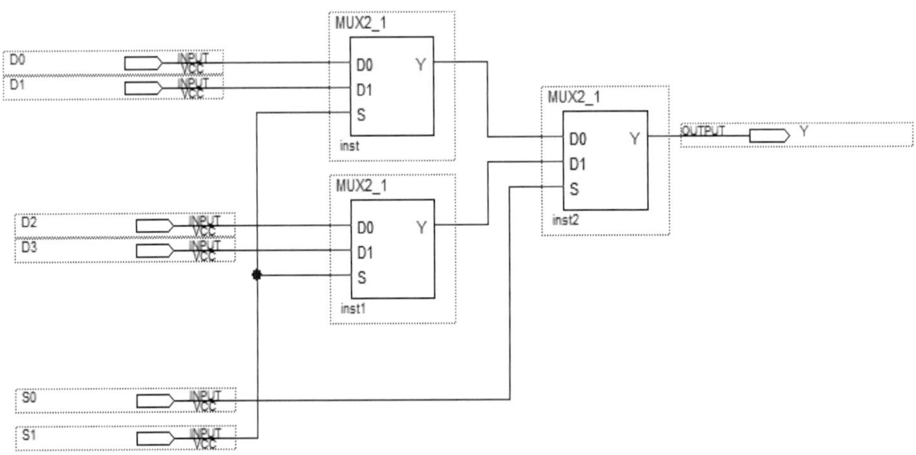

[그림 4.131] 2×1 멀티플렉서를 이용한 4×1 멀티플렉서 응용회로

이 방법은 입력의 개수가 많을 때 쉽게 설계할 수 있는 방법으로 N×1 멀티플렉서를 이용해 2N×1 멀티플렉서를 만들 수 있다. 예를 들어 위의 4×1 멀티플렉서 3개를 이용하면 손쉽게 8×1 멀티플렉서의 설계가 가능하다.

예제 8×4 다중 멀티플렉서를 설계하시오.

다중 멀티플렉서는 여러 개의 멀티플렉서를 묶어 그룹화한 것으로 2N개의 입력과 N개의 출력을 가지고 있다. 예를 들어 표 4.37은 Z0, Z1, Z2, Z3의 4개의 출력과 X0, X1, X2, X3, Y0, Y1, Y2, Y3의 8개의 입력을 가지고 있는 멀티플렉서로 제어신호 S가 '0'이면 X0~X3를, 제어신호 S가 '1'이면 Y0~Y3를 출력으로 내보낸다.

[표 4.37] 8×4 다중출력 멀티플렉서 진리표

S	Z0	Z1	Z2	Z3
0	X0	X1	X2	X3
1	Y0	Y1	Y2	Y3

앞의 예제와 마찬가지로 다중 멀티플렉서도 그룹화한 멀티플렉서 심볼을 이용하면 편하게 설계가 가능하다. 그림 4.132은 표 4.37의 기능을 수행하는 8×4 다중출력 멀티플렉서 회로이다.

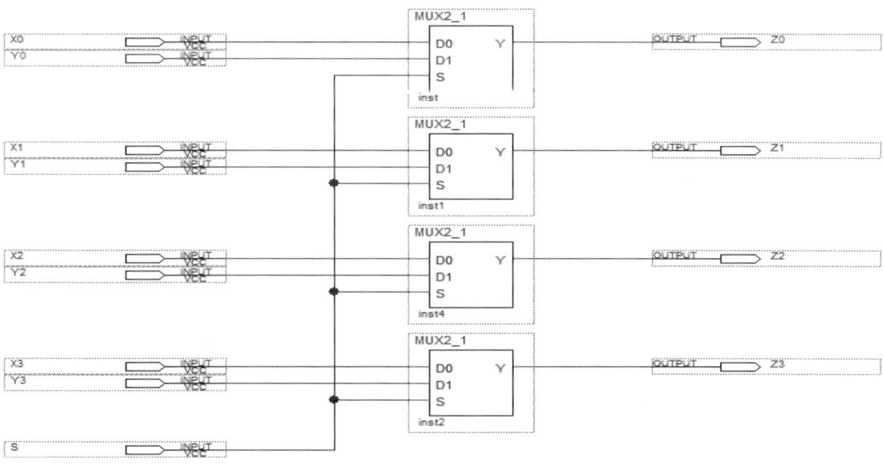

[그림 4.132] 8×4 다중출력 멀티플렉서 회로

다중 멀티플렉서는 공통의 기능을 수행하는 데이터들을 묶어 버스를 구성하는 경우에 사용된다. 그림 4.133는 위의 회로를 버스의 개념을 이용해 다시 그린 것이다. 제어신호 S가 '0'이면 X버스의 신호들이 Z버스로 출력되고, '1'이면 Y버스의 신호들이 출력된다. 쉽게 말해 회로 작성시 공통의 기능을 수행하는 데이터들을 묶은 버스를 구성하는 경우나 도상에 다음과 같은 버스 형태로 주어져있는 멀티플렉서는 실제 그림 4.132과 같은 회로로 구현 된다고 생각하면 된다.

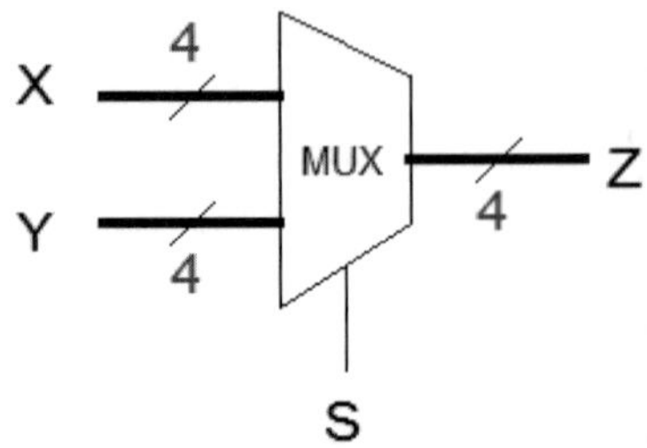

[그림 4.133] 8×4 다중출력 멀티플렉서 회로

예 제 인에이블 선이 있는 8×4 다중 멀티플렉서를 설계하시오.

인에이블 선은 두 개 이상의 멀리플렉서를 연결하여 많은 입력 및 출력을 갖는 다중 멀티플렉서로 확장하는데도 어렵지 않게 적용할 수 있다. 다음 그림 4.134은 인에이블 신호가 포함된 2×1 멀티플렉서 회로를 이용해서 8×4 다중 멀티플렉서를 설계한 회로이다. 인에이블 신호가 '0'일 때는 8×4 다중 멀티플렉서로 동작하고, '1'일 때는 모든 동작이 정지되어 출력을 '0'으로 만들어준다.

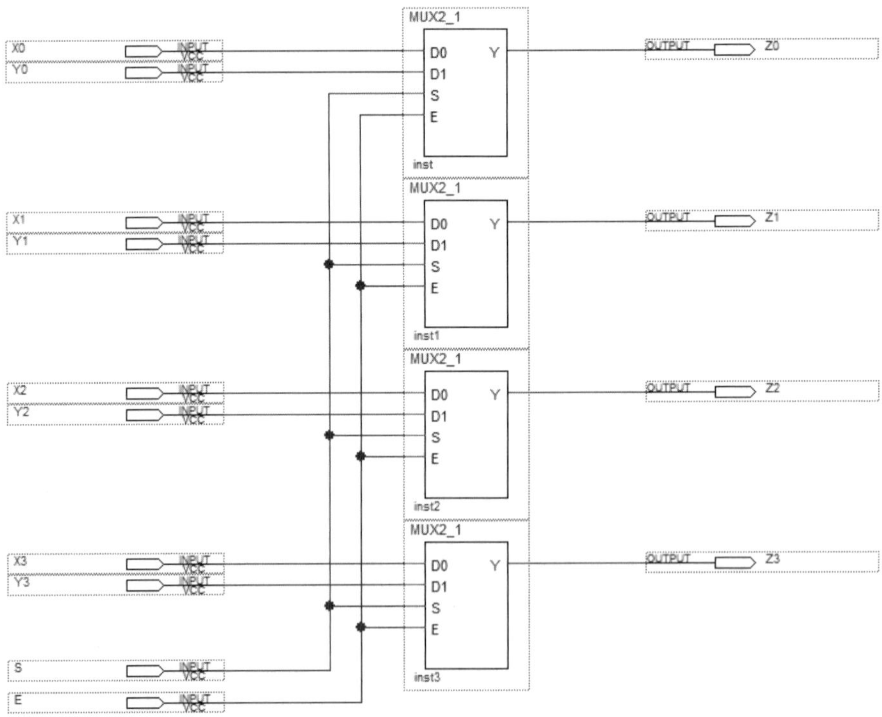

[그림 4.134] 인에이블 선이 있는 8×4 다중 멀티플렉서

9.2 디멀티플렉서(Demultiplexer)

디멀티플렉서(Demultiplexer)는 멀티플렉서와 반대의 역할을 하는 조합회로로 하나의 데이터를 입력받아 여러 개의 출력 중 하나를 선택하여 전송한다.

먼저 1×2 디멀티플렉서는 그림 4.135과 같이 1개의 입력선 I와 2개의 출력선 Y0, Y1 및 제어신호 S로 구성된다. 제어신호 S가 '0'이면 I로 들어오는 신호가 Y0에 출력되고 '1' 이면 Y1에 출력된다.

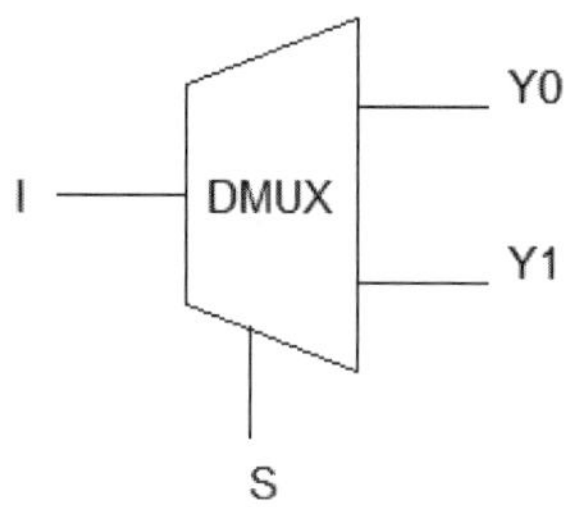

[그림 4.135] 1×2 디멀티플렉서 기호

위와 같이 동작하는 1×2 디멀티플렉서를 설계하기 위해 진리표를 작성하면 표 4.38, 4.39과 같다.

[표 4.38] 1×2 디멀티플렉서 진리표

S	I	Y0	Y1
0	0	0	0
0	1	1	0
1	0	0	0
1	1	0	1

[표 4.39] 1×2 디멀티플렉서 간략화된 진리표

S	디멀티플렉서 출력 Y
0	Y0 = I
1	Y1 = I

진리표를 바탕으로 논리식을 구하면,

$$Y0=S'I \qquad Y1=SI$$

논리식을 바탕으로 회로를 설계하면 그림 4.136와 같다.

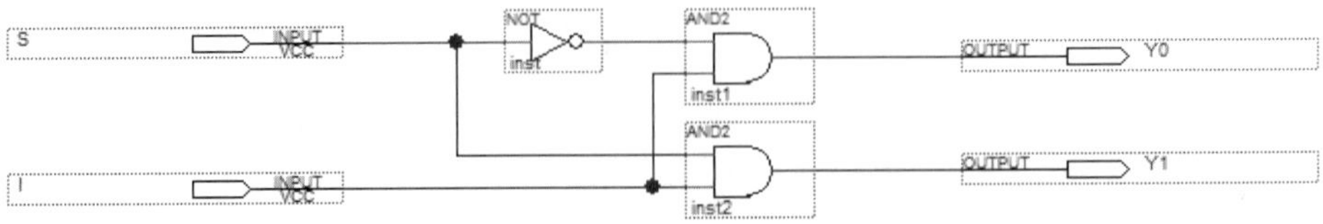

{그림 4.136] 1×2 디멀티플렉서 회로

예 제 1×4 디멀티플렉서를 설계하시오.

1×4 디멀티플렉서의 진리표는 다음과 같다.

[표 4.40] 1×4 디멀티플렉서 진리표

S0	S1	I	Y0	Y1	Y2	Y3
0	0	0	0	0	0	0
0	0	1	1	0	0	0
0	1	0	0	0	0	0
0	1	1	0	1	0	0
1	0	0	0	0	0	0
1	0	1	0	0	1	0
1	1	0	0	0	0	0
1	1	1	0	0	0	1

[표 4.41] 1×4 디멀티플렉서 간략화된 진리표

S0	S1	디멀티플렉서 출력 Y
0	0	Y0 = I
0	1	Y1 = I
1	0	Y2 = I
1	1	Y3 = I

따라서 간소화된 논리식은,

Y0=S0'S1'　　Y1=IS0'S1　　Y2=IS0S1'　　Y3ISOS1

간소화된 논리식을 바탕으로 회로를 설계하면 그림 4.137과 같다.

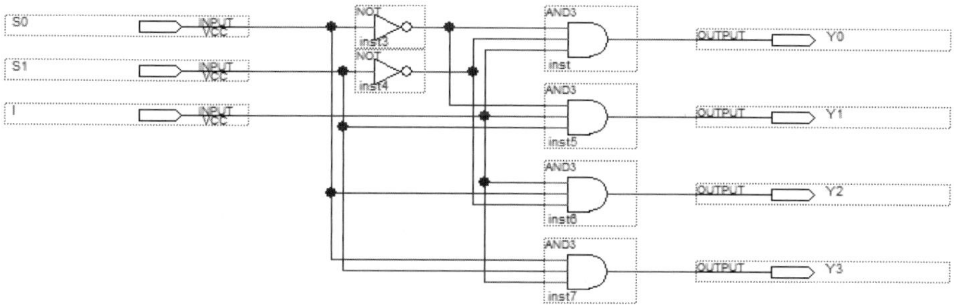

[그림 4.137] 1×4 디멀티플렉서 회로

예제 1×2 디멀티플렉서를 이용해서 1×4 디멀티플렉서를 설계하시오.

멀티플렉서와 마찬가지로 디멀티플렉서도 1×2 디멀티플렉서를 이용해 보다 쉽게 1×4 디멀티플렉서를 설계할 수 있다. 다음 그림에서 DMUX1_2는 그림 4.136의 1×2 디멀티플렉서 회로를 심볼화한 것으로 S0는 앞단, S1은 뒷단의 디멀티플렉서를 제어하고 있다. 따라서 그림 4.137의 회로와 같이 S0, S1이 "00"일 때는 Y0, "01"일 때는 Y1, "10"일 때는 Y2, "11"일 때는 Y3에 I값을 출력한다.

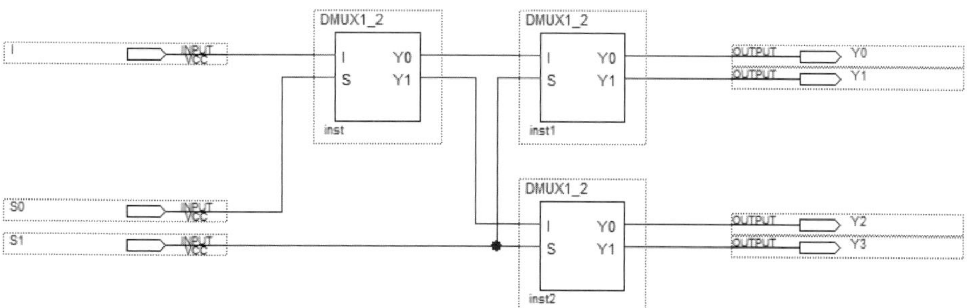

[그림 4.138] 1×2 디멀티플렉서를 이용한 1×4 디멀티플렉서

연습문제

1. 멀티플렉서와 디멀티플렉서에 대해 설명하시오.
2. 4×1 멀티플렉서를 이용해 8×1 멀티플렉서를 설계하시오.
3. 2번 문제를 인에이블 신호가 있는 멀티플렉서를 이용해 설계하시오.
4. 16×8 다중 멀티플렉서를 설계하시오.
5. 4번 문제를 인에이블 신호가 있는 멀티플렉서를 이용해 설계하시오.
6. 1×4 디멀티플렉서를 이용해 1×8 디멀티플렉서를 설계하시오.
7. 6번 문제를 인에이블 신호가 있는 디멀티플렉서를 이용해 설계하시오.
8. 4×2 다중 디멀티플렉서 설계하시오.
9. 8번 문제의 회로를 이용해 8×4 다중 디멀티플렉서를 설계하시오.
10. 인에이블 신호가 있는 8×4 다중 디멀티플렉서를 설계하시오.

9.3 Quartus II 및 TTL IC를 이용한 회로 설계

1) 사용 장비 및 부품

-. Schematic, Simulation : PC, ALTERA QUARTUS II

-. TTL-IC를 이용한 실험 : 전원공급기, 브레드보드, IC 7404, IC 7408, IC 7432

2) Quartus II를 이용한 Schematic 설계

-. 다음 회로도를 Quartus II를 이용하여 Schematic 설계하고 결과를 확인한다.

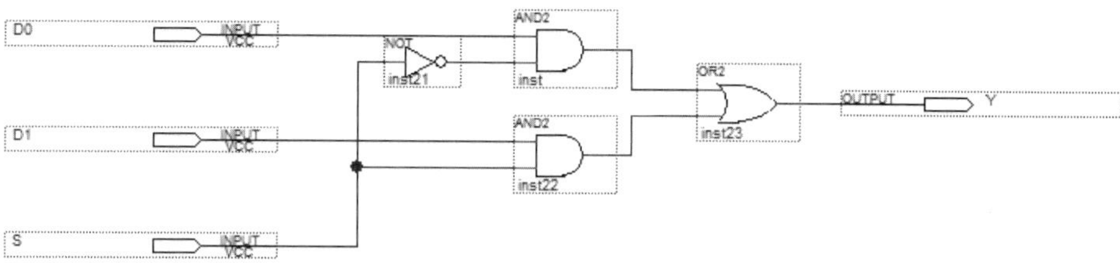

(a) 2×1 멀티플렉서

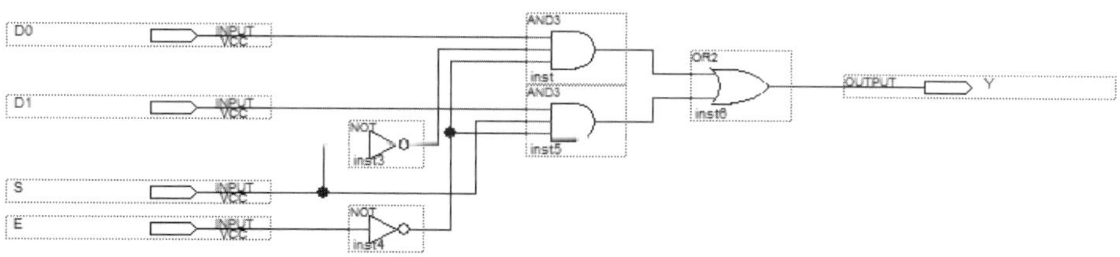

(b) 인에이블 신호가 포함된 2×1 멀티플렉서 회로

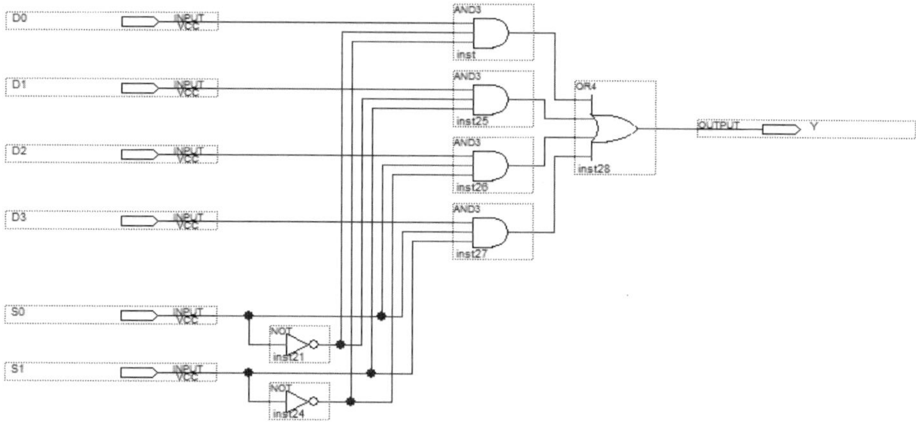

(c) 4×1 멀티플렉서

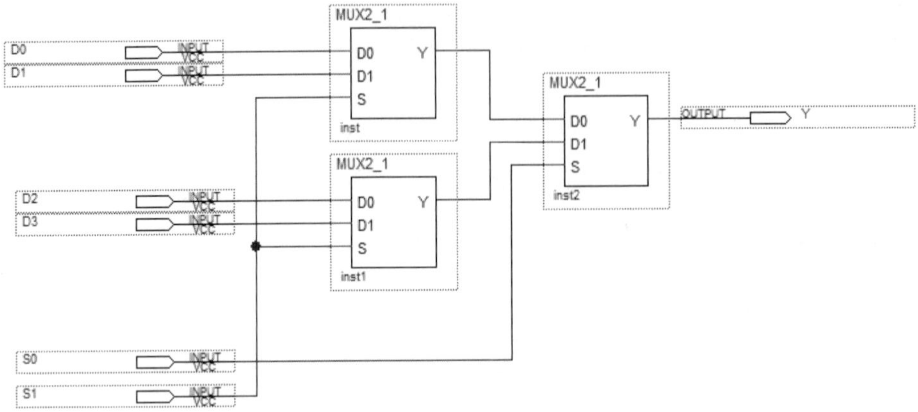

(d) 2×1 멀티플렉서를 이용한 4×1 멀티플렉서

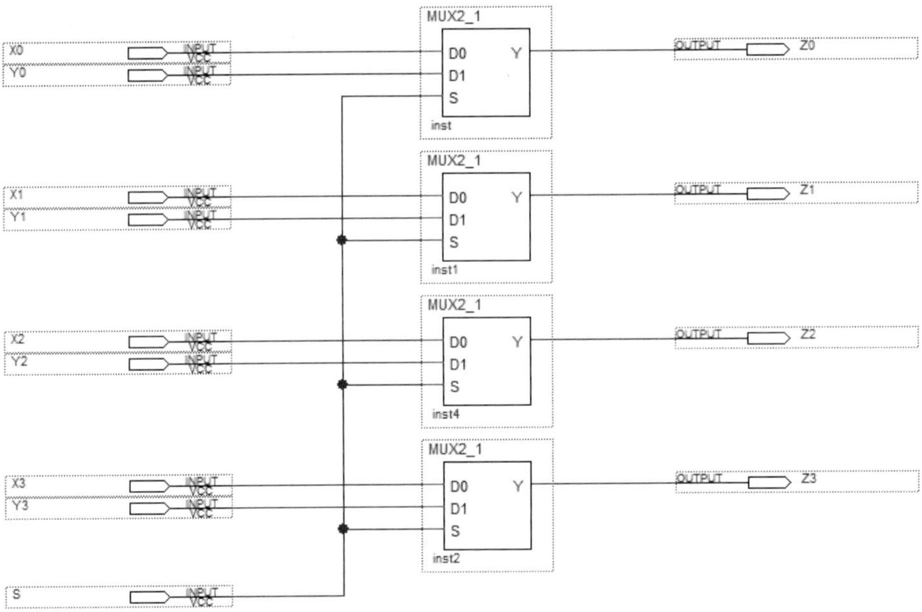

(e) 8×4 다중출력 멀티플렉서 회로

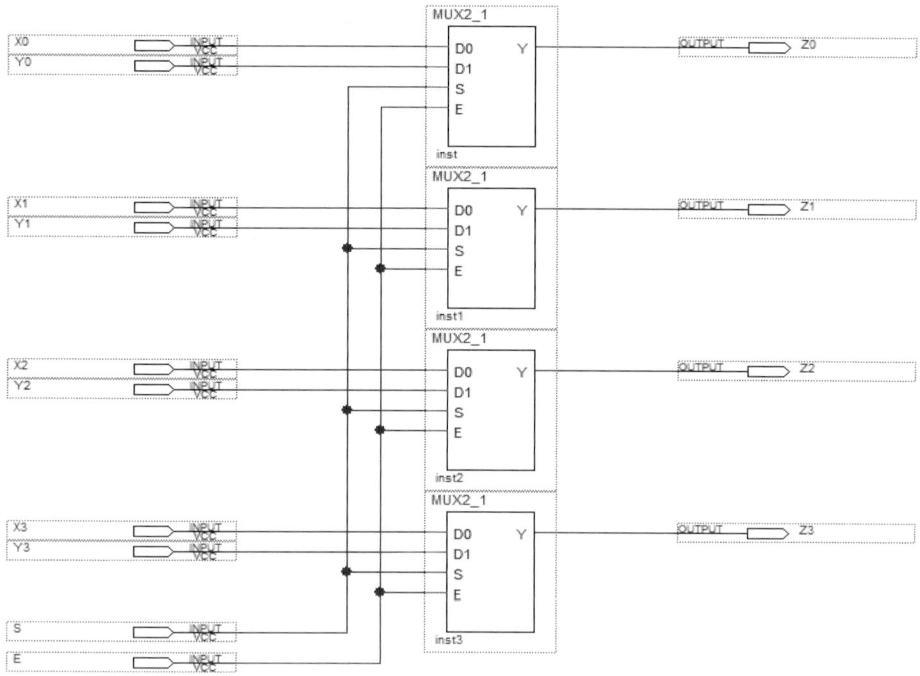

(f) 인에이블 선이 있는 8×4 다중 멀티플렉서

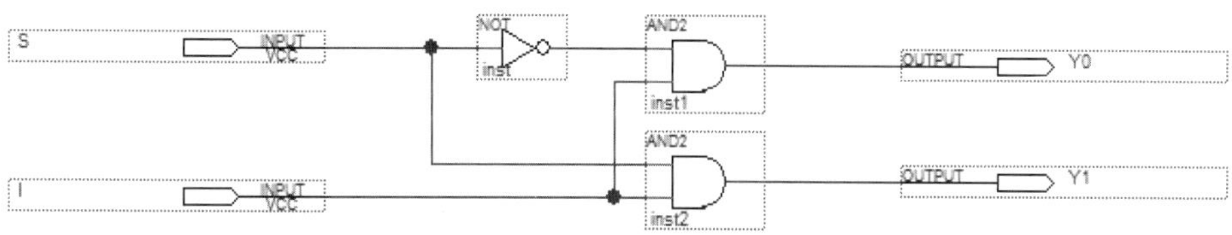

(g) 1×2 디멀티플렉서 회로

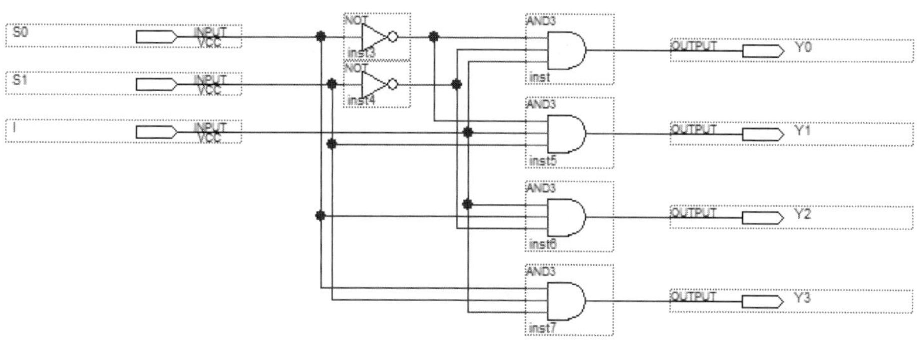

(h) 1×4 디멀티플렉서 회로

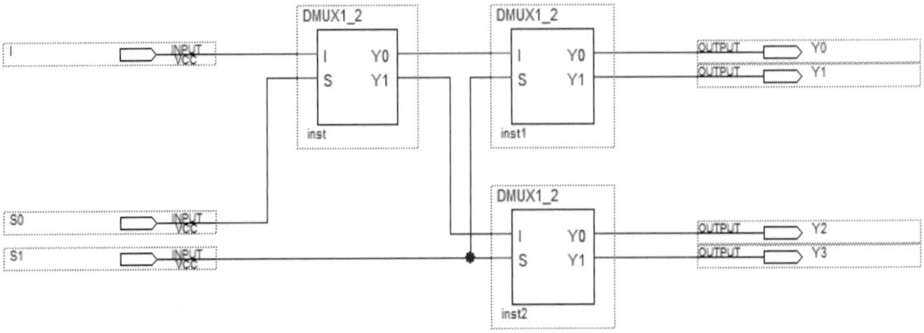

(i) 1×2 디멀티플렉서를 이용한 1×4 디멀티플렉서

[그림 4.139] 실험 회로도

3) TTL IC를 이용한 설계

-. TTL IC를 이용하여 그림 4.139의 (a), (g) 회로를 브레드보드에 구현하고 결과를 확인한다. 입력은 토글스위치를 사용하며 결과는 LED로 확인한다. 다음은 IC 7404, IC 7408, IC 7432의 핀 번호이다.

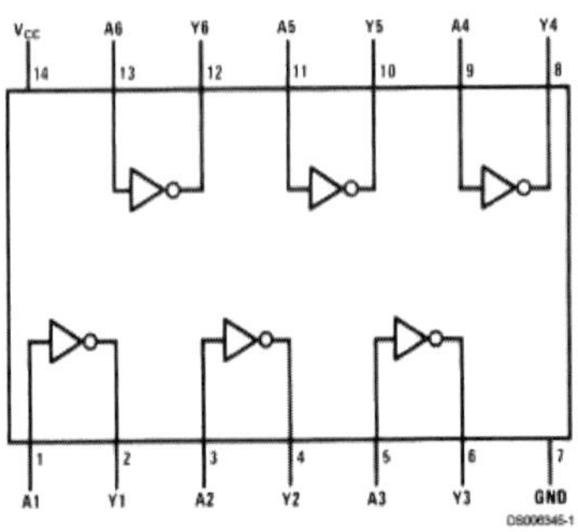

IC 7404

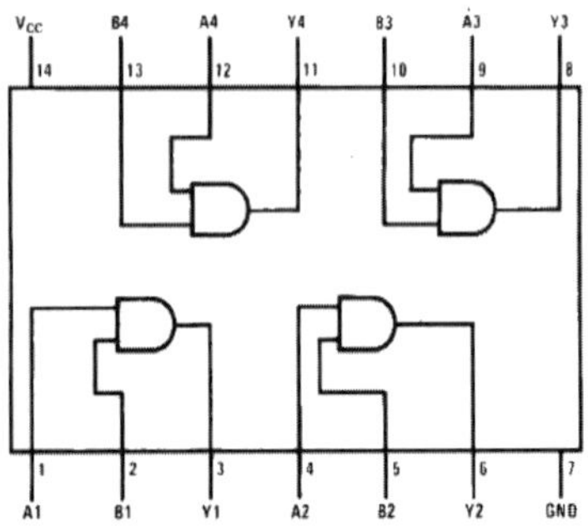

IC 7408

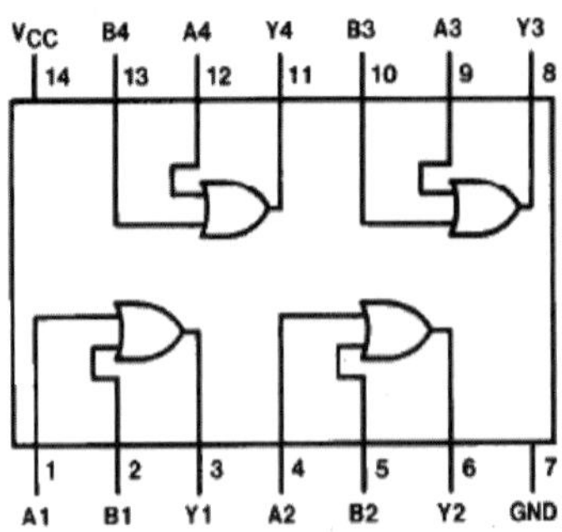

IC 7432

4) 실험 결과

-. QUARTUS II의 Waveform Editor를 이용하여 결과를 확인한다.

-. TTL IC를 이용하여 회로를 구성하고 LED로 결과를 확인한다.

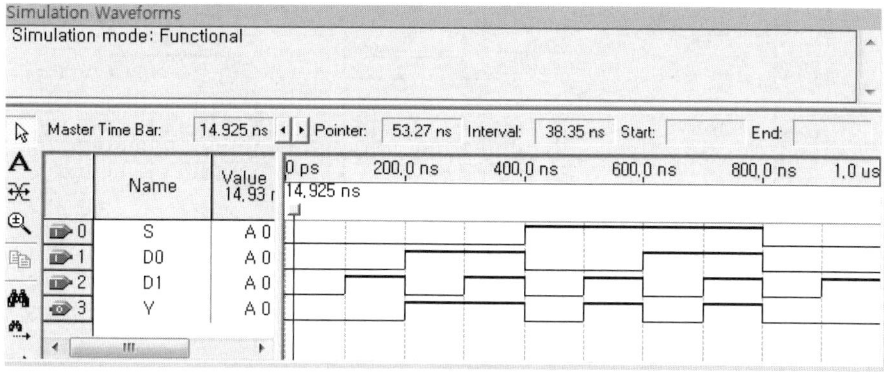

(a) 2×1 멀티플렉서

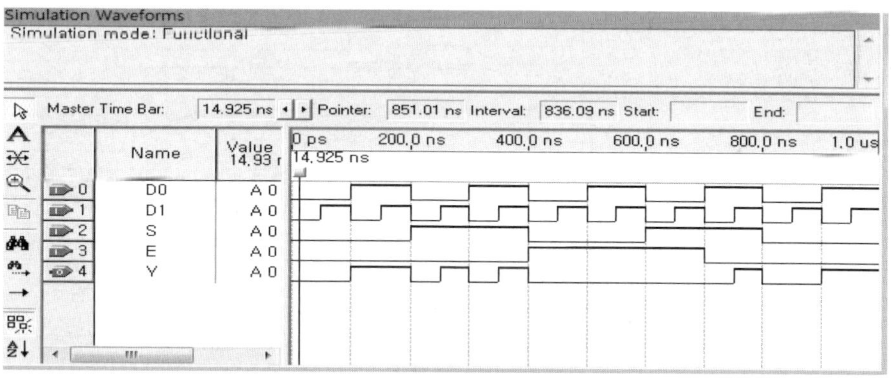

(b) 인에이블 신호가 포함된 2×1 멀티플렉서 회로

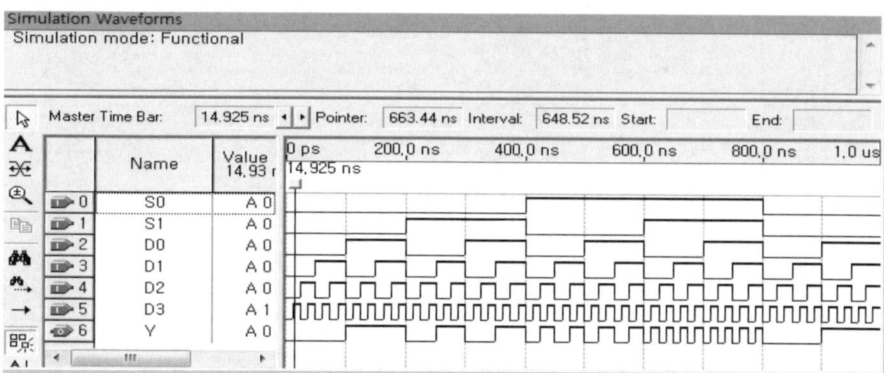

(c) 4×1 멀티플렉서

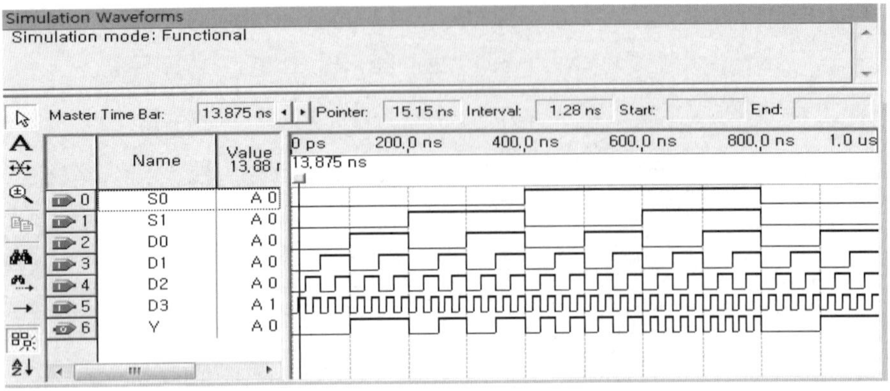

(d) 2×1 멀티플렉서를 이용한 4×1 멀티플렉서

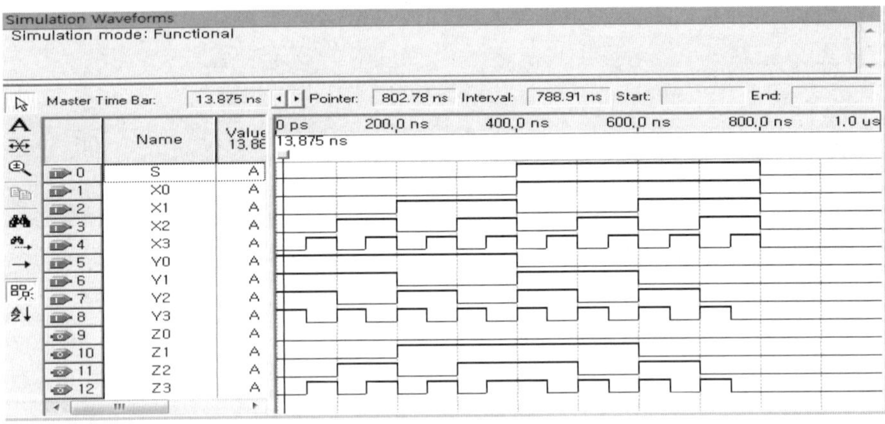

(e) 8×4 다중출력 멀티플렉서 회로

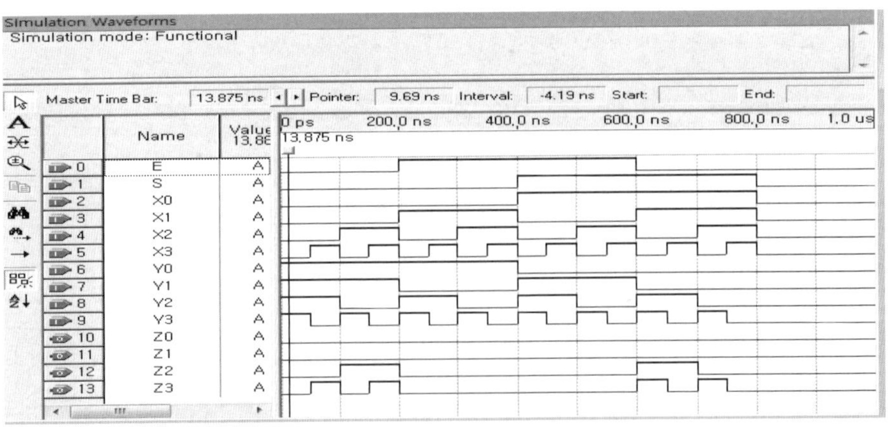

(f) 인에이블 선이 있는 8×4 다중 멀티플렉서

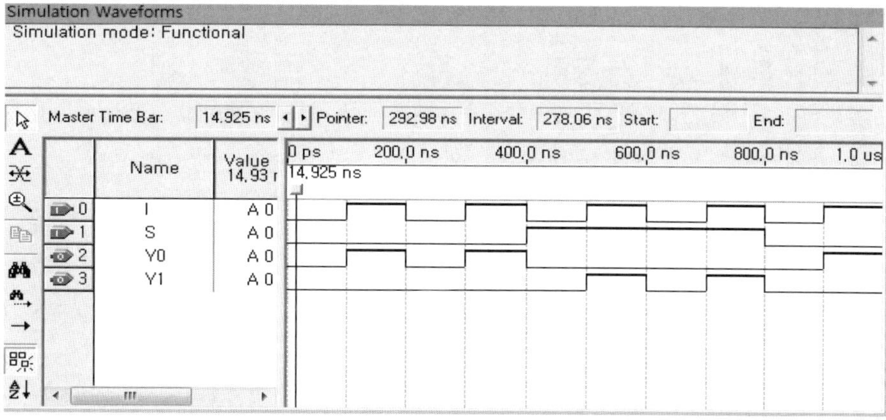

(g) 1×2 디멀티플렉서 회로

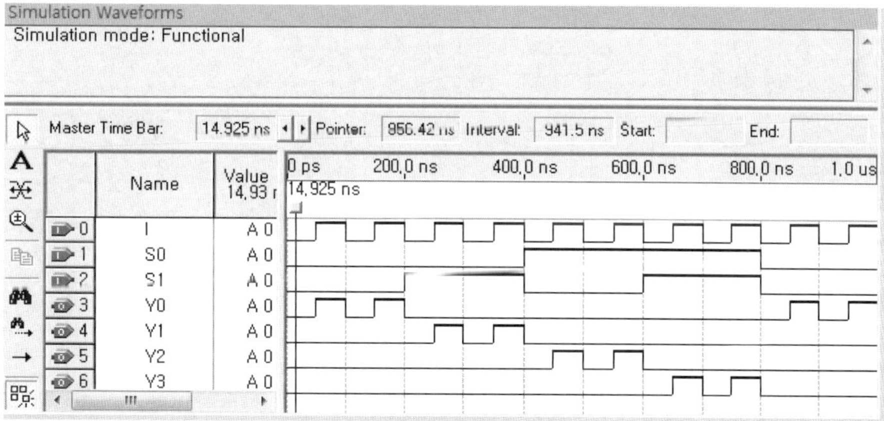

(h) 1×4 디멀티플렉서 회로

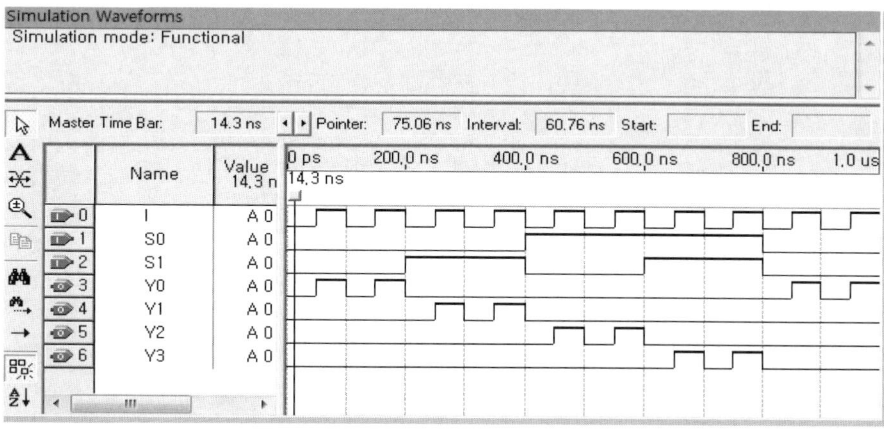

(i) 1×2 디멀티플렉서를 이용한 1×4 디멀티플렉서

연습문제

인에이블 신호가 있는 8×4 다중 디멀티플렉서를 설계하고, Quartus Ⅱ를 이용해 시뮬레이션하여 결과를 확인하시오.

PART 2 디지털논리회로이론 및 설계

CHAPTER 5 순차논리회로 설계

SECTION 1. SR 래치와 SR 플립플롭

SECTION 2. JK, D, T 플립플롭

SECTION 3. 시프트 레지스터 설계

SECTION 4. 비동기식 카운터 설계

SECTION 5. 동기식 카운터 설계: 여기테이블, 상태표, 상태도 작성

SECTION 6. 밀리모델과 무어모델

SECTION 7. 상태 간소화

SECTION 8. 순차회로 설계 및 응용

SECTION 1. SR 래치와 SR 플립플롭

지금부터 배우게 될 순차회로는 현재의 입력과 과거 상태(메모리에 저장된 값) 모두에 의해서 출력이 결정되는 회로를 말한다. 따라서 그림 5.1과 같이 출력을 귀환(feedback)시키기 위한 연결선과 과거에 내보냈던 출력을 저장하기 위한 메모리 블록이 필수적으로 구성되어져야 한다. 본 섹션에서는 순차회로에서 가장 보편적으로 사용되는 메모리인 래치(latch)와 플립플롭(flip-flop)에 대해서 학습한다.

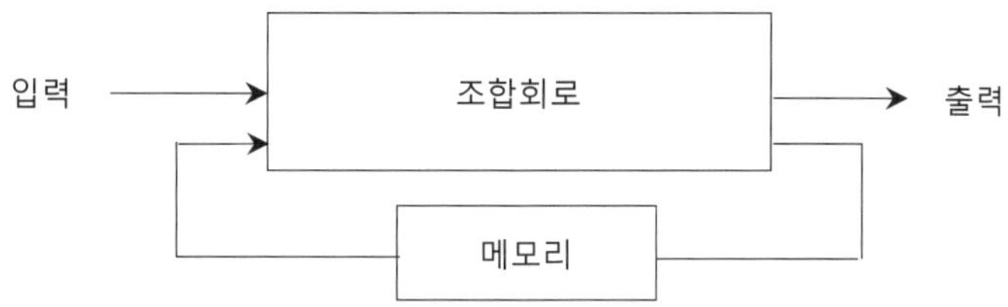

[그림 5.1] 순차회로

1.1 래치와 플립플롭의 차이점

래치와 플립플롭은 모두 '0' 또는 '1'의 이진수 한 비트를 저장할 수 있는 메모리 소자로 근본적인 차이점은 트리거(triggered) 방식에 있다. 래치는 레벨 트리커 (level triggered) 방식을 사용하며 플립플롭은 에지 트리거(edge triggered) 방식을 사용한다.

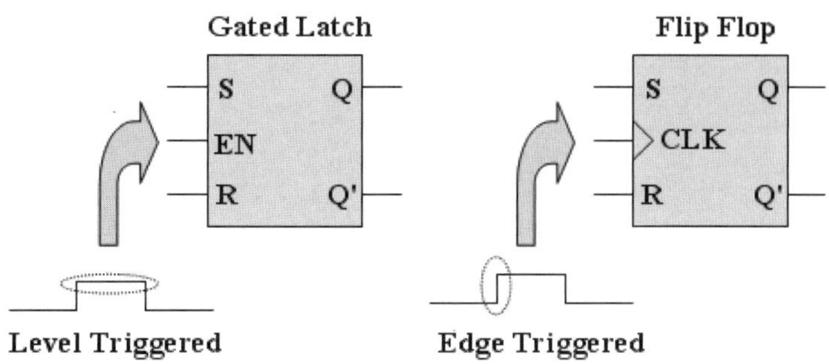

[그림 5.2] Latch와 Flip-Flop의 기호 및 동작 특성 비교

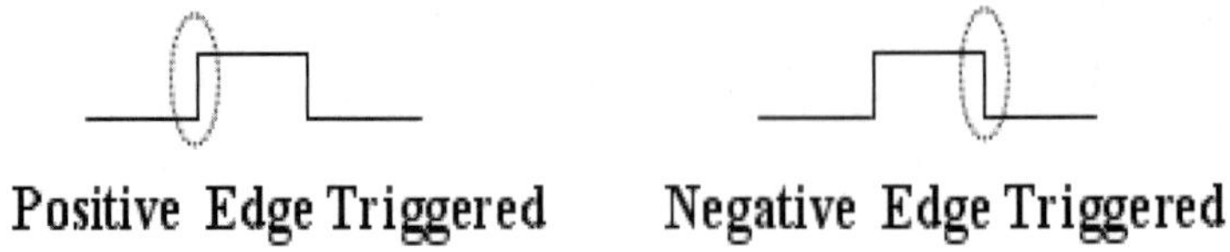

[그림 5.3] Edge triggered 방식의 종류

즉, 래치는 클럭이 high 레벨인 상태에서 입력이 변하면 출력이 따라 변하게 되고, 클럭이 low 레벨이거나 입력이 변하지 않으면 자기 값을 '유지'하는 비동기 방식의 회로이다. 즉, high 레벨이기만 히면 동작하는 소자로 클럭 신호가 필요하지 않으면 제거도 가능하다. 반면에 플립플롭은 클럭의 에지(edge, 모서리)에서만 동작하도록 구성된 동기 방식 회로로 입력이 바뀌어도 출력이 바뀌지 않고 다음 에지까지 기다림으로서 자기 값을 '유지'한다. 여기서 '유지'는 '기억, 저장'의 의미로 전원을 제거하기 전에는 그 값을 계속 가지고 있기 때문에 메모리소자로 활용이 가능한 것이다. 클럭은 디지털 소자들의 동기화에 사용되는 디지털 펄스의 열로 정의가 가능하다. 따라서 비동기 방식인 래치의 경우에는 클럭 대신 인에이블(Enable, EN) 신호라는 말을 사용하는 것이 맞는 표현이나 여기서는 래치와 플립플롭의 차이점을 쉽게 설명하기 위해 모두 클럭이라고 정의하였다.

플립플롭은 에지의 종류에 따라 Positive Edge Triggered 방식과 Negative Edge Triggered 방식의 두 가지로 나눌 수 있다. Positive Edge Triggered 방식은 '0'에서 '1'이 되는 상승 에지(rising edge)에 동작하는 플립플롭이고 Negative Edge Triggered 방식은 '1'에서 '0'이 되는 하강 에지(falling edge)에 동작하는 플립플롭이다.

래치와 플립플롭의 종류는 SR, JK, T, D의 4가지가 있다. 먼저 SR 래치와 SR 플립플롭에 대해서 살펴본다.

1.2 SR(Set Reset) 래치

그림 5.4는 가장 간단한 SR 래치의 회로도이다. (a)는 입력이 액티브 HIGH 형태인 SR 래치이고 (b)는 입력이 액티브 LOW 형태인 SR 래치이다. NAND나 NOR 게이트를 바꿔서 설계해야 할 때에는 그림 5.5와 같이 입력에 NOT 게이트를 넣어주면 된다. 어느 것을 사용해도 무방하나 본 교재에서는 NAND 게이트로 이루어진 액티브 HIGH 형태의 회로를 기준으로 설명한다.

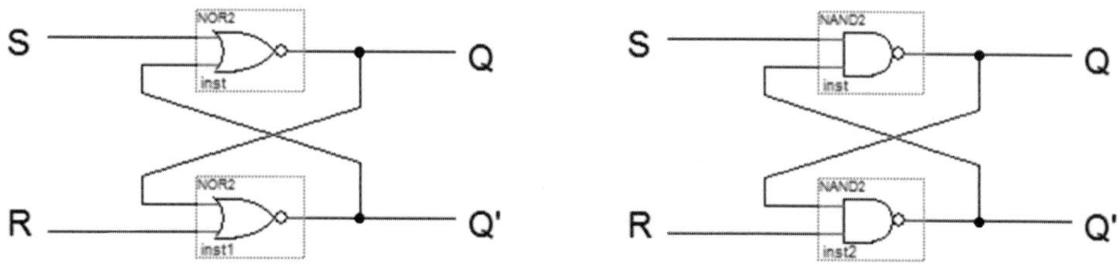

(a) 입력이 액티브 HIGH 형태 (b) 입력이 액티브 LOW 형태

[그림 5.4] SR 래치의 회로도

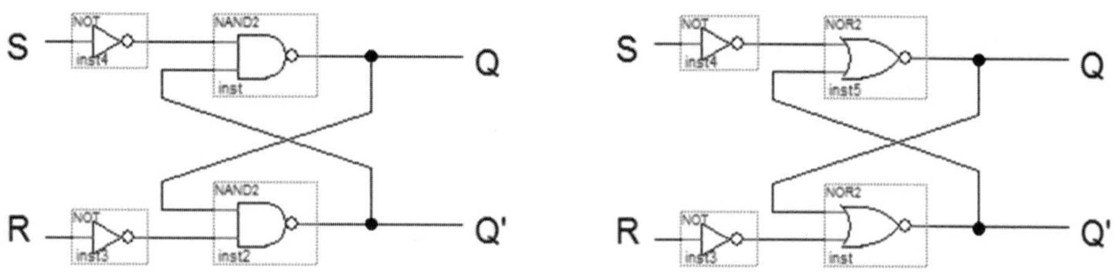

(a) 입력이 액티브 HIGH 형태 (b) 입력이 액티브 LOW 형태

[그림 5.5] SR 래치의 회로도

위의 회로는 인에이블 신호가 없는 SR 래치로 S와 R의 입력 값에 따라서 저장되는 값을 변경할 수 있으며 저장된 값이 출력 Q에 나타난다. 출력단자가 2개이므로 2개의 출력을 내보내는 것처럼 보이나 Q'은 독립된 출력이 아니라 Q의 보수로 항상 반대의 값을 가지기 때문에 출력은 하나이다. 즉, 위와 같이 회로를 구성하는 순간 1개의 비트를 저장(유지)할 수가 있고, 저장된 값이 출력 Q에 나타나며 Q'에 출력의 보수가 나타난다. 이때 S와 R의 입력 값에 따른 출력 값(저장 값) 변화는 표 5.1의 진리표에 나타나있다. 트리거 방식에 차이가 있을 뿐 SR 래치와 SR 플립프롭의 진리표는 같으며 Q는 현재 상태(현재 저장된 값, 현재 출력)이며 Q+는 다음 상태(다음에 저장될 값, 다음 출력)를 나타낸다. Q'+는 다음 상태 Q+의 보수이다.

[표 5.1] SR 래치와 SR 플립플롭의 진리표

S	R	Q	Q+	Q'+	동작
0	0	0	0	1	무변화
0	0	1	1	0	
0	1	0	0	1	리셋
0	1	1	0	1	
1	0	0	1	0	셋
1	0	1	1	0	
1	1	0	0	0	부정
1	1	1	0	0	

진리표를 보면 S와 R에 "00"이 입력되었을 때는 현재 상태(현재 저장)가 '0'이라면 다음 상태도 '0', 현재 상태(현재 저장)가 '1'이라면 다음 상태도 '1'이 되는 무변화 상태가 된다. 즉, 현재 저장되어 있는 값을 그대로 유지한다. S와 R 값이 각각 '0'과 '1'이 입력되었을 때는 현재 상태가 '0'이든 '1'이든 다음 상태를 무조건 '0'으로 만들어주는 리셋(reset) 상태가 되며, S와 R에 각각 '1'과 '0'이 입력되었을 때는 현재 상태가 '0'이든 '1'이든 다음 상태를 무조건 '1'으로 만들어주는 셋(set) 상태가 된다. 마지막으로 S와 R에 "11"이 입력되면 다음 상태의 Q와 Q' 즉, Q+와 Q+'이 모두 "00"이나 "11"이 되는 부정 상태가 된다. Q와 Q'는 항상 보수 관계를 유지해야 하는데 둘 다 "00" 또는 "11"이 되는 논리적인 오류가 발생하는 것으로 이런 불안정한 특성 때문에 SR 래치와 SR 플립플롭이 많이 사용되지 않는 이유가 된다. 표 5.1의 증명은 그림 5.5 (a)의 회로에 직접 '0'과 '1'을 넣어가며 출력을 확인해보면 된다. 그림 5.6은 그림 5.5 (a)의 시뮬레이션 결과로 앞에서부터 보면 입력 SR이 "01"일 때는 리셋 상태이므로 출력 Q가 '0'이 되고, "10"일 때는 셋 상태로 Q가 '1', "11"일 때는 부정상태로 Q와 Q'이 모두 '1', "00"일 때는 무변화 상태로 Q의 '1'값이 지속되는 것을 확인할 수 있다.

그림 5.7은 진리표를 바탕으로 특성함수를 구한 것이다. S와 R에 "11"이 입력되는 부정상태는 무상관항(-)으로 취급하였다. 특성함수는 SR 래치 및 플립플롭의 차기상태를 그 입력과 현재상태의 관계로 나타낸 식으로 플립플롭 사이의 변환이나 VHDL 코드 작성시에 유용하게 활용된다.

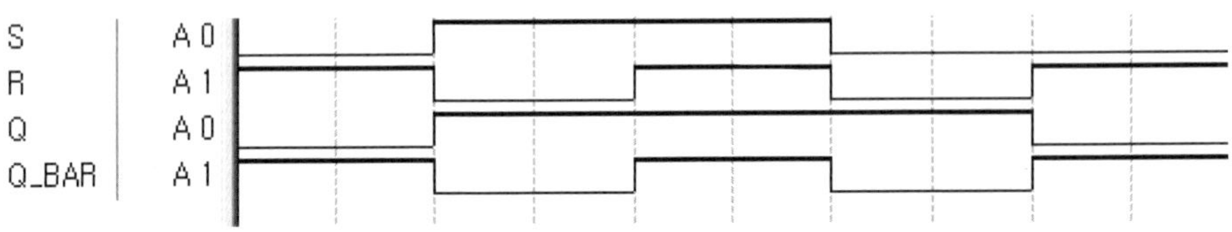

[그림 5.6] 시뮬레이션 결과

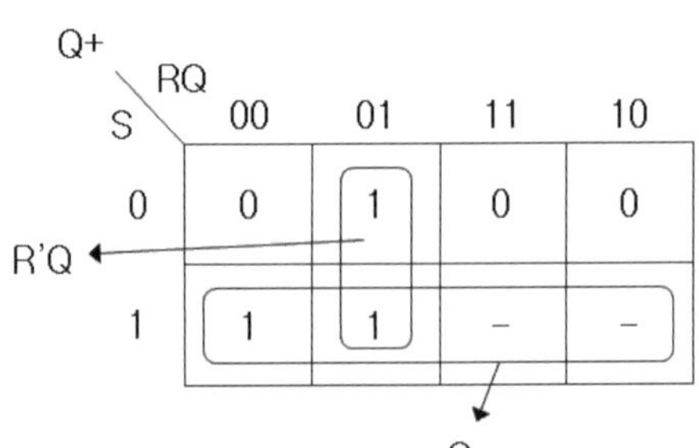

Q+ = S + R'Q

[그림 5.7] 카르노우 도표와 특성함수

1.3 게이트 된 SR 래치

앞서 인에이블 신호가 없는 간단한 래치에 대해서 살펴보았다. 이제 인에이블 신호가 있는 게이트된 SR 래치에 대해 살펴보자.

게이트된 SR 래치의 진리표는 표 5.1과 같으나, 앞의 래치가 모든 순간에 동작되는 반면 게이트된 SR 래치는 인에이블 신호가 high 레벨인 동안에만 동작한다. 그림 5.8은 게이트된 SR 래치의 회로도이다. 인에이블 신호(EN)가 high 레벨인 동안에만 진리표와 같이 동작한다. 게이트 안 된 래치와 마찬가지로 회로에 직접 '0'과 '1'을 넣어가며 동작을 확인해보자.

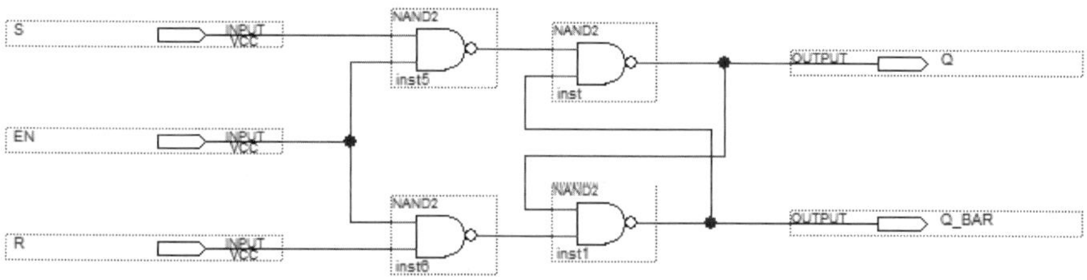

[그림 5.8] 게이트된 SR 래치의 회로도

1.4 SR 플립플롭

래치는 인에이블 신호가 1인 상태에서는 어떠한 입력에도 상태 변화가 가능하므로 노이즈 펄스나 게이트간 딜레이에 의해 글리치(glitch, 돌발펄스)가 발생하게 되면 시스템에 심각한 문제를 초래할 수 있다. 따라서 래치는 단순 저장에는 활용이 가능하나 시스템 제어나 카운터, 레지스터 등의 동기식 순차회로에 사용하기에는 무리가 있다.

이와 같은 문제는 플립플롭을 이용함으로서 해결할 수 있다. 플립플롭은 클럭의 에지에서만 순간적으로 상태 값을 변경하는 동기 방식의 메모리 소자로 대부분의 순차회로에 활용이 가능하다.

플립플롭은 기본적으로 게이트된 래치의 인에이블 신호에 펄스 천이 검출기(Pulse Transition Detector)를 추가해줌으로써 만들 수 있다. 펄스천이검출기는 게이트의 미세한 지연시간을 이용해 순간적으로 동작하는 스파이크(spike)를 만들어주는 장치이다. 그림 5.9, 5.10과 같이 입력신호가 NOT 게이트의 미세한 지연시간에 의해 각기 다른 타이밍에 AND 또는 NOR 게이트로 들어가며 지속시간이 수 ns 정도인 굉장히 짧은 출력 펄스를 만들어낸다. 이때 AND 게이트를 사용하면 AND 연산의 특성상 입력이 (1, 1)

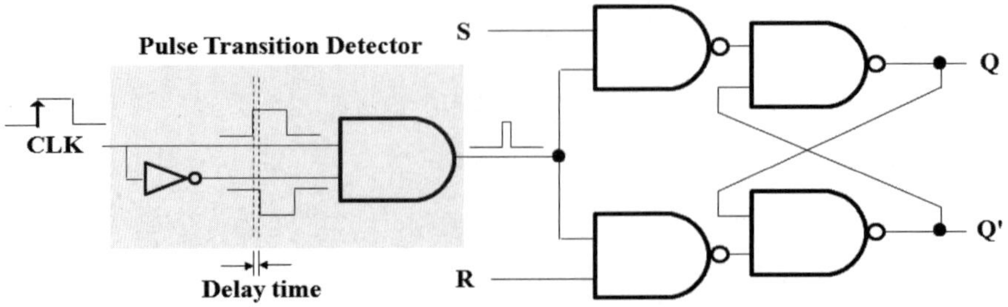

[그림 1.9] Positive Edge Triggered SR 플립플롭

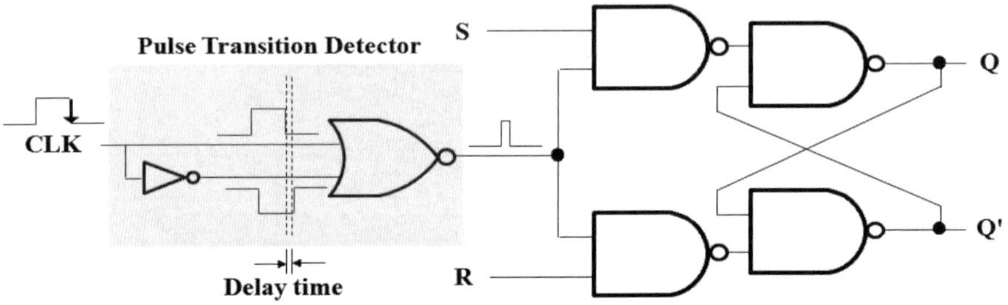

[그림 5.10] Negative Edge Triggered SR 플립플롭

일 때만 출력에 스파이크 펄스(1)를 만들어주므로 '메인 클럭(CLK)의 상승에지에 동작하는 펄스천이검출기'가 되고, NOR 게이트를 사용하면 NOR 연산의 특성상 입력이 (0, 0) 일 때만 출력에 스파이크 펄스(1)를 만들어주므로 '메인 클럭(CLK)의 하강에지에 동작하는 펄스천이검출기'가 된다.

그림 5.9와 5.10은 각각 클럭의 상승에지와 하강에지에 동작하는 SR 플립플롭이다.

1.5 마스터-슬레이브 SR 플립플릅

Master-Slave 플립플롭은 각 게이트의 지연 등에 의해 출력의 상태 변화가 반복적이고 연속적으로 발생하여 잘못된 결과를 초래하는 레이스 현상을 최소화 위해 래치 2개를 붙여서 만든 플립플롭이다. 그림 5.11은 SR Maste-Slave 플립플롭의 회로도로 게이트된 래치 2개의 인에이블 신호가 NOT 게이트를 통해 연결되어 있으므로 클럭이 0->1이 될 때는 Master 래치가 동작하고 클럭이 1->0이 될 때는 Slave 래치가 동작한다. 즉, 두 개의 래치가 순차적으로 활성과 비활성을 반복하므로 마스터 래치가 활성일 때 입력받은 신호를 슬레이브 래치가 활성이 되는 순간 출력으로 내보내어 입력과 출력이 분리되며 레이스 현상을 최소화할 수 있다. 다음의 회로는 1->0이 되는 순간 최종 출력이 나오는 Negative edge triggered SR Maste-Slave 플립플롭이다.

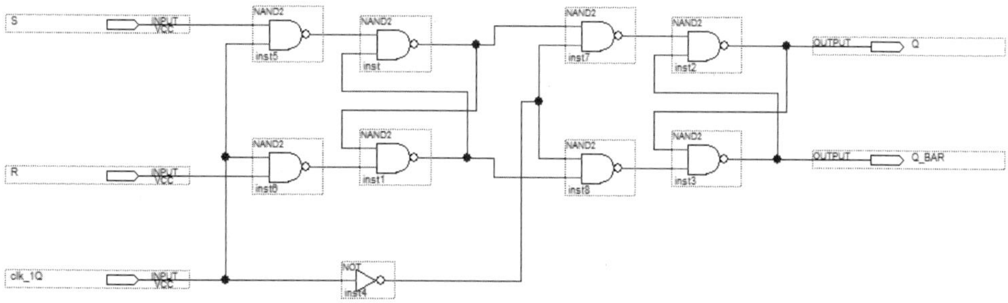

[그림 5.11] Negative edge triggered Master-Slave Flip-Flop

1.6 Preset과 Clear

대부분의 상용화된 래치 및 플립플롭 소자는 Preset 핀과 Clear 핀을 가지고 있다. Preset핀은 S, R의 입력에 상관없이 출력(Q의 값)을 '1'상태로 만들어 주며, Clear 핀은 출력(Q의 값)을 '0'으로 만들어 주는 비동기 입력이다. 대부분 Negative Edge에 동작하도록 만들어 지므로 Preset과 Clear 단자 모두 1(high)상태를 기본 상태로 두고, 회로를 초기화 시키거나 임의의 출력을 얻고자 할 때 원하는 단자를 1->0(low)상태로 바꾸어 주면 원하는 값으로 회로를 제어할 수 있다.

다음은 Preset과 Clear가 추가된 Gated RS Latch 회로도이다.

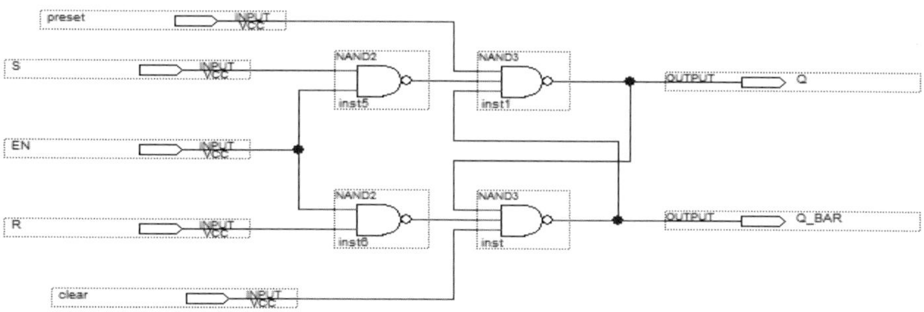

[그림 5.12] Preset과 Clear가 추가된 Gated RS Latch

1.7 플립플롭 기호

다음은 RS Latch, Gated RS Latch, RS Flip-Flop, RS Master-Slave Flip-Flop의 IEEE 기호이다. 여기서 ∘(bubble)가 붙은 것은 negative edge에 동작함을 나타낸다.

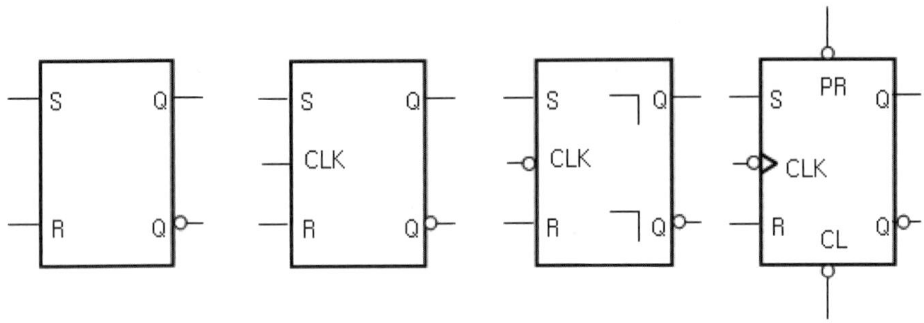

[그림 5.13] IEEE 기호

(a) RS Latch (b) Gated RS Latch, (c) RS Master-Slave Flip-Flop (d) Flip-Flop

연습문제

1. 래치와 플립플롭의 차이점을 설명하시오.
2. 플립플롭 만드는 두 가지 방법을 설명하시오.
3. preset과 clear 의 역할을 설명하시오.
4. 펄스천이검출기에 대해 설명하시오.
5. 순차회로에 대해 설명하시오.

1.8 Quartus II 및 TTL IC를 이용한 회로 설계

1) 사용 장비 및 부품

-. Schematic, Simulation : PC, ALTERA QUARTUS II

-. TTL-IC를 이용한 실험 : 전원공급기, 브레드보드, IC 7400, IC 7402, IC 7486

2) Quartus II를 이용한 Schematic 설계

-. 다음 회로도를 Quartus II를 이용하여 Schematic 설계하고 결과를 확인한다.

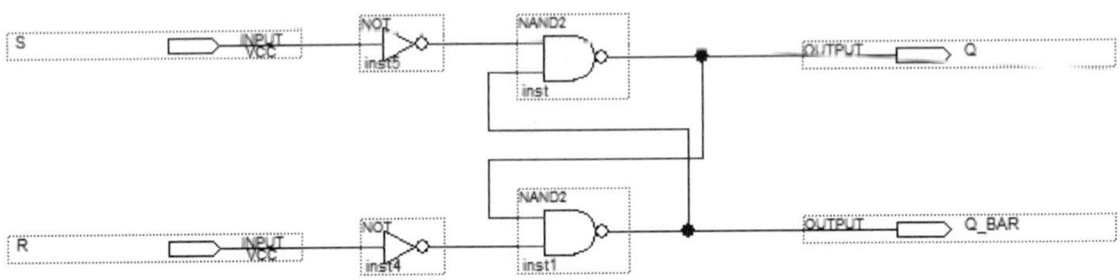

(a) SR 래치

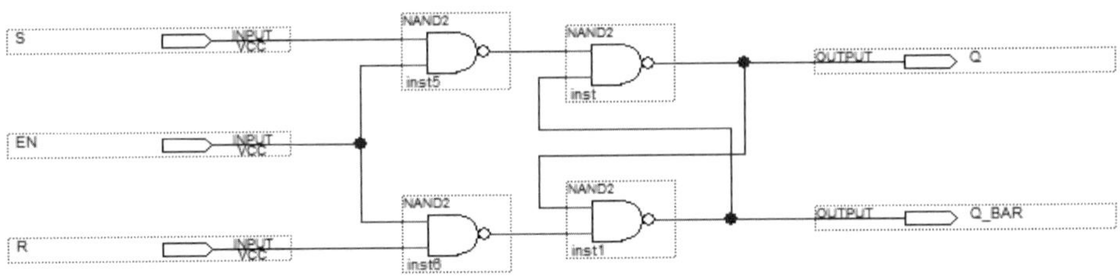

(b) 게이트된 SR 래치

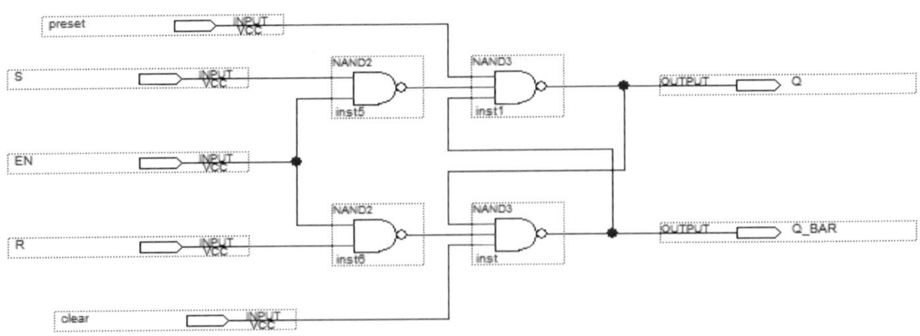

(c) Preset과 Clear

[그림 5.14] 실험 회로도

3) TTL IC를 이용한 설계

-. TTL IC를 이용하여 그림 5.14의 (a)~(d) 회로를 브레드보드에 구현하고 결과를 확인한다. 입력은 토글스위치를 사용하며 결과는 LED로 확인한다. 다음은 IC 7404, IC 7408, IC 7486, IC 7432, IC 744075의 핀 번호이다.

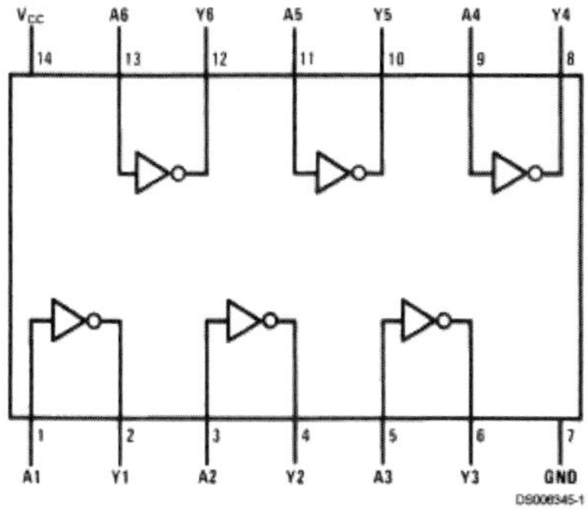

IC 7404

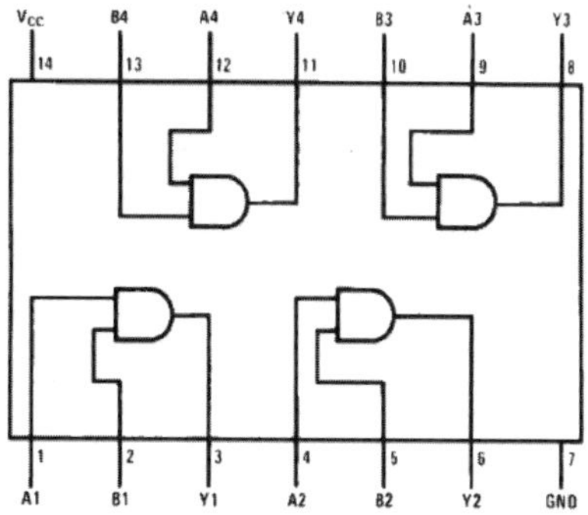

IC 7408

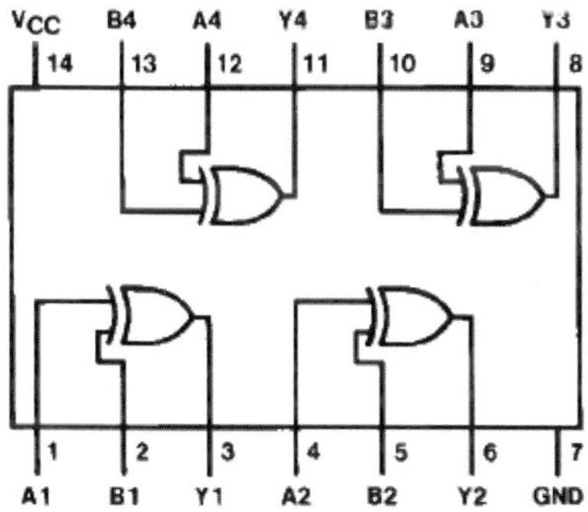

IC 7486

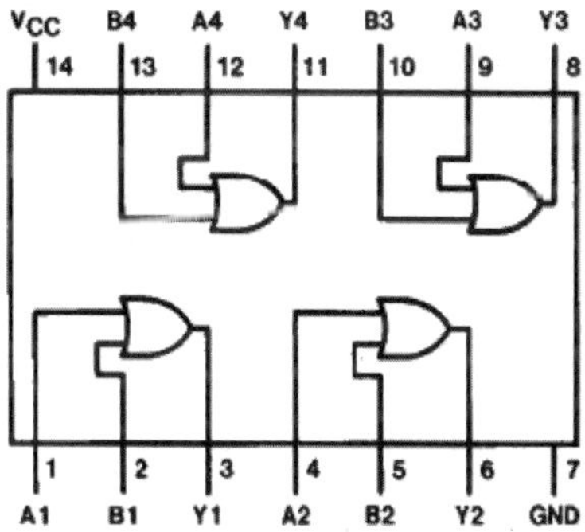

IC7432

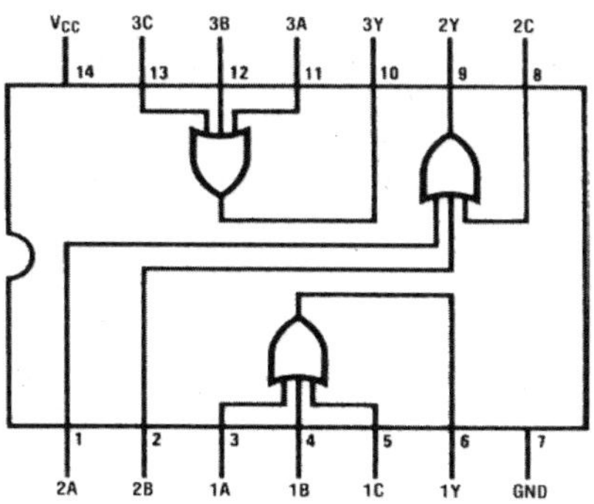

IC 744075

4) 실험 결과

-. QUARTUS II의 Waveform Editor를 이용하여 결과를 확인한다.

-. TTL IC를 이용하여 회로를 구성하고 LED로 결과를 확인한다.

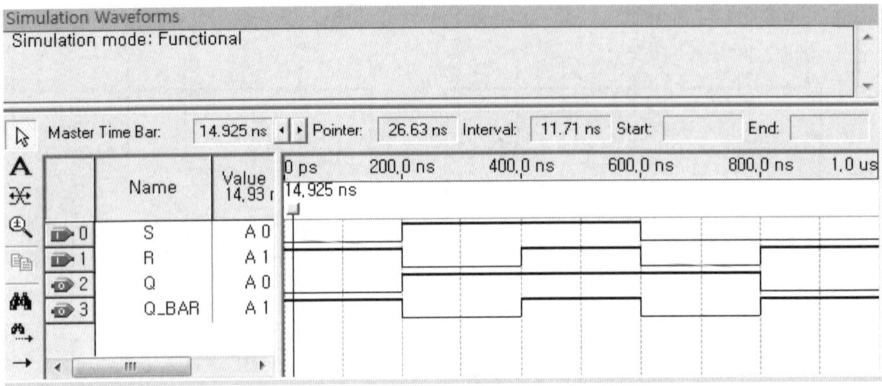

(a) SR 래치

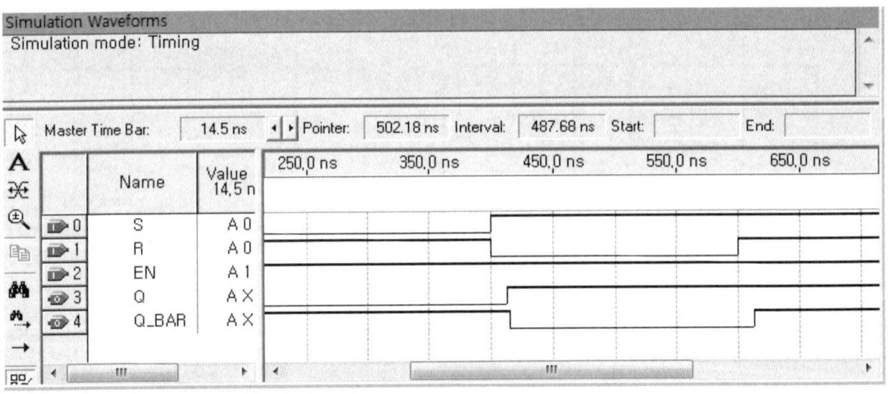

(b) 게이트된 SR 래치

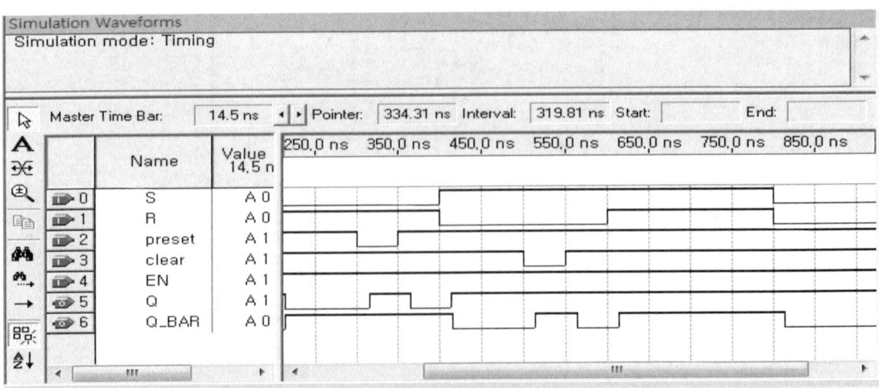

(c) Preset과 Clear

연습문제

QUARTUS 라이브러리에 있는 JK F/F을 시뮬레이션하여 결과를 확인하시오.

SECTION 2. JK, D, T 플립플롭

SECTION 1에서 플립플롭의 차이점 및 SR 플립플롭의 전반적인 특성을 살펴보았다. SR 플립플롭의 경우 SR 단자에 "11"이 입력되면 출력 Q, Q'이 "00" 또는 "11"이 되는 논리적인 오류가 발생함을 확인하였다. 이번 섹션에서는 SR 플립플롭의 회로를 확장하여 논리적인 오류를 없앤 JK 플립플롭과 보다 간단한 동작을 갖는 D, T 플립플롭에 대해 학습한다.

2.1 JK 래치와 JK 플립플릅

JK 플립플롭은 RS 플립플롭의 입력 S와 R이 동시에 1일 경우 회로가 불안정해 지는 것을 보안하기 위해 만든 플립플롭이다. J와 K의 입력이 동시에 “11”일 경우를 제외하고는 RS 플립플롭과 같으며 J와 K가 동시에 1일 경우 다음 출력(Q+)은 반전(토글)된다.

그림 5.15는 NAND게이트로 구성한 JK 래치의 회로도와 JK 플립플롭의 기호이다. JK 래치는 그림 5.15 (a)와 같이 SR 래치 회로의 출력 Q', Q 을 반대편 입력으로 귀환시켜줌으로써 만들 수 있다. SR 플립플롭과 마찬가지로 펄스 천이 발생기를 클럭 부분에 연결하거나 래치 2개를 이용해 마스터 슬레이브 형태로 만들어주면 JK 플립플롭의 설계도 가능하다. 그림 5.15 (b)는 JK 플립플롭의 기호이다.

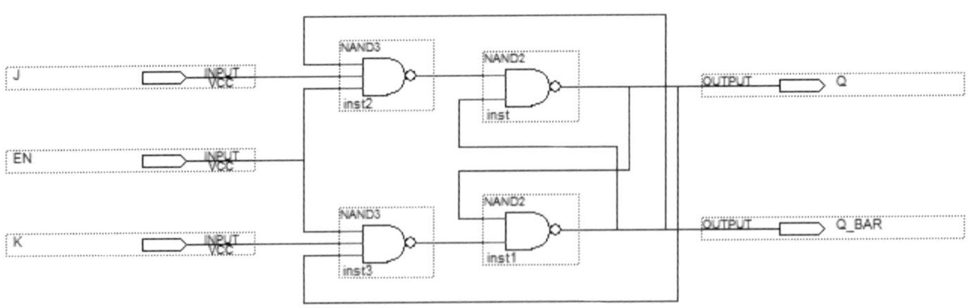

(a) JK 래치 회로도

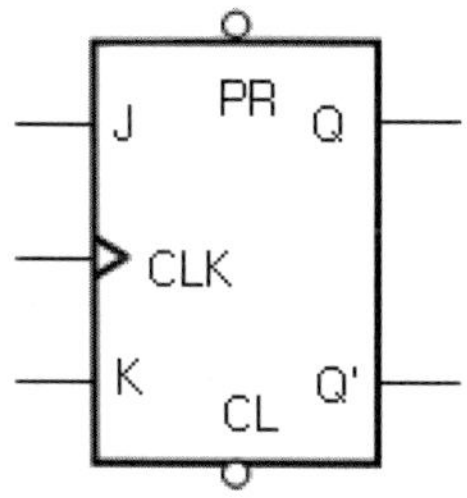

(b) JK 플립플롭 기호

[그림 5.15] JK 래치 회로도와 JK 플립플롭 기호

표 5.2는 JK 래치와 플립플롭의 진리표이다.

[표 5.2] JK 래치와 플립플롭의 진리표

J	K	Q	Q+	Q'+	동작
0	0	0	0	1	무변화
0	0	1	1	0	
0	1	0	0	1	리셋
0	1	1	0	1	
1	0	0	1	0	셋
1	0	1	1	0	
1	1	0	1	0	토글
1	1	1	0	1	

표 5.2를 보면 J와 K에 "00"이 입력되었을 때는 현재 저장되어 있는 값을 그대로 유지한다. J와 K값이 각각 '0'과 '1'이 입력되었을 때는 현재 상태가 '0'이든 '1'이든 다음 상태를 무조건 '0'으로 만들어주는 리셋(reset) 상태가 되며, J와 K에 각각 '1'과 '0'이 입력되었을 때는 현재 상태가 '0'이든 '1'이든 다음 상태를 무조건 '1'으로 만들어주는 셋(set) 상태가 된다. 마지막으로 J와 K가 "11"일 때는 출력 Q가 '0'이면 '1'로, '1'이면 '0'으로 반전(토글)시켜준다. 따라서 SR 플립플롭과 같은 논리적인 오류는 발생하지 않는다.

진리표를 바탕으로 특성함수를 구하면 다음과 같다.

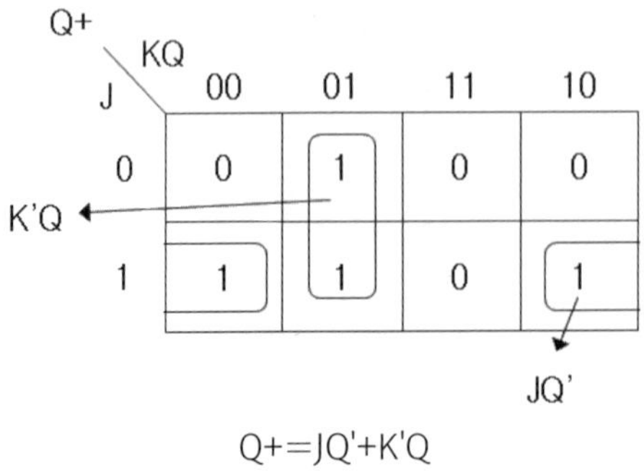

[그림 5.16] 카르노우 도표와 특성함수

다음은 Master-Slave JK 플립플롭의 회로도이다.

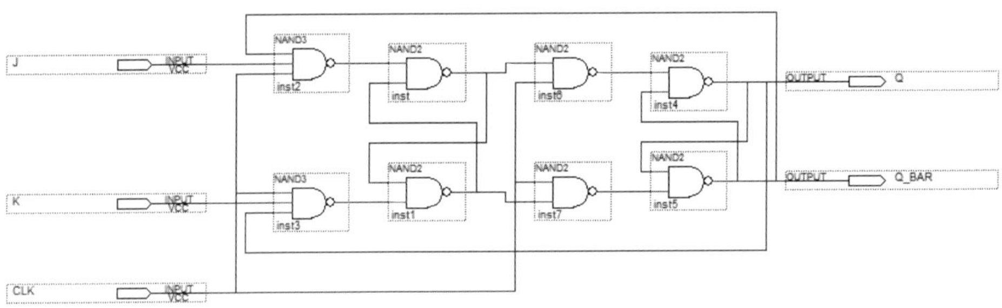

[그림 5.17] Master-Slave JK Flip-Flop

2.2 D 래치와 D 플립플롭

D 플립플롭은 RS 플립플롭 및 JK 플립플롭을 약간 변형시킨 플립플롭이다. D 플립플롭의 입력은 D 단자 하나뿐이며, RS 플립플롭 및 JK 플립플롭의 셋과 리셋 상태만 존재한다. 즉, 현재 상태(Q)와 상관없이 입력 D가 '0'면 다음 상태(Q+)도 '0'이 되고, '1'이면 다음 상태도 '1'이 되는 간단한 동작특성을 가지고 있다. 따라서 설계가 간단하며 동기 순차회로에 널리 활용된다.

그림 5.18은 D 래치의 회로도 및 D 플립플롭의 기호이다. SR 래치(또는 JK 래치)를 이용해 만들 수 있으며 S 단자로는 D 입력을, R 단자로는 NOT 게이트를 통과한 D 입력을 넣어준다. 따라서 D가 '0'이면 SR에는 "01"이, '1'이면 "10"이 들어가 셋과 리셋 상태로만 동작하게 된다. 즉, 입력 D가 '0'이면 출력 Q도 '0'이 나오고 입력 D가 '1'이면 출력 Q도 '1'이 나와 메모리 외에 버퍼로도 활용이 가능하다.

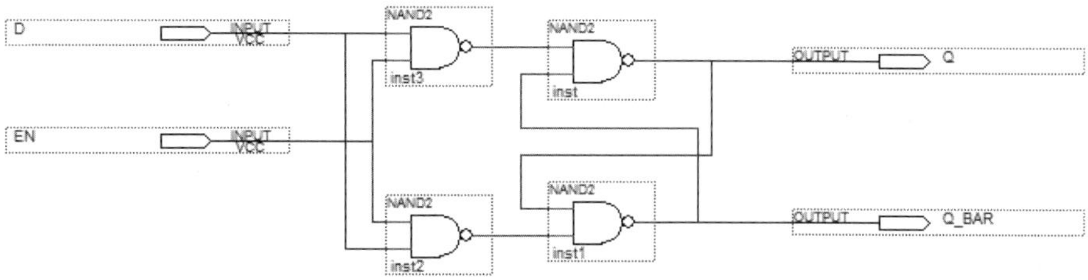

(a) D 래치 회로도

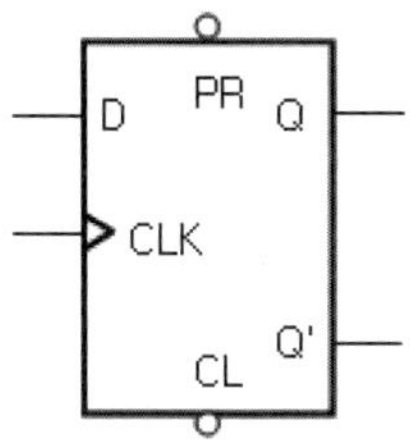

(b) D 플립플롭 기호

[그림 5.18] D 래시 회로도와 D 플립플롭 기호

표 5.3은 D 래치와 D 플립플롭의 진리표이다.

[표 5.3] 진리표

D	Q	Q+	Q'+	동작
0	0	0	1	리셋
0	1	0	1	
1	0	1	0	셋
1	1	1	0	

진리표를 바탕으로 특성함수를 구하면 다음과 같다.

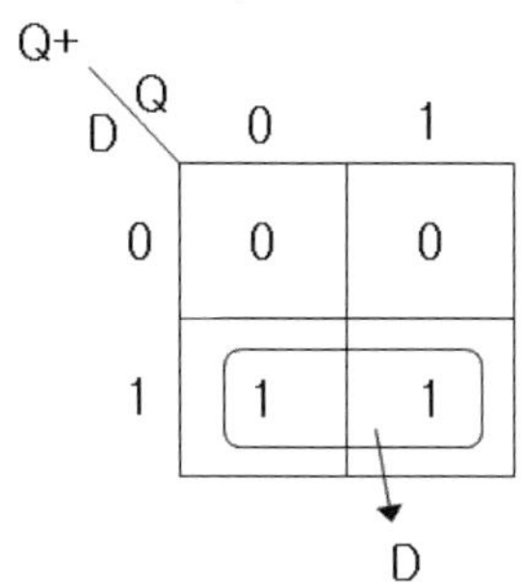

Q+=D

[그림 5.19] 카르노우 도표와 특성함수

2.3 T 래치와 T 플립플롭

T 플립플롭은 JK 플립플롭을 응용한 것으로 트리거 입력 펄스('1')가 들어올 때마다 출력(Q+)을 반전(토글) 시키는 플립플롭이다. JK 플립플롭의 입력을 하나로 연결함으로써 구현할 수 있으며, 입력이 '0' 이면 현재 상태 값을 그대로 유지하고 입력이 '1' 이면 출력(Q+)이 반전된다.

그림 5.20은 NAND게이트로 구성한 T 래치의 회로도 및 T 플립플롭의 기호이다.

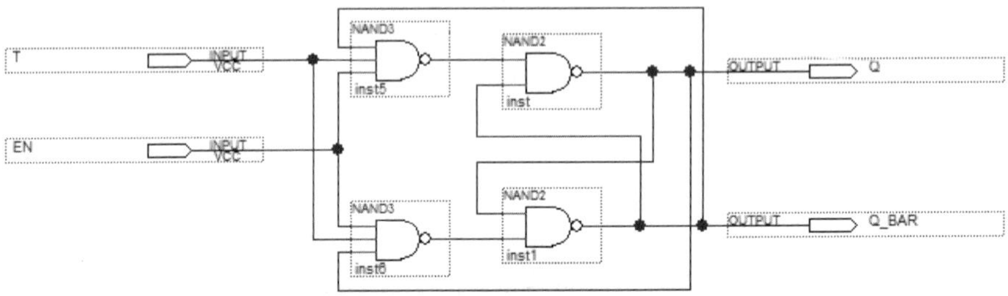

(a) T 래치 회로도

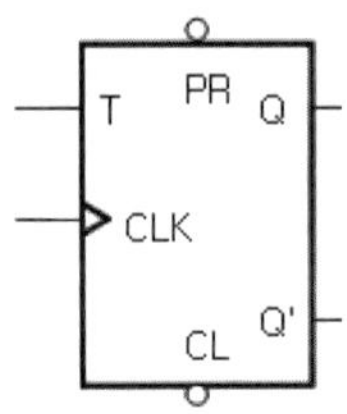

[그림 5.20] T 플립플롭의 회로도 및 기호

표 5.4는 T 래치와 T 플립플롭의 진리표이다. 무변화와 토글 동작만 존재하는 것을 확인할 수 있다.

[표 5.4] 진리표

T	Q	Q+	Q'+	동작
0	0	0	1	무변화
0	1	1	1	
1	0	1	0	토글
1	1	0	0	

진리표를 바탕으로 특성함수를 구하면 다음과 같다.

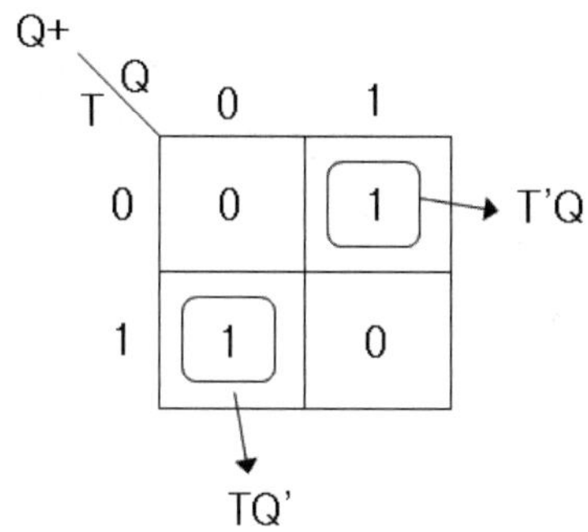

$$Q+=T'Q+TQ'=T\oplus Q$$

[그림 5.21] 카르노우 도표와 특성함수

연습문제

1. D 플립플롭을 이용해 JK 플립플롭을 설계하시오.
2. D 플립플롭을 이용해 T 플립플롭을 설계하시오.
3. T 플립플롭을 이용해 D 플립플롭을 설계하시오.
4. D 플립플롭을 이용해 JK 플립플롭을 설계하시오.

2.4 Quartus II 및 TTL IC를 이용한 회로 설계

1) 사용 장비 및 부품

-. Schematic, Simulation : PC, ALTERA QUARTUS II

-. TTL-IC를 이용한 실험 : 전원공급기, 브레드보드, IC 7400, IC 7402, IC 7486

2) Quartus II를 이용한 Schematic 설계

-. 다음 회로도를 Quartus II를 이용하여 Schematic 설계하고 결과를 확인한다. QUARTUS 라이브러리에서 "SRFF, JKFF, TFF, DFF" 심볼을 불러오면 된다.

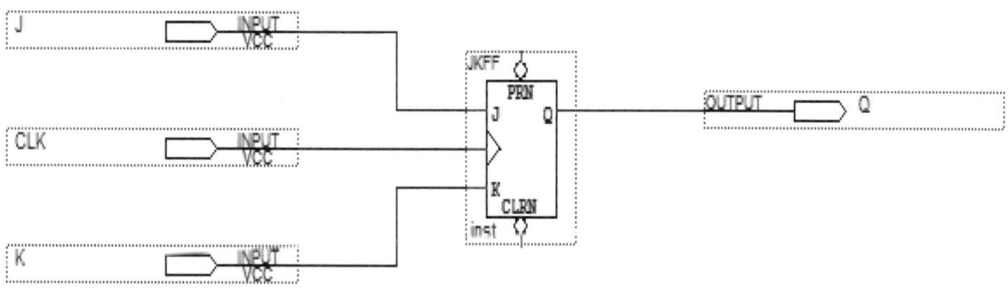

(a) JK 플립플롭

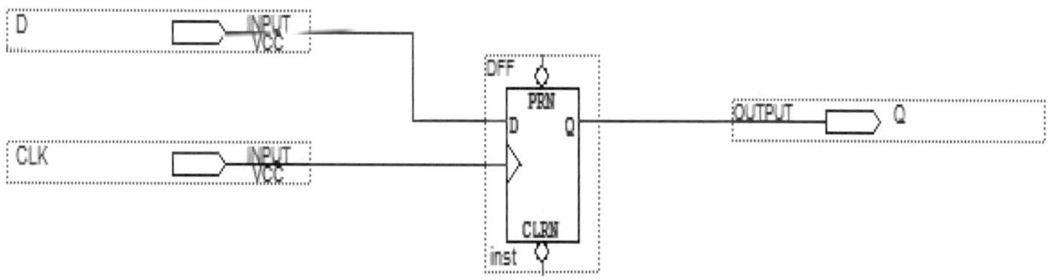

(b) D 플립플롭

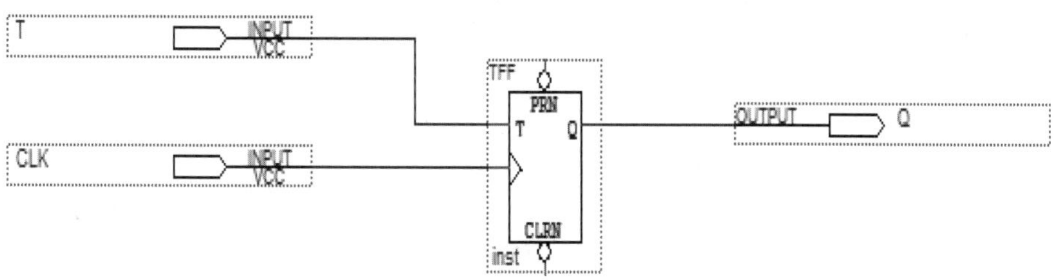

(c) T 플립플롭

[그림 5.22] 실험 회로도

3) TTL IC를 이용한 설계

-. TTL IC를 이용하여 그림 5.22의 (a)~(d) 회로를 브레드보드에 구현하고 결과를 확인한다. 입력은 토글스위치를 사용하며 결과는 LED로 확인한다. 다음은 IC 7404, IC 7408, IC 7486, IC 7432, IC 744075의 핀 번호이다.

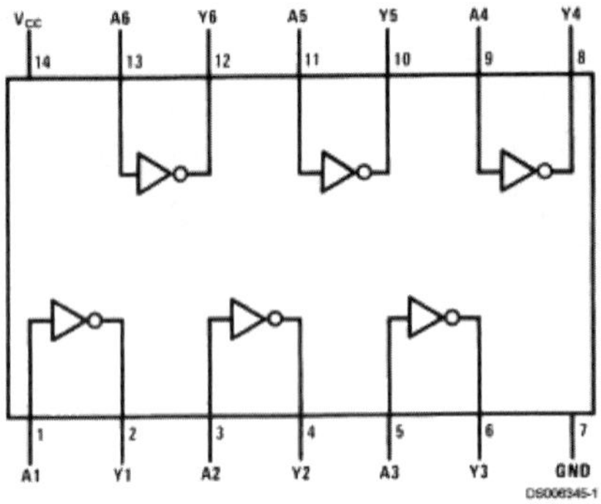

IC 7404

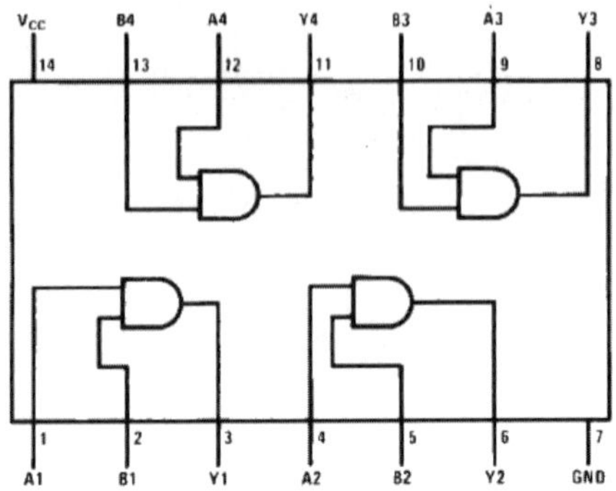

IC 7408

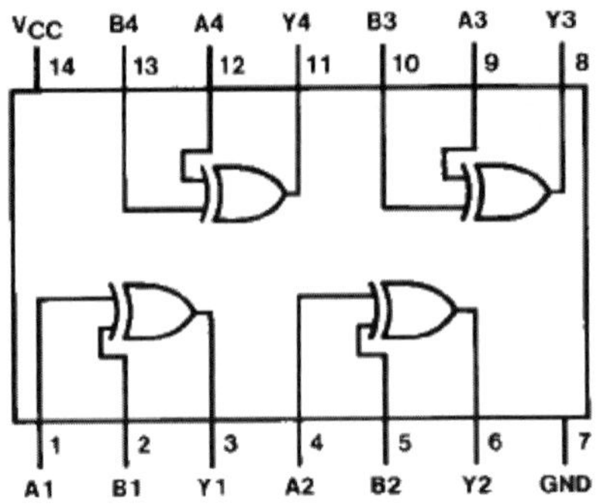

IC 7486

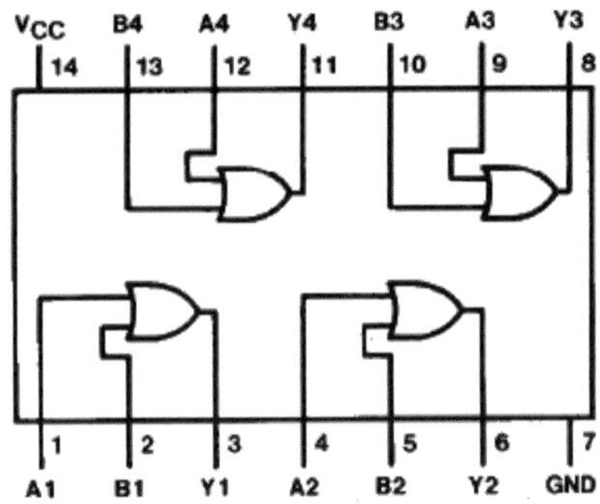

IC7432

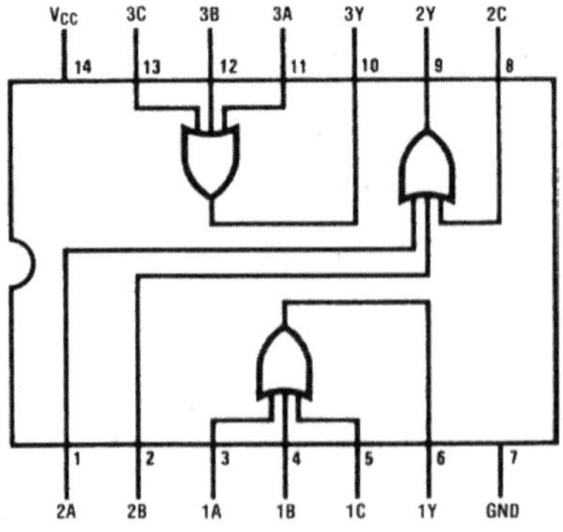

IC 744075

4) 실험 결과

-. QUARTUS II의 Waveform Editor를 이용하여 결과를 확인한다.

-. TTL IC를 이용하여 회로를 구성하고 LED로 결과를 확인한다.

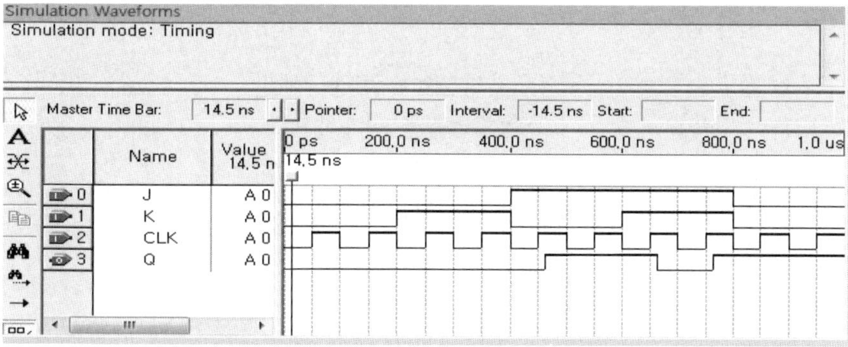

(a) JK 플립플롭

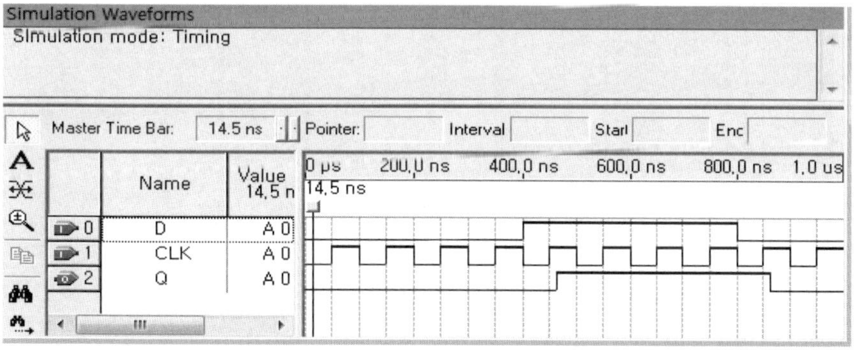

(b) D 플립플롭

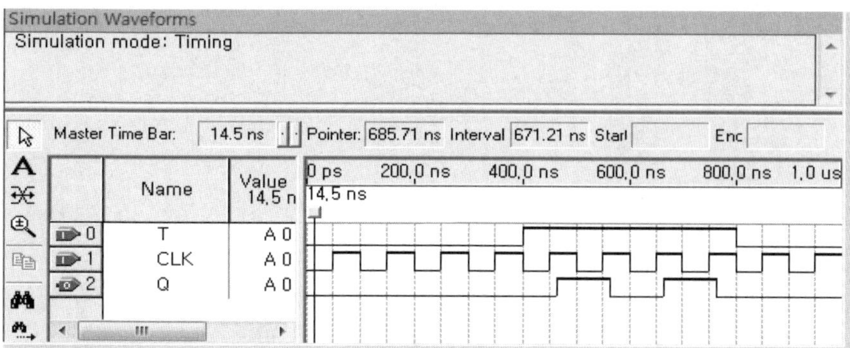

(c) T 플립플롭

연습문제

위의 연습문제의 회로를 QUARTUS II를 이용해 시뮬레이션 하여 결과를 확인하시오.

1. D 플립플롭을 이용해 JK 플립플롭을 설계하시오.
2. D 플립플롭을 이용해 T 플립플롭을 설계하시오.
3. T 플립플롭을 이용해 D 플립플롭을 설계하시오.
4. D 플립플롭을 이용해 JK 플립플롭을 설계하시오.

SECTION 3. 시프트 레지스터 설계

시프트 레지스터(shift register)는 플립플롭의 집합으로 구성된다. 이는 레지스터에 저장되어있는 2진 정보를 단방향 또는 양방향으로 이동시킬 수 있는 레지스터로 직렬입력 · 직렬출력(serial in - serial out, SISO), 직렬입력 · 병렬출력 (serial in - parallel out, SIPO), 병렬입력 · 직렬출력 (parallel in - serial out, PISO), 병렬입력 · 병렬출력 (parallel in - parallel out, PIPO)으로 구분된다.

3.1 시프트 레지스터

시프트레지스터는 각 플립플롭에 저장된 2진 데이터를 공통의 클럭 펄스에 따라 순차적으로 좌우 시프트 할 수 있도록 구성된 레지스터이다. 다음 상대로 이동을 하기 위해 각각의 입력과 출력이 연쇄적으로 연결되어 동작된다. 그림 5.23은 4가지 시프트

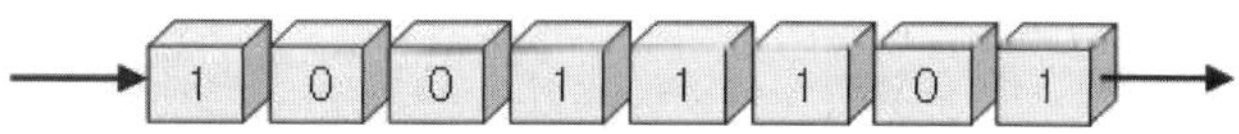

(a) 직렬입력 · 직렬출력(serial in - serial out, SISO)

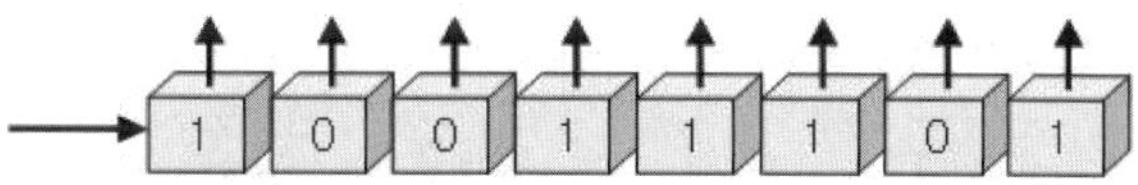

(b) 직렬입력 · 병렬출력 (serial in - parallel out, SIPO)

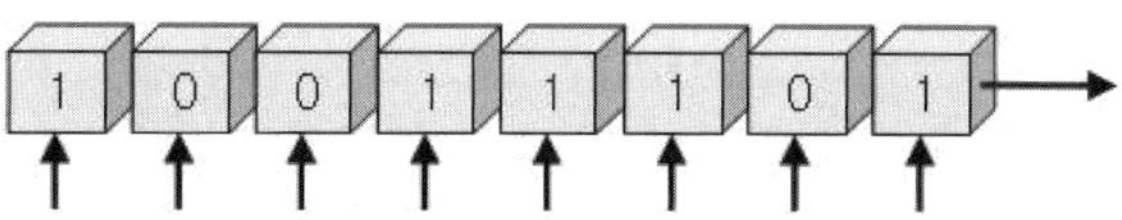

(c) 병렬입력 · 직렬출력 (parallel in - serial out, PISO)

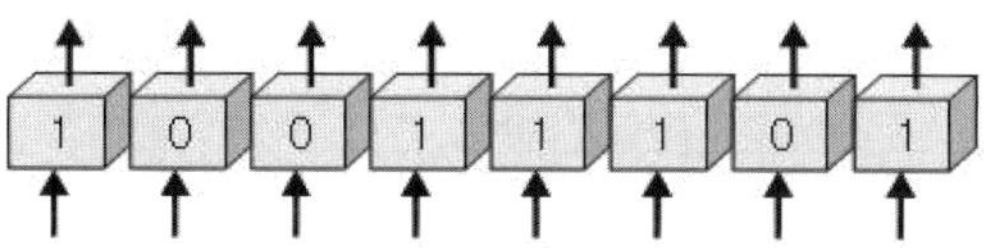

(d) 병렬입력 · 병렬출력 (parallel in - parallel out, PIPO)

[그림 5.23] 시프트 레지스터

레지스터의 개념을 설명하는 그림이다. SISO 시프트 레지스터는 직렬로 1개의 플립플롭에만 데이터가 입력되며 순차적으로 이동하여 마지막 플립플롭에서 데이터가 출력된다. SIPO 시프트 레지스터는 직렬로 입력을 받지만 시프트 된 모든 플립플롭의 데이터 값을 병렬로 출력한다. PISO 시프트 레지스터는 병렬로 모든 플립플롭에서 입력받은 데이터를 시프트하여 1개의 단자를 통해 출력된다. 마지막으로 PIPO 시프트 레지스터는 병렬도 데이터를 입력받아 쉬프트한 후 병렬로 데이터를 출력한다.

그림 5.24는 D 플립플롭을 이용한 4비트 SISO 시프트 레지스터이다. D 단자로 데이터가 입력되며 클럭이 한번 트리거 될 때마다 한 칸씩 오른쪽으로 이동하여 Q 단자를 통해 출력된다. 적은 연결선으로 인해 집적회로로 구현하기 쉬운 장점이 있다.

그림 5.25는 D 플립플롭을 이용한 SIPO 시프트 레지스터이다. 데이터 입력방식은 SISO 시프트 레지스터와 같지만 모든 비트들이 동시에 출력되는 차이가 있다.

데이터가 직렬 수신되는 시스템에서 바이트 또는 워드 단위 데이터 처리가 필요할 때 유용하게 활용할 수 있다. 데이터(바이트 또는 워드 단위)를 다 받을 때까지 매 클럭마다 시프트 레지스터로 데이터를 읽어 들이고, 데이터가 완성되면 병렬로 데이터를 읽어 바이트 또는 워드 단위 처리가 가능하다.

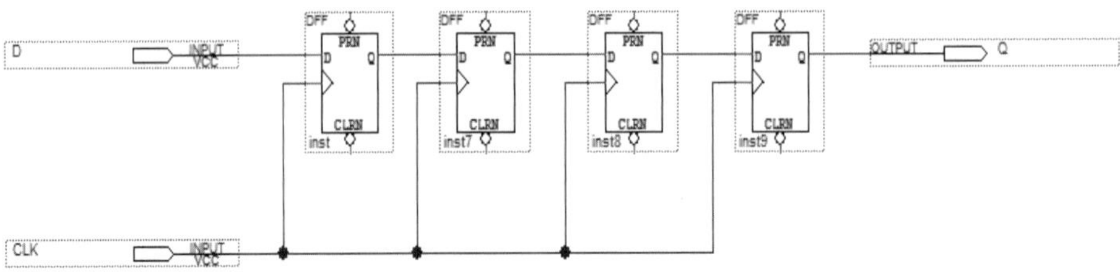

[그림 5.24] 4BIT SISO 시프트 레지스터

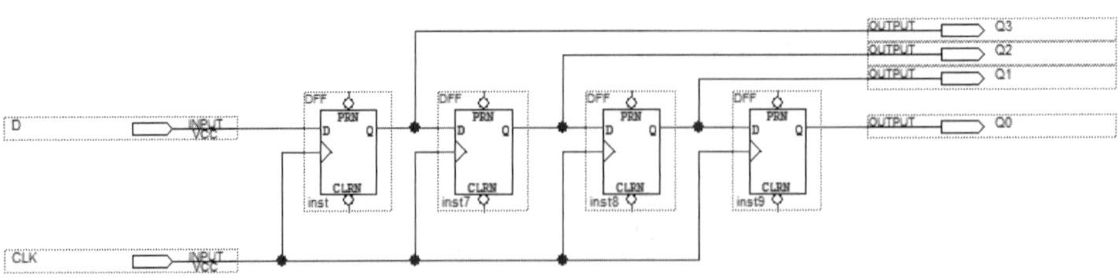

[그림 5.25] 4BIT SIPO 시프트 레지스터

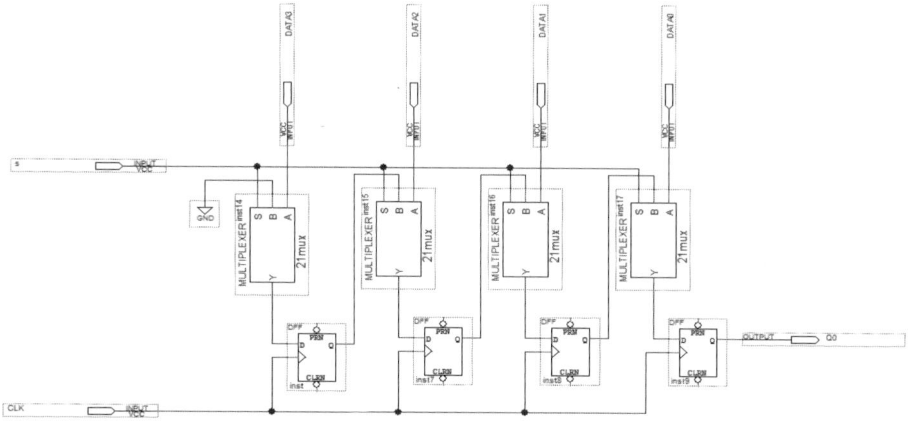

[그림 5.26] 4BIT PISO 시프트 레지스터

그림 5.26은 PISO 시프트 레지스터이다. PISO 시프트 레지스터는 한 워드씩 한꺼번에 레지스터에 적재된다. 다음 데이터가 한번에 하나씩 오른쪽으로 직렬로 나가면서 전송이 시작되는 방법이다. 병렬입력 부분에서는 레지스터에 적재를 한 번에 하기 때문에 각 플립플롭에는 입력선과 적재를 알리는 제어선이 있어야 한다.

그림에서 DATA3~0는 데이터 입력선(워드)이고 S는 회로에 적재를 알리는 제어선이다. 아래의 멀티플렉서는 제어신호 S가 '1'일 때는 A단자 입력되는 신호가 Y로 출력되고, '0'일 때는 B단자 입력신호가 Y로 출력된다. 이때 A단자에는 전송할 워드 데이터를 연결하였고 B단자에는 왼쪽 레지스터의 출력을 연결해주었으므로 제어신호 S가 '1'일 때는 워드 데이터가 입력되며 '0'이 되는 순간부터 입력이 중지되고 클럭 신호에 따라 오른쪽으로 시프트 및 직렬 전송하게 된다.

다음은 위의 그림 5.26의 시뮬레이션 결과 회로이다. 제어신호 S가 1일 때 한꺼번에 입력된 0101 워드가 직렬로 전송되는 것을 확인할 수 있다.

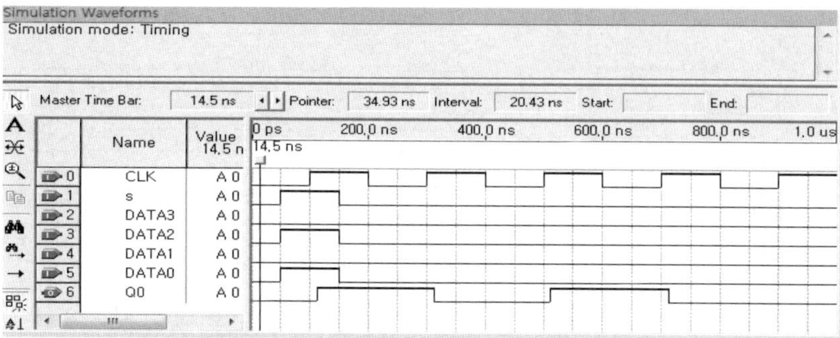

[그림 5.27] 4BIT PISO 시프트 레지스터 시뮬레이션 결과

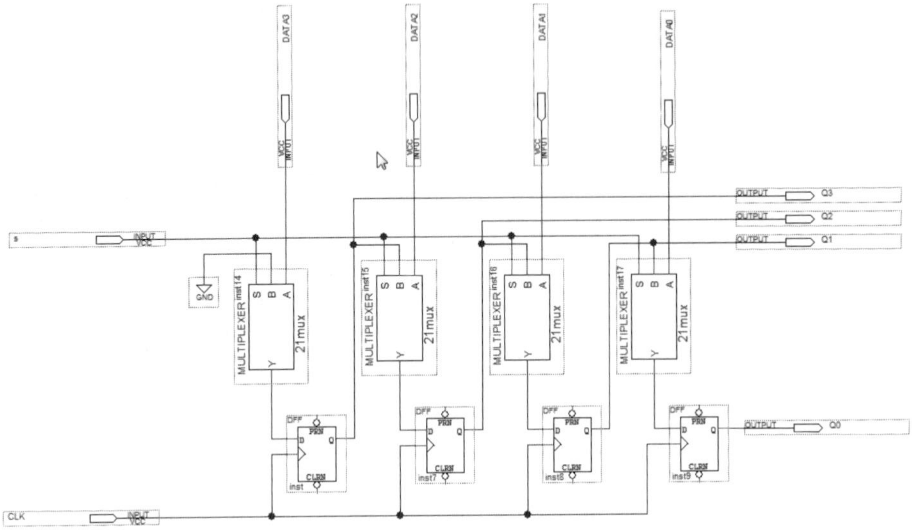

[그림 5.28] 4BIT PIPO 시프트 레지스터

그림 5.28은 4BIT PIPO 시프트 레지스터회로이다. PISO 시프트 레지스터와 같으나 출력을 직렬이 아니라 병렬로 뺀 것만 다르다. 따라서 모든 플립플롭의 시프트 된 값을 확인할 수 있다.

그림 5.29는 위의 4BIT PIPO 시프트 레지스터 시뮬레이션 결과이다. 입력된 0101이 시프트 되어 출력으로 나가고 없어지는 것을 확인할 수 있다. Q0 값이 PISO 시프트 레지스터의 직렬출력 값이다.

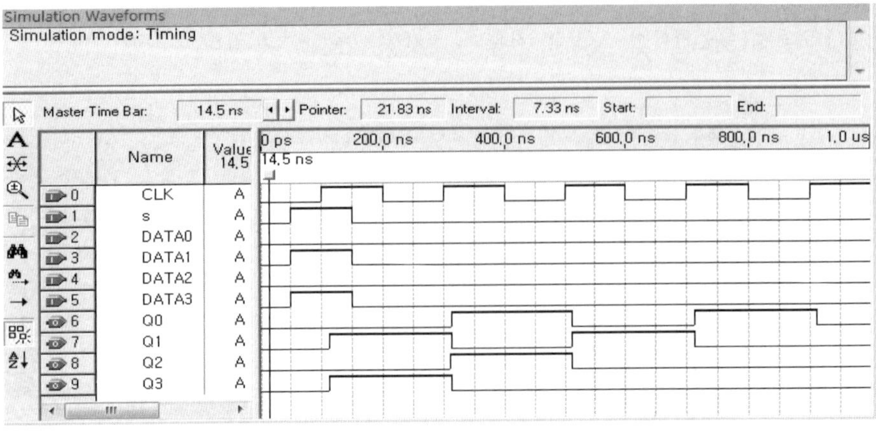

[그림 5.29] 4BIT PIPO 시프트 레지스터 시뮬레이션 결과

3.2 시프트 레지스터 응용

본 절에서는 시프트 레지스터의 응용회로인 링카운터와 존슨카운터를 살펴본다.

먼저 링카운터는 SISO 시프트 레지스터의 최종출력을 입력에 궤환시킨 회로이다. 별도의 입력단자 D가 없으므로 플립플롭의 프리셋과 클리어 단자를 이용해 초기상태를 지정해준다. 그림 5.30은 4 BIT 링카운터의 회로이다.

앞서 프리셋과 클리어 단자는 ACTIVE LOW 단자로 '1'일 때 원래의 플립플롭 역할을 하며 LOW 되는 순간 활성화(프리셋=1, 클리어=0) 된다는 것을 배웠다. 위 회로의 PRE/CLR 단자를 보면 첫 번째 플립플롭만 프리셋에 연결하고 나머지 플립플롭은 클리어 단자에 연결한 것을 볼 수 있다. 따라서 LOW되는 순간 첫 번째 플립플롭만 '1'이 되고 나머지 플립플롭은 0이 되어 이 값이 계속 쉬프트 된다. 아래 그림은 4BIT 링카운터 시뮬레이션 결과이다.

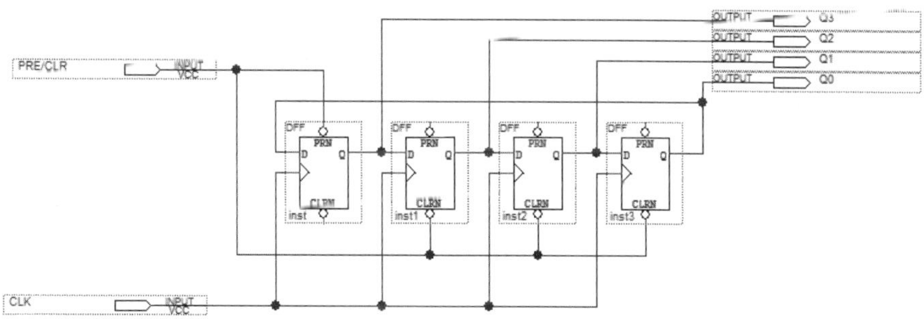

[그림 5.30] 4BIT 링카운터

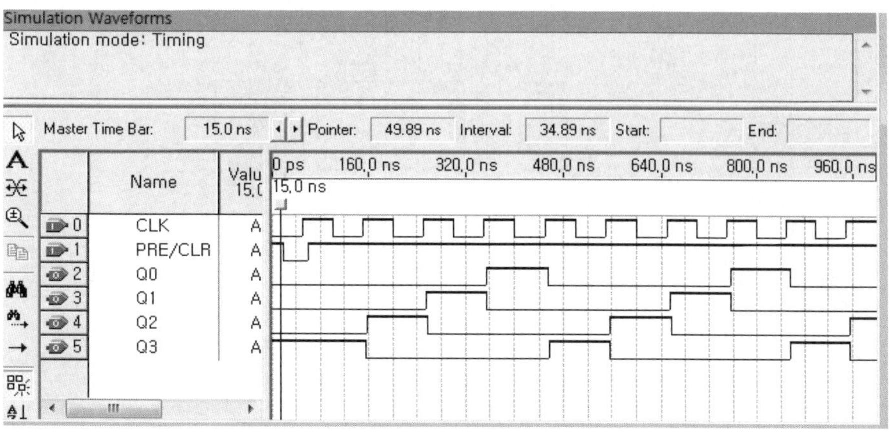

[그림 5.31] 4BIT 링카운터 시뮬레이션 결과

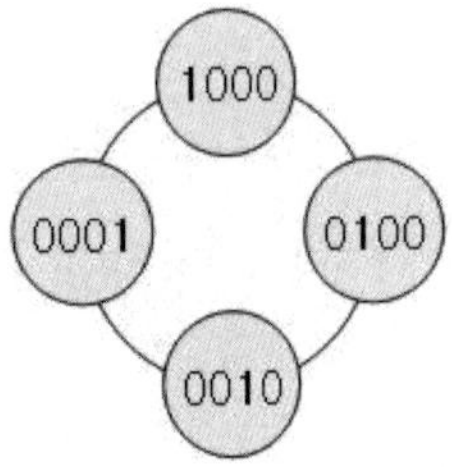

Clock	Q3	Q2	Q1	Q0
0	1	0	0	0
1	0	1	0	0
2	0	0	1	0
3	0	0	0	1

[그림 5.32]링카운터의 상태도 및 상태표

4 BIT 링카운터는 그림 5.32의 상태도와 같이 4개 2진수가 반복적으로 나타난다. 이 회로를 4개(또는 N개)의 숫자를 순서대로 카운트 한다는 의미에서 시프트 레지스터가 아닌 링카운터라고 부른다.

다음으로 그림 5.33는 링카운터를 약간 변형한 존슨 카운터(Johnson counter) 회로이다. 존슨 카운터는 동일한 수의 플립플롭을 가지고 링카운터의 2배수 상태 표현을 나타내기 위하여 사용되는 회로로 시프트 레지스터의 최종 보수 출력을 입력에 궤환시켰다. 모양이 링카운터의 마지막 단에서 출력을 끄집어내어 첫 단의 입력과 엇갈리게 결합시켜 놓은 모양이라 트위스트 링카운터(twisted-ring counter)라고도 한다. 존슨 카운터는 출력의 보수를 궤환시키기 때문에-출력 Q가 0이면 1, 출력 Q가 1이면 0으로 자동으로 바뀌기 때문에- 초기 저장값을 따로 지정해 줄 필요가 없다.

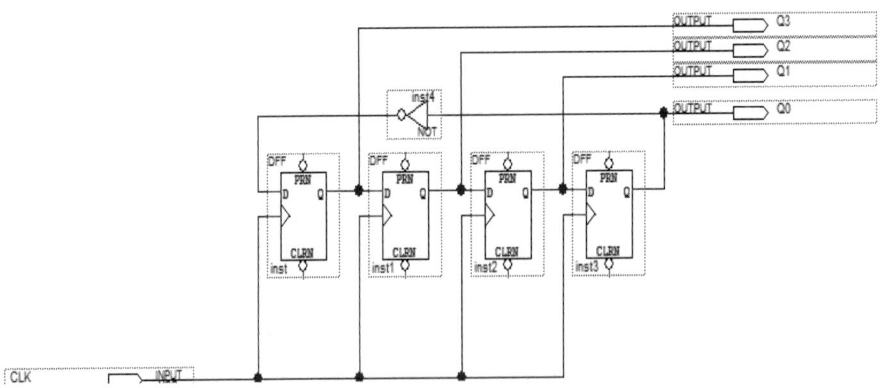

[그림 5.33] 존슨 카운터 회로도

그림 5.34는 존슨 카운터의 시뮬레이션 결과이다.

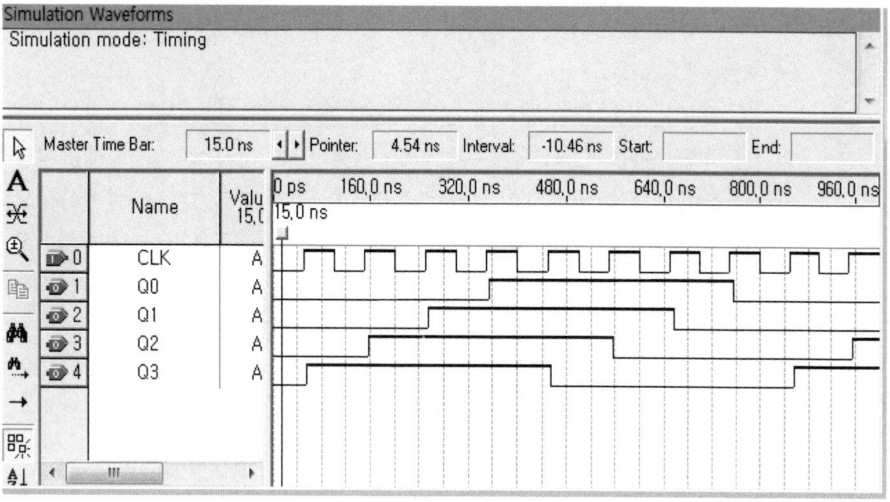

[그림 5.34] 존슨 카운터 시뮬레이션 결과

여기서 관심을 가져야 할 부분은 링카운터는 4개 플립플롭을 가지고 4가지의 상태밖에 나타낼 수 없었지만 존슨카운터는 그림 5.35과 같이 4가지 플립플롭으로 8개의 상태 표현이 가능하다는 점이다. N개의 플립플롭으로 2×N가지의 상태를 순차적으로 나타낼 수가 있기 때문에 링카운터에 비해서 2배의 출력을 가진다.

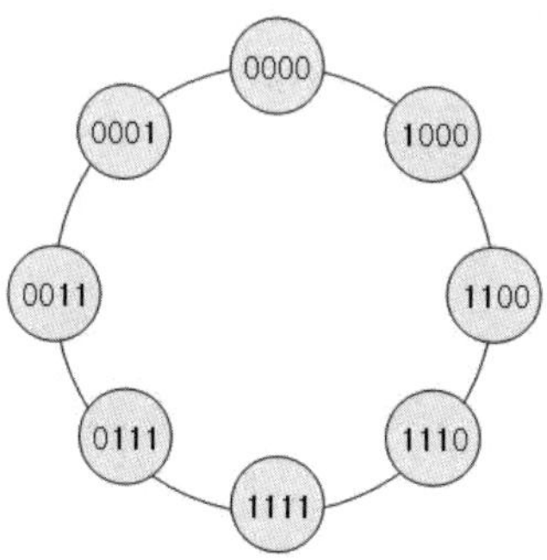

Clock	Q3	Q2	Q1	Q0
0	0	0	0	0
1	1	0	0	0
2	1	1	0	0
3	1	1	1	0
4	1	1	1	1
5	1	1	1	1
6	0	1	1	1
7	0	0	1	1
8	0	0	0	1

[그림 5.35] 카운터의 진리표

연습문제

1. JK 플립플롭을 이용하여 4비트 SISO 쉬프트 레지스터를 설계하시오.
2. JK 플립플롭을 이용하여 4비트 SIPO 쉬프트 레지스터를 설계하시오.
3. JK 플립플롭을 이용하여 4비트 PISO 쉬프트 레지스터를 설계하시오.
4. JK 플립플롭을 이용하여 4비트 PIPO 쉬프트 레지스터를 설계하시오.
5. JK 플립플롭을 이용하여 4비트 링카운터를 설계하시오.
6. JK 플립플롭을 이용하여 4비트 존슨 카운터를 설계하시오.
7. D 플립플롭을 이용하여 SISO 8비트 쉬프트 레지스터를 설계하시오.
8. SR 플립플롭을 이용하여 SISO 8비트 쉬프트 레지스터를 설계하시오.
9. SR 플립플롭을 이용하여 4비트 링카운터를 설계하시오.
10. SR 플립플롭을 이용하여 4비트 존슨카운터를 설계하시오.

3.3 Quartus II 및 TTL IC를 이용한 회로 설계

1) 사용 장비 및 부품

-. Schematic, Simulation : PC, ALTERA QUARTUS II

-. TTL-IC를 이용한 실험 : 전원공급기, 브레드보드, IC 7400, IC 7402, IC 7486

2) Quartus II를 이용한 Schematic 설계

-. 다음 회로도를 Quartus II를 이용하여 Schematic 설계하고 결과를 확인한다.

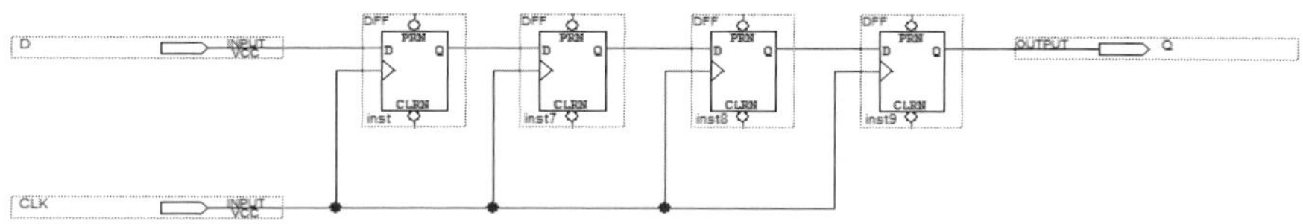

(a) 4비트 SISO 시프트 레지스터

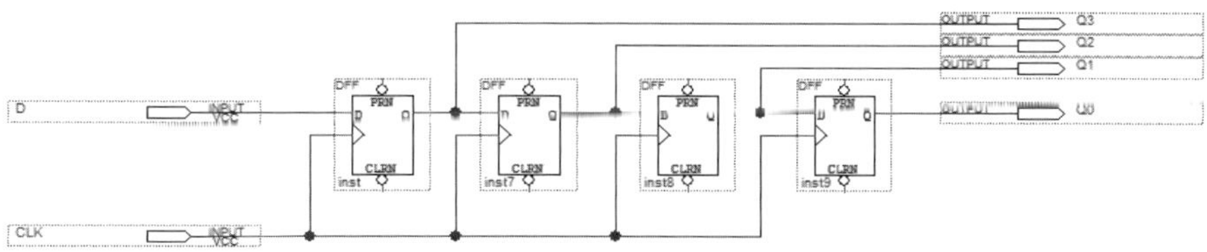

(b) 4비트 SIPO 시프트 레지스터

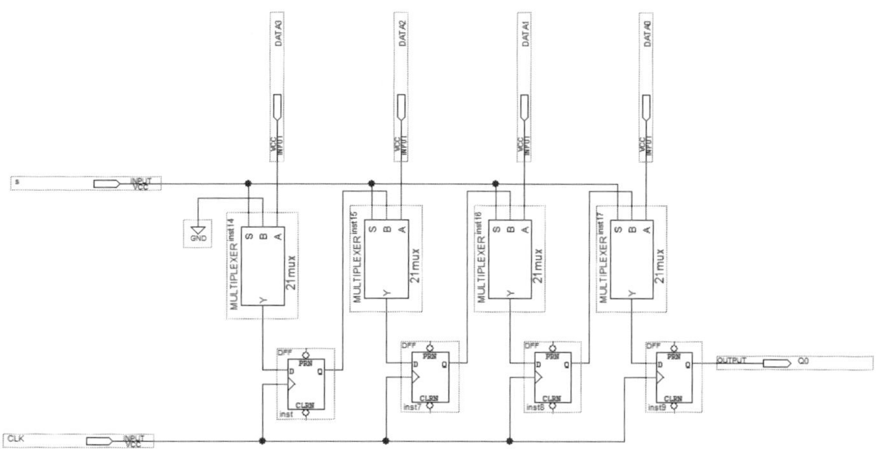

(c) 4비트 PISO 시프트 레지스터

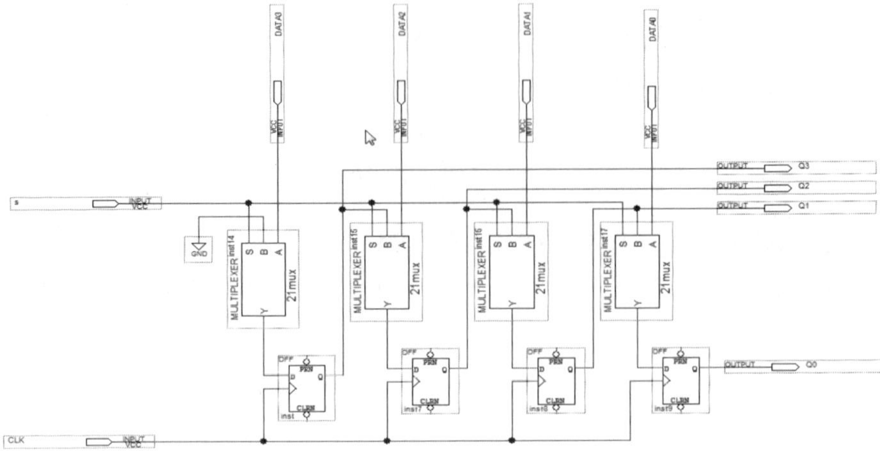

(d) 4비트 PIPO 시프트 레지스터

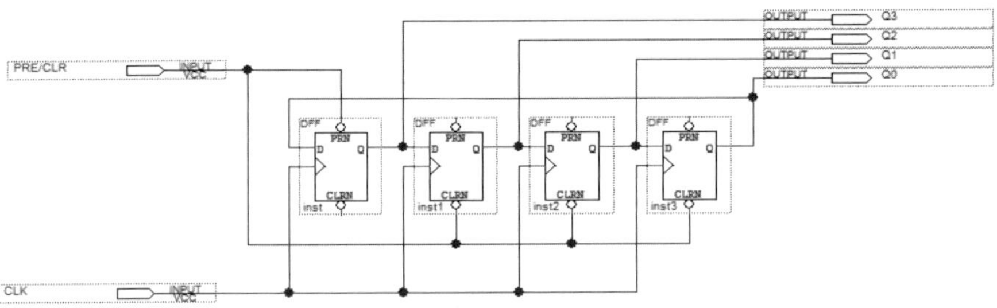

(e) 4비트 링카운터

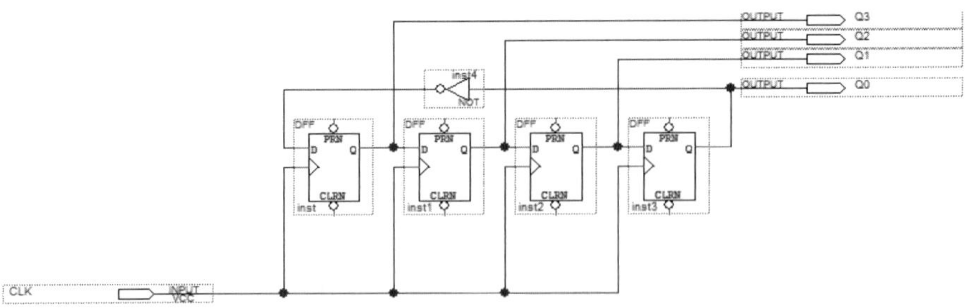

(f) 4비트 존슨 카운터

[그림 5.36] 실험 회로도

3) TTL IC를 이용한 설계

-. TTL IC를 이용하여 그림 5.36의 (a)~(d) 회로를 브레드보드에 구현하고 결과를 확인한다. 입력은 토글스위치를 사용하며 결과는 LED로 확인한다. 다음은 IC 7404, IC 7408, IC 7486, IC 7432, IC 744075의 핀 번호이다.

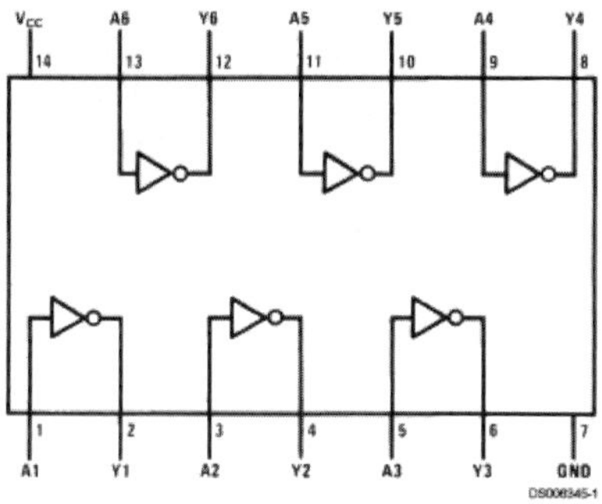

IC 7404

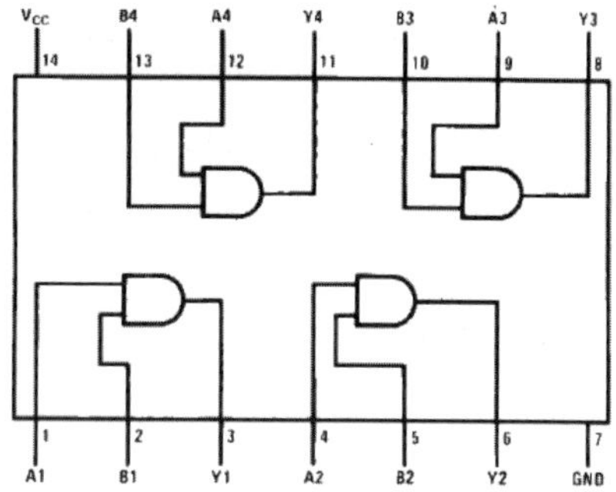

IC 7408

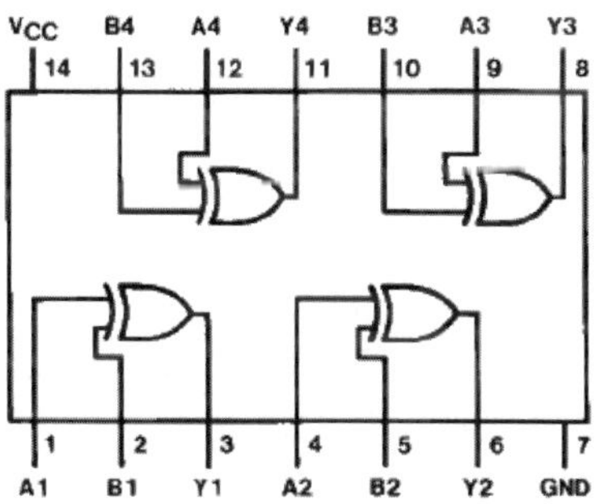

IC 7486

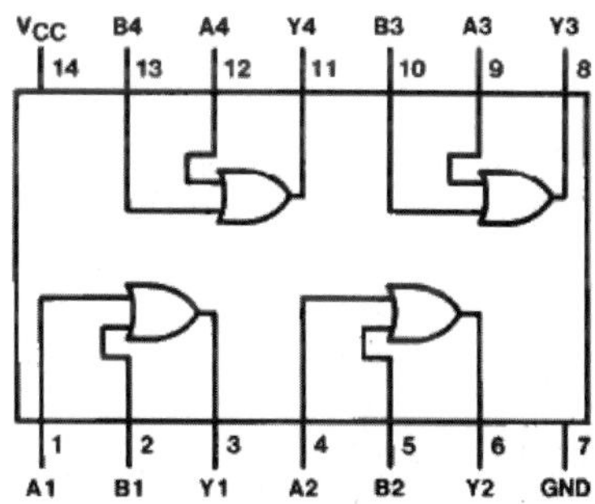

IC7432

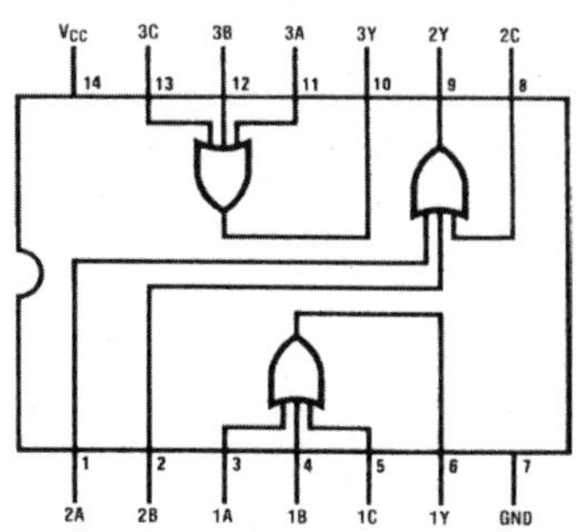

IC 744075

4) 실험 결과

-. QUARTUS II의 Waveform Editor를 이용하여 결과를 확인한다.

-. TTL IC를 이용하여 회로를 구성하고 LED로 결과를 확인한다.

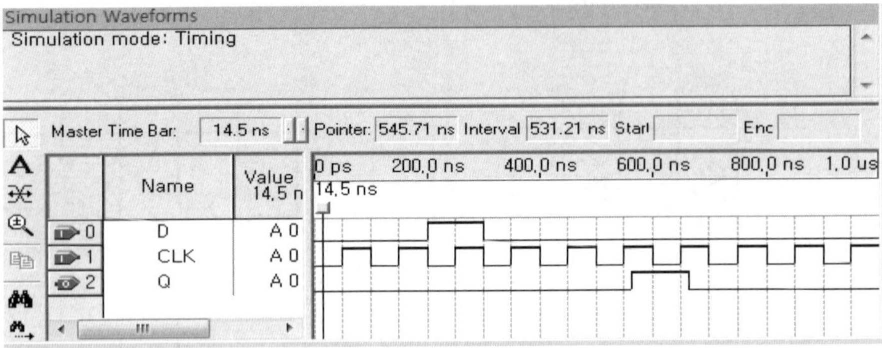

(a) 4비트 SISO 시프트 레지스터

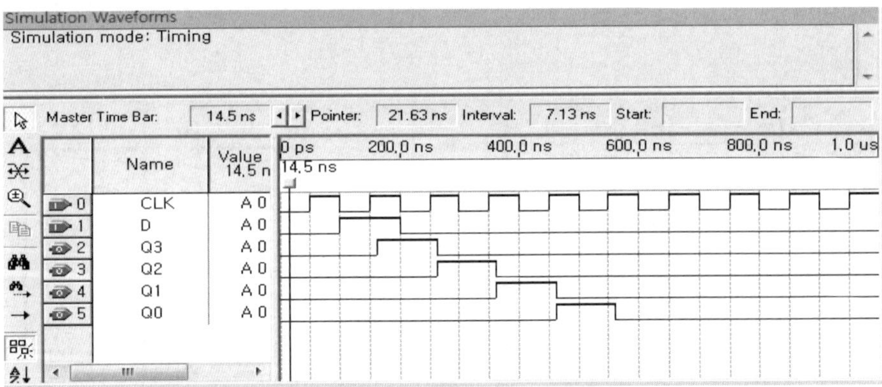

(b) 4비트 SIPO 시프트 레지스터

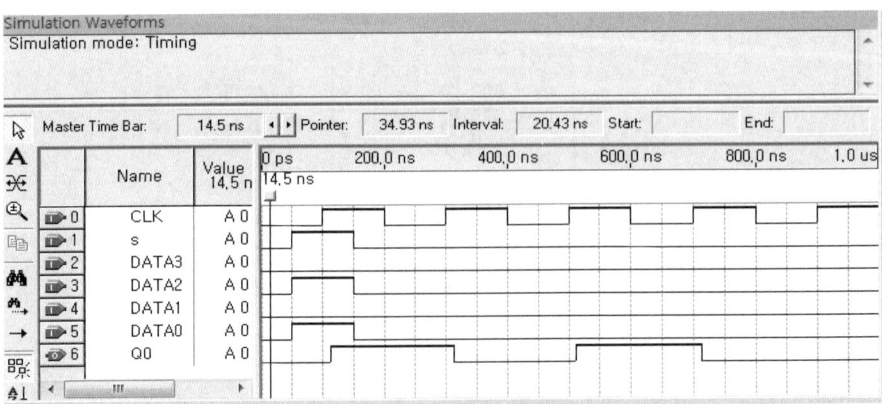

(c) 4비트 PISO 시프트 레지스터

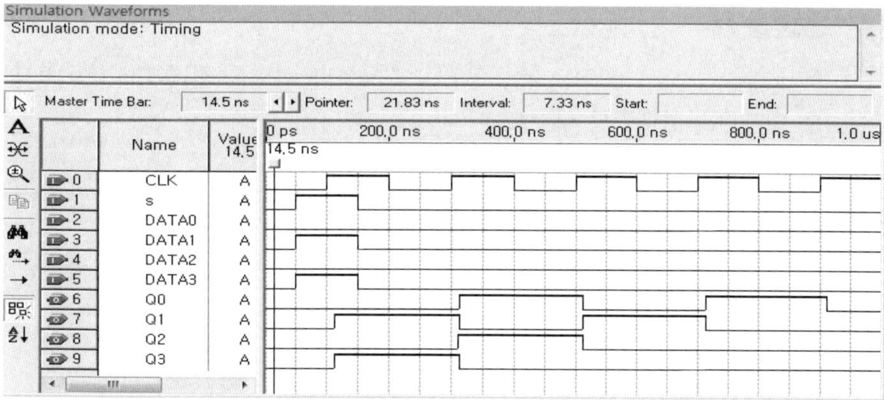

(d) 4비트 PIPO 시프트 레지스터

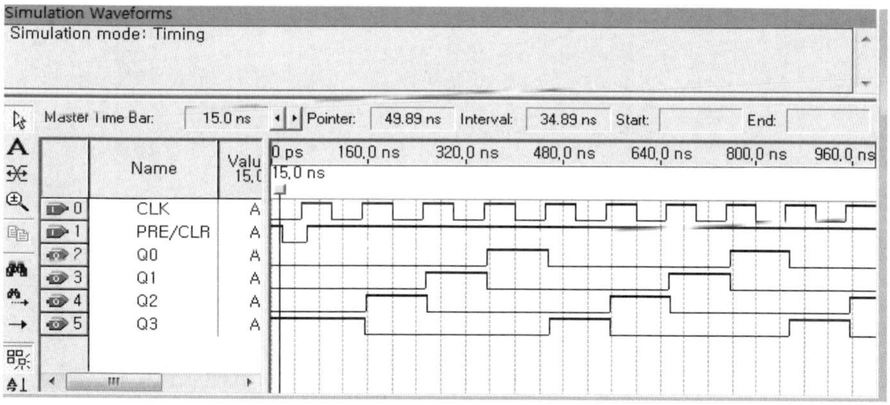

(e) 4비트 링카운터

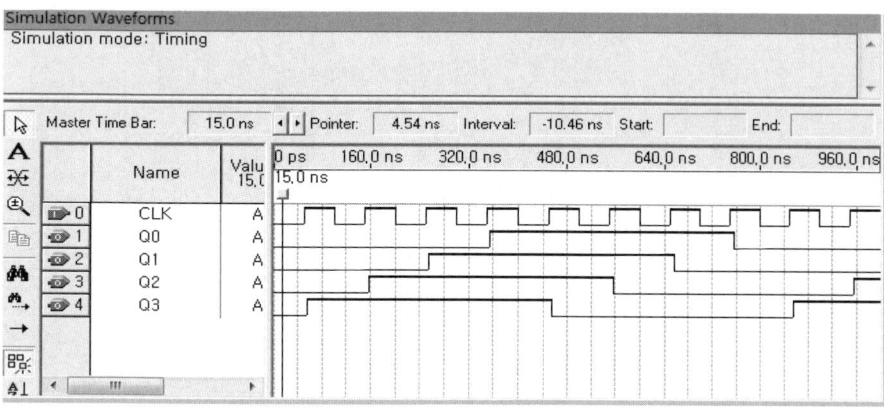

(f) 4비트 존슨 카운터

연습문제

초기상태 “11000000”을 갖는 8 BIT 링카운터 회로를 설계하고 QUARTUS II를 이용해 시뮬레이션 하시오.

SECTION 4. 비동기식 카운터 설계

카운터(counter)란 입력펄스가 가해짐에 따라 정해진 순서에 따라서 상태값이 바뀌는 특수한 레지스터를 말한다. 카운터의 종류는 플립플롭의 트리거 방식에 따라 동기식 카운터와 비동기식 카운터의 2가지 종류로 나눌 수 있다. 동기식 카운터는 나열된 플립플롭들이 클럭펄스에 의해 동기화된 카운터로 병렬 카운터라고도 불리우며, 비동기식 카운터는 클럭이 동기화되지 않고 앞에 있는 플립플롭의 출력이 뒤에 있는 플립플롭을 트리거 시키는 카운터로 리플카운터 또는 직렬카운터라고 부른다. 본섹션에서는 비동기식 카운터에 대해 살펴본다.

4.1 비동기식 카운터

비동기식 카운터는 클럭을 하나의 선으로 동기되지 않은 카운터로 전단 플립플롭의 출력이 후단 플립플롭의 클록에 연결되어 있다. 즉, 클럭은 첫 번째 플립플롭으로만 들어가며 두 번째 플립플롭은 첫 번째 플립플롭의 출력 Q가 트리거 시켜주게 된다. 마찬가지로 뒤단의 모든 플립플롭들은 앞단의 출력이 트리거 시켜준다. 비동기식 카운터는 동기식카운터에 비해 설계가 간단한 장점이 있으나 지연시간(delay time)이 길어지고 랜덤카운터를 만들 수 없는 단점이 있다.

1) 비동기식 Count up 카운터

그림 5.37은 비동기식 Count up 카운터의 상태 천이를 나타내는 상태도이다.

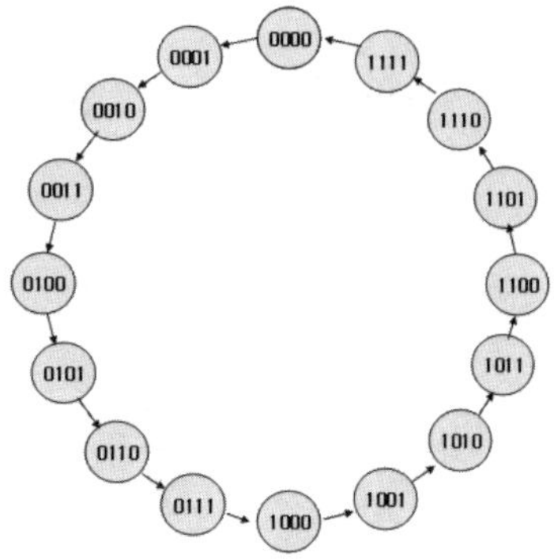

[그림 5.37] 비동기식 Count up 카운터 순서도

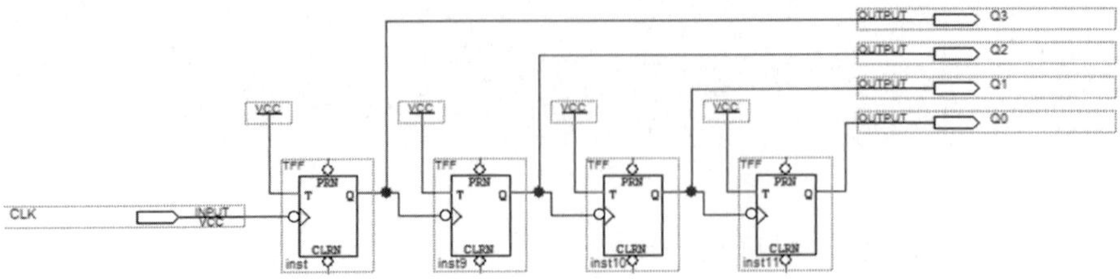

[그림 5.38] 4비트 비동기식 Count up 카운터 회로

그림 5.38는 위의 상태도를 바탕으로 T 플립플롭을 이용해 만든 비동기식 Count up 카운터 회로로 이진수 0000 (0)~1111 (15)까지를 셀 수 있다. 플립플롭 1개당 '0' 또는 '1'의 1비트를 저장할 수 있으므로 16개의 숫자를 세기 위해선 2n개, 즉 4개의 플립플롭이 있어야한다. 만약 플립플롭이 2개라면 00~11까지 4개의 숫자를 셀 수 있다. 그림 5.38의 플립플롭들은 모두 하강에지에 동작하는 플립플롭이며 T 입력은 모두 1을 주었고, 메인 클럭은 첫 번째 플립플롭으로만 들어간다. 전원을 넣은 초기상태 "0000"에서 왼쪽 첫 번째 T 플립플롭의 메인 클록(외부 클럭)이 하강에지를 만나게 되면 출력은 토글하여 0->1(상승에지)로 바뀌게 된다. 이 출력이 다음 단의 클럭에 연결되어 있으므로 전단의 출력 0->1(상승에지)되는 동작은 두 번째 플립플롭에 아무런 영향(∵ 하강에지 동작하는 플립플롭이므로)을 미치지 않는다. 두 번째 플립플롭의 상태가 변화하지 않았다는 것은 세 번째, 네 번째 플립플롭도 당연히 변화가 없다는 것이며, 이 값을 오른쪽부터 읽으면 "0001"로 1 증가된 값이 카운트 된 것을 확인할 수 있다. 다음번 메인 클럭의 하강에지에는 첫 번째 플립플롭이 1->0으로 토글하여 두 번째 플립플롭의 클럭에 하강에지가 들어간다. 하강에지에 동작하는 플립플롭에 하강에지가 들어갔으므로 두 번째 플립플롭도 토글하게 되어 출력이 0->1로 변화하며 오른쪽부터 읽으면 "0010"이 저장된다. 이후 과정도 이와 같은 방법으로 계산하면 된다

위의 회로를 QUARTUS II를 이용해 시뮬레이션 할 때는 "7476a" 심볼의 JK 입력을 묶어 T 플립플롭으로 사용해야한다. PRIMITIVES 라이브러리에 있는 TFF, JKFF는 하강에지에 동작하는 플립플롭이 없다(위의 1.39회로는 설명을 쉽게 하기 위해 심볼을 직접 만듦). 그림 5.39는 "7476a" 심볼을 이용해 4비트 비동기식 Count up 카운터 회로이다. "7476a"는 표준 TTL IC 명칭으로 하강에지에 동작하는 JK 플립플롭을 의미하며 1개의 칩에 2개의 플립플롭이 들어있어 어느것을 사용해도 무방하며 모두 사용해도 된다. "7476"은 상승에지에 동작하는 JK 플립플롭의 명칭이다. "7476a"의 심볼을 보면 1CLKn, 2CLKn 단자가 있는데 CLK 뒤에 n이 붙은 것은 Negative edge에 동작하는 플립플롭을 의미한다. 1QN, 2GN 단자 뒤의 N은 NOT의 의미로 1Q', 2Q'로 나타낸다.

※ 또한 아래 회로에서는 선연결이 다소 복잡하여 노드명 지정을 통해 회로를 구성하였다. 1Q, 2Q, 3Q, 4Q 부분과 같이 선을 조금 뺀 후 선이 클릭된 상태에서 마우스 오른쪽 버튼을 눌러 서브메뉴 중 properties를 클릭하여 name 부분에 노드명을 넣어주면 된다. 같은 노드명이 들어간 선들은 직접 선을 연결하지 않아도 컴파일 과정에서 자동으로 연결된다. 이와 같은 방법을 이용하면 복잡한 회로도 쉽게 그릴 수 있다. 그림 5.40에 자세한 방법이 설명되어 있다.

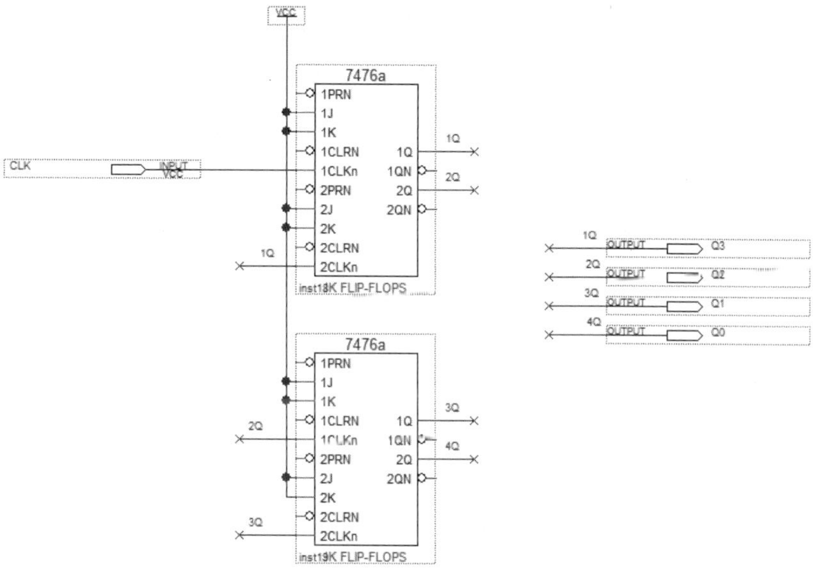

[그림 5.39] 7476A를 이용한 4비트 비동기식 Count up 카운터 회로

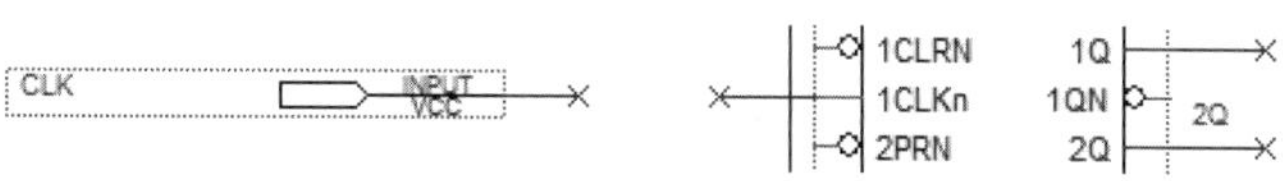

(a) 연결할 두 선을 조금씩 뺀다

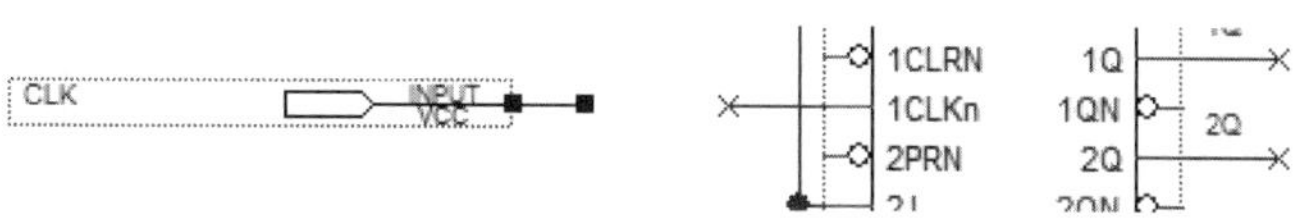

(b) 선을 클릭한다

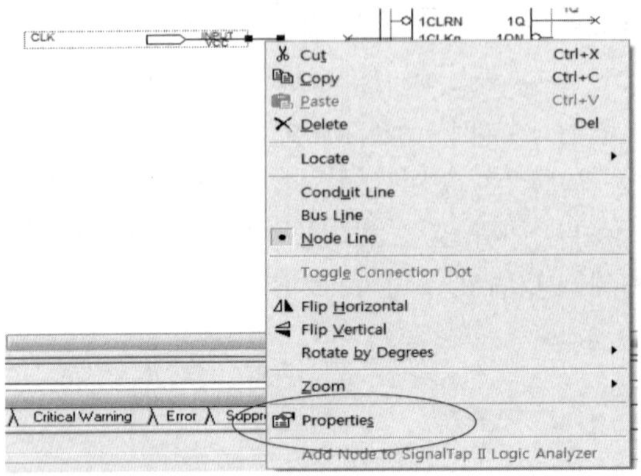

(c) 마우스 오른쪽 버튼을 눌러 Properties를 클릭한다

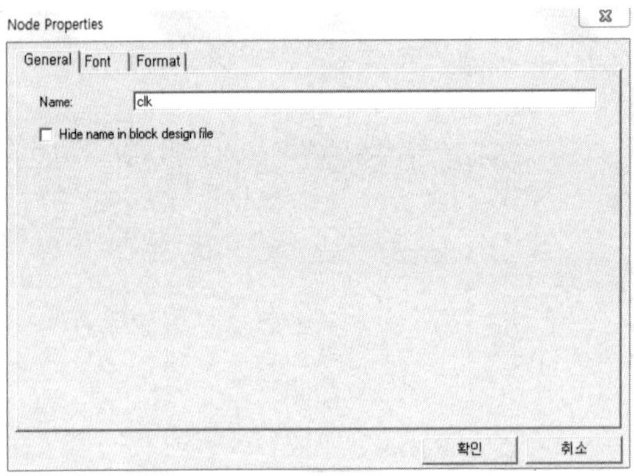

(d) 노드명을 입력한다

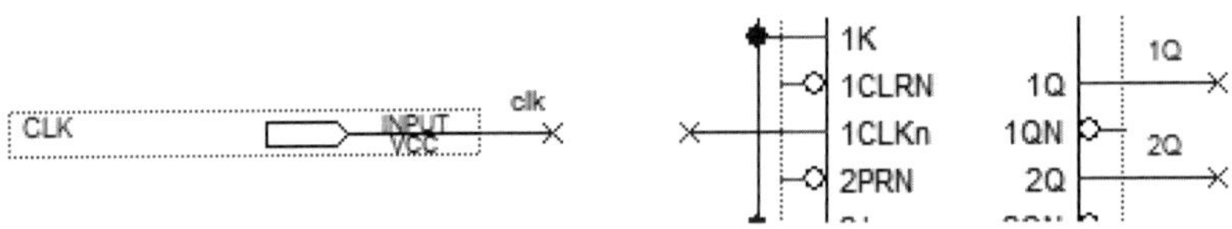

(e) 입력된 화면

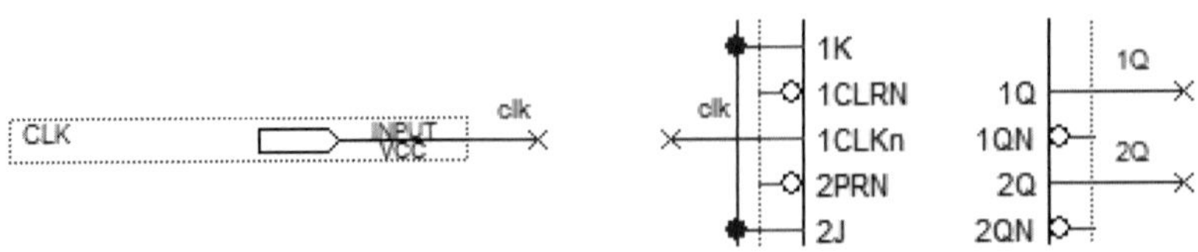

(f) 연결할 노드명도 같은 이름으로 입력한다

[그림 5.40] 노드명 지정을 통한 선연결

다음은 4비트 비동기식 Count up 카운터의 시뮬레이션 결과이다.

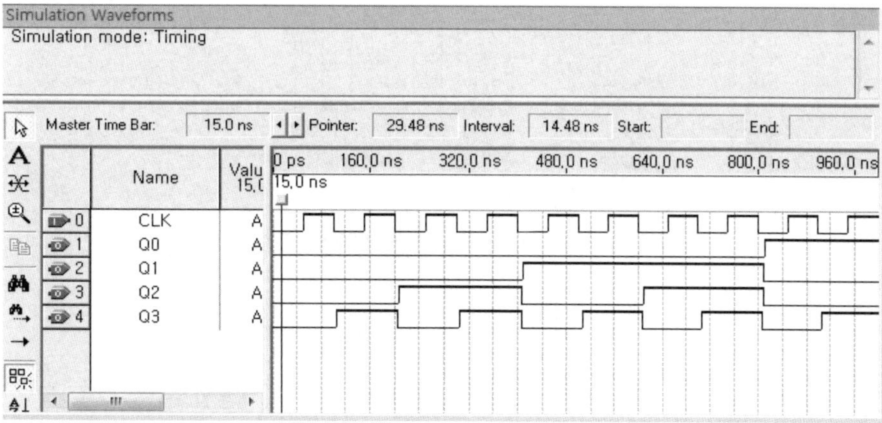

[그림 5.41] 시뮬레이션 결과

2) 비동기식 Count down 카운터

다음은 비동기식 Count down 카운터의 상태도이다. 높은 수부터 낮은 수로 카운트 다운하는 상태를 갖는다.

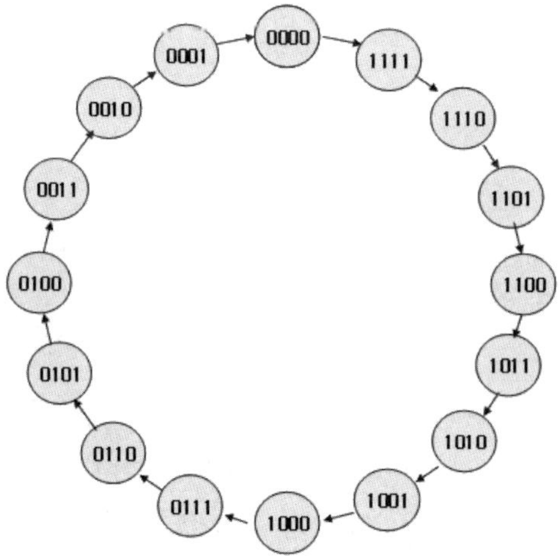

[그림 5.42] 비동기식 Count down 카운터 상태도

비동기식 Count up 카운터가 Negative edge triggered FF을 사용한 반면, Count down 카운터는 Positive edge triggered FF을 사용함으로써 간단하게 설계할 수 있다. 초기상태 "0000"에서 시작하여 첫 번째 메인클럭의 상승에지를 만나면 모든 플립플롭이 "1111"로 바뀌며, 이후 "1110, 1101, 1100.."의 순으로 다운 카운트한다.

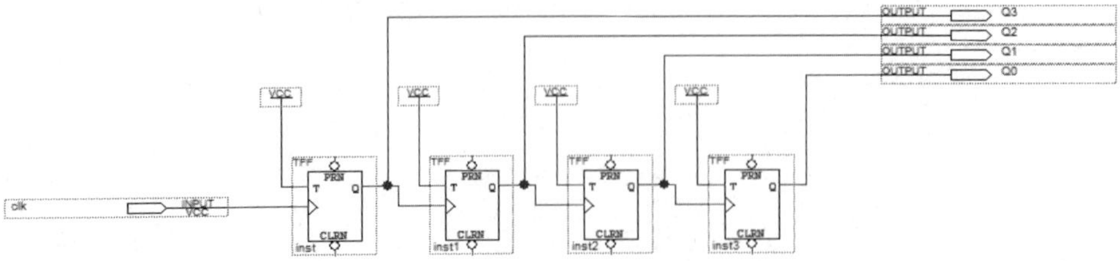

[그림 5.43] 비동기식 Count down 카운터

다음은 시뮬레이션 결과이다.

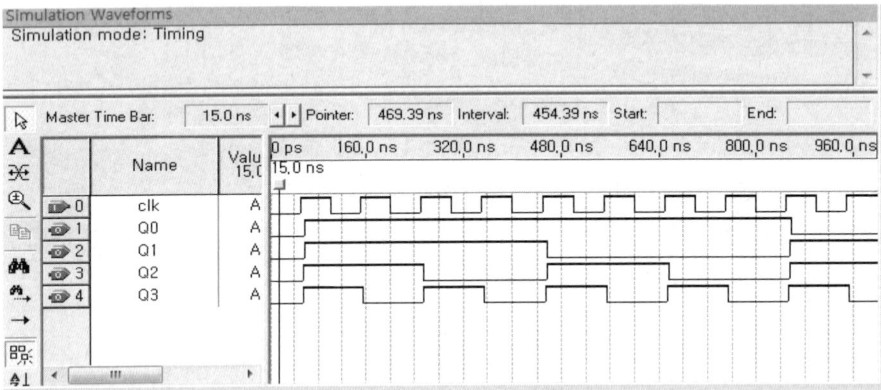

[그림 5.44] 비동기식 Count down 카운터의 시뮬레이션 결과

3) 임의의 수까지만 세는 비동기식 카운터

비동기식 Count up 카운터와 Count down 카운터를 이용해서 임의의 숫자까지만 세는 카운터를 설계할 수가 있다. 임의의 숫자를 세는 비동기식 카운터 설계에 대해 알아보자.

임의의 숫자를 세는 카운터는 NAND게이트와 클리어단자를 이용해서 설계할 수 있다. 예를 들어 비동기식 10진 UP 카운터는 "0000"~"1001" 까지 총 10개의 숫자만을 카운트해야 한다. 앞서 그림 5.38에 설계된 카운터는 0000~1111까지 모든 숫자를 카운트 하므로 1001까지만 카운트하기 위해서는 1010이 되는 순간에 플립플롭을 "0000"으로 초기화시킬 필요가 있다. 먼저 각 플립플롭의 출력을 NAND게이트의 입력에 연결하되 "1010"의 '0'위치 플립플롭 출력(회로에서 읽을 때는 오른쪽부터 읽으므로 오른쪽에서 두 번째, 네 번째 플립플롭)에만 NOT게이트를 넣어 NAND 게이트의 입력에 연결해준다. 다음으로 NAND 게이트 출력을 모든 플립플롭의 클리어 단자에 연결해주면 NAND의 모든 입력이 1이 되는 순간 NAND 게이트 출력이 0이 나와 플립플롭이 "0000"으로 초기화된다. NAND 게이트의 진리표, 프리셋-클리어 단자의 특성을 연관 지어 생각하면 이해가 쉽다.

다음은 비동기식 10진 카운터의 상태도이다.

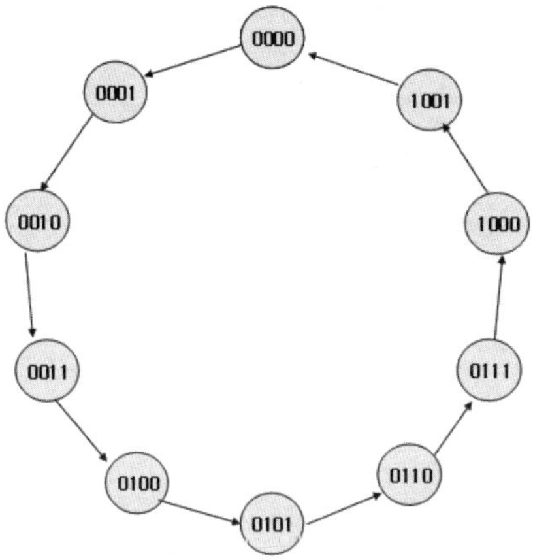

[그림 5.45] 비동기식 10진 카운터 상태도

다음은 비동기식 10진 카운터의 회로도이다. 아래 회로를 시뮬레이션 할 때는 "7476a" 심볼을 이용하자.

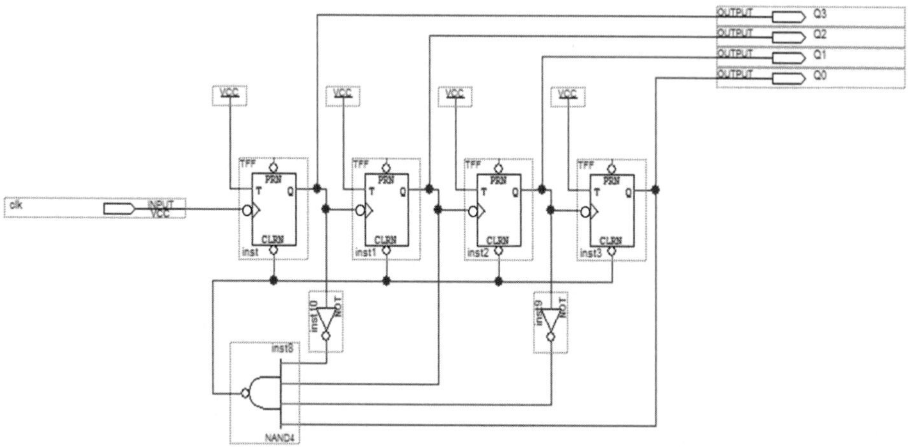

[그림 5.46] 비동기식 10진 COUNT UP 카운터

다음은 시뮬레이션 결과이다.

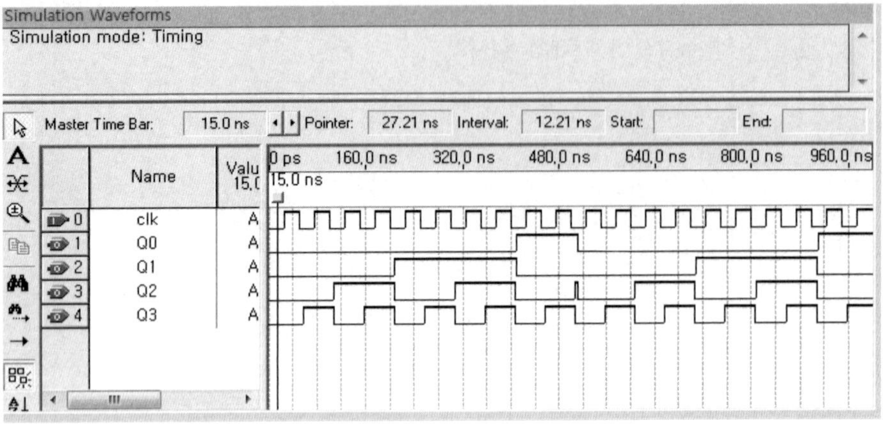

[그림 5.47] 시뮬레이션 결과

연습문제

1. JK 플립플롭을 이용하여 5bit 비동기식 COUNT UP 카운터를 설계하시오.
2. JK 플립플롭을 이용하여 5bit 비동기식 COUNT DOWN 카운터를 설계하시오.
3. T 플립플롭을 이용하여 비동기식 4진 COUNT UP 카운터(0~3)를 설계하시오.
4. T 플립플롭을 이용하여 비동기식 7진 COUNT UP 카운터(0~6)를 설계하시오.
5. JK 플립플롭을 이용하여 비동기식 13진 COUNT UP 카운터(0~8)를 설계하시오.

4.2 Quartus II 및 TTL IC를 이용한 회로 설계

1) 사용 장비 및 부품

-. Schematic, Simulation : PC, ALTERA QUARTUS II

-. TTL-IC를 이용한 실험 : 전원공급기, 브레드보드, IC 7400, IC 7402, IC 7486

2) Quartus II를 이용한 Schematic 설계

-. 다음 회로도를 Quartus II를 이용하여 Schematic 설계하고 결과를 확인한다.

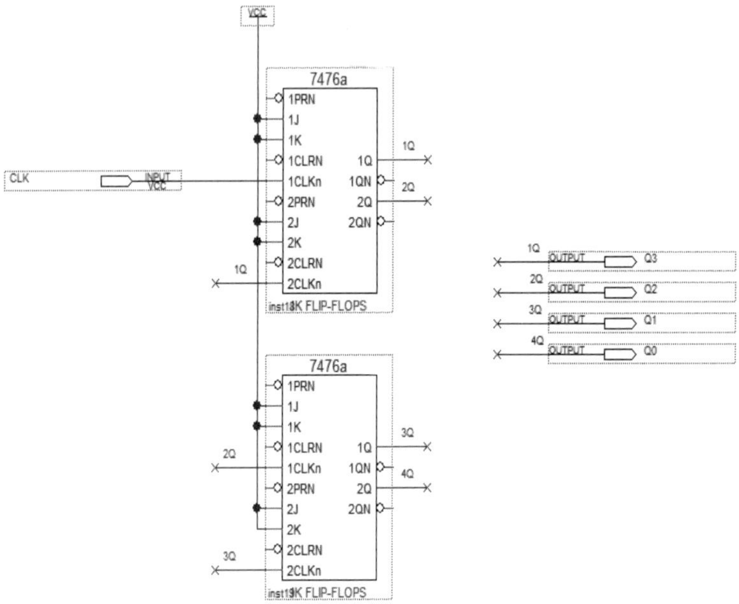

(a) 7476A를 이용한 4비트 비동기식 Count up 카운터 회로

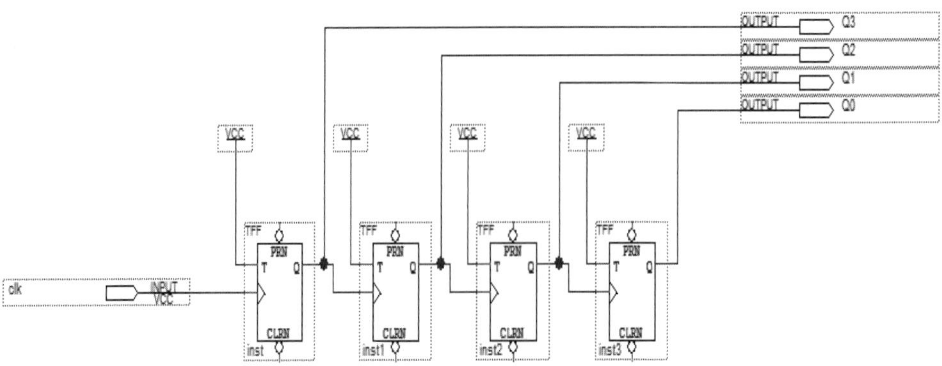

(b) 4비트 비동기식 Count down 카운터 회로

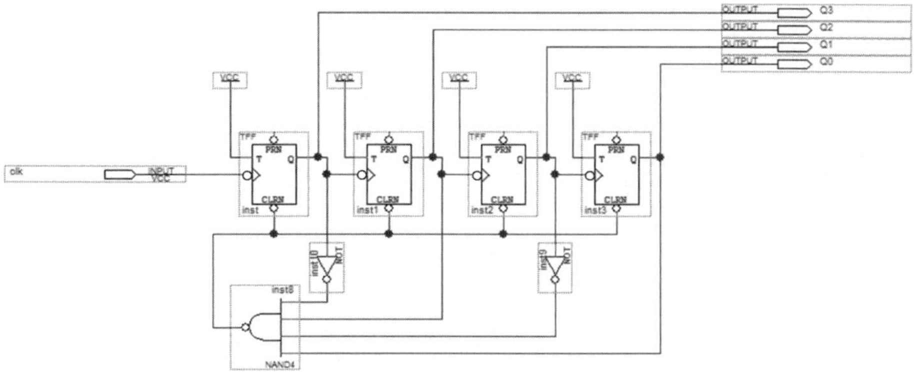

(c) 4비트 비동기식 10진 Count up 카운터 회로(7476A를 이용해 설계)

[그림 5.48] 실험 회로도

3) TTL IC를 이용한 설계

-. TTL IC를 이용하여 그림 5.48의 (a)~(c) 회로를 브레드보드에 구현하고 결과를 확인한다. 입력은 토글스위치를 사용하며 결과는 LED로 확인한다. 다음은 IC 7404, IC 7408, IC 7486, IC 7432, IC 744075의 핀 번호이다.

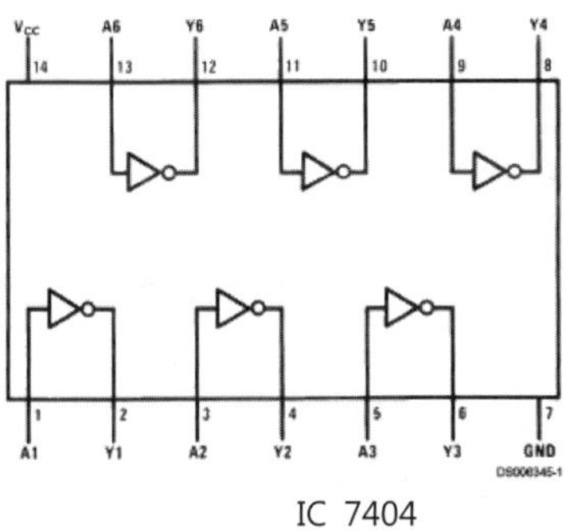

IC 7404

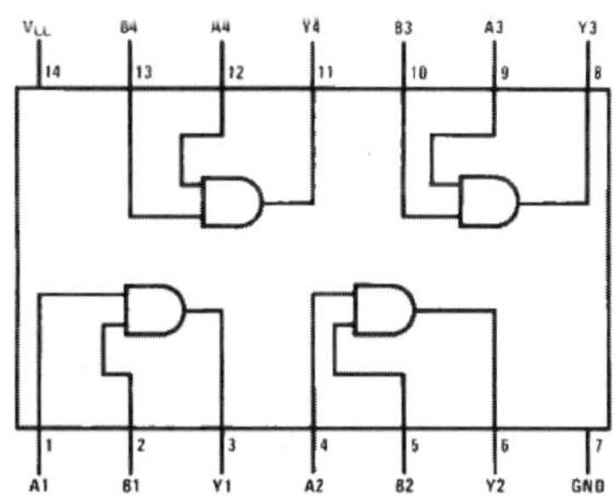

IC 7408

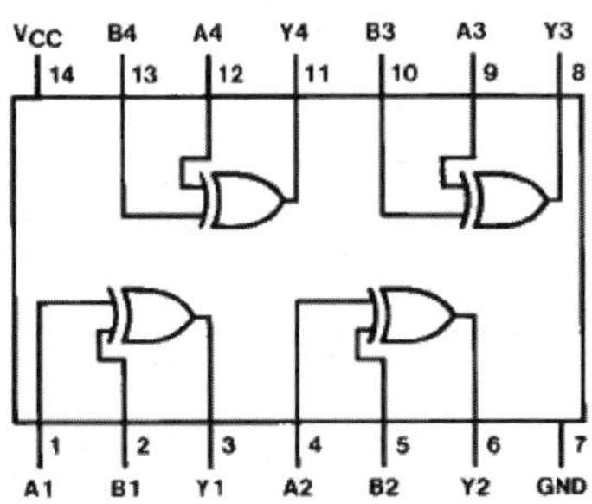

IC 7486

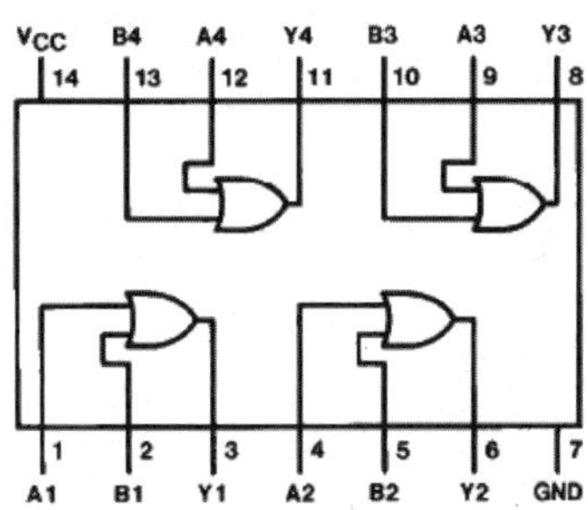

IC7432

4) 실험 결과

-. QUARTUS II의 Waveform Editor를 이용하여 결과를 확인한다.

-. TTL IC를 이용하여 회로를 구성하고 LED로 결과를 확인한다.

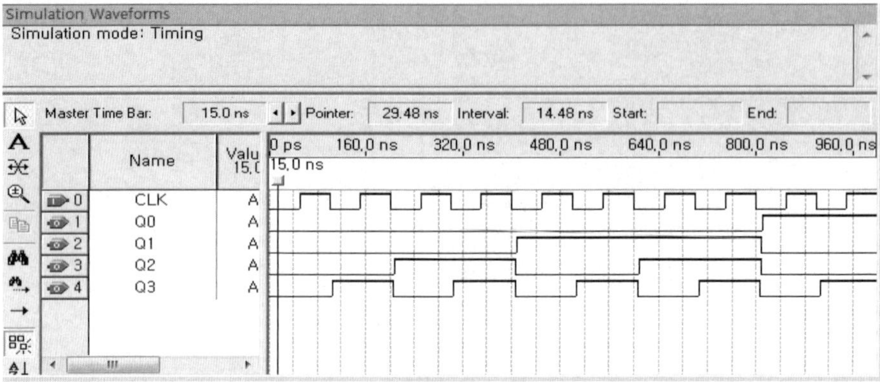

(a) 7476A를 이용한 4비트 비동기식 Count up 카운터 회로

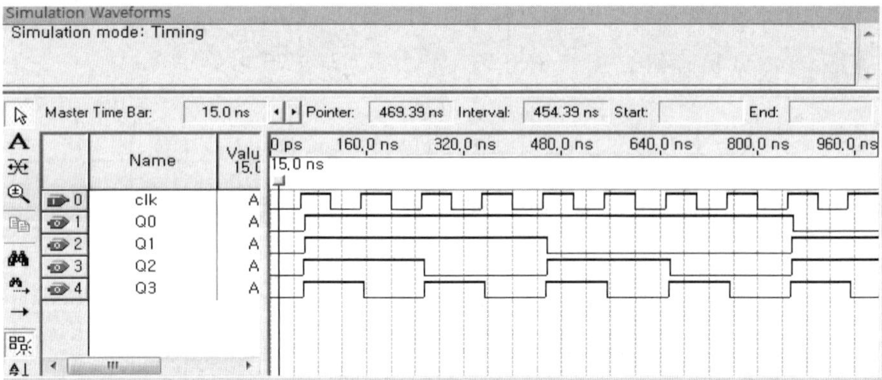

(b) 4비트 비동기식 Count down 카운터 회로

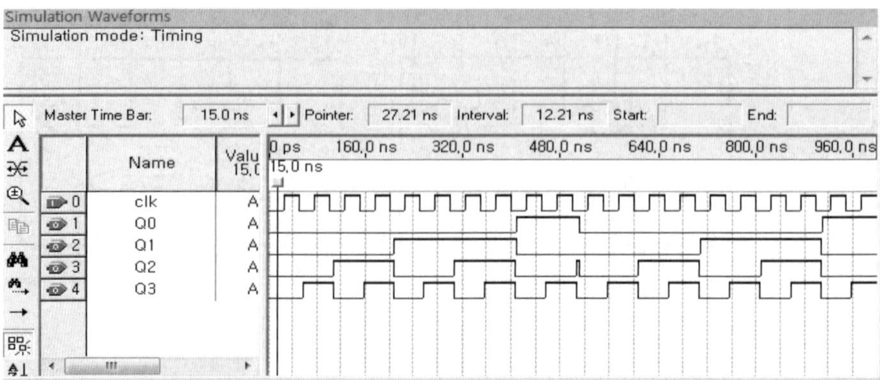

(c) 4비트 비동기식 10진 Count up 카운터 회로(7476A를 이용해 설계)

연습문제

비동기식 15진 Count up 카운터 회로를 설계하고 QUARTUS II를 이용해 시뮬레이션 하시오.

SECTION 5. 동기식 카운터 설계 : 여기테이블, 상태표, 상태도 작성

섹션 4에서는 플립플롭 응용 회로인 비동기식 카운터 설계하는 방법에 대해 살펴봤다. 이번 장에서는 동기식 카운터를 예로 들어 동기식 순차회로 설계 방법에 대해 공부한다. 동기식 순차회로는 하나의 클럭에 의해 모든 플립플롭들이 동기 되어 동작하는 회로로 대부분의 순차회로에 활용된다. 비동기식 순차회로에 비해 설계가 복잡한 단점이 있으나 앞단의 출력이 변화되는 것을 기다릴 필요가 없어 속도가 빠르며 타이밍 최적화나 딜레이 문제 등에 강인한 장점을 가지고 있는 회로이다.

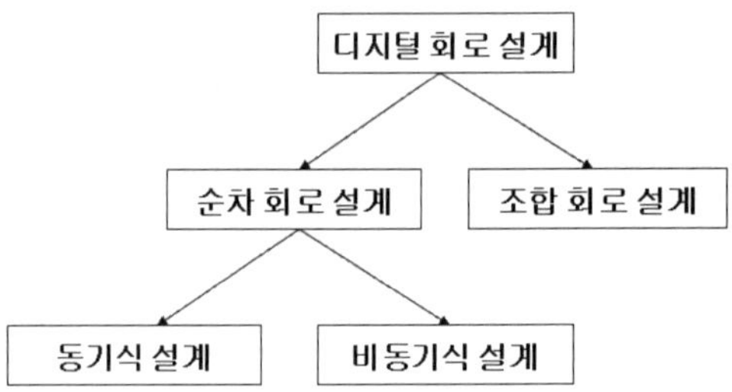

[그림 5.49] 디지털 회로 설계

5.1 동기식 순차회로 설계

동기식 순차회로는 설계과정에 의해 만들어진다.

① State Diagram

② State Reduction

③ State Assignment

④ F/F Selection

⑤ State Table(F/F Input) <- Transtion Table

⑥ Karnaugh map & Quine-McCluskey

⑦ Circuit Design

먼저 주어진 문제에 대한 상태도(State Diagram)를 만든다(①). 상태도는 상태(플립플롭에 저장된 값)의 천이과정을 한눈에 볼 수 있도록 그래프로 만든 것으로 기본 상태도 및 밀리모델·무어모델에 따라 다른 모양으로 작성된다. 본 섹션에서는 상태 이외에 별도의 출력이 없는 기본 상태도만을 다루며 섹션 6에서 밀리모델 및 무어모델의 차이점과 상태도에 대해 학습한다. 다음으로 상태의 수를 줄이는 상태 간소화(State Reduction, ②)와 각각의 상태에 이진부호를 할당하는 상태 할당(State Assignment, ③) 단계를 거지게 된다. 상태 간소화는 불필요한 상태가 없도록 중복상태를 제거해주는 작업으로 Row matching 방법과 Implication chart를 이용한 방법 등이 있다. 상태의 개수가 줄어들면 그만큼 회로의 크기도 작아져 보다 효율적인 설계가 이루어진다. 상태 간소화에 대해서는 섹션 7에서 다룬다. 이후 설계할 회로의 플립플롭을 선택(④)한 후 여기 테이블(Transtion Table)을 이용해 상태표(State Table)를 작성(⑤)한다. 상태표는 현재 상태에서 다음 상태로 천이하기 위한 플립플롭의 입력값을 결정하기 위한 표로 각 플립플롭의 진리표로부터 유도되는 여기 테이블을 이용해 만들 수 있다. 다음으로 결정된 플립플롭의 입력값을 카르노우 맵이나 퀸-맥클러스키(Karnaugh map & Quine-McCluskey, ⑥) 방법을 이용하여 간소화한다. 최종적으로 간소화된 플립플롭 입력값을 이용해 회로를 설계하면 순차회로 설계과정이 마무리된다. N비트 동기식 카운터를 이용해 기본적인 순차회로 설계과정을 이해해보자.

5.2 동기식 카운터 설계

1) 3진 카운터 설계

간단한 3진 카운터를 설계해보자. 플립플롭 1개당 1비트를 저장할 수 있으므로 3개의 수(00, 01, 10)를 카운트하기 위해서는 2개의 플립플롭이 필요하다. 그림 5.50은 3진 카운터의 상태도이다.

먼저 설계 회로에 사용할 플립플롭을 선택해야한다. 4개의 플립플롭 중 어느 것을 사용해도 무방하나 여기서는 JK 플립플롭을 이용해 설계하기로 한다.

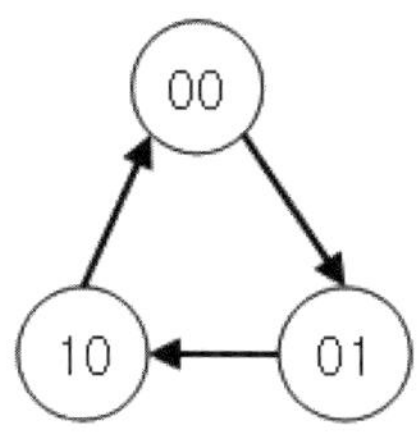

[그림 5.50] 3진 카운터의 상태도

[표 5.5] JK 플립플롭의 진리표

J	K	Q	Q+	동작
0	0	0	0	무변화
0	0	1	1	
0	1	0	0	리셋
0	1	1	0	
1	0	0	1	셋
1	0	1	1	
1	1	0	1	토글
1	1	1	0	

다음 단계인 상태 간소화와 상태할당은 섹션 7에서 배우니 생략하고 상태표를 만들어보자. 상태표를 만들기 위해선 각 플립플롭의 여기테이블을 먼저 만들어야한다. 여기테이블은 현재 상태에서 다음 상태로 천이하기 위한 각 플립플롭의 입력 값들로 플립플롭의 진리표로부터 구할 수 있다. 표 5.5는 본 설계에서 사용할 JK 플립플롭의 진리표이다.

여기 테이블은 표 5.5의 진리표에서 입력 J, K와 출력 Q, Q+을 바꾼 형태로 아래 표 5.6과 같이 구할 수 있다. 진리표는 입력 JK에 의해서 출력이 어떻게 바뀌는지를 나타낸 표인데 반해, 여기 테이블은 현재 상태(현재 출력) Q에서 다음 상태(다음 출력) Q+로 천이하기 위한 JK 입력이 무엇인지를 나타내는 표이다. 위의 진리표를 보면 현재 상태(Q)가 0일 때 다음 상태(Q+)가 0으로 바뀌기 위한 경우(표에서 진한 셀들)는 JK 입력이 00과 01인 2가지 경우가 있다. 즉, 두 가지 경우를 취합해 보면 J는 반드시 0이어야하고, K는 0이든 1이든 상관없으므로 무상관항으로 놓으면 J K 입력값은 0 X가 된다. 이와 같은 방법으로 01, 10, 11이 되기 위한 JK 입력값을 모두 구하면 표 5.6과 같다.

[표 5.6] JK 플립플롭의 진리표

Q	Q'	J K
0	0	0 ×
0	1	1 ×
1	0	× 1
1	1	× 0

[표 5.7] 각 플립플롭의 여기표

Q	Q'	S R	J K	T	D
0	0	0 ×	0 ×	0	0
0	1	1 0	1 ×	1	1
1	0	0 1	× 1	1	0
1	1	× 0	× 0	0	1

같은 방법으로 표 5.7과 같은 SR, T, D 플립플롭의 여기테이블도 구할 수 있다.

JK 플립플롭 여기 테이블을 이용하여 상태도를 바탕으로 상태표를 만들면 표 5.8과 같다. 먼저 상태도를 바탕으로 현재 상태 Q와 다음 상태 Q+를 적어 넣는다. 현재상태가 11인 경우는 상태도에 없으므로 다음 상태 Q+에 무상관항(X)을 넣어준다. 오른쪽에는 JK 플립플롭의 여기테이블을 이용하여 3진 카운터의 두 플립플롭 입력값 J_A K_A와 J_B K_B를 적어 넣는다. 첫 번째 줄을 보면 Q_A가 0일 때 Q_A+가 0이므로 JK 플립플롭의 입력값 J_AK_A는 0 X이며, 두 번째 비트는 Q_B가 0일 때 Q_B+가 1이므로 플립플롭의 입력값 J_B K_B는 1 X가 된다. 나머지도 이와 같은 방법으로 완성하면 된다.

표 5.8 오른쪽의 JK 플립플롭 입력값을 카르노우 맵을 이용하여 간소화하면 다음과 같다. 간소화 과정에서는 편의상 A, B로 표기했으나 원래 표 5.8 좌측의 Q_A, Q_B 임을 주의해야한다.

[표 5.8] 3진 카운터의 상태표

현재상태 Q	다음상태 Q+	JK F/F Input	
A B	A B	J_A K_A	J_B K_B
0 0	0 1	0 X	1 X
0 1	1 0	1 X	X 1
1 0	0 0	X 1	0 X
1 1	X X	X X	X X

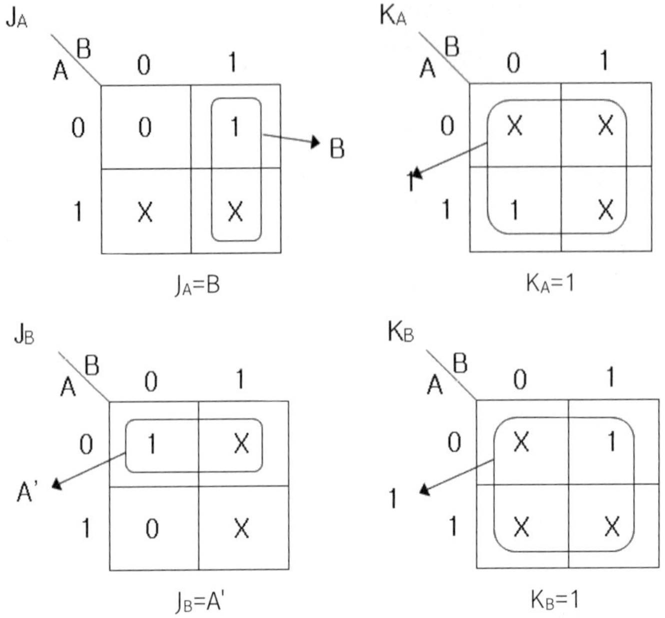

[그림 5.51] JK 플립플롭 입력값 간소화

간소화된 논리식을 바탕으로 회로를 구현하면 그림 5.52와 같다. QUARTUS II를 이용해 시뮬레이션 할 경우 PRIMITIVES 라이브러리에 있는 JKFF은 Q' 단자가 없으므로(아래 회로는 설명을 쉽게 하기 위해 심볼을 직접 만듦) “7476a” 심볼을 이용하거나 NOT 게이트를 이용해 Q' 단자를 만들어야한다.

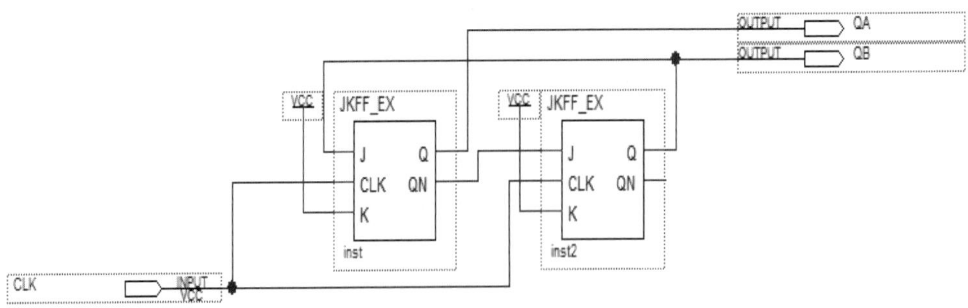

[그림 5.52] 회로 구현

2) JK F/F을 사용한 4bit up counter

그림 5.53는 4 bit up counter의 상태도이다.

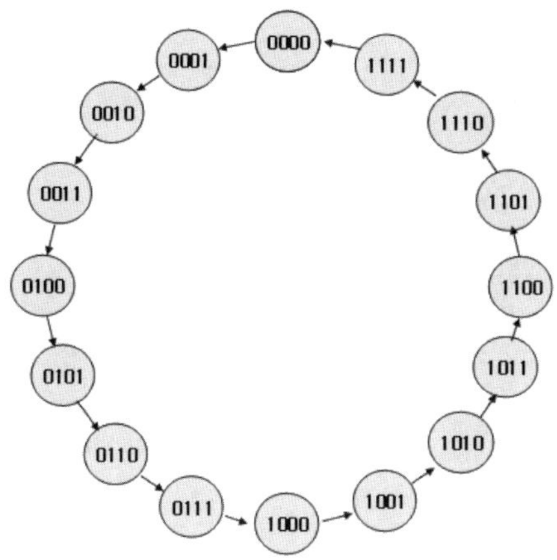

[그림 5.53] 4 bit up countor의 상태도

표 5.9는 현재 상태와 다음상태에 대한 4 bit up counter 회로의 상태표를 작성한 것이다. 앞서 설명한 JK 플립플롭의 여기 테이블을 이용해 만들 수 있다.

[표 5.9] 4 bit up counter의 상태표

현재상태 Q	다음상태 Q'	JK F/F Input							
ABCD	ABCD	JA	KA	JB	KB	JC	KC	JD	KD
0000	0001	0	×	0	×	0	×	1	×
0001	0010	0	×	0	×	1	×	×	1
0010	0011	0	×	0	×	×	0	1	×
0011	0100	0	×	1	×	×	1	×	1
0100	0101	0	×	×	0	0	×	1	×
0101	0110	0	×	×	0	1	×	×	1
0110	0111	0	×	×	0	×	0	1	×
0111	1000	1	×	×	1	×	1	×	1
1000	1001	×	0	0	×	0	×	1	×
1001	1010	×	0	0	×	1	×	×	1
1010	1011	×	0	0	×	×	0	1	×
1011	1100	×	0	1	×	×	1	×	1
1100	1101	×	0	×	0	0	×	1	×
1101	1110	×	0	×	0	1	×	×	1
1110	1111	×	0	×	0	×	0	1	×
1111	0000	×	1	×	1	×	1	×	1

카르노우 맵을 이용하여 간소화하면 다음과 같다.

JA (AB \ CD)	00	01	11	10
00	0	0	0	0
01	0	0	1	0
11	X	X	X	X
10	X	X	X	X

$J_A=BCD$

KA (AB \ CD)	00	01	11	10
00	X	X	X	X
01	X	X	X	X
11	0	0	1	0
10	0	0	0	0

$K_A=BCD$

JB (AB \ CD)	00	01	11	10
00	0	0	1	0
01	X	X	X	X
11	X	X	X	X
10	0	0	1	0

$J_B=CD$

KB (AB \ CD)	00	01	11	10
00	X	X	X	X
01	0	0	1	0
11	0	0	1	0
10	X	X	X	X

$K_B=CD$

JC (AB \ CD)	00	01	11	10
00	0	1	X	X
01	0	1	X	X
11	0	1	X	X
10	0	1	X	X

$J_C=D$

KC (AB \ CD)	00	01	11	10
00	X	X	1	0
01	X	X	1	0
11	X	X	1	0
10	X	X	1	0

$K_C=D$

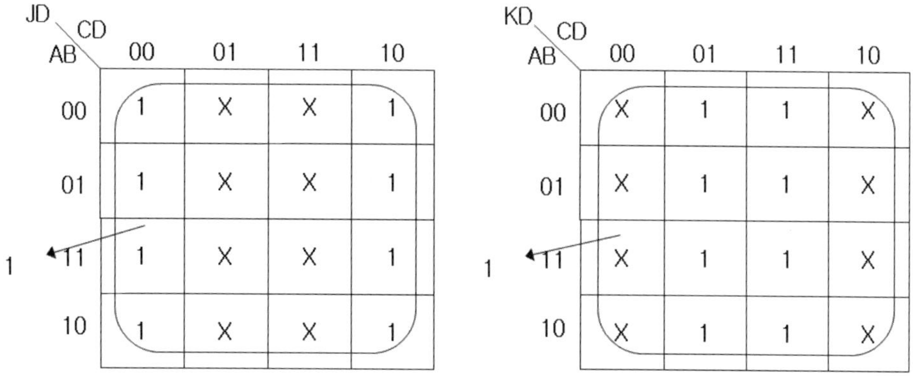

$J_D=1$ $K_D=1$

[그림 5.54] 카르노우 맵을 이용하여 간소화

최종적으로 회로를 구현하면 그림 5.55과 같다.

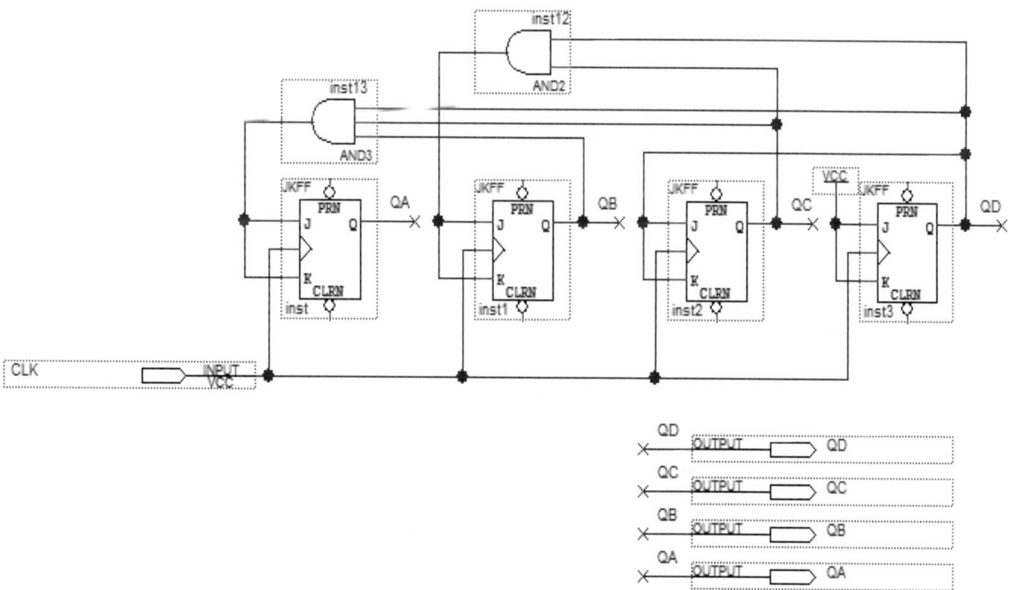

[그림 5.55] 회로 구현

2) D 플립플롭을 이용한 3 비트 랜덤 카운터

다음은 임의로 순서를 정한 3 비트 랜덤 카운터의 상태도이다. 000 - 010 - 011 - 101 - 110 - 111 - 001 - 100 - 000..의 순으로 카운트된다.

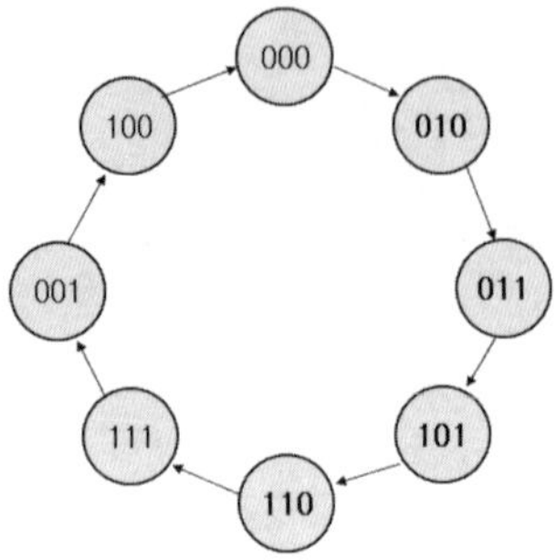

[그림 5.56] 3비트 랜덤 카운터

앞서 설명한 D 플립플롭의 여기 테이블을 이용하여 상태표를 만들면 다음과 같다.

[표 5.10] D 플립플롭의 여기표

Q	Q'	D
0	0	0
0	1	1
1	0	0
1	1	1

[표 5.10] 3비트 랜덤 카운터의 상태표

현재상태 Q	다음상태 Q'	JK F/F Input		
A B C	A B C	D_A	D_B	D_C
0 0 0	0 1 0	0	1	0
0 0 1	1 0 0	1	0	0
0 1 0	0 1 1	0	1	1
0 1 1	1 0 1	1	0	1
1 0 0	0 0 0	0	0	0
1 0 1	1 1 0	1	1	0
1 1 0	1 1 1	1	1	1
1 1 1	0 0 1	0	0	1

카르노우 맵을 이용하여 간소화하면 다음과 같다.

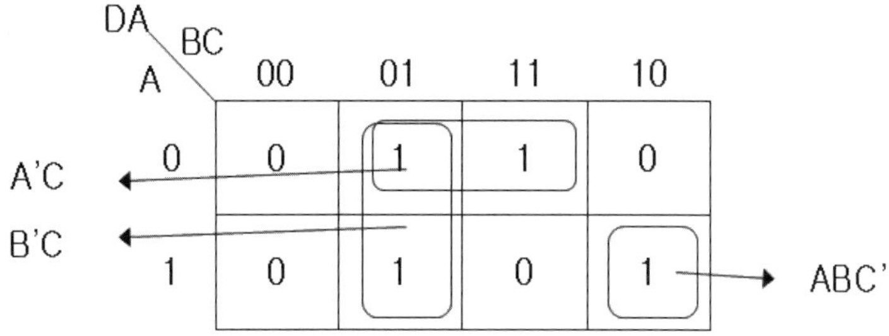

D_A=A'C+B'C+ABC'

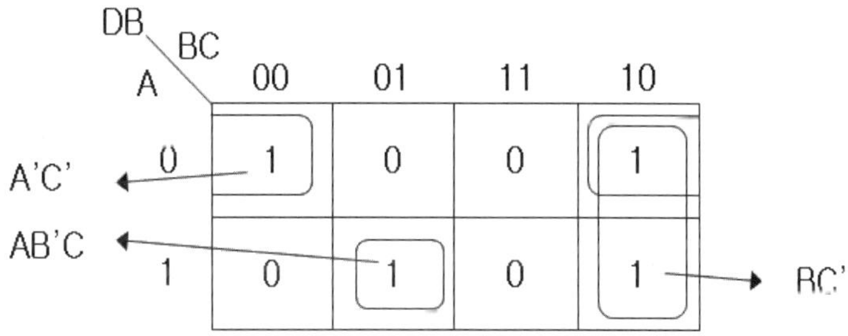

D_A=A'C+B'C+ABC'

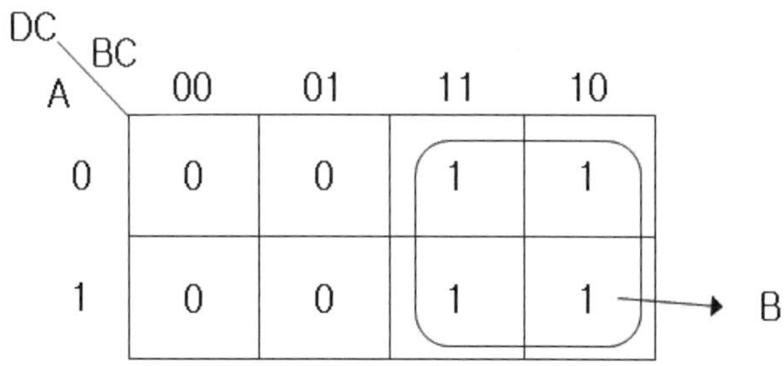

D_C=B

[그림 5.57] 카르노우 맵을 이용한 간소화

간소화된 논리식을 바탕으로 회로를 설계하면 다음과 같다. D 플립플롭은 IC 7474를 사용하였으며 노드명 연결을 통해 설계하였다.

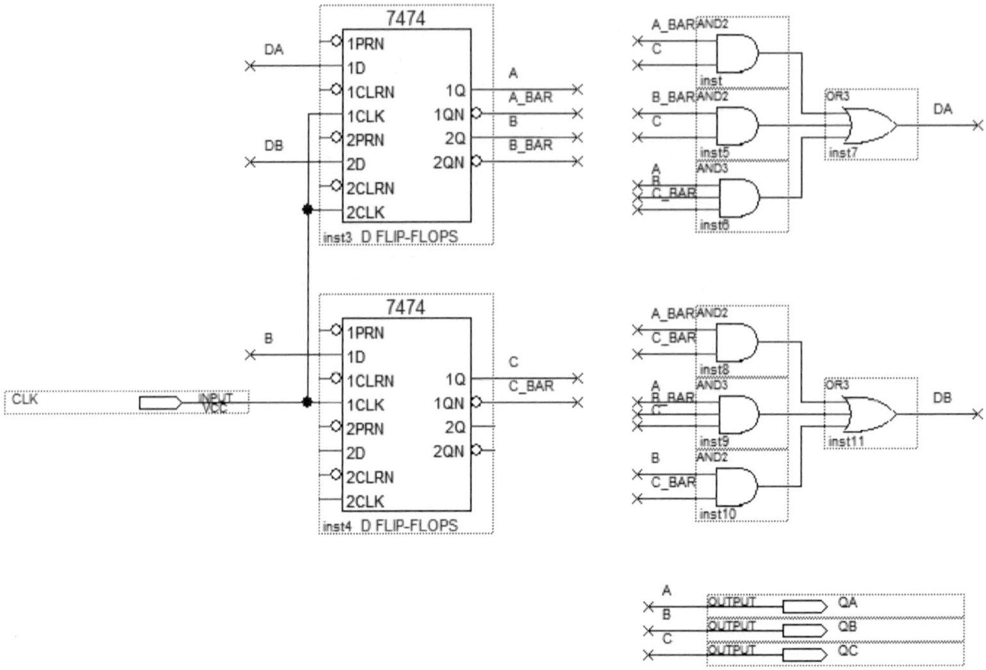

[그림 5.58] IC 7474를 이용한 회로설계

연습문제

1. JK 플립플롭을 이용하여 7진 카운터를 설계하시오.
2. D 플립플롭을 이용하여 7진 카운터를 설계하시오.
3. T 플립플롭을 이용하여 7진 카운터를 설계하시오.
4. JK 플립플롭을 이용하여 13진 카운터를 설계하시오.
5. D 플립플롭을 이용하여 13진 카운터를 설계하시오.
6. T 플립플롭을 이용하여 13진 카운터를 설계하시오.
7. JK 플립플롭을 이용하여 4비트 짝수 카운터를 설계하시오.
8. D 플립플롭을 이용하여 4비트 홀수 카운터를 설계하시오.
9. D 플립플롭을 이용하여 다음의 랜덤 카운터를 설계하시오.
   000-010-111-110-001
10. D 플립플롭을 이용하여 다음의 랜덤 카운터를 설계하시오.
    00-10-11-01

5.3 Quartus II 및 TTL IC를 이용한 회로 설계

1) 사용 장비 및 부품

-. Schematic, Simulation : PC, ALTERA QUARTUS II

-. TTL-IC를 이용한 실험 : 전원공급기, 브레드보드, IC 7400, IC 7402, IC 7486

2) Quartus II를 이용한 Schematic 설계

-. 다음 회로도를 Quartus II를 이용하여 Schematic 설계하고 결과를 확인한다.

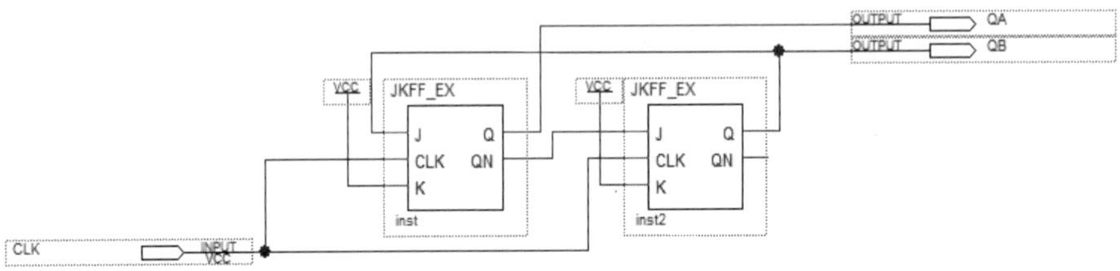

(a) 3진 카운터

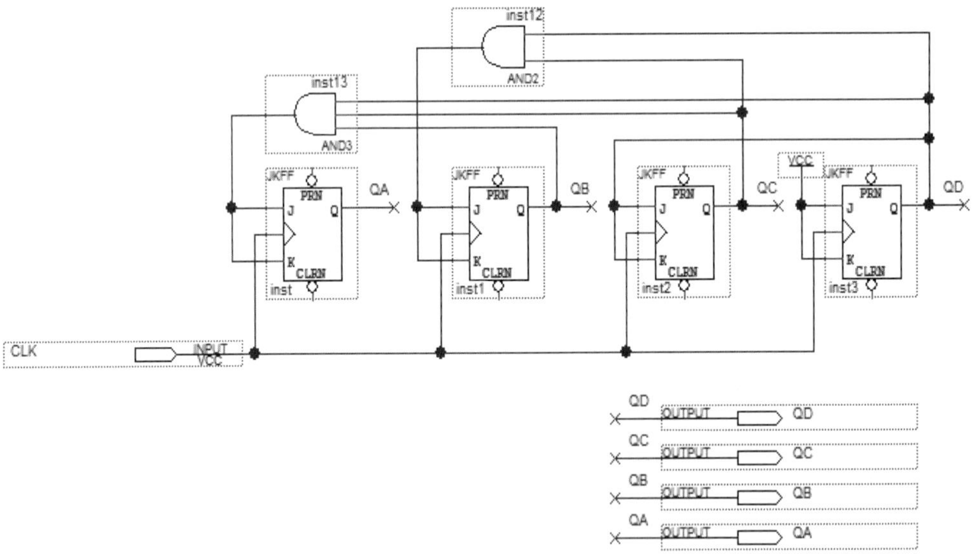

(b) 4비트 Count up 카운터

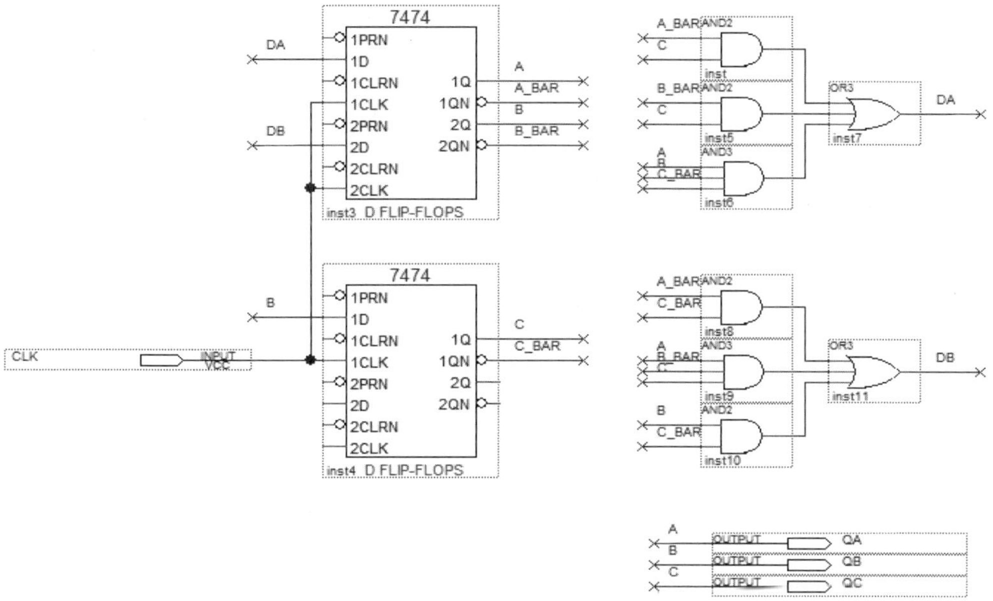

(c) 랜덤카운터

[그림 5.59] 실험 회로도

3) TTL IC를 이용한 설계

-. TTL IC를 이용하여 그림 5.59의 (a)~(c) 회로를 브레드보드에 구현하고 결과를 확인한다. 입력은 토글스위치를 사용하며 결과는 LED로 확인한다. 다음은 IC 7404, IC 7408, IC 7486, IC 7432, IC 744075의 핀 번호이다.

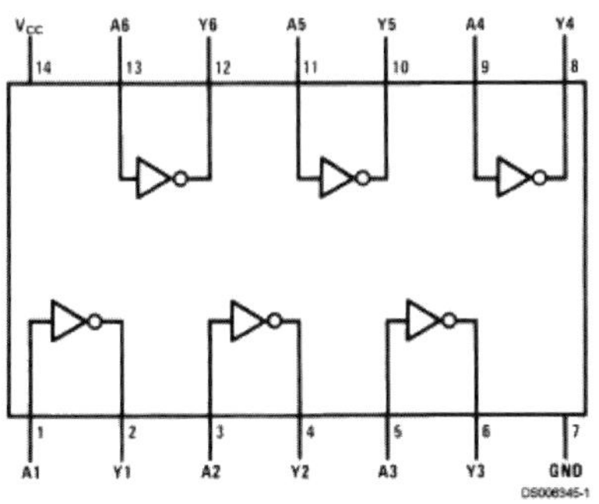

IC 7404

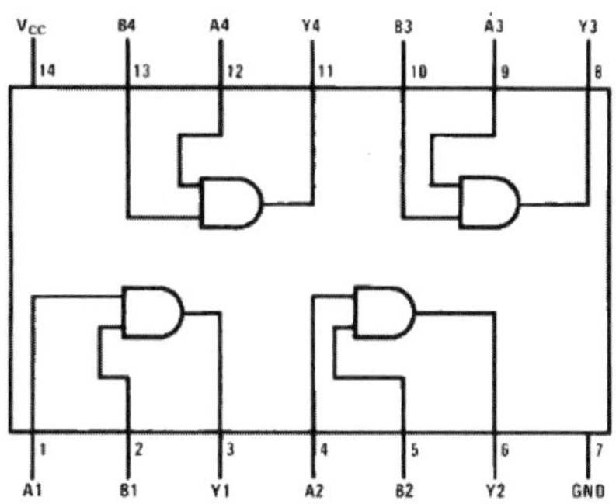

IC 7408

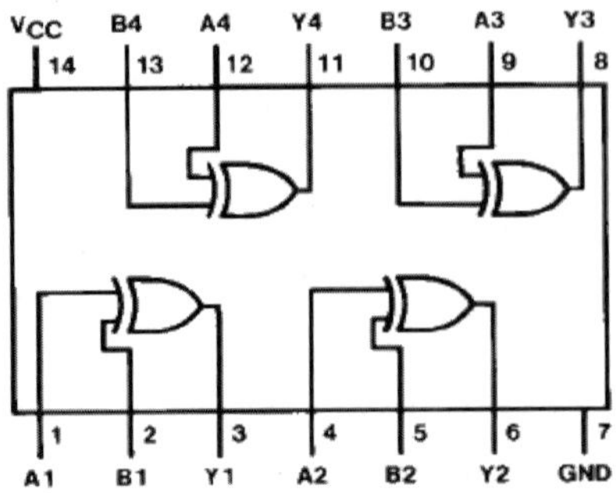

IC 7486

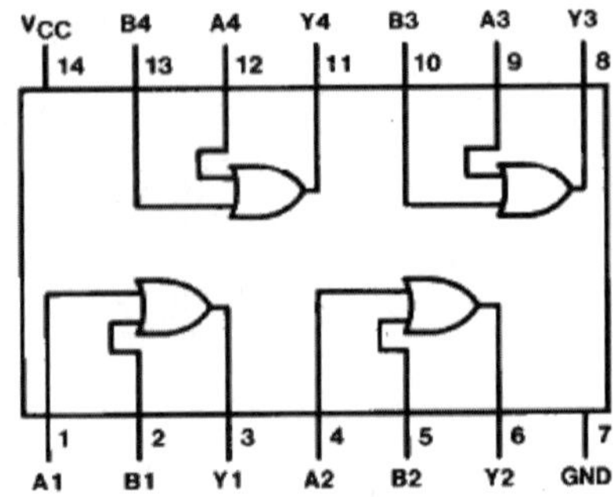

IC7432

4) 실험 결과

-. QUARTUS II의 Waveform Editor를 이용하여 결과를 확인한다.

-. TTL IC를 이용하여 회로를 구성하고 LED로 결과를 확인한다.

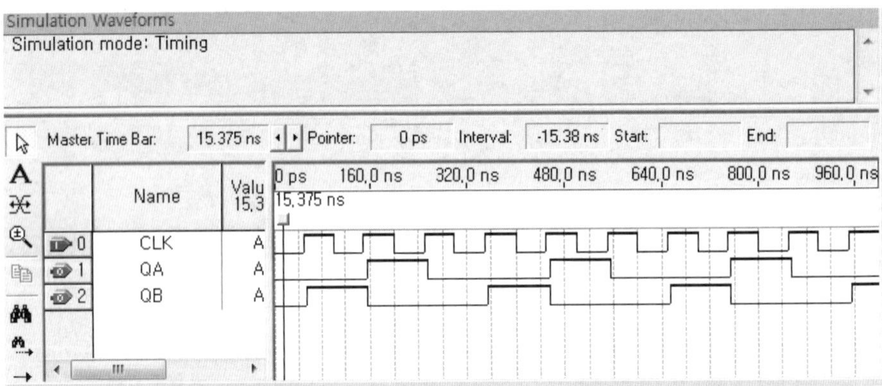

(a) 7476A를 이용한 4비트 비동기식 Count up 카운터 회로

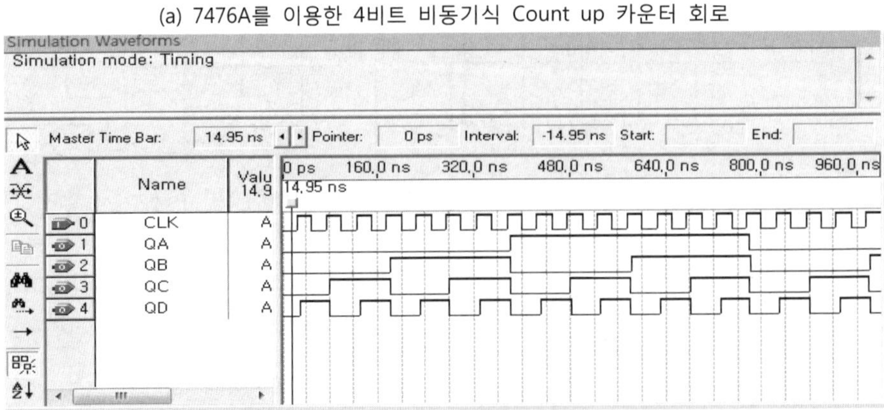

(b) 4비트 비동기식 Count down 카운터 회로

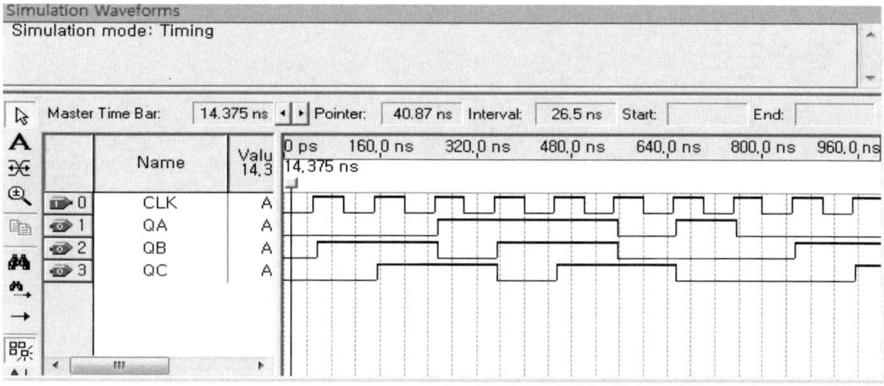

(c) 4비트 비동기식 10진 Count up 카운터 회로(7476A를 이용해 설계)

연습문제

15진 Count down 카운터 회로를 설계하고 QUARTUS II를 이용해 시뮬레이션 하시오.

SECTION 6. 밀리모델과 무어모델

섹션 5에서는 카운터를 예로 들어 가장 간단한 형태의 동기식 순차회로 설계 방법에 대해 살펴보았다. 앞선 설계에서는 클럭 입력과 상태 출력(플립플롭에 저장된 값의 출력) 외에 별도의 추가 입력과 출력을 가지고 있지 않았다. 하지만 많은 순차회로들이 별도의 외부 입력을 필요로 하며 입력 값에 따라 다른 상태와 출력을 결정한다. 커피 자판기의 경우 사용자가 외부에서 동전들을 입력하면 누적된 현재 금액을 계산하며 정해진 금액 이상인 경우 원하는 커피를 출력한다. 시스템 측면에서 보면 입력된 동전은 외부입력이며 누적된 금액은 현재 상태이고 커피 출력은 별도 외부 출력이다. 본 섹션에서는 상태 외에 별도의 외부 입력과 출력을 가지고 있는 두 가지 형태의 순차회로에 대해 공부한다.

6.1 밀리모델과 무어모델

외부 입력과 출력의 관계를 포함하는 순차회로는 크게 무이 모델(Moore model)과 밀리 모델(Mealy model)이 있다. 무어모델은 출력이 현재 상태에 의해서만 결정되는 회로이고, 밀리모델은 출력이 현재 상태와 입력 모두에 의해 결정되는 회로이다. 바꿔 말하면 무어모델에서 외부 입력은 플립플롭의 상태를 변화시키는 것에만 관여하며, 밀리모델에서 외부 입력은 플립플롭 외에 별도의 출력에도 관여한다. 다음 수식은 밀리모델과 무어모델의 입출력 관계를 나타내고 있다.

Moore model : Output=f(Current state)

Mealy model : Output=f(Current state, Input)

1) 무어모델

아래 그림 5.60은 임의로 작성된 무어모델의 상태도이다. S0, S1, S2, S3은 각각의 상태를 의미하며 회로 설계과정에서 2진수로 상태할당(State Assignment)된다. 상태 밑에 숫자는 출력값으로 앞서 설명한바와 같이 현재 상태가 무엇인지에 의해서만 결정된다. S0 상태에서는 0, S1 상태에서는 1, S2 상태에서는 1, S3 상태에서는 0을 출력한다.

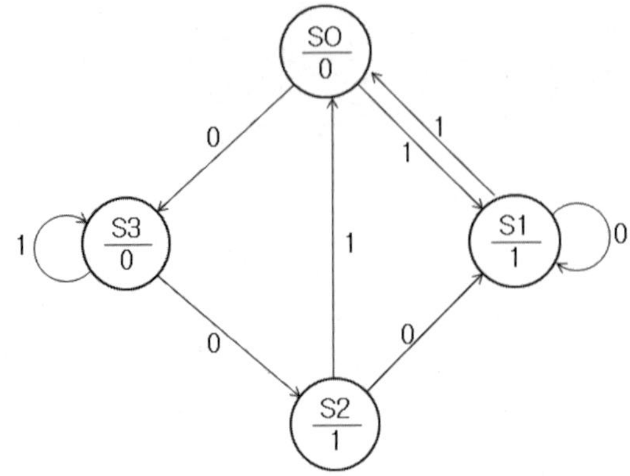

(a) 무어모델의 상태도

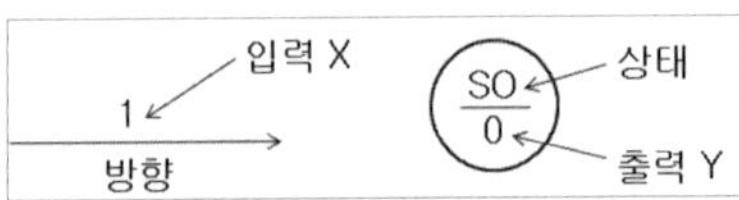

(b) 의미

[그림 5.60] 무어모델의 상태도

화살표와 화살표 가운데 숫자는 각각 상태 천이 방향과 입력값을 의미한다. S0 상태에서 입력으로 0이 들어오면 S3상태로 천이되며, 1이 들어오면 S1 상태로 천이된다. S1 상태에서는 0이 입력되면 자기 상태인 S1 상태로 돌아오고, 1이 입력되면 S0 상태로 천이된다. S2 상태에서는 0 입력에 대해 S1, 1 입력에 대해 S0 상태로 천이된다. S3 상태의 경우도 각각 0과 1의 입력에 대해 S2와 S3 상태로 천이된다.

위의 상태도를 바탕으로 상태표를 작성하면 표 5.11과 같다. 입력 X에 따라 현재상태에서 다음 상태로 천이하는 과정과 출력을 그대로 옮겨준 것으로 별도의 입력과 상태에 따른 출력값을 가지고 있다.

[표 5.10] 무어모델의 상태표

현재상태 Q	다음상태 Q+		출력
	X=0	X=1	
AB	AB	AB	Y
S0	S3	S1	0
S1	S1	S0	1
S2	S1	S0	1
S3	S2	S3	0

다음으로 위의 상태표와 같이 동작하는 회로를 설계하기 위해서는 상태할당 과정을 거쳐야한다. 상태할당은 각각의 상태에 이진부호를 할당하는 과정으로 표 5.11과 같이 S0를 00으로, S1을 01로, S2를 10으로, S3를 11로 바꿔주면 된다. 총 4개의 상태가 있으므로 2비트만 있으면 모든 상태를 표현할 수 있으며, 추후 할당된 이진수를 각각의 상태로 가정한다.

[표 5.11] 상태할당

상태	할당
S0	00
S1	01
S2	10
S3	11

표 5.11을 이용하여 표 5.10을 다시 쓰면 다음과 같다.

[표 5.12] 무어모델의 상태표

현재상태 Q	다음상태 Q+		출력
	X=0	X=1	
AB	AB	AB	Y
00	11	01	0
01	01	00	1
10	01	00	1
11	10	11	0

이후 설계 과정은 섹션 5와 유사하다. 먼저 사용할 플립플롭을 선택한 후 여기테이블을 이용하여 각각의 플립플롭 입력값을 결정해주면 된다. 이때 플립플롭의 입력값은 X=0인 경우와 X=1인 경우 모두를 작성한다. 플립플롭 1개당 1비트를 저장할 수 있으므로 2개의 플롭플롭이 사용되며, D 플립플롭을 이용한 여기표를 다시 작성하면 표 5.13과 같다.

[표 5.13] 무어모델의 상태표 와 D플립플롭의 여기표

현재상태 Q	다음상태 Q+		출력	D F/F Input	
	X=0	X=1		X=0	X=1
AB	AB	AB	Y	$D_A D_B$	$D_A D_B$
00	11	01	0	11	01
01	01	00	1	01	00
10	01	00	1	01	00
11	10	11	0	10	11

D 플립플롭의 여기표를 바탕으로 간소화된 논리식을 구하면 다음과 같다.

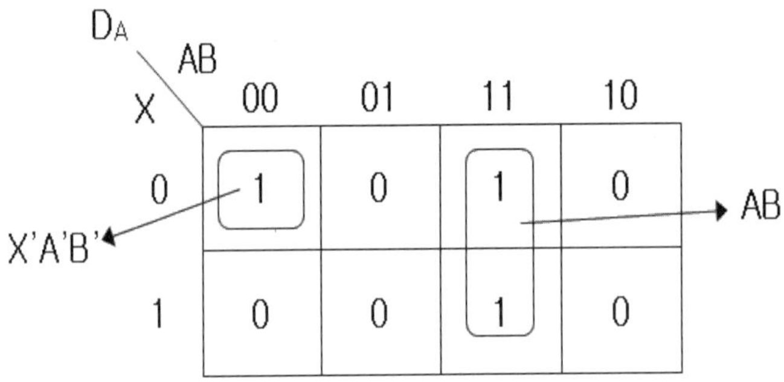

DA=X'A'B'+AB

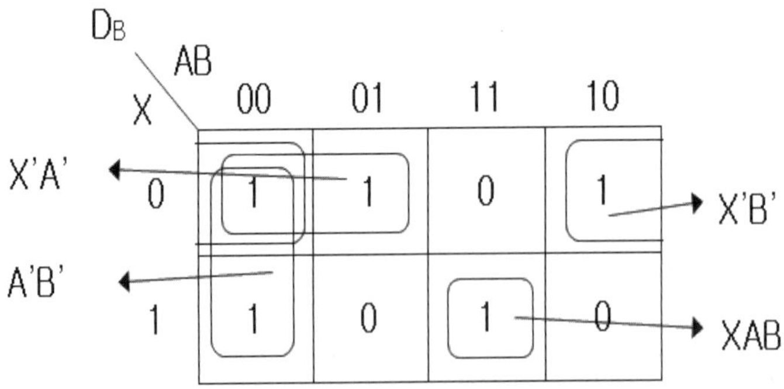

DB=X'A'+A'B'+X'B'+XAB

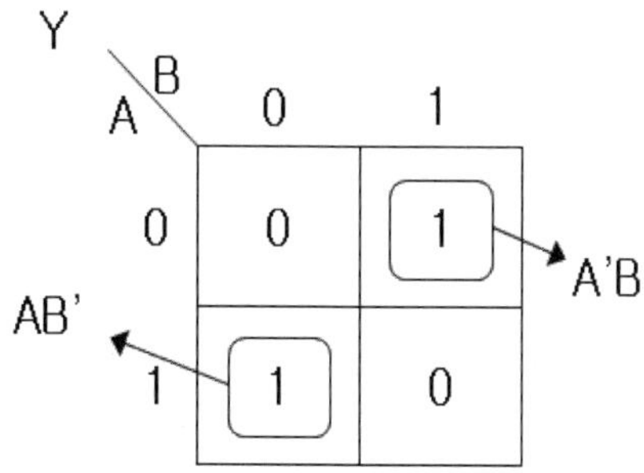

Y=A'B+AB'=A⊕B

그림 5.61 카르노우 맵을 이용한 간소화

간소화된 논리식을 바탕으로 회로를 설계하면 그림 5.62와 같다. 입력 X와 출력 Y, 클럭으로 이루어진 회로이다. 출력 Y(Y=A'B+AB'=A⊕B)는 입력 X와는 관계없고 현재 플립플롭 상태에 의해서만 결정되는 것을 확인할 수 있다. 플립플롭의 상태 천이를 확인하고 싶으면 각 플립플롭의 출력을 출력단자로 뽑으면 된다.

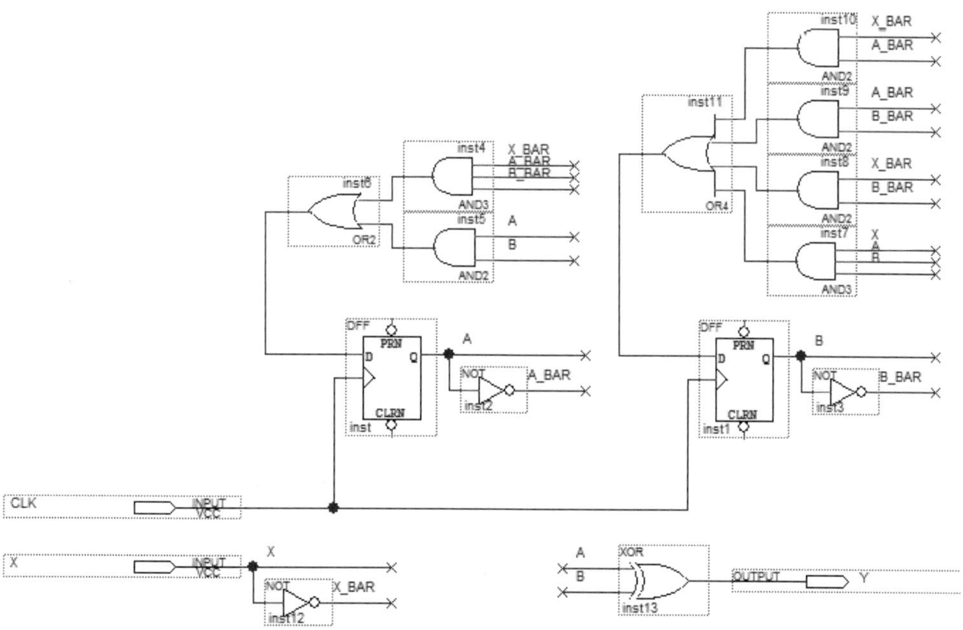

[그림 5.62] 회로설계

2) 밀리모델

아래 그림 5.63은 임의로 작성된 밀리모델의 상태도이다. S0, S1, S2는 각각의 상태를 의미하며 무어모델과 마찬가지로 회로 설계과정에서 2진수로 상태할당(State Assignment) 된다.

화살표와 화살표 가운데 숫자는 각각 상태 천이 방향과 입력/출력을 의미한다. SO 상태에서 입력으로 0이 들어오면 S2상태로 천이되며 출력에 0을 내보내고, 1이 들어오면 S1 상태로 천이되며 출력에 0을 내보낸다. S1 상태에서는 0이 입력되면 자기 상태인 S1 상태로 돌아오며 출력에 0을 내보내고, 1이 입력되면 S2 상태로 천이되며 출력에 1을 내보낸다. S2 상태에서는 0 입력에 대해 S1 상태로 천이되며 출력에 0을 내보내고, 1 입력에 대해 자기 상태 S2 상태로 천이되며 출력에 1을 내보낸다. 이와 같이 밀리모델은 출력이 입력과 현재 상태 모두에 의해 결정된다.

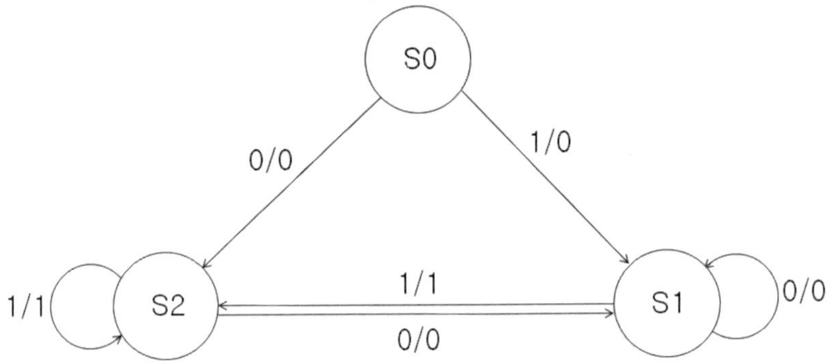

(a) 밀리모델의 상태도

(b) 의미

[그림 5.63] 밀리모델의 상태도

위의 상태도를 바탕으로 상태표를 작성하면 표 5.14와 같다. 입력 X에 따라 현재상태에서 다음 상태로 천이하는 과정과 출력을 그대로 옮겨준 것으로 입력이 출력값에도 관여하는 것을 알 수 있다.

[표 5.14] 밀리모델의 상태표

현재상태 Q	다음상태 Q+		출력 Y	
	X=0	X=1	X=0	X=1
AB	AB	AB		
S0	S2	S1	0	0
S1	S1	S2	0	1
S2	S1	S2	0	1

다음으로 위의 상태표와 같이 동작하는 회로를 설계하기 위해 각각의 상태에 이진 부호를 할당하면 표 5.15와 같다. S0를 00으로, S1을 01로, S2를 10으로 바꿔주면 되며 11은 남는 이진부호이므로 무상관항으로 놓는다. 추후 할당된 이진수를 각각의 상태로 가정한다.

[표 5.15] 상태할당

상태	할당
S0	00
S1	01
S2	10
S3	XX

표 5.15을 이용하여 표 5.14를 다시 쓰면 다음과 같다.

[표 5.16] 밀리모델의 상태표

현재상태 Q	다음상태 Q+		출력 Y	
	X=0	X=1	X=0	X=1
AB	AB	AB		
00	10	01	0	0
01	01	10	0	1
10	01	10	0	1
11	XX	XX	X	X

무어모델과 마찬가지로 사용할 플립플롭을 선택한 후 여기테이블을 이용하여 각각의 플립플롭 입력값을 결정해준다. 플립플롭의 입력값은 X=0인 경우와 X=1인 경우 모두를 작성한다. D 플립플롭을 이용해 상태표를 다시 작성하면 표 5.17과 같다.

[표 5.17] 밀리모델의 상태표와 D플립플롭의 여기표

현재상태 Q	다음상태 Q+		출력 Y		D F/F Input	
	X=0	X=1	X=0	X=1	X=0	X=1
AB	AB	AB			D_AD_B	D_AD_B
00	10	01	0	0	10	01
01	01	10	0	1	01	10
10	01	10	0	1	01	10
11	XX	XX	X	X	XX	XX

상태표를 바탕으로 간소화된 논리식을 구하면 그림 5.64와 같다.

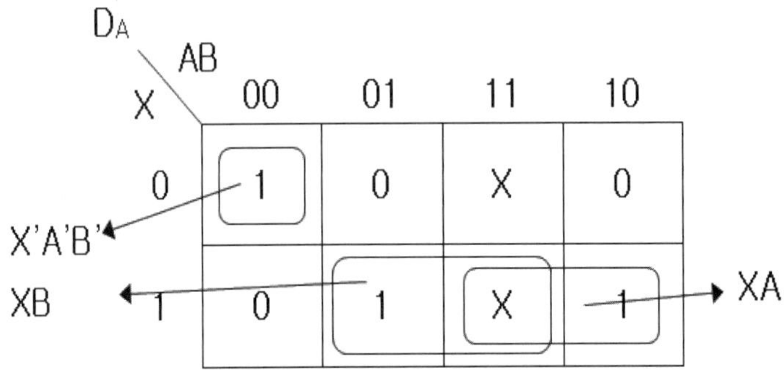

DA=X'A'B'+XB+XA

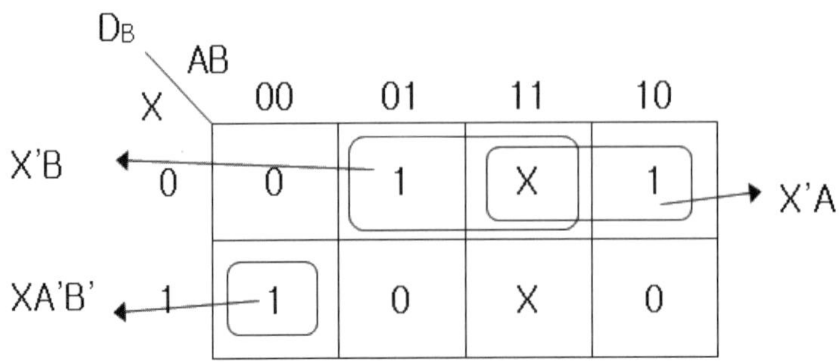

DB=X'B+XA'B'+X'A

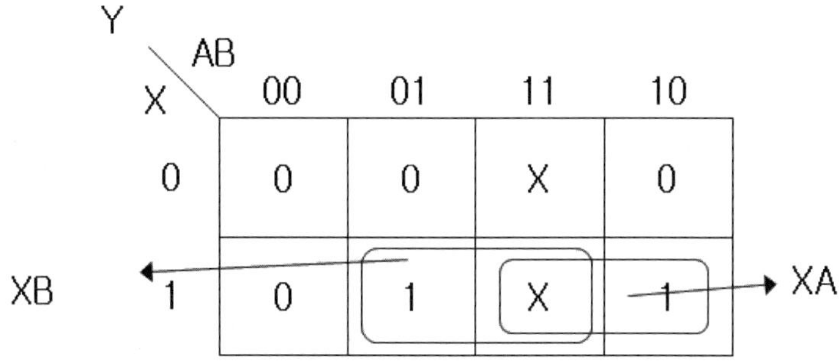

Y=XB+XA

[그림 5.64] 카르노우 맵을 이용한 간소화

간소화된 논리식을 바탕으로 회로를 설계하면 그림 5.65와 같다. 입력 X와 출력 Y, 클럭으로 이루어진 회로이다. 출력 Y(Y=XB+XA)가 현재 상태뿐만 아니라 입력 X에 의해서도 결정되는 것을 확인할 수 있다. 플립플롭의 상태 천이를 확인하려면 각 플립플롭의 출력을 출력단자로 뽑으면 된다.

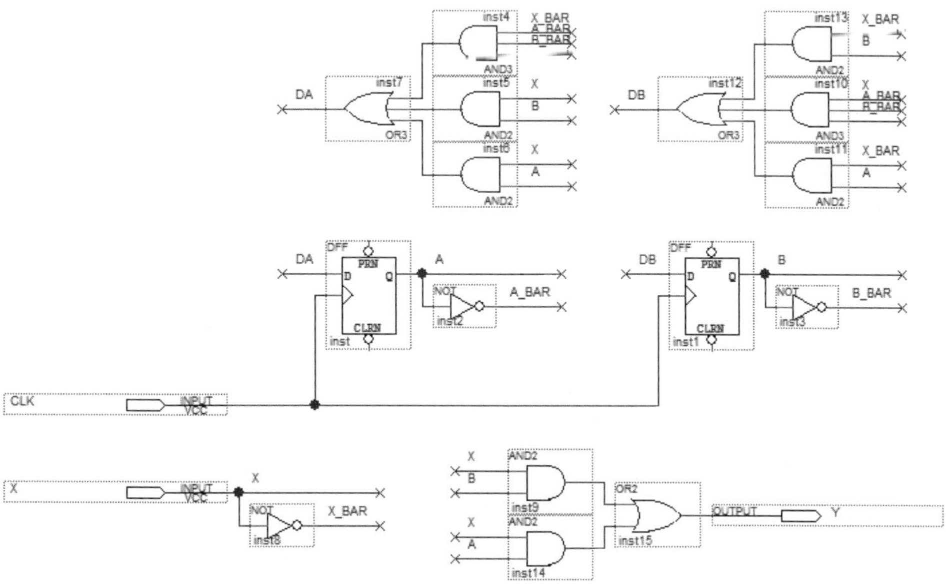

[그림 5.65] 회로설계

예제 2 BIT 4진 UP DOWN COUNTER 설계

입력 X가 0이면 UP COUNT, 입력 X가 1이면 DOWN COUNT하며, 마지막 수 (11)에서 벨을 울리는(출력=1) 회로를 무어 모델로 설계하시오. 단, 카운터는 가장 간단한 2BIT COUNTER로 JK 플립플롭을 이용하여 설계하시오.
상태도를 작성하면 다음과 같다. 입력 X가 0일때는 UP COUNT, 1일 때는 DOWN COUNT하며 11 상태에서만 출력 1이 되게 작성한다.

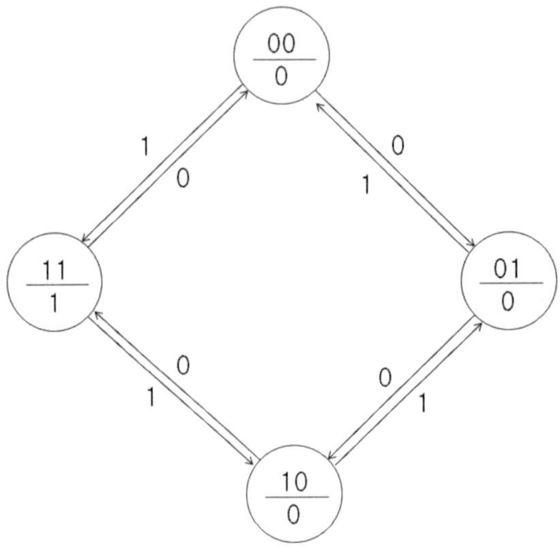

[그림 5.66] 상태도

다음으로 상태표를 작성하면 표 5.18과 같다.

[표 5.18] 상태표와 D플립플롭의 여기표

현재상태 Q	다음상태 Q+		출력	D F/F Input	
	X=0	X=1		X=0	X=1
AB	AB	AB	Y	JAKA JBKB	JAKA JBKB
00	01	11	0	0X 1X	1X 1X
01	10	00	0	1X X1	0X X1
10	11	01	0	X0 1X	X1 1X
11	00	10	1	X1 X1	X0 X1

JK 플립플롭의 입력값과 출력을 간소화하면 다음과 같다.

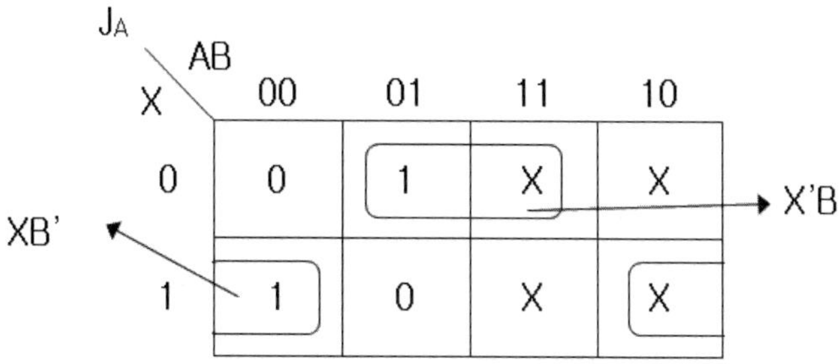

$JA = XB' + X'B = X \oplus B$

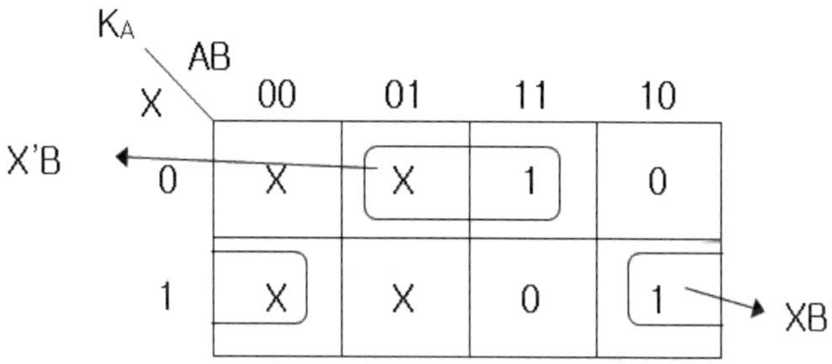

$KA = X'B + XB' = X \oplus B$

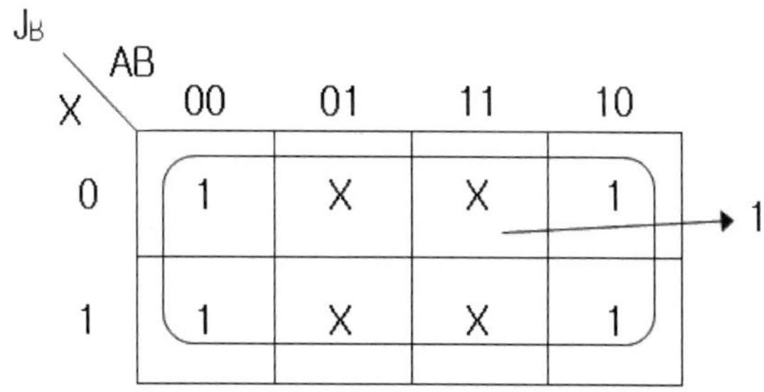

$JB = 1$

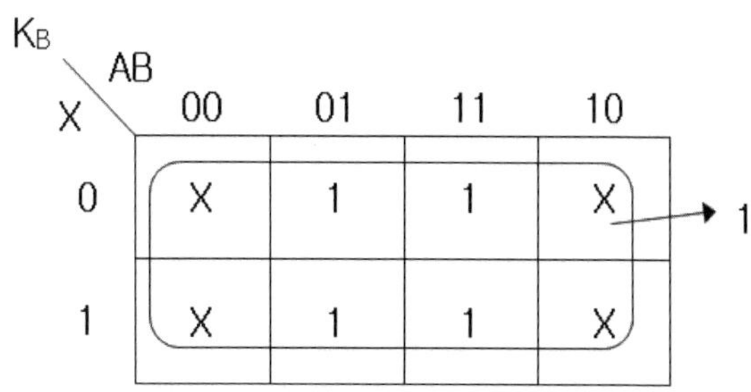

$KB = 1$

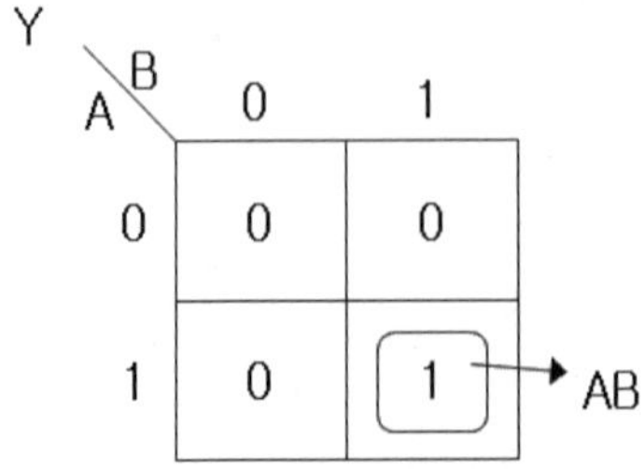

Y=AB

[그림 5.67] 카르노우 맵을 이용한 간소화

최종적으로 회로를 설계하면 그림 5.68과 같다.

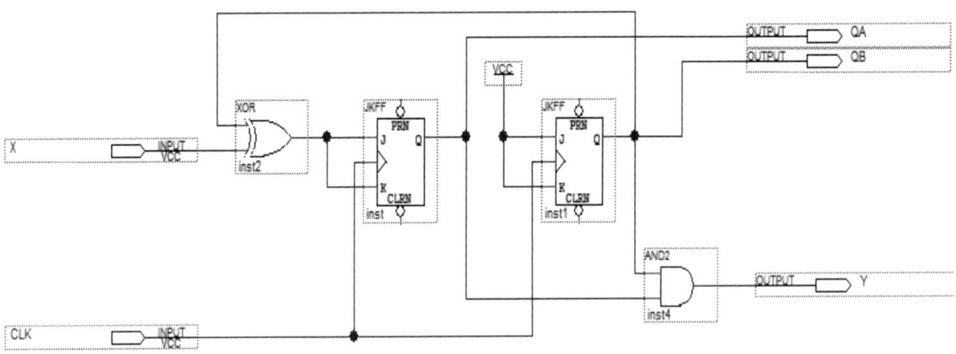

[그림 5.68] 회로설계

연습문제

1. 그림 5.68의 회로를 밀리모델을 이용하여 설계하시오(JK 플립플롭 사용).
2. 그림 5.68의 회로를 3비트 카운터로 설계하시오(JK 플립플롭 사용).
3. 2의 회로를 밀리모델을 이용하여 설계하시오(T 플립플롭 사용).
4. 그림 5.68의 회로를 3비트 카운터로 설계하시오(T 플립플롭 사용).
5. 그림 5.68의 회로를 밀리모델을 이용하여 설계하시오(SR 플립플롭 사용).

6.2 Quartus II 및 TTL IC를 이용한 회로 설계

1) 사용 장비 및 부품

-. Schematic, Simulation : PC, ALTERA QUARTUS II

-. TTL-IC를 이용한 실험 : 전원공급기, 브레드보드, IC 7400, IC 7402, IC 7486

2) Quartus II를 이용한 Schematic 설계

-. 다음 회로도를 Quartus II를 이용하여 Schematic 설계하고 결과를 확인한다.

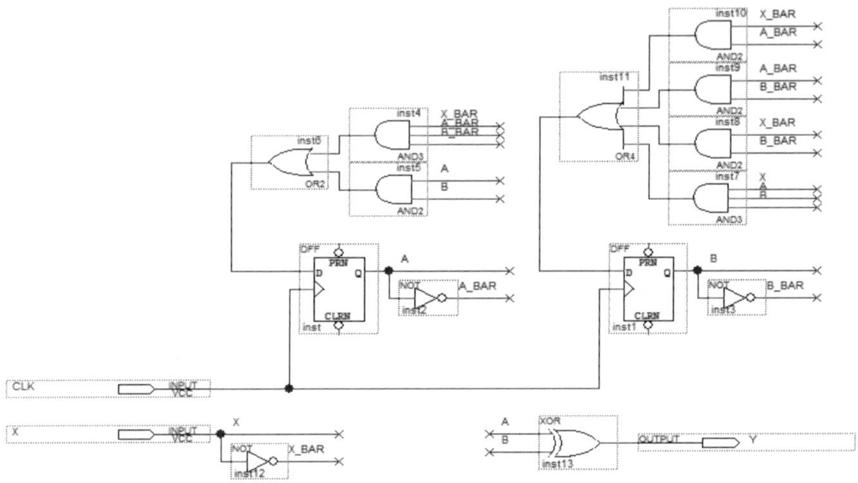

(a) 무어모델

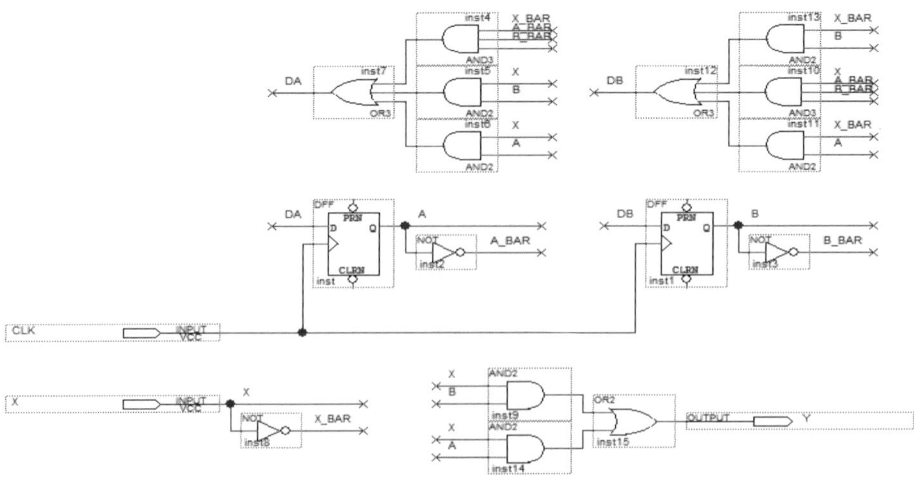

(b) 밀리모델

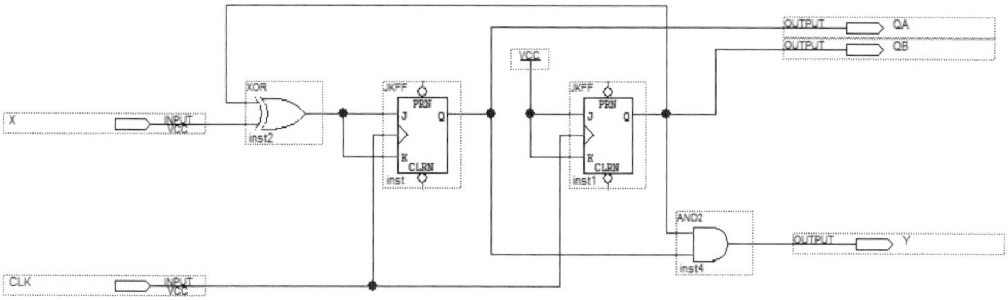

(c) 2 BIT 4진 UP DOWN COUNTER

[그림 5.69] 실험 회로도

3) TTL IC를 이용한 설계

TTL IC를 이용하여 그림 5.69의 (a)~(c) 회로를 브레드보드에 구현하고 결과를 확인한다. 입력은 토글스위치를 사용하며 결과는 LED로 확인한다. 다음은 IC 7404, IC 7408, IC 7486, IC 7432, IC 744075의 핀 번호이다.

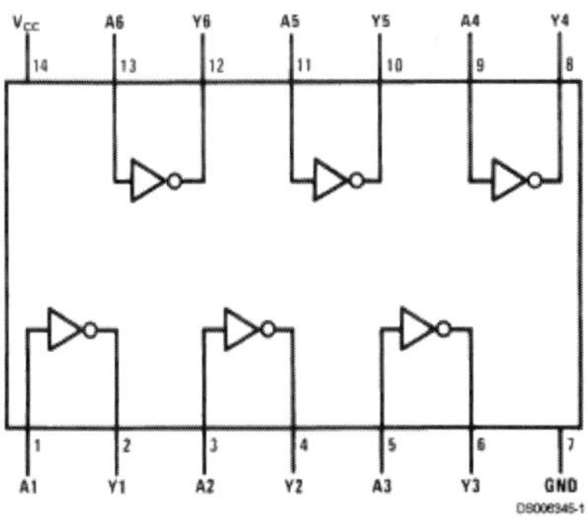

IC 7404

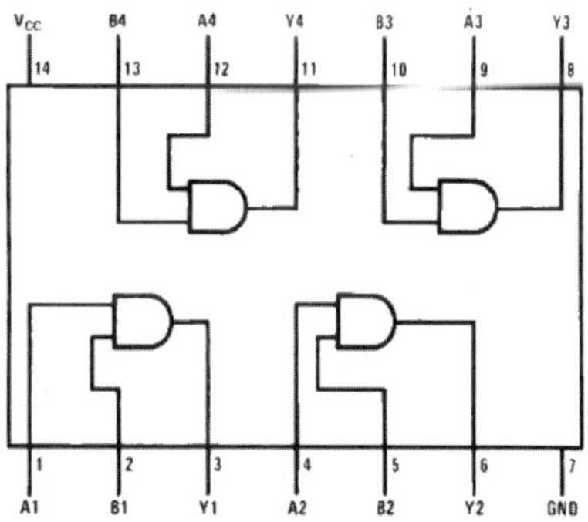

IC 7408

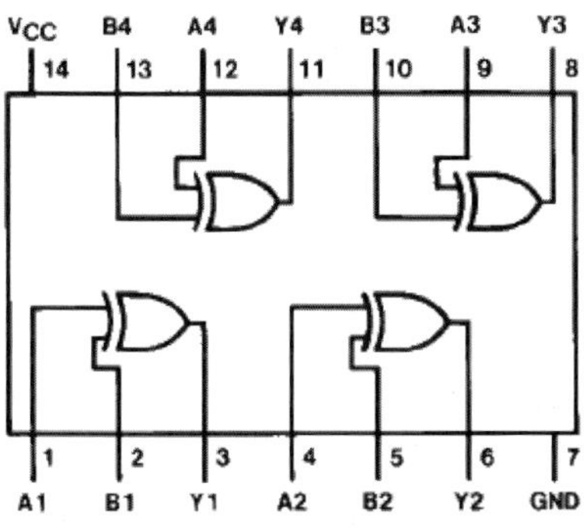

IC 7408

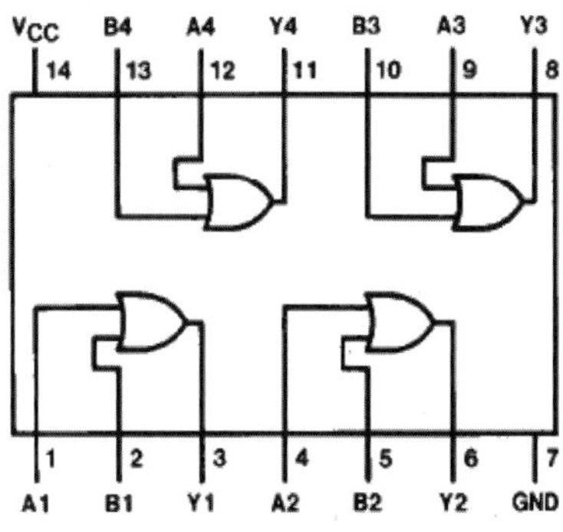

그림 728

4) 실험 결과

-. QUARTUS II의 Waveform Editor를 이용하여 결과를 확인한다.

-. TTL IC를 이용하여 회로를 구성하고 LED로 결과를 확인한다.

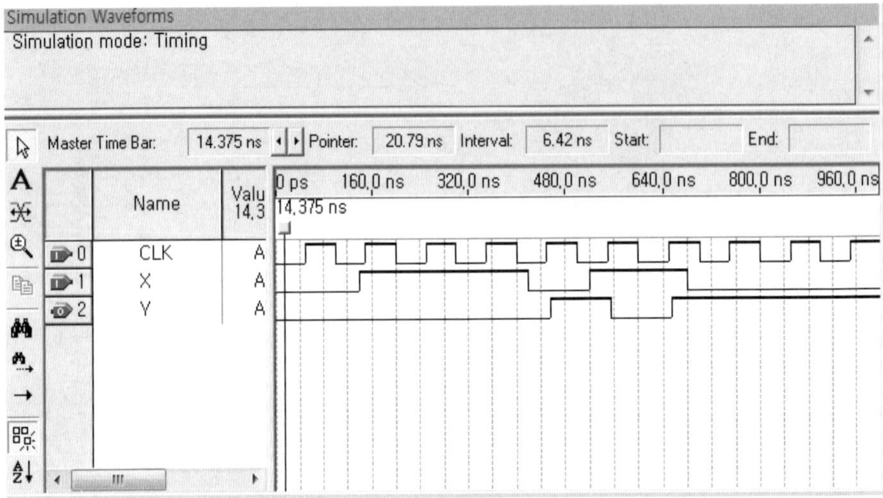

(a) 무어모델

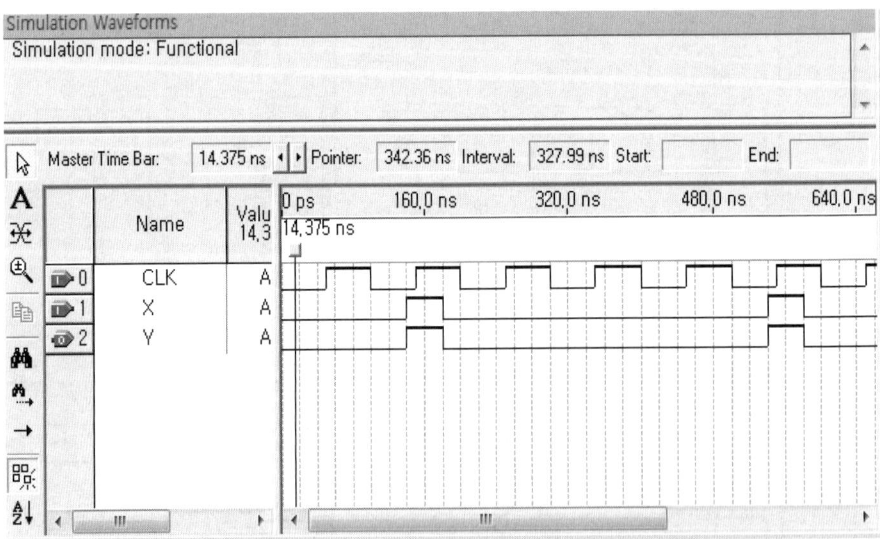

(b) 밀리모델

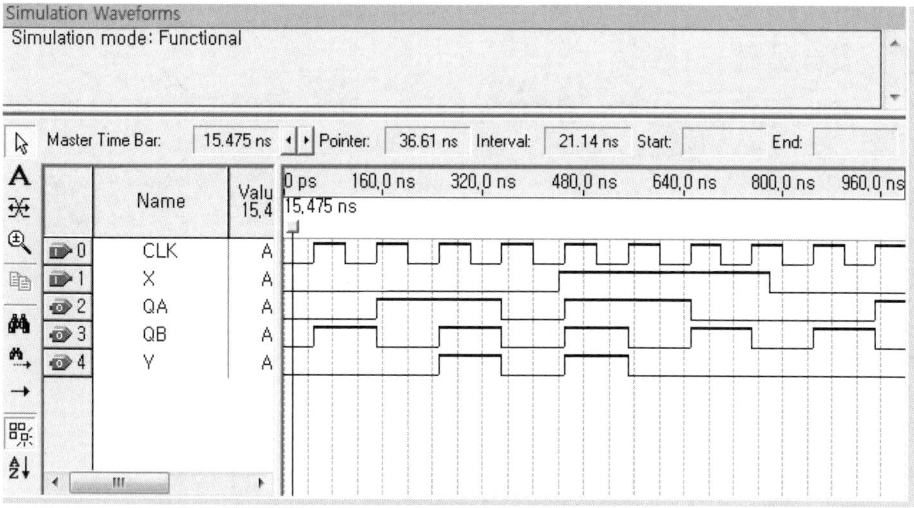

(c) 2BIT 4진 UP DOWN COUNTER 설계

연습문제

다음 상태도를 이용하여 회로를 설계하고, 시뮬레이션하여 결과를 확인하시오.

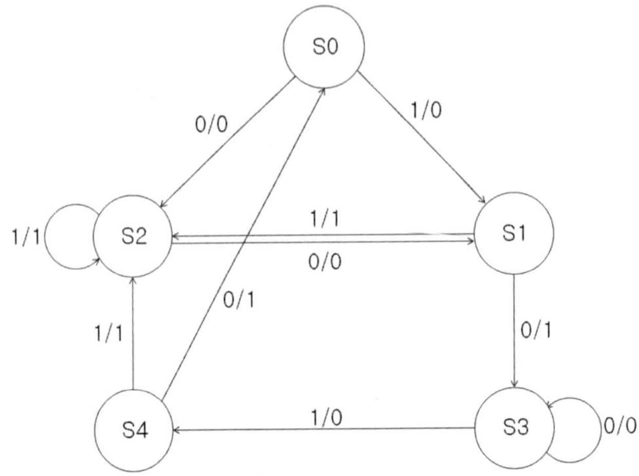

SECTION 7. 상태 간소화

본 섹션에서는 상태표를 바탕으로 회로를 설계하기 전 중복상태를 제거함으로써 회로의 크기를 줄이는 방법을 공부한다. 일반적으로 중복상태를 제거하여 상태의 개수를 줄이게 되면 보다 적은 수의 플립플롭과 게이트로 회로를 구성할 수 있다. 이는 제조 단가와 신뢰도, 동작 속도, 설계 시간 측면에서 많은 이점을 가지고 있다. 상태 간소화 방법으로 Row Matching 방법과 Implication Chart가 주로 이용된다.

7.1 Row Matching 방법

Row Matching 방법은 상태표에서 다음상태(next state)와 출력(output)이 같은 항들을 묶어 상태의 개수를 줄이는 방법이다. 표 5.19를 보면 S7, S9, S11, S12, S14 상태들은 다음 상태와 출력이 같은 것을 확인할 수 있다. 따라서 이 상태들은 하나의 상태로 묶어 상태의 개수를 줄이는 것이 가능하다. 마찬가지 다음상태와 출력이 같은 S8, S10, S13 항도 묶어 간략화하면 표 5.20과 같다.

[표 5.19] 상태 간략화

현재상태 Q	다음상태 Q+		출력	
	X=0	X=1	X=0	X=1
S0	S1	S2	0	0
S1	S3	S4	0	0
S2	S5	S6	0	0
S3	S7	S8	0	0
S4	S9	S10	0	0
S5	S11	S12	0	0
S6	S13	S14	0	0
S7	S0	S0	0	0
S8	S0	S0	0	1
S9	S0	S0	0	0
S10	S0	S0	0	1
S11	S0	S0	0	0
S12	S0	S0	0	0
S13	S0	S0	0	1
S14	S0	S0	0	0

[표 5.20] 상태 간략화

현재상태 Q	다음상태 Q+		출력	
	X=0	X=1	X=0	X=1
S0	S1	S2	0	0
S1	S3	S4	0	0
S2	S5	S6	0	0
S3	S7	S8	0	0
S4	S9	S10	0	0
S5	S11	S12	0	0
S6	S13	S14	0	0
S7‘	S0	S0	0	0
S8‘	S0	S0	0	1

표 5.20에서 S7'은 S7, S9, S11, S12, S14를 묶은 것이고, S8'은 S8, S10, S13을 묶은 것이므로 S7, S9, S11, S12, S14와 S8, S10, S13이 들어있는 나머지 항들도 표 5.21과 같이 S7'과 S8'로 바꿔줄 수 있다.

[표 5.21] 상태 간략화

현재상태 Q	다음상태 Q+		출력	
	X=0	X=1	X=0	X=1
S0	S1	S2	0	0
S1	S3	S4	0	0
S2	S5	S6	0	0
S3	S7‘	S8‘	0	0
S4	S7‘	S8‘	0	0
S5	S7‘	S7‘	0	0
S6	S8‘	S7‘	0	0
S7‘	S0	S0	0	0
S8‘	S0	S0	0	1

위의 표 5.21을 보면 S7', S8'로 바꿔줌으로 인해 S3, S4항의 다음상태와 출력이 같아져 다시 삭제 가능해졌음을 알 수 있다. 따라서 S3, S4를 묶어 S3'으로 놓으면 표 5.21은 표 5.22와 같이 다시 쓸 수 있다. 다음상태와 출력이 같은 상태가 없어질 때까지 이와 같은 방법을 반복하면 된다. 표 5.22는 더 이상 중복 상태가 없으므로 간략화 된 최종 상태도이다.

[표 5.22] 간략화 된 최종 상태도

현재상태 Q	다음상태 Q+		출력	
	X=0	X=1	X=0	X=1
S0	S1	S2	0	0
S1	S3'	S3'	0	0
S2	S5	S6	0	0
S3'	S7'	S8'	0	0
S5	S7'	S7'	0	0
S6	S8'	S7'	0	0
S7'	S0	S0	0	0
S8'	S0	S0	0	1

최종 간략화 된 상태는 다음과 같다.

S7'=S7, S9, S11, S12, S14
S8'=S8, S10, S13
S3'=S3, S4

표 5.22를 이용해 상태도를 다시 그려보면 그림 5.70과 같다.

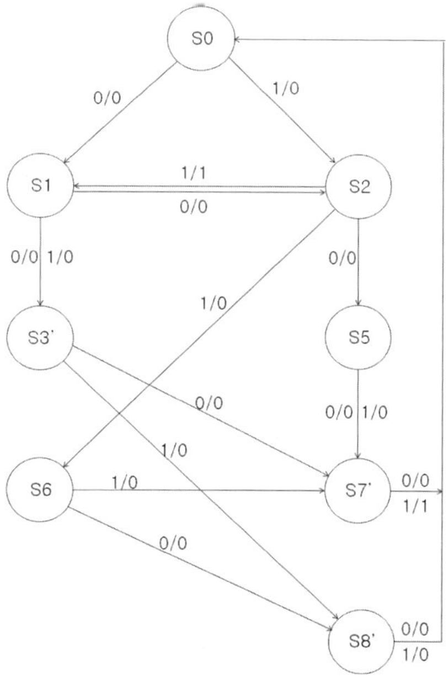

[그림 5.70] 간소화 된 상태도

표 5.23을 이용하여 간략화 된 상태도에 이진 부호를 상태 할당하면 표 5.24와 같다. 8개의 상태가 있으므로 3비트 이진 부호를 할당하면 된다. 원래의 표 5.19는 4비트 이진부호가 필요했으나 간소화된 상태에서는 3비트만 있으면 되므로 플립플롭의 수를 줄일 수 있다.

[표 5.23] 상태 할당

상태	할당
S0	000
S1	001
S2	010
S3‘	011
S5	100
S6	101
S7‘	110
S8‘	111

[표 5.24] 상태 할당 된 상태표

현재상태 Q	다음상태 Q+		출력	
	X=0	X=1	X=0	X=1
000	001	010	0	0
001	011	011	0	0
010	100	101	0	0
011	110	111	0	0
100	110	110	0	0
101	111	110	0	0
110	000	000	0	0
111	000	000	0	1

무어 모델의 상태 간소화도 같은 방법으로 하면 되며, 이후 회로 설계 과정은 섹션 6와 같이하면 된다.

7.2 Implication Chart를 이용

두 번째 방법은 Implication Chart를 이용한 방법이다. Row Matching 방법을 적용할 수 없는 경우에도 적용이 가능하여 가장 많이 이용되는 상태 간소화 방법으로 출력이 같은 상태들을 Implication Chart에 나열, 비중복항들을 걸러냄으로써 보다 세부적인 상태 간소화가 가능하다. 표 5.25의 상태표를 예로 들어 설명한다.

[표 5.25] 상태표

현재상태 Q	다음상태 Q+		출력	
	X=0	X=1	X=0	X=1
S0	S3	S1	0	1
S1	S2	S0	0	1
S2	S2	S1	1	0
S3	S3	S0	1	0

상태표를 바탕으로 Implication Chart를 작성하면 그림 5.71과 같다. 가로축에는 S0에서 S2까지를 적어주고, 세로축에는 S1에서 S3까지의 상태를 적어줌으로써 모든 상태를 비교할 수 있도록 만들어준다.

다음으로 모든 상태의 출력을 비교하되 출력이 같으면 'X-0인 경우와 X=1인 경우의 다음 상대'를 셀에 적어주고, 출력이 다르면 소거할 수 없는 경우로 셀에 ⊠ 표시를 해준다. 예를 들어 S0 상태와 S1 상태는 출력이 같으므로 X=0인 상태쌍 'S3-S2'과 X=1인 상태쌍 'S1-S0'를 해당 셀에 적어준다. 다음으로 S0와 S2의 출력을 비교하면 01과 10이므로 같지 않아 해당 셀에는 ⊠를 표시한다. 마찬가지로 S0와 S3를 비교하면 출력이 다르므로 ⊠를 표시한다.

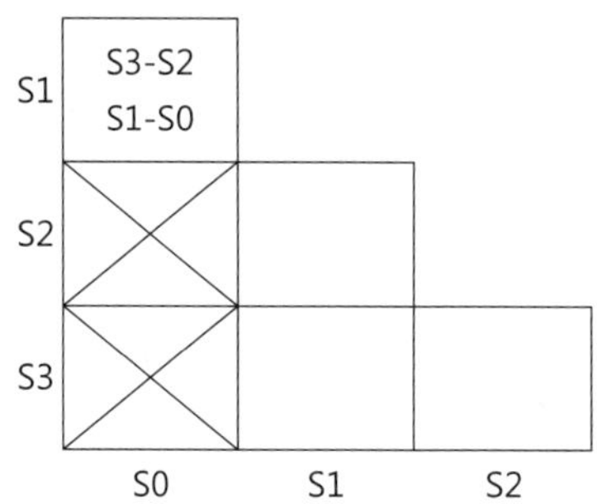

[그림 5.71] Implication Chart

S0 상태와 모든 다른 상태의 비교가 끝났으므로 다음엔 S1 상태로 넘어가 같은 과정을 반복한다. S1 상태와 S2 상태는 출력이 다르므로 ⊠, S1 상태와 S3 상태도 출력이 다르므로 ⊠를 표시한다. S1 상태의 출력 비교 결과가 그림 5.72에 나타나 있다.

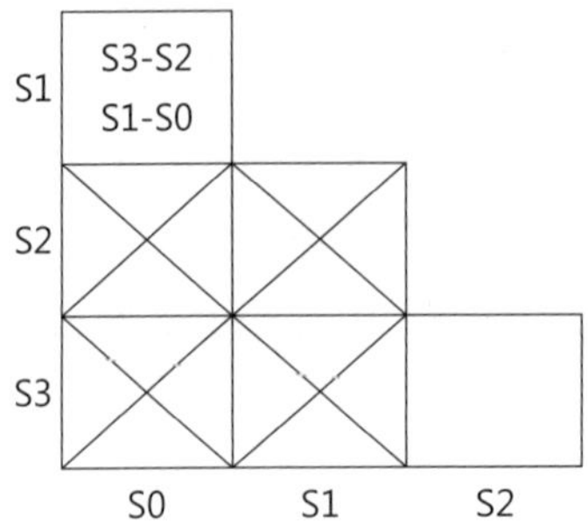

[그림 5.72] Implication Chart

마찬가지로 S2 상태와 S3 상태의 출력을 비교하면 모두 10이므로 X=0인 상태쌍 'S2-S3'과 X=1인 상태쌍 'S1-S0'를 해당 셀에 적어준다. 그림 5.73은 완성된 Implication Chart이다.

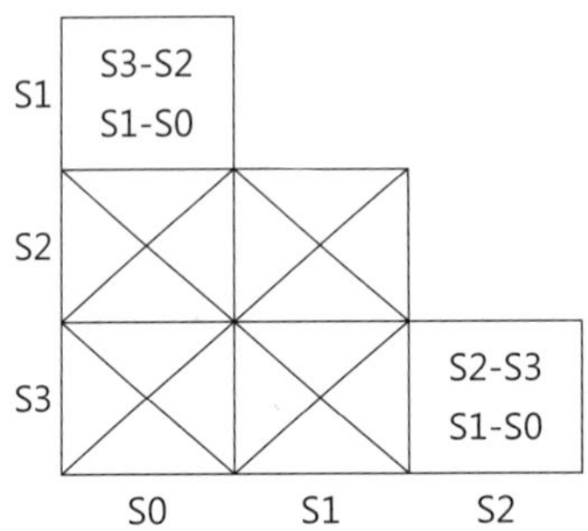

[그림 5.73] Implication Chart

Implication Chart가 완성되면 비중복 상태들을 제거하여 중복되는 상태만을 결정하여야 한다. 현재 그림 5.73에서 중복되지 않아 소거할 수 없는 비중복 셀은 S0-S2, S0-S3, S1-S2, S1-S3이다. 셀 안의 2개의 중복 셀들 중 비중복 셀이 하나라도 포함되어 있으면 그 셀은 비중복 셀이 되며 ⊠ 표시를 해준다. 예를 들어 S0-S1 셀(S0열 S1행) 내부의 S3-S2, S1-S0셀은 모두 현재 살아있는 셀(⊠ 표시 안된 셀)이므로 그냥 놔두면 된다. 마찬가지로 S2-S3 셀(S2열 S3행) 내부의 S2-S3, S1-S0셀도 모두 현재 살아있는 셀(⊠ 표시 안된 셀)이므로 그냥 놔둔다. 참고로 S2-S3 표기와 S3-S2

표기는 서로 같은 셀을 의미한다. 최종적으로 살아있는 셀(☒ 표시 안 된 셀)들이 중복 상태로 소거 가능한 상태들이다. S0-S1 셀(S0열 S1행)이 살아있으므로 S0와 S1은 중복상태이고 S0'(S0, S1)으로 상태 간소화 할 수 있다. 마찬가지로 S2-S3 셀(S2열 S3행)은 살아있으므로 중복상태이고 S2'(S2, S3)으로 상태 간소화 가능하다. 여기서 주의할 점은 셀 내부의 상태쌍이 아니라 셀

외부의 행-열 좌표가 중복 상태를 의미한다는 점이다.

따라서 표 5.25의 상태표는 표 5.26과 같이 간소화할 수 있다. 4개 상태가 2개로 줄었으므로 보다 적은 플립플롭으로 회로를 설계할 수 있다.

[표 5.26] 상태표

현재상태 Q	다음상태 Q+		출력	
	X=0	X=1	X=0	X=1
S0'	S2'	S0'	0	1
S2'	S2'	S0'	1	0

다음 예제를 통해 보다 복잡한 Implication Chart를 살펴보자.

예제 다음 상태표를 Implication Chart를 이용해 간소화 하시오.

[표 5.27] 상태표

현재상태 Q	다음상태 Q+		출력
	X=0	X=1	
S0	S1	S2	0
S1	S0	S2	0
S2	S3	S2	0
S3	S3	S4	1
S4	S0	S5	0
S5	S1	S6	0
S6	S0	S4	0

상태표를 이용해 Implication Chart를 만들면 그림 5.74와 같다. 가로축에는 S0에서 S5 상태를 적어놓고, 세로축에는 S1에서 S6까지의 상태를 적어넣어 모든 상태들을 비교할 수 있도록 만들었다. S0 상태와 나머지 모든 상태의 출력을 비교하여 출력이 같은 상태의

다음 상태들을 1열에 적어 넣었다. 나머지 상태들로 모두 비교하여 Implication Chart를 완성하면 그림 5.74와 같다. S1-S0셀 안에는 S1-S0, S2-S2 상태 조합이 들어있다. S2-S2 상태 조합은 간소화할 수 있는 상태가 아니므로 없애도 무방하다.

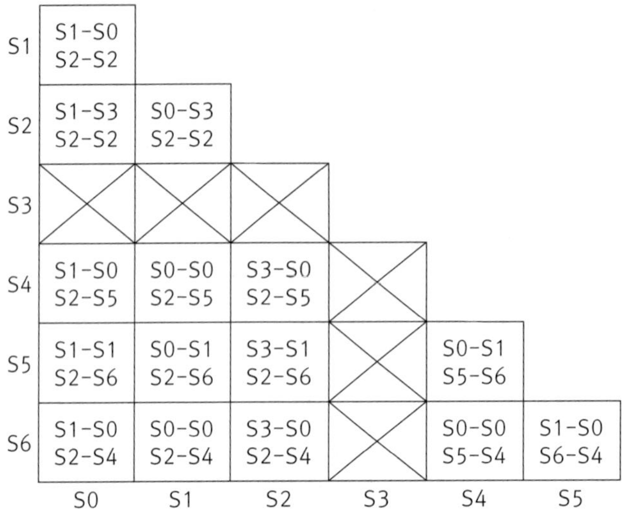

[그림 5.74] Implication Chart

다음으로 중복 상태만을 선별하기 위해 비중복항 ⊠의 셀 조합이 들어있는 셀은 모두 ⊠ 표 해준다. 표에서 비중복항의 셀조합은 S0-S3, S1-S3, S2-S3, S3-S4, S3-S5, S3-S6이다. 이 셀조합이 들어있는 모든 셀에 ⊠ 표시를 해주면 그림 5.75와 같다.

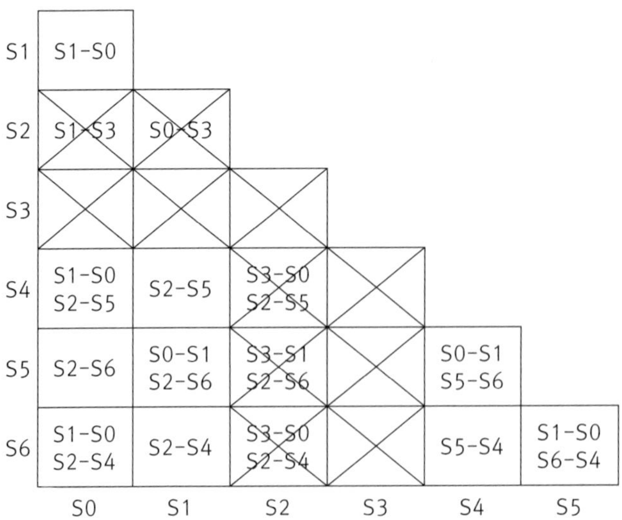

[그림 5.75] Implication Chart

다음으로 그림 5.75에서 비중복항의 셀조합에 의해 소거된 셀들의 조합도 모두 소거해 준다. 여기서는 S0-S2, S1-S2, S2-S4, S2-S5, S2-S6 조합으로 이조합이 들어있는 셀은 모두 소거해준다. 그림 5.76은 소거된 Implication Chart이다.

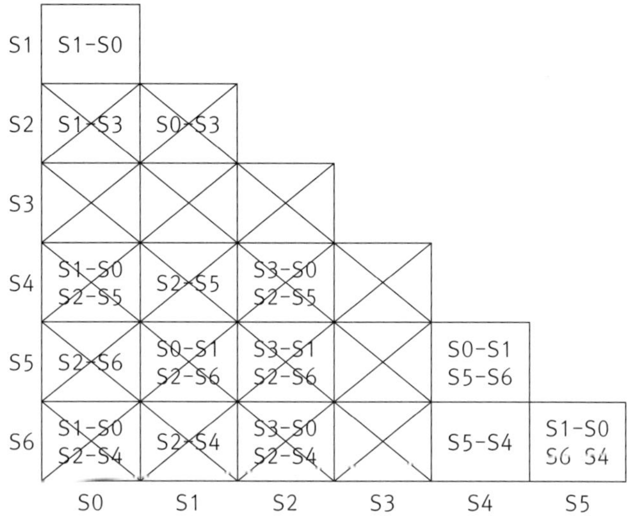

[그림 5.76] Implication Chart

마찬가지로 방금 소거된 셀의 조합이 들어 있는 셀은 모두 소거한다. 소거된 셀이 많을 때는 역으로 셀 내부의 값을 먼저 보고 소거된 셀인지 아닌지 확인하는 것이 더 편하다. 최종적으로 더 이상 소거되지 않는 셀들의 행-열 좌표를 읽으면 그 좌표에 해당하는 상태들이 중복상태가 된다. S0-S1셀이 살아남았으므로 S0과 S1은 중복 상태이다. S5-S4셀에 의해 S5와 S4는 중복 쌍태이며, S6-S4셀에 의해 S6와 S4도 중복항이다. 마지막으로 S6-S5 셀에 의해 S6과 S5는 중복 상태가 된다. 정리하면 다음과 같다. 여기서 주의할 점은 셀 내부의 상태쌍이 아니라 셀 외부의 행-열 좌표가 중복 상태를 의미한다는 점이다.

S0=S1, S5=S4, S6=S4, S6=S5

여기서 S5=S4이고, S4=S6이고, S6=S5이므로 S4=S5=S6이다.

S0'(S0=S1)
S4'(S4=S5=S6)

중복상태를 제거하여 표 5.27의 상태표를 다시 작성하면 표 5.28과 같다.

[표 5.28] 상태표

현재상태 Q	다음상태 Q+		출력
	X=0	X=1	
S0'	S0'	S2	0
S0'	S0'	S2	0
S2	S3	S2	0
S3	S3	S4'	1
S4'	S0'	S4'	0
S4'	S0'	S4'	0
S4'	S0'	S4'	0

따라서 최종 간소화된 상태표는 다음과 같다.

[표 5.29] 상태표

현재상태 Q	다음상태 Q+		출력
	X=0	X=1	
S0'	S0'	S2	0
S2	S3	S2	0
S3	S3	S4'	1
S4'	S0'	S4'	0

예제 섹션 6의 표 5.10 상태도를 Implication Chart를 이용해 상태 간소화하고 D 플립플롭을 이용해 회로를 설계하시오.

[표 5.30] 상태표(섹션 6의 표 5.10 상태도)

현재상태 Q	다음상태 Q+		출력
	X=0	X=1	
AB	AB	AB	Y
S0	S3	S1	0
S1	S1	S0	1
S2	S1	S0	1
S3	S2	S3	0

상태표를 바탕으로 Implication Chart를 작성하면 다음과 같다.

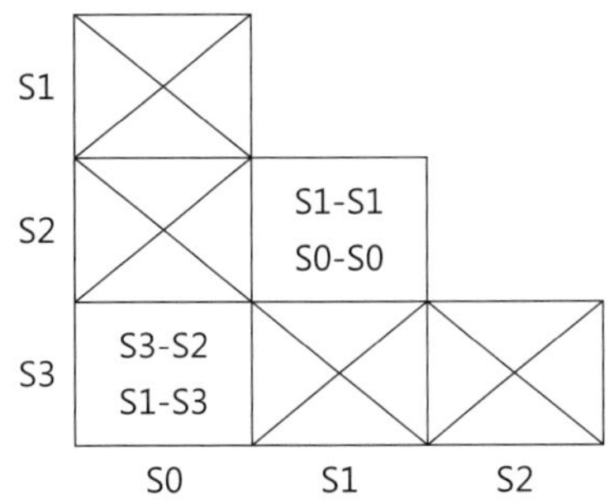

[그림 5.77] Implication Chart

중복항을 구하기위해 비중복항을 제거하면 그림 5.77과 같다. 소거되지 않은 셀은 S1-S2 셀로 중복항은 S1'(S1=S2)이다. (※ 셀안의 S1-S1, S0-S0 상태조합은 소거해도 되고 그림 5.78과 같이 그냥 놔둬도 된다.)

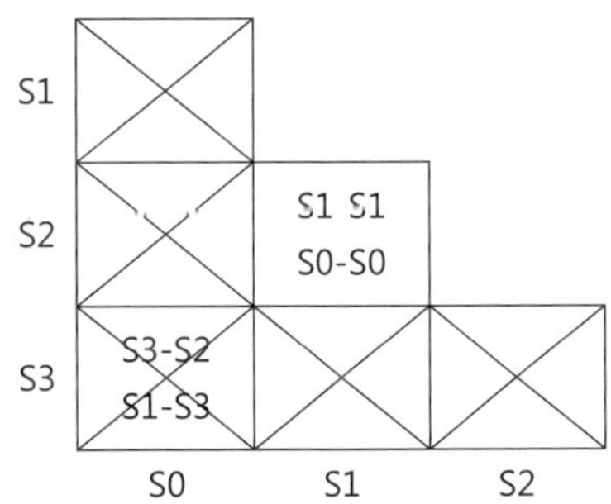

[그림 5.78] Implication Chart

간소화된 상태표는 표 5.31과 같다.

[표 5.31] 간소화된 상태표 S1'(S1=S2)

현재상태 Q	다음상태 Q+		출력
	X=0	X=1	
AB	AB	AB	Y
S0	S3	S1'	0
S1'	S1'	S0	1
S1'	S1'	S0	1
S3	S1'	S3	0

[표 5.32] 간소화된 상태표

현재상태 Q	다음상태 Q+		출력
	X=0	X=1	
AB	AB	AB	Y
S0	S3	S1'	0
S1'	S1'	S0	1
S3	S1'	S3	0

상태를 할당한 후 D 플립플롭의 입력값을 결정하면 표 5.33과 같다.

[표 5.33] 상태표

현재상태 Q	다음상태 Q+		출력	D F/F Input	
	X=0	X=1		X=0	X=1
AB	AB	AB	Y	DADB	DADB
00	10	01	0	10	01
01	01	00	1	01	00
10	01	10	0	01	10
11	XX	XX	X	XX	XX

D 플립플롭의 입력값과 출력을 간소화하면 다음과 같다.

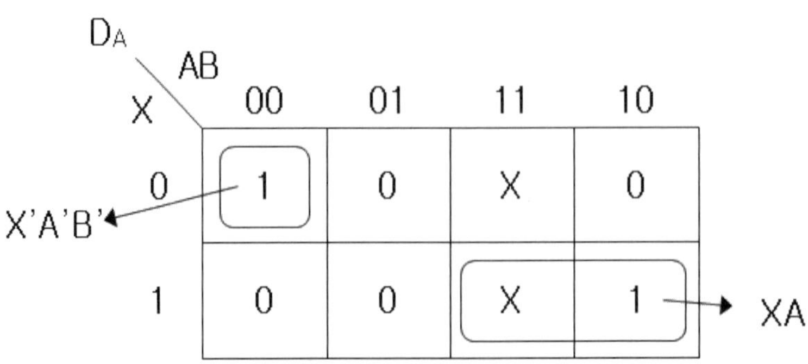

DA=X'A'B'+XA

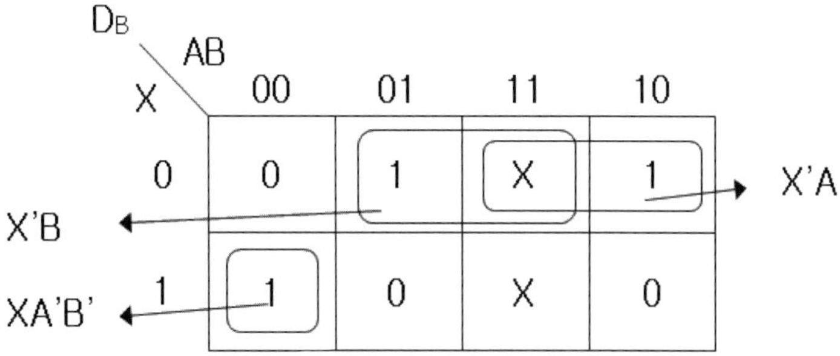

DB=X'B+XA'B'+X'A

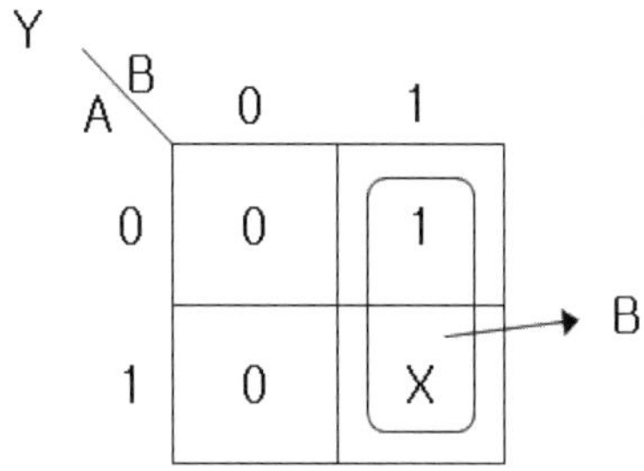

Y=B

그림 5.79 카르노우 맵을 이용한 간소화

간소화된 논리식을 이용하여 회로를 설계하면 그림 5.80과 같다.

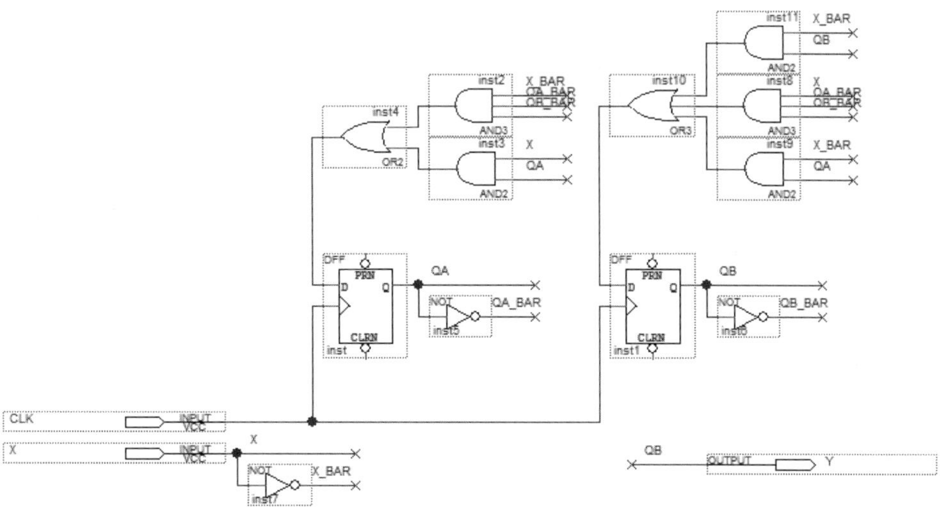

[그림 5.80] 회로설계

그림 5.81은 섹션 6의 표 5.10의 상태도를 회로 설계하여 시뮬레이션 한 결과이고, 그림 5.82는 위의 상태 간소화된 회로 5.80의 시뮬레이션 결과이다. 상태 간소화하여도 같은 결과가 출력됨을 확인할 수 있다.

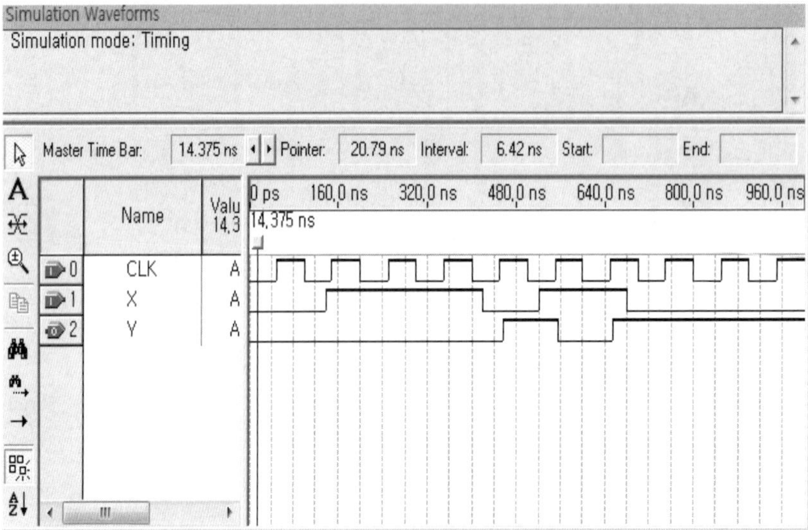

[그림 5.81] 상태간소화 전의 시뮬레이션 결과

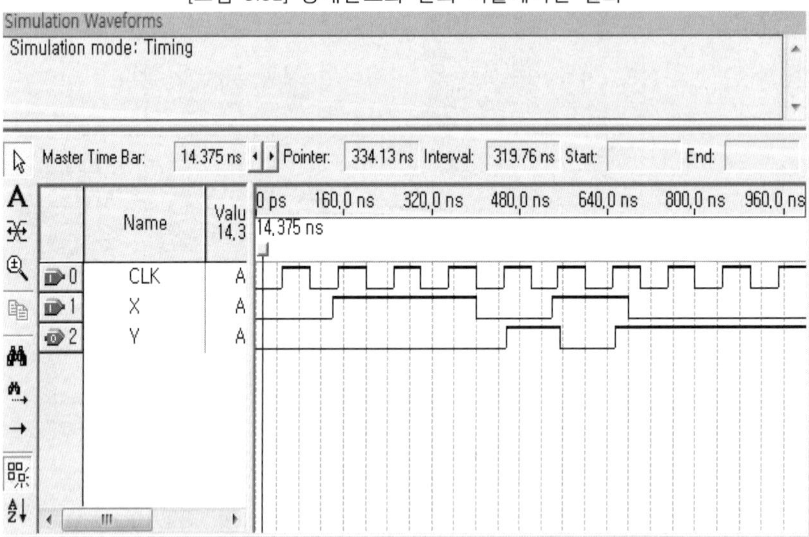

[그림 5.82] 상태간소화 회로 그림 5.80의 시뮬레이션 결과

연습문제

1. 표 5.24의 상태표와 같이 동작하는 회로를 JK 플립플롭을 이용하여 설계하시오.
2. 표 5.24의 상태표와 같이 동작하는 회로를 D 플립플롭을 이용하여 설계하시오.
3. 표 5.24의 상태표와 같이 동작하는 회로를 T 플립플롭을 이용하여 설계하시오.
4. 표 5.26 상태표와 같이 동작하는 회로를 JK 플립플롭을 이용하여 설계하시오.
5. 표 5.26 상태표와 같이 동작하는 회로를 D 플립플롭을 이용하여 설계하시오.
6. 표 5.26 상태표와 같이 동작하는 회로를 T 플립플롭을 이용하여 설계하시오.
7. 표 5.29 상태표와 같이 동작하는 회로를 JK 플립플롭을 이용하여 설계하시오.
8. 표 5.29 상태표와 같이 동작하는 회로를 D 플립플롭을 이용하여 설계하시오.
9. 표 5.29 상태표와 같이 동작하는 회로를 T 플립플롭을 이용하여 설계하시오.

7.3 Quartus II 및 TTL IC를 이용한 회로 설계

1) 사용 장비 및 부품

-. Schematic, Simulation : PC, ALTERA QUARTUS II

-. TTL-IC를 이용한 실험 : 전원공급기, 브레드보드, IC 7400, IC 7402, IC 7486

2) Quartus II를 이용한 Schematic 설계

-. 다음 회로도를 Quartus II를 이용하여 Schematic 설계하고 결과를 확인한다.

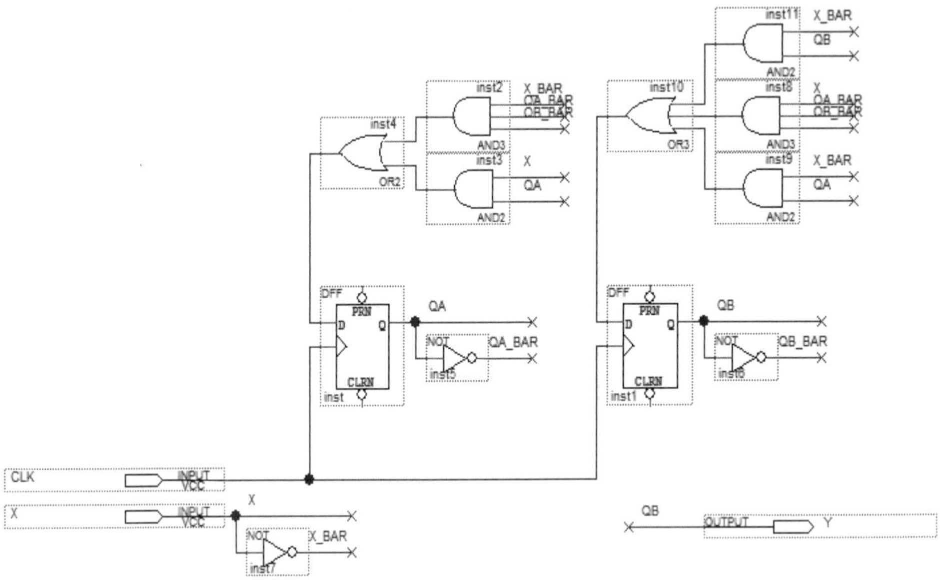

(a) 무어모델

[그림 5.83] 실험 회로도

3) TTL IC를 이용한 설계

-. TTL IC를 이용하여 그림 5.83의 (a) 회로를 브레드보드에 구현하고 결과를 확인한다. 입력은 토글스위치를 사용하며 결과는 LED로 확인한다. 다음은 IC 7404, IC 7408, IC 7486, IC 7432, IC 744075의 핀 번호이다.

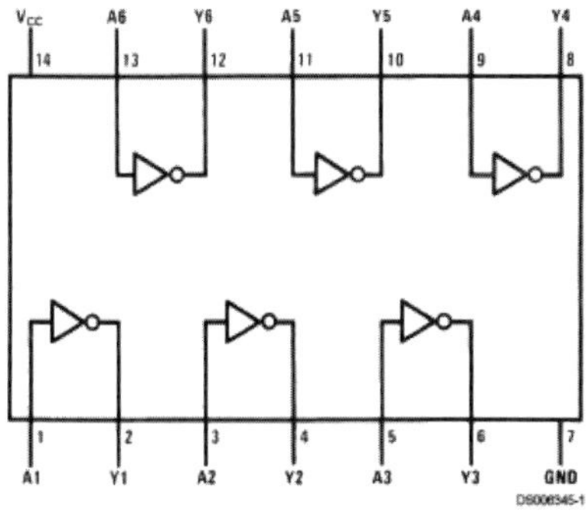

IC 7404

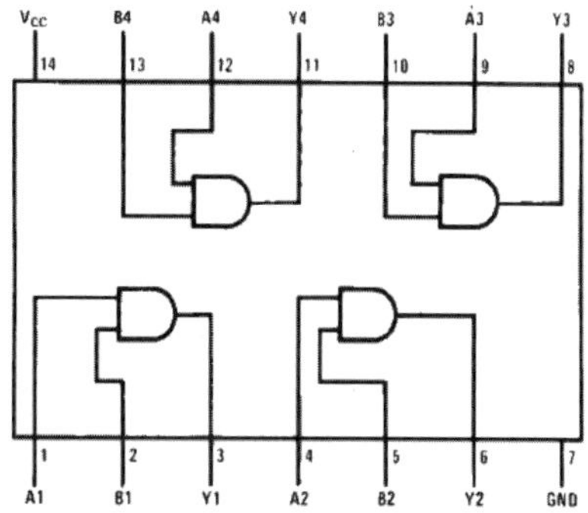

그림 754

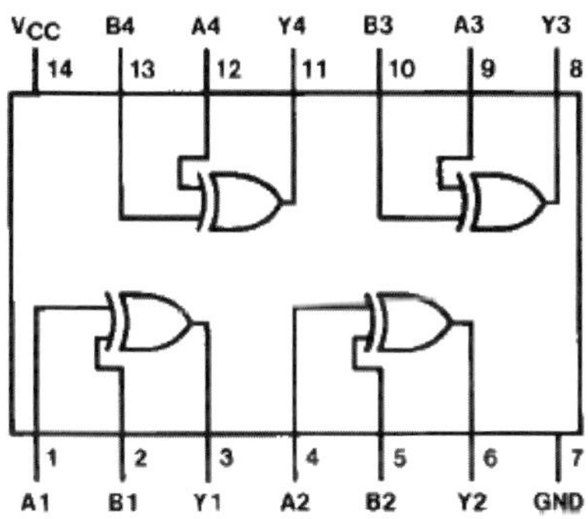

IC 7486

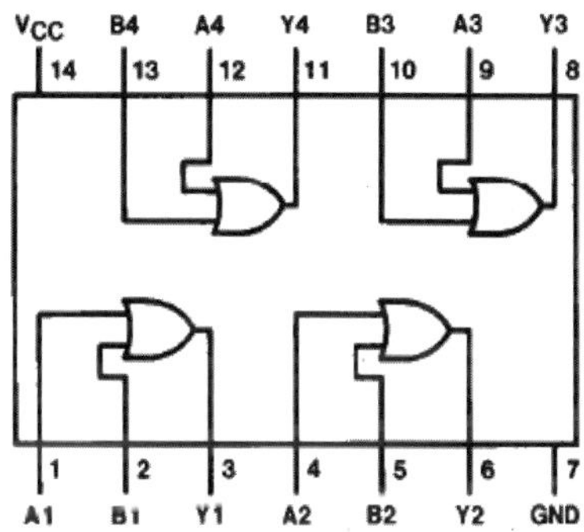

IC7432

4) 실험 결과

-. QUARTUS II의 Waveform Editor를 이용하여 결과를 확인한다.

-. TTL IC를 이용하여 회로를 구성하고 LED로 결과를 확인한다.

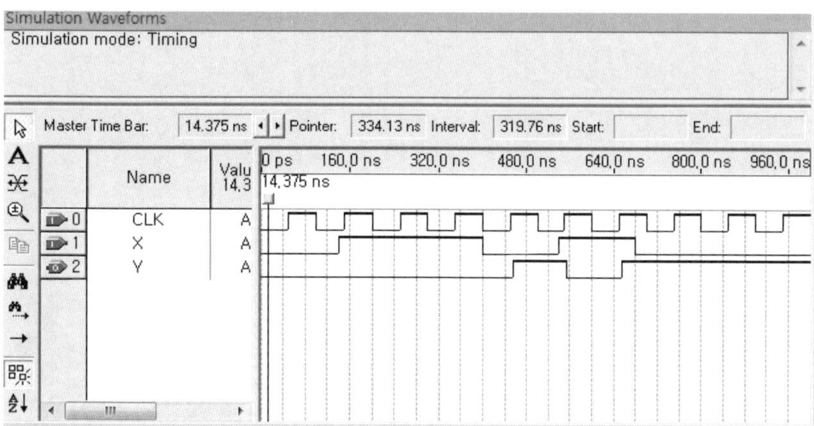

(a) 무어모델

연습문제

다음 상태표를 Implication Chart를 이용해 상태 간소화한 후 회로를 설계하여 시뮬레이션 하시오.

[표 5.34 상태표]

현재상태 Q	다음상태 Q+		출력
	X=0	X=1	
S0	S1	S2	0
S1	S2	S3	0
S2	S3	S4	0
S3	S4	S5	1
S4	S5	S6	1
S5	S4	S5	1
S6	S5	S6	0

SECTION 8. 순차회로 설계 및 응용

본 섹션에서는 그 동안 배운 순차회로 설계방법에 대해 정리하고 응용 회로를 설계 해본다. 그림 5.84는 순차회로 설계절차 이다.

① State Diagram

② State Reduction

③ State Assignment

④ F/F Selection

⑤ State Table(F/F Input) <- Transtion Table

⑥ Karnaugh map & Quine-McCluskey

⑦ Circuit Design

[그림 5.84] 순차회로 설계절차

8.1 열검출기 설계

열검출기는 입력되는 2진 신호 중 특정열을 검출하는 회로로 도어락 시스템등에 활용된다.

순차적으로 들어오는 입력 X에 대해 101열을 검출하는 밀리모델 회로를 설계해보자. 101열의 마지막 비트에서 1을 출력하는 시스템으로 밀리모델 상태도를 작성하면 그림 5.85와 같다.

X=0010100100101110100 1000...
Y=000010000000100010000 00..

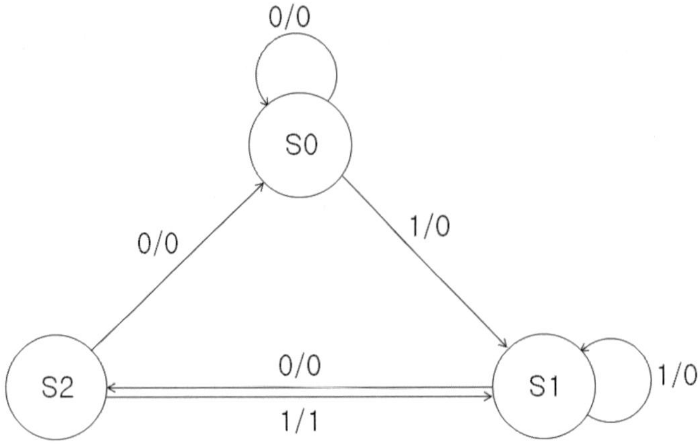

[그림 5.85] 열검출기 상태도

상태도를 바탕으로 상태표를 만들면 표 5.35와 같다.

[표 5.35] 상태표

현재상태 Q	다음상태 Q+		출력	
	X=0	X=1	X=0	X=1
S0	S0	S0	0	0
S1	S2	S1	0	0
S2	S0	S1	0	1

다음으로 상태 간소화를 위해 Implication Chart를 만들면 그림 5.86과 같다. 중복 상태가 없으므로 더 이상 상태 간소화가 이루어지지 않는다.

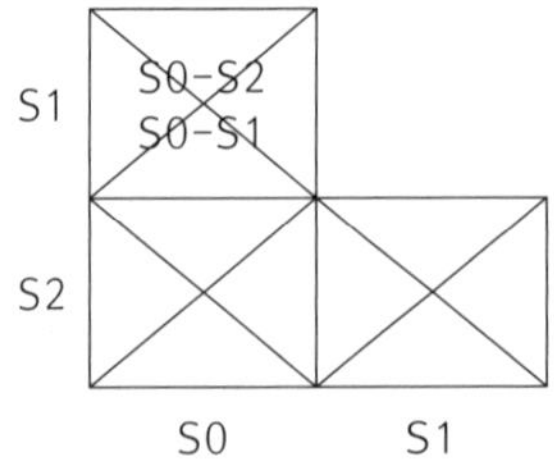

[그림 5.86] Implication Chart

표 5.35의 상태표에 상태를 할당하면 표 5.37과 같다. 3개의 상태가 존재하므로 2비트 2진수를 할당하면 된다. 11 상태는 없으므로 무상관항 X로 놓는다.

[표 5.36] 상태할당

상태	할당
S0	00
S1	01
S2	10

[표 5.37] 상태할당 된 상태표

현재상태 Q	다음상태 Q+		출력	
	X=0	X=1	X=0	X=1
00	00	00	0	0
01	10	01	0	0
10	00	01	0	1
11	XX	XX	X	X

다음으로 D 플립플롭을 선택 후 D 플립플롭의 입력값을 결정하면 표 5.38과 같다.

[표 5.38] 상태표

현재상태 Q	다음상태 Q+		출력		D FF Input	
	X=0	X=1	X=0	X=1	X=0	X=1
00	00	00	0	0	00	00
01	10	01	0	0	10	01
10	00	01	0	1	00	01
11	XX	XX	X	X	XX	XX

상태표를 이용하여 카르노우 맵으로 간소화하면 그림 5.87과 같다.

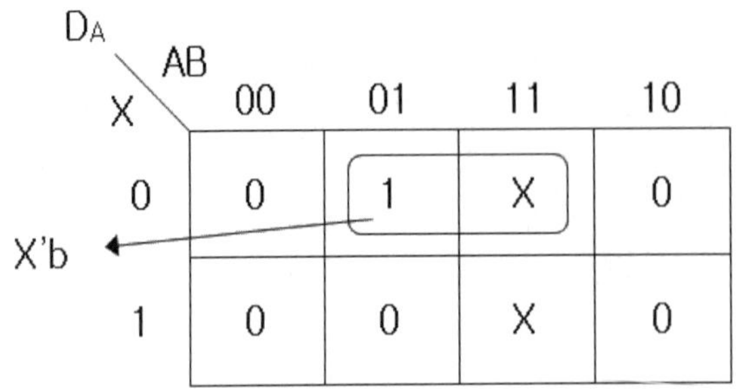

DA=X'B

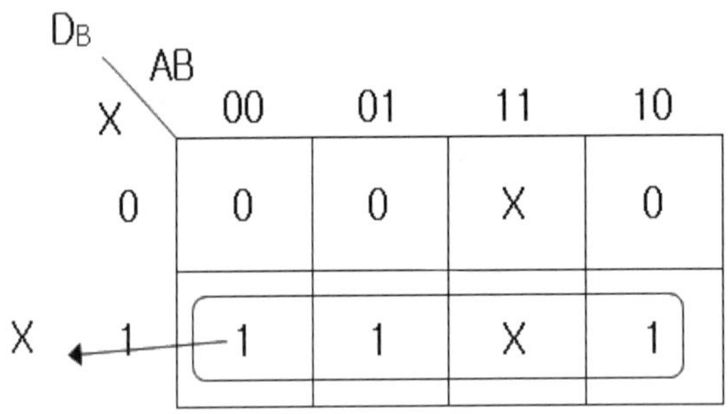

DB=X

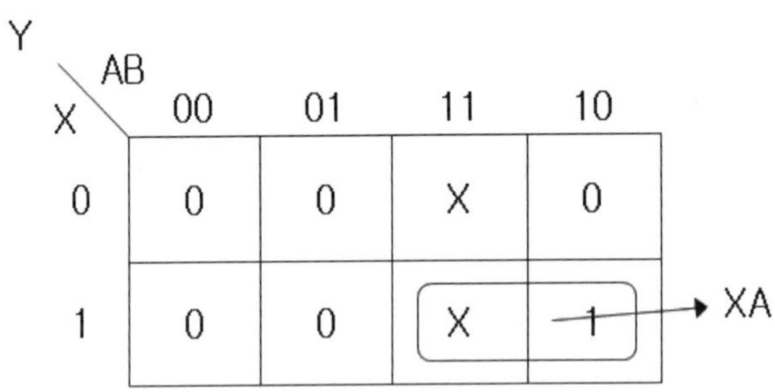

Y=XA

[그림 5.87] 간소화

간소화된 논리식을 바탕으로 회로를 설계하면 그림 5.88과 같다.

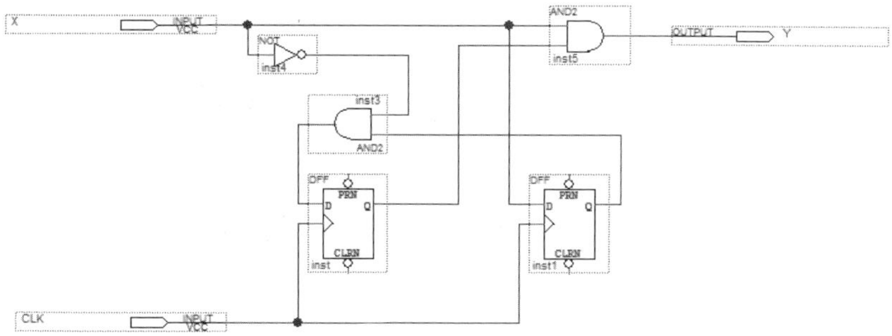

[그림 5.88] 회로설계

8.2 Vending Machine 설계

이번에는 Vending Machine을 설계해본다. Vending Machine에는 10원, 50원의 2가지 동전이 들어가고, 커피의 값은 50원이라고 가정한다. Vending Machine은 커피의 값 이상의 돈이 입력 시 커피를 출력으로 내보내며, 이에 따른 잔돈을 반환한다. 입력되는 돈은 커피가 출력될 금액(50원으로 가정) 이상이 입력되기 전에는 계속 누적된다. 한 번의 커피와 잔돈이 출력되면 외부 신호에 의해 기계는 다시 RESET된다.

그림 5.89은 Vending Machine의 상태도를 작성한 것이다. 누적 금액과 그에 따른 동작을 바탕으로 작성하였다.

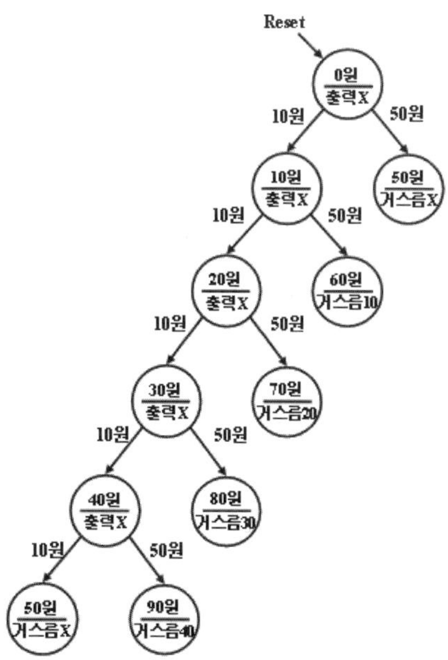

[그림 5.89] Vending Machine의 상태도

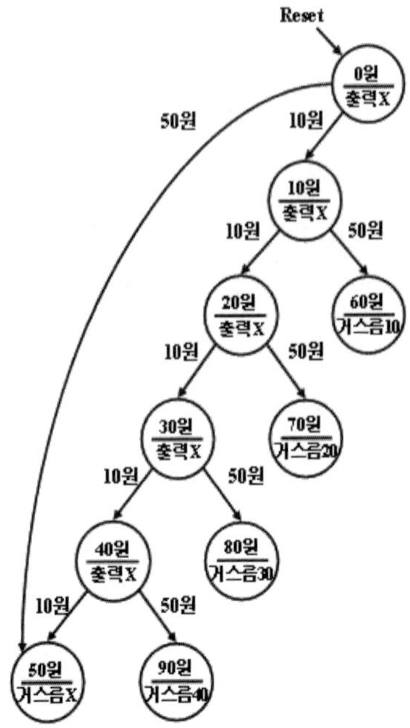

[그림 5.90] Vending Machine의 간소화된 상태도

그림 5.90은 상태 간소화한 상태도이다. 11개의 상태에서 10개 상태로 줄어든 것을 확인할 수 있다. 여기선 거의 모든 상태가 유일한 상태이므로 시각적으로도 간단하게 축소가 가능하다.

4) 상태할당

표 5.39는 동작에 따른 입력변수에 이진값을 할당한 상태표이다. 입력 상태는 동전이 들어오지 않는 경우의 상태를 00, 10원이 들어오는 상태를 01, 50원이 들어오는 상태를 10로 놓고, 두 개의 동전이 동시에 입력되는 경우는 없으므로 11상태는 무정의(don't care)로 가정한다. 표 5.40은 그림 5.90의 각각의 상태에 이진값을 할당한 상태표이다. 출력상태는 총 10개의 상태이므로 4비트가 필요하다.

[표 5.39] 입력상태

상태할당		동작
a	b	
0	0	무 변 화
0	1	10원 입력
1	0	50원 입력
1	1	don't care

[표 5.39] 출력 상태

상태할당 cdef	동작 (거스름돈)	누적금액
0 0 0 0	출력 없음 (0원)	0원
0 0 0 1	출력 없음 (0원)	10원
0 0 1 0	출력 없음 (0원)	20원
0 0 1 1	출력 없음 (0원)	30원
0 1 0 0	출력 없음 (0원)	40원
0 1 0 1	커피 출력 (0원)	50원
0 1 1 0	커피 출력 (10원)	60원
0 1 1 1	커피 출력 (20원)	70원
1 0 0 0	커피 출력 (30원)	80원
1 0 0 1	커피 출력 (40원)	90원

다음 표 5.40은 다음상태를 출력상태로 놓고 현재 상태에서 다음상태로 천이하기 위한 D F/F의 입력값을 나타낸 천이표이다.

표 5.40의 천이표를 보면 0101상태에서 부터는 무정의(don't care)상태로 놓았다. 즉 한 번의 커피와 산논 출력이 끝나면 자동으로 0000상태로 돌아가는 것이 아니라 F/F의 CLEAR단자 등을 이용해 RESET시켜 원상태로 돌아가도록 한 것이다. 하지만 다음 천이표 0101상태에서 1001상태까지의 다음상태 값을 변화시켜 특정값으로 주어 줌으로써 특정 상태루 천이시킬 수가 있다.

[표 5.40] 상태표

현재상태 Q	다음상태 Q'				D F/F Input			
	ab=01	ab=10	ab=11	ab=00	ab=01	ab=10	ab=11	ab=00
cdef	cdef	cdef	cdef	cdef	cdef	cdef	cdef	cdef
0000	0001	0101	××××	0000	0001	0101	××××	0000
0001	0010	0110	××××	0001	0010	0110	××××	0001
0010	0011	0111	××××	0010	0011	0111	××××	0010
0011	0100	1000	××××	0011	0100	1000	××××	0011
0100	0101	1001	××××	0100	0101	1001	××××	0100
0101	××××	××××	××××	××××	××××	××××	××××	××××
0110	××××	××××	××××	××××	××××	××××	××××	××××
0111	××××	××××	××××	××××	××××	××××	××××	××××
1000	××××	××××	××××	××××	××××	××××	××××	××××
1001	××××	××××	××××	××××	××××	××××	××××	××××
1010	××××	××××	××××	××××	××××	××××	××××	××××
1011	××××	××××	××××	××××	××××	××××	××××	××××
1100	××××	××××	××××	××××	××××	××××	××××	××××
1101	××××	××××	××××	××××	××××	××××	××××	××××
1110	××××	××××	××××	××××	××××	××××	××××	××××
1111	××××	××××	××××	××××	××××	××××	××××	××××

그림 5.91은 카르노우 맵을 이용하여 회로를 간소화한 것이다.

Dc, ab = 00

cd \ ef	00	01	11	10
00	0	0	0	0
01	0	×	×	×
11	×	×	×	×
10	×	×	×	×

Dc, ab = 01

cd \ ef	00	01	11	10
00	0	0	0	0
01	0	×	×	×
11	×	×	×	×
10	×	×	×	×

Dc, ab = 11

cd \ cf	00	01	11	10
00	×	×	×	×
01	×	×	×	×
11	×	×	×	×
10	×	×	×	×

Dc, ab = 10

cd \ ef	00	01	11	10
00	0	0	1	0
01	1	×	×	×
11	×	×	×	×
10	×	×	×	×

(a) Dc=ad+aef

Dd, ab = 00

cd \ ef	00	01	11	10
00	0	0	0	0
01	1	×	×	×
11	×	×	×	×
10	×	×	×	×

Dd, ab = 01

cd \ ef	00	01	11	10
00	0	0	1	0
01	1	×	×	×
11	×	×	×	×
10	×	×	×	×

Dd, ab = 11

cd \ ef	00	01	11	10
00	×	×	×	×
01	×	×	×	×
11	×	×	×	×
10	×	×	×	×

Dd, ab = 10

cd \ ef	00	01	11	10
00	1	1	0	1
01	0	×	×	×
11	×	×	×	×
10	×	×	×	×

(b) Dd=a'd+bef+ad'f'+ae'f

De, ab = 00

cd \ ef	00	01	11	10
00	0	0	1	1
01	0	×	×	×
11	×	×	×	×
10	×	×	×	×

De, ab = 01

cd \ ef	00	01	11	10
00	0	1	0	1
01	0	×	×	×
11	×	×	×	×
10	×	×	×	×

De, ab = 11

cd \ ef	00	01	11	10
00	×	×	×	×
01	×	×	×	×
11	×	×	×	×
10	×	×	×	×

De, ab = 10

cd \ ef	00	01	11	10
00	0	1	0	1
01	0	×	×	×
11	×	×	×	×
10	×	×	×	×

(c) De=a'b'e+be'f+ef'+ae'f

Df, ab = 00

cd \ ef	00	01	11	10
00	0	1	1	0
01	0	×	×	×
11	×	×	×	×
10	×	×	×	×

Df, ab = 01

cd \ ef	00	01	11	10
00	1	0	0	1
01	1	×	×	×
11	×	×	×	×
10	×	×	×	×

Df, ab = 11

cd \ ef	00	01	11	10
00	×	×	×	×
01	×	×	×	×
11	×	×	×	×
10	×	×	×	×

Df, ab = 10

cd \ ef	00	01	11	10
00	1	0	0	1
01	1	×	×	×
11	×	×	×	×
10	×	×	×	×

(d) Df=a'b'f+bf'+af'

[그림 5.91] 간소화 과정

그림 5.92은 논리식을 바탕으로 설계한 회로이다.

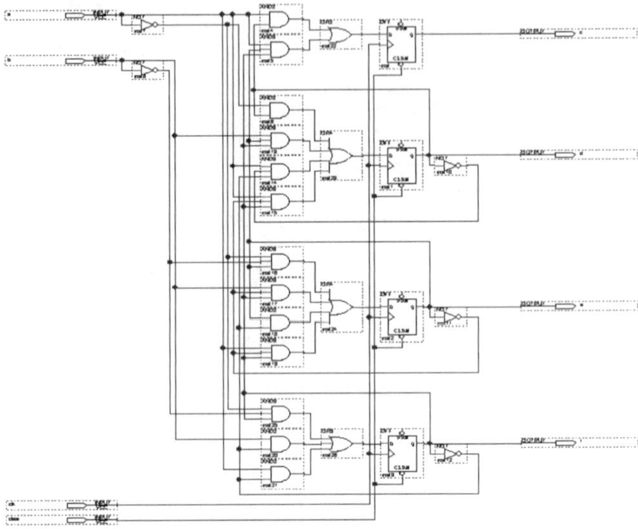

[그림 5.92] 회로 설계

8.3 Quartus II 및 TTL IC를 이용한 회로 설계

1) 사용 장비 및 부품

-. Schematic, Simulation : PC, ALTERA QUARTUS II

-. TTL-IC를 이용한 실험 : 전원공급기, 브레드보드, IC 7400, IC 7402, IC 7486

2) Quartus II를 이용한 Schematic 설계

-. 다음 회로도를 Quartus II를 이용하여 Schematic 설계하고 결과를 확인한다.

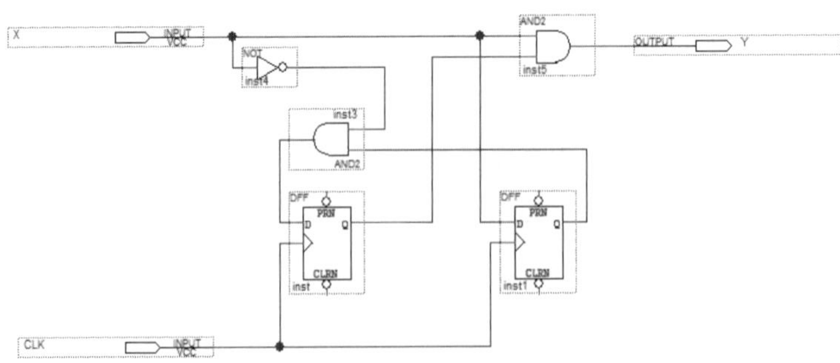

(a) 열검출기

[그림 5.93] 실험 회로도

3) TTL IC를 이용한 설계

-. TTL IC를 이용하여 그림 5.93의 회로를 브레드보드에 구현하고 결과를 확인한다. 입력은 토글스위치를 사용하며 결과는 LED로 확인한다. 다음은 IC 7404, IC 7408, IC 7486, IC 7432, IC 744075의 핀 번호이다.

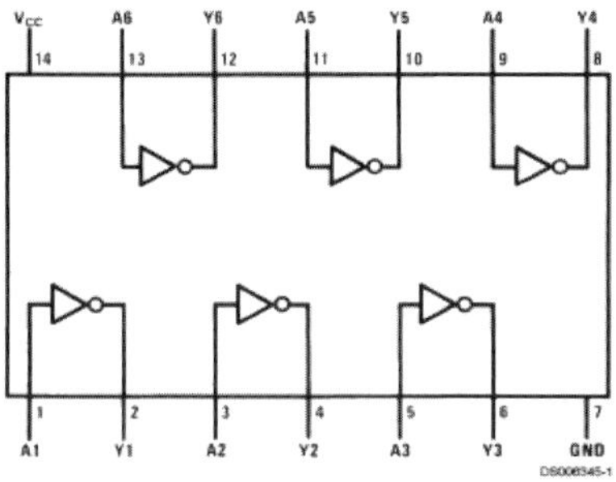

IC 7404

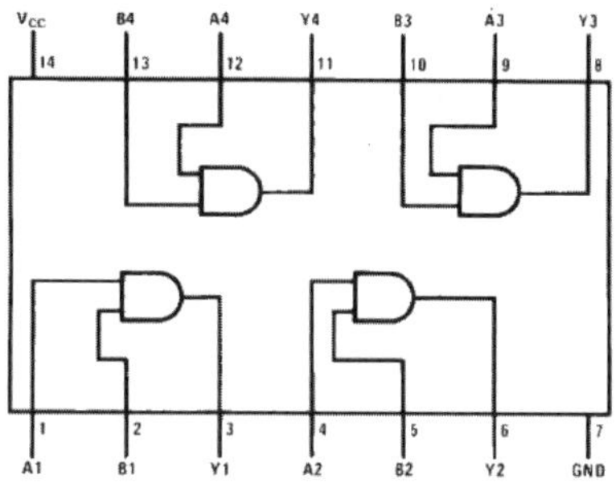

IC 7408

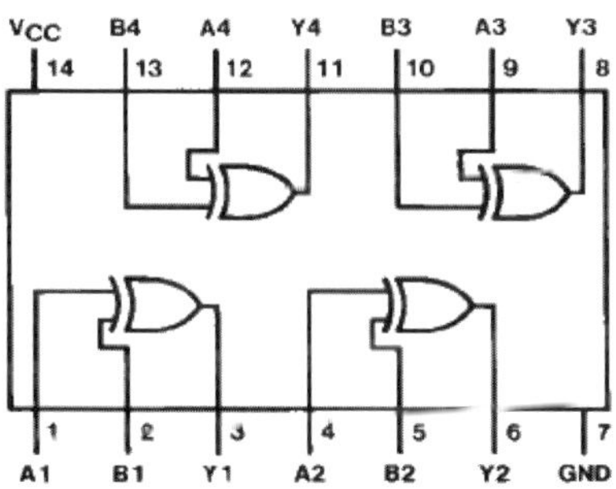

IC 7486

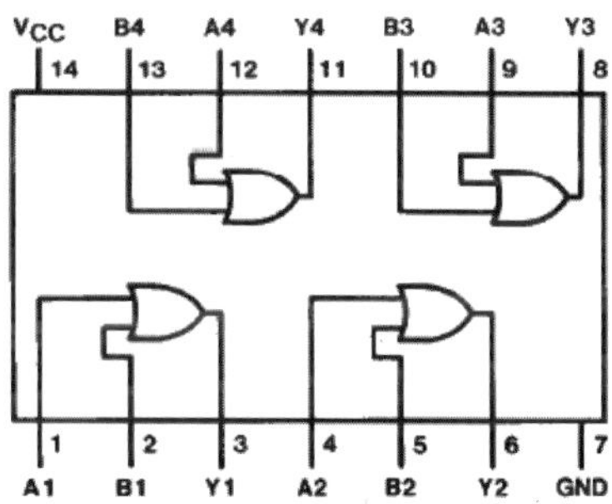

IC7432

4) 실험 결과

-. QUARTUS II의 Waveform Editor를 이용하여 결과를 확인한다.

-. TTL IC를 이용하여 회로를 구성하고 LED로 결과를 확인한다.

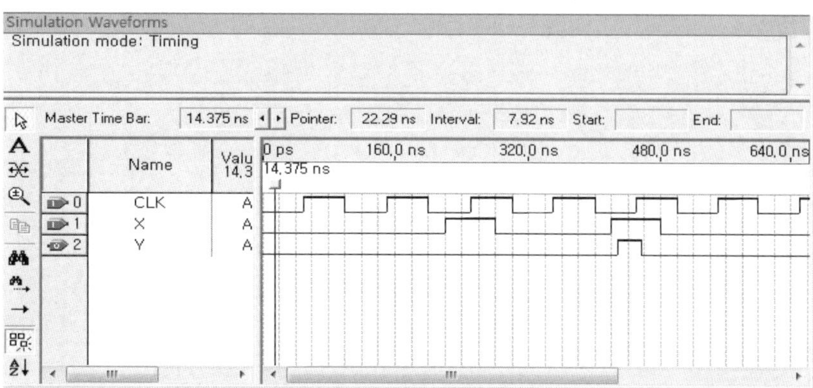

(a) 열검출기

연습문제

Vending Machine 회로를 설계하여 결과를 확인하시오.

PART 3

VHDL 및 HBE-COMBO를 이용한 디지털 논리회로 설계 실습

CHAPTER 6 HBE-COMBO 사용하기

SECTION 1. HBE-COMBO란?

HBE-Combo는 현대의 전자, 정보통신 산업현장에서 필요로 하는 디지털 논리회로 설계에 대한 교육환경을 벗어나 이론에서 얻은 결과를 직접 눈으로 확인 할 수 있도록 하기 위한 디지털 논리 회로 설계 실습 장비이다. HBE-Combo는 산업 현장에서 디지털 회로설계에 많이 적용되고 있는 FPGA를 이용하여 사용자가 설계한 회로를 직접 하드웨어를 이용하여 동작시킴으로 이론교육에서 얻을 수 없었던 여러 가지 동작 현상을 실험을 통해 얻을 수 있으며 이와 아울러 학생들에게 디지털 논리 회로 설계에 대한 흥미를 유발 시킬 수 있다. 따라서 본 교재에서는 디지털 시스템의 이론적인 이해뿐만 아니라 Tool 및 FPGA를 이용한 실습을 통해 실무에 적용할 수 있는 능력을 키우고자 한다.

1.1 HBE-COMBO 구성

HBE-Combo는 FPGA부, 제어부, 입출력 장치부, PC 연결부로 나누어지며 장비를 사용할 때는 이들을 조작하여 필요한 동작을 위한 준비를 하여야 한다. 그림 6.1은 HBE-Combo의 구성으로 다음과 같은 기능을 수행한다.

① FPGA부
FPGA 디바이스가 모듈로 구성되어 본체에 장착되도록 구성한다.

② 제어부
FPGA의 동작을 설정하고 FPGA로 공급되는 클럭 소스를 선택할 수 있도록 구성한다.

③ 입출력 장치부
FPGA로 제어할 수 있도록 구성된 주변 입출력 장치이며 각각의 장치는 장치 주변에 위치한 Control SW에 의해 FPGA와 연결 또는 차단될 수 있다.

④ PC 연결부
장비를 사용하기 위해서는 PC를 필수적으로 사용하여야 하며 PC와 장비를 연결하기 위한 연결 케이블이 필요하다.

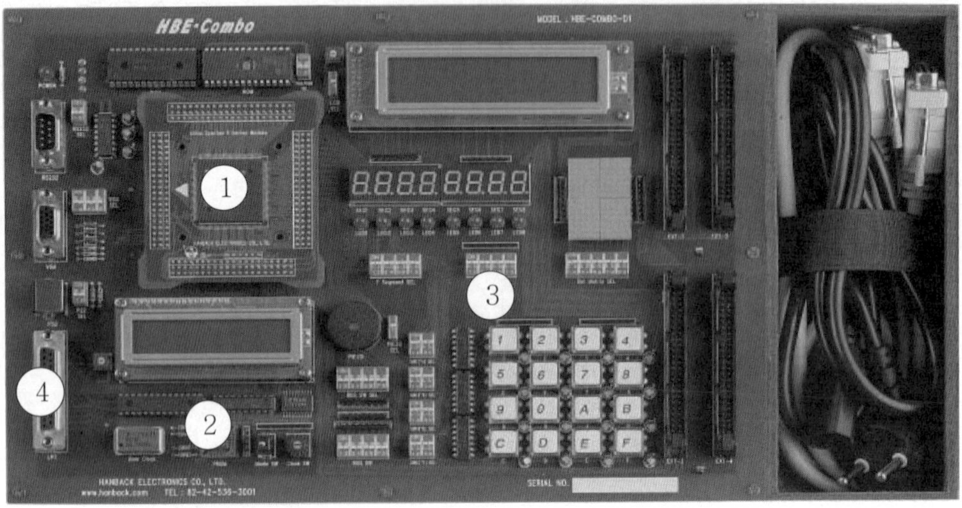

[그림 6.1] HBE-Combo 구성

1.2 HBE-COMBO 사용하기

HBE-Combo의 사용 순서는 다음과 같다.

1) 본 장비를 활용하기 위해서는 ALTERA사 또는 XILINX사에서 제공하는 회로 설계 소프트 웨어가 준비되어야 하며 Configuration ROM을 프로그램 하기 위한 Atmel 사의 ROM Write 프로그램이 준비되어야 한다.

2) 사용할 FPGA 모듈을 선택하여 그림과 같이 장착한다. 장착 시 주의할 사항은 커넥터가 정확히 일치하게 연결되지 않은 상태에서 전원을 인가할 경우 FPGA 디바이스가 손상될 위험이 있으므로 주의해야 한다. FPGA 모듈에 맞는 FPGA용 Configuration ROM을 제품의 왼쪽 아래에 있는 PROM 소켓에 장착하고, ALTERA FPGA 모듈일 경우 AT17CxxxA 타입을 사용하여야 한다.

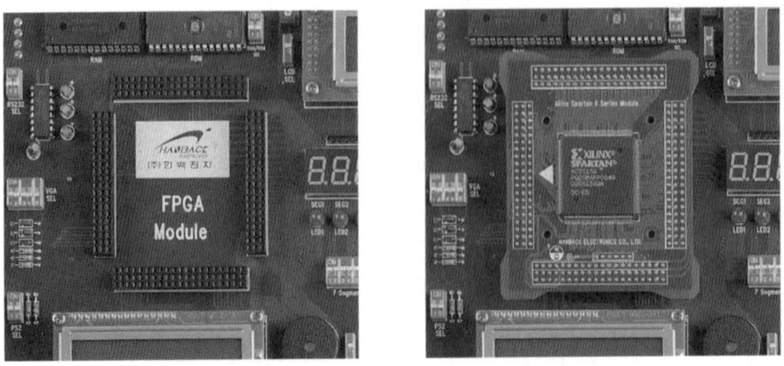

(a) 장착 전 (b) 장착 후

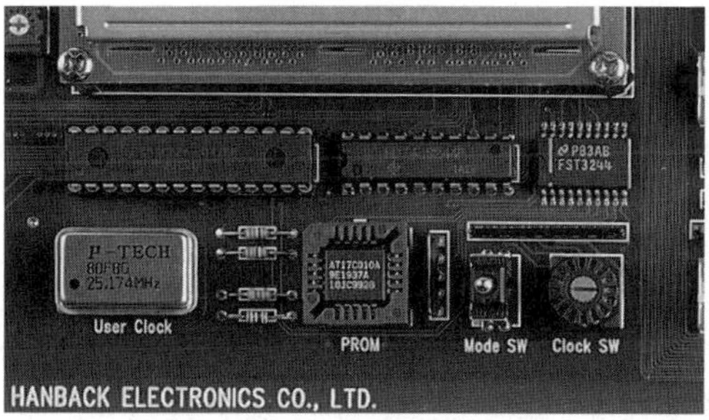

(c) Configuration ROM

[그림 6.2] 디바이스 장착

3) HBE-Combo에 포함되어 있는 전원 케이블을 제품의 왼쪽 측면이 있는 전원 연결 포트에 그림 6.3과 같이 연결한다. HBE-Combo의 전원 스위치가 꺼져 있는지 확인하신 후 전원 케이블을 전원 플러그에 연결한다.

   LPT용 케이블을 PC의 LPT(프린트) 포트에 연결하고 다른 한쪽은 제품의 왼쪽 아래에 있는 LPT 포트에 연결한다.

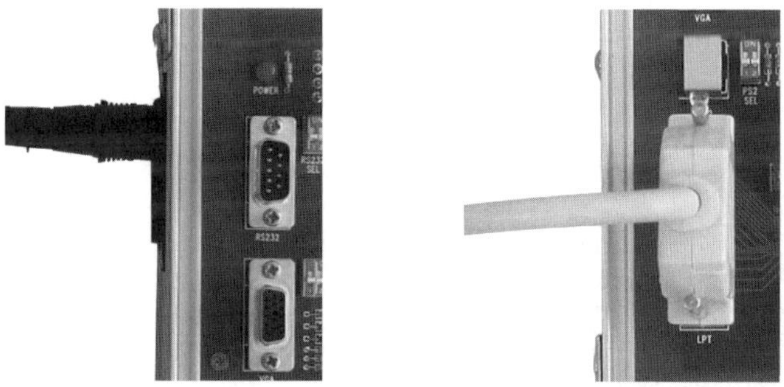

(a) 전원 케이블 연결 (b) LPT 케이블 연결

[그림 6.3] 케이블 연결

4) 동작에 필요한 입출력 장치의 control 스위치를 on하고 사용되지 않는 입출력 장치의 control 스위치를 off한다.

   예를 들어 LED 출력을 사용할 경우 LED 출력 아래에 있는 LED SEL 스위치를 on 하면 된다. 여기서 사용하지 않는 입출력 장치의 control 스위치를 off하지 않을 경우 사용자가 설계한 로직의 동작이 제대로 되지 않거나 사용하지 않는 출력 장치에 임의의 출력이 발생 할 수 있다. 잘못된 입력의 전달로 인해 HBE-Combo가 손상될 수 있으므로 꼭 사용하지 않는 입출력 장치의 control 스위치는 off해야 한다.

[그림 6.4] 입출력 CONTROL SW (예 LED control SW)

5) 전원 스위치를 on하여 전원 LED에 불이 제대로 들어오는지 확인하시고 LED에 불이 들어오지 않을 경우 전원 케이블이 제대로 연결되었는지 또는 제품에서 쇼트(단락)된 부분이 없는지 확인한다.

6) 전원이 정상적으로 들어 올 경우 제품 왼쪽 아래에 있는 Clock SW를 돌려 원하는 클럭 소스 입력을 선택한다. 선택된 값은 왼쪽 아래의 상태 LCD 창에 나타난다. 그리고 Clock SW 왼쪽에 있는 Mode SW를 원하는 동작 상태를 아래의 표에서 확인 후 스위치를 조작한다.

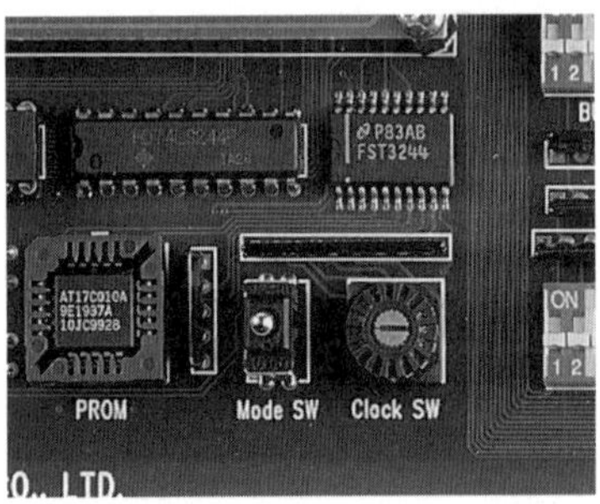

(a) 동작모드와 클럭 선택 SW

Mode SW 상태	상태 LCD 표시	설 명
상	Download	PC에서 FPGA 프로그램 데이터 Download
중	Verify	PROM에서 FPGA 프로그램 데이터 Download
하	Write	Configuration ROM Write

(b) FPGA 디바이스 동작모드

[그림 6.5] Mode SW, Clock SW

Clock SW에서 'F'를 선택하였을 때 공급되는 User 클럭은 제품 왼쪽 아래에 위치한 User Clock 소켓에 장착된 오실레이터의 클럭이 공급되다. HBE-Combo는 출하시 25.174 Mhz의 오실레이터가 장착되어 있다.

1.3 HBE-COMBO의 3가지 동작특성

제품 동작은 다음과 같이 크게 3가지로 구분되며 각각의 사용 방법은 다음과 같습니다.

1) FPGA Download (Download)

사용자가 설계한 로직을 FPGA 디바이스로 직접 프로그램 데이터를 전송하여 동작을 확인 하는 방법이다. 다운로드에 의해 바로 동작을 확인할 수 있다는 장점은 있으나 제품의 전원을 off할 경우 다운로드 된 프로그램 데이터가 지워져서 다시 동작을 할 경우 제 다운로드를 해야 한다.

동작 중에 PC와 연결되어 있는 LPT 케이블을 제거할 경우 FPGA가 초기화 되는 현상이 발생하므로 동작 중에는 LPT 케이블을 제거하지 말아야 한다.

2) Configuration ROM Write (Write)

FPGA 디바이스는 SRAM으로 구성되어 있어 전원이 off되면 프로그램 데이터가 소거되어 전원을 on할 때마다 다시 프로그램을 다운로드 하여야한다. 이것을 개선하기 위해 Configuration ROM을 사용하여 FPGA 프로그램 데이터를 ROM에 저장하여 전원이 인가 될 때 자동으로 ROM에 저장된 프로그램 데이터를 FPGA로 다운로드하여 동작한다. Configuration ROM을 프로그램 하는 방법은 ROM Writer를 이용하거나 다운로드 케이블을 이용하여 PC에서 ROM으로 데이터를 다운로드하는 방법이 있는데 여기서는 후자를 이용한다.

3) Configuration ROM을 이용한 FPGA Verify (Verify)

Configuration ROM에 저장된 프로그램 데이터를 이용하여 FPGA를 동작시키는 방법이다. Configuration ROM과 FPGA가 연결된 상태에서 전원이 on될 경우 ROM에 저장된 프로그램 데이터가 FPGA로 다운로드 되어 FPGA가 동작하게 되는데 전원이 불안정 할 경우 다운로드가 실패하는 현상이 발생할 수 있다. 이 경우 전원을 on한 상태에서 Mode SW를 Write 상태로 하여 FPGA를 초기화하고 Mode SW를 Verify로 전환하면 정상적으로 다운로드 된다.

SECTION 2. HBE-COMBO 환경 및 구성

HBE-Combo는 FPGA 디바이스의 유연성과 확장성을 고려하여 디바이스의 교환이 가능하도록 모듈화 되었으며 ALTERA사의 FLEX10K Series(20 K~40 K Gates)와 ACEX Series(30 K~100 K Gates)디바이스를 사용할 수 있다. Xilinx사의 경우는 Spartan Series(30 K~40 K Gates)와 Spartan II Series(50 K~200 K Gates)를 사용 가능 하도록 만들어졌다.

또한 LCD를 통해 현재의 동작 상태와 사용자용 클럭 주파수의 설정 상태를 확인 할 수 있으며 다양한 클럭 주파수 공급 및 사용자용 클럭 주파수를 제공하여 클럭 분주로 인한 디바이스 설계 용량을 감소시킬 수 있다.

사용자가 제작한 입출력 장치들을 인터페이스 할 수 있도록 별도의 확장용 포트를 지원하며, 다양한 작업(FPGA Download, PROM Program)에 사용되는 PC와의 연결 포트를 하나로 단일화하여 하드웨어 설정을 손쉽게 할 수 있도록 하였다.

2.1 HBE-COMBO 환경

다음은 FPGA를 위한 디바이스 규격이다.

-. ALTERA FPGA Device (20K~100K Gates)
FLEX10K Series (EPF10K20RC208, EPF10K30RC208, EPF10K40RC208)
ACEX Series (EP1K30QC208, EP1K50QC208, EP1K100QC208)

-. Xilinx FPGA Device (30 K~200 K Gates)
Spartan Series (XCS30PQ208, XCS40PQ208)
Spartan II Series (XC2S50PQ208, XC2S100PQ208, XC2S150PQ208, XC2S200PQ208)

보드에서 사용하는 Configuration ROM 규격은 다음과 같다.

-. Atmel사의 FPGA Configuration ROM인 AT17Cxxx(A) 계열의 ROM을 사용

-. 사용 가능 시리얼 롬
ALTERA FPGA용 PROM : AT17C512A, AT17C010A, AT17C020A
Xilinx FPGA용 PROM : AT17C512, AT17C010, AT17C020

2.2 HBE-COMBO 구성 및 각 부분 명칭

그림 6.6은 HBE-Combo의 외관이다. 보드의 구성과 각 부분의 명칭 및 기능을 살펴보자.

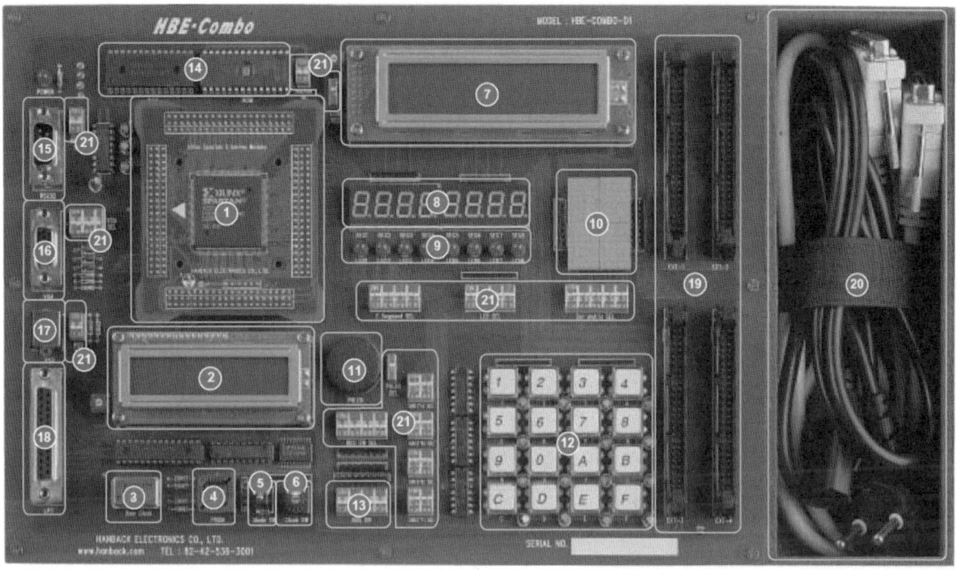

[그림 6.6] HBE-Combo 전체 구성

① FPGA 모듈
ALTERA 및 XILINX FPGA 디바이스를 장착하여 사용하기 위해 착탈이 가능하도록 컨넥터로 구성하였다.

② 동작 표시 LCD
장비 동작에 대한 상태를 표시하는 LCD로 FPGA 및 PROM에 대한 동작 모드(Download, PROM Write, FPGA Verify)와 클럭 소스에 대한 주파수를 표시한다.

③ 사용자 클럭 소스 입력
장비에서 제공하지 않는 클럭 소스가 필요할 경우 오실레이터를 장착하여 사용자에 필요한 클럭 소스를 공급할 수 있도록 하기 위한 소켓이다. 장비 출하 시는 VGA 클럭 소스(25.174 MHz)를 위해 오실레이터가 장착되어 있으며 이를 제거하고 사용자에게 필요한 주파수의 오실레이터를 장착하여 사용할 수 있다.

④ Configuration ROM
FPGA 동작에 사용되는 Configuration ROM를 장착하는 곳으로 FPGA 디바이스(ALTERA, XILINX)에 따라 다른 종류의 ROM을 사용한다. 본 교재에서 사용하는 ROM은 Atmel사의 FPGA Configuration ROM이다.

⑤ 동작 스위치

3단자로 구성된 동작 스위치이다. Download, PROM Write, FPGA Verify를 선택할 수 있다.

⑥ 클럭 소스 선택 스위치

40 MHz ~ 1 Hz의 15가지 분주된 클럭 소스와 사용자 클럭 소스를 선택하기 위한 스위치이다.

⑦ Text LCD

20문자 × 2라인을 출력할 수 있도록 구성된 Text LCD이다.

⑧ 7 Segment Array

총 8자리의 숫자를 표시할 수 있도록 구성된 7 Segment이다.

⑨ LED

총 8개의 LED로 구성되어 있다.

⑩ Dot Matrix LED

10 도트 × 14으로 구성된 Dot Matrix LED로서 최대 4자의 영문자 또는 1자의 한글을 표시할 수 있도록 구성되었다.

⑪ Piezo

특정 주기의 클럭 소스를 인가할 경우 소리를 발생하는 사운드 출력이다.

약 10 KHz ~ 1 Hz의 클럭 소스를 사용하여 다양한 사운드를 출력 할 수 있다.

⑫ 버튼 스위치

0 ~ 9, A ~ F가 표시되어 있는 버튼스위치 입력이다. 이 스위치에는 체터링을 방지하기 위한 회로가 추가되어있다.

⑬ 버스 스위치 모듈

8비트의 버스 입력을 위한 Dip 타입의 스위치이다. 이 스위치에는 체터링 방지 회로가 내장되어 있지 않으므로 버튼스위치의 용도로 사용할 경우 정상적인 입력이 되지 않을 수 있다.

⑭ 메모리 모듈

256K Bit의 SRAM과 512K Bit의 EPROM으로 구성되어 있으며 SRAM과 EPROM의 Data 라인을 공유하도록 구성되어 동시사용은 불가능하다.

⑮ RS-232 통신 포트

PC 등의 RS-232 포트와의 통신을 위한 시리얼 포트로 9핀 Male 형태로 구성되어 있다.

⑯ VGA 포트

CRT 모니터를 제어하기 위한 출력 포트로 RGB 제어 방식이며 사용 가능한 색상은 8가지이다.

⑰ PS2 포트
PC의 입력 장치로 사용되는 키보드, 마우스를 입력 소스로 사용하기 위한 입력 포트이다.

⑱ LPT 포트
FPGA, Configuration ROM을 Download 또는 Write하기 위해 PC의 LPT 포트와 연결하기 위한 포트이다. LPT 인터페이스용 포트로 사용 할 수 없다.

⑲ 확장 포트
외부 Application 장치나 사용자가 제작한 장치를 연결하기 위한 포트로 50핀 Male 컨넥터로 구성되어 있으며 총 4 포트를 제공한다.

⑳ 케이블 수납공간
장비에서 사용되는 전원 케이블, LPT 케이블을 수납하기 위한 공간이다.

㉑ 입출력 장치 제어 스위치
장비에서 제공하는 입출력 장치는 FPGA 디바이스와 직접 연결되어 있다. 사용하지 않는 장치의 경우 장치 주변에 제어 스위치를 두어 FPGA 디바이스와의 연결을 차단할 수 있도록 구성되었다.

2.3 HBE-COMBO 기능

1) Botton SW

그림 6.7은 {1, 2, 3, 4, 5, 6, 7, 8, 9, 0, A, B, C, D, E, F} 중 하나를 나타낸다. 예를 들어 연결소자의 이름이 SW_A라면 아래 그림의 버튼 스위치 중 "A"문자의 버튼 스위치를 나타낸다. 버튼 스위치를 누르면 High(1)값이 입력되고, 버튼스위치를 누르지 않았을 때는 Low(0) 값이 입력된다.

[그림 6.7] Botton SW

2) Bus SW

버스 스위치는 0에서 7까지의 숫자를 가지고 있다. 예를들어 연결소자의 이름이 SW0이라면 아래 그림의 DIP 스위치 중 첫 번째 DIP 스위치를 말하는 것이다. 버스 스위치로는 DIP Type 의 스위치를 사용하는 데 각 스위치를 위로 올렸을때 HIGH(1)의 값이 전달되고, 아래로 내렸을 때는 LOW(0) 값이 전달된다.

[그림 6.8] Bus SW

3) LED

그림 6.9는 연산된 결과를 확인해 볼 수 있는 LED의 출력을 나타낸다.

[그림 6.9] LED

4) 7 Segment

연산 결과를 확인해 볼 수 7 Segment의 출력을 나타낸다. 4개의 7-Segment가 하나로 구성되어 있는 7-Segment LED Array 두 개 연결하여 그림 6.10과 같이 구성되어 있다.

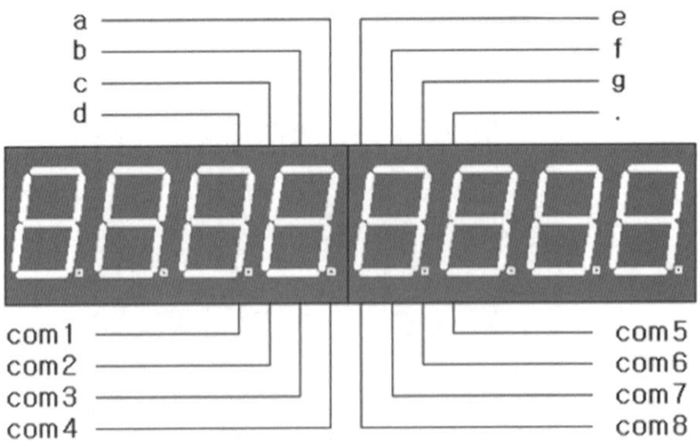

[그림 6.10] 7-Segment LED Array

일반적인 방법에서의 7-Segment라면 8개를 사용할 경우 하나의 7-Segment당 출력인 'a','b','c','d','e','f','g','.'가 각각 출력핀을 가져 64개의 출력핀이 필요로 하게 된다. 이럴 경우 너무 많은 출력이 필요하므로 이를 개선하여 위와 같이 7-Segment의 출력은 공통으로 연결되어 있고 출력할 위치를 지정하는 com8 ~ com1의 값을 제어하여 원하는 숫자를 표시한다.

그림 6.11은 4개의 7-Segment에 "1234"의 숫자를 표시하기 위한 방법을 설명한 것이다. 7-segment 데이터 값을 "00000110"로 주어 '1'를 표시하는 값을 주고 com1에 '0'을 그리고 나머지 com2~4는 '1'의 값을 주면 첫째 7-Segment에 1이 표시된다. 다음으로 데이터에 "01011011"을 주어 '2'의 값을 주고 com2에 '0'과 com1,com3~4에 '1'을 주면 둘째 7-Segment에 2가 표시된다. 이런 순서로 4까지의 숫자를 표시하고 다시 처음으로 돌아가 위의 내용을 반복합니다. 이를 약 1 ms 이상의 주기로 반복하면 잔상효과에 의해 "1234"의 숫자가 표시된다.

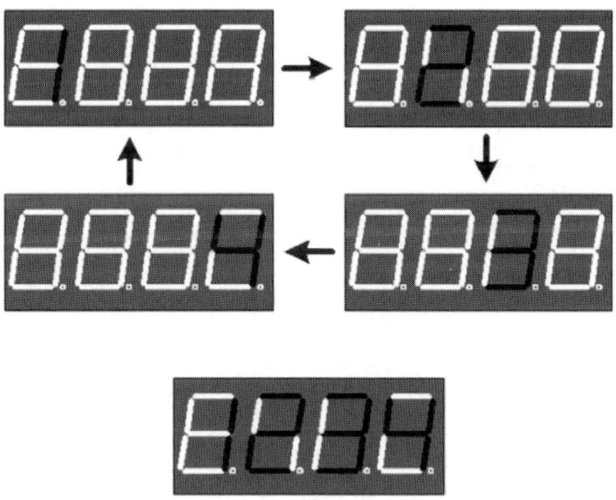

[그림 6.11] 4개의 7-Segment에 "1234"의 숫자를 표시

5) Text LCD

LCD 모듈의 외부 구조는 그림 6.12와 같이 20문자x2의 표시부를 가지며, 표시부 좌측에 콘넥터가 위치한 형태이다. 그리고 backlight 기능을 포함한 제품을 사용하였다.

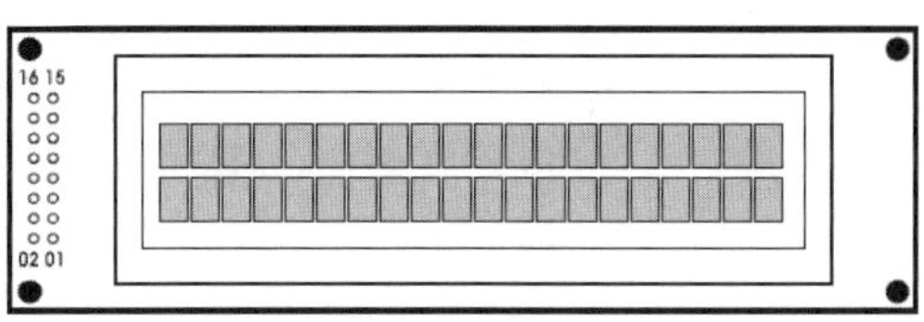

[그림 6.12] LCD 모듈의 외부 구조

사용되는 인터페이스 콘넥터 핀의 기능을 요약하면 표 6.1과 같다.

[표 6.1] 인터페이스 콘넥터 핀의 기능

핀	신호명	기능
1	VSS	전원 GND
2	VDD	전원 +5 V
3	VEE	Contrast 제어 전압레벨(VDD-VEE=13, 5~0 v)
4	RS	Register Select (0=instruction, 1=Data)
5	R/W	Read/Write (0-FPGA→LCD, 1 : FPGA←LCD)
6	E	Enable Signal for read/write LCD
7	D80(LSB)	
8	D81	
9	D82	
10	D83	
11	D84	
12	D85	
13	D86	
14	D87	
15	A	+LED (Backlight LED 전원 +4.4~4.7 V)
16	K	-LED (Backlight LED 전원 GND)

VEE에는 낮은 전압이 인가될수록 문자가 또렷하게 표시되면 LCD 모듈 좌측의 가변저항을 좌측으로 돌리면 문자가 또렷하게 표시된다.

LCD 모듈은 FPGA로 접속할 는 각 제어신호의 동작 타이밍을 고려하여야 합니다. LCD 모듈은 일반 반도체 소자들에 비해 엑세스 시간이 긴 편이므로 유의해야한다. LCD 모듈의 read 및 write 동작시의 타이밍도는 그림 6.13과 같다.

이와 같이 LCD 모듈을 사용하기 위한 제어 명령을 정리하면 표 6.2와 같다. 이들 명령은 FPGA가 LCD 모듈을 제어하는 프로그램에서 사용되며 데이터 버스 DB0~DB7을 통하여 전송됩니다. LCD 모듈이 각 명령을 받아 이를 실행하기 위해서는 지정된 시간이 필요하므로 FPGA는 그 다음의 명령을 보내기 전에 충분히 대기하거나 busy flag을 조사하여 앞에서 전송한 제어 코드의 실행이 완료되었는지의 여부를 확인하여야 한다.

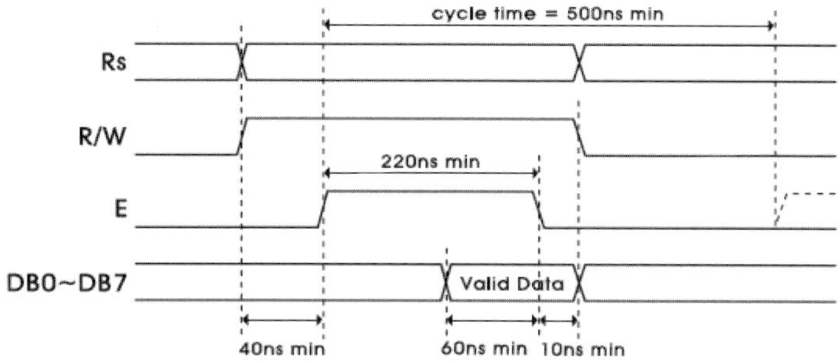

(a) Write from FPGA to LCD

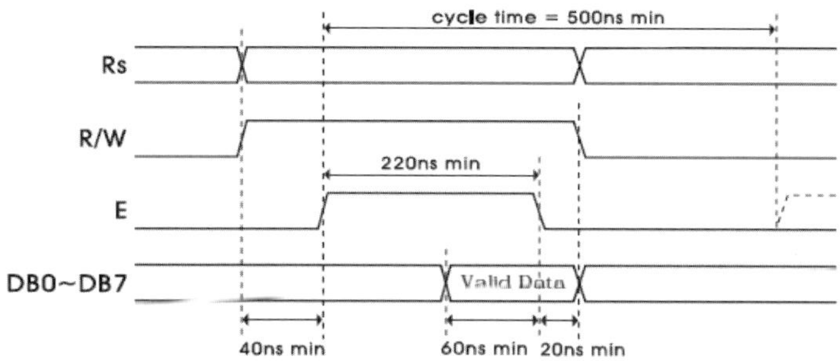

(b) Read from LCD to FPGA

[그림 6.13] Read 및 Write 동작시의 타이밍도

[표 6.2] LCD 모듈을 사용하기 위한 제어 명령

기능	제어신호		제어 명령							
	RS	R/W	DB7	DB6	DB5	DB4	DB3	DB2	DB1	DB0
Clear Display	0	0	0	0	0	0	0	0	0	1
Return home	0	0	0	0	0	0	0	0	1	0
Entry mode set	0	0	0	0	0	0	0	1	I/D	S
Display ON/OFF Control	0	0	0	0	0	0	1	D	C	B
Cursor or Display shift	0	0	0	0	0	1	S/C	R/L	0	0
Function set	0	0	0	0	1	DL	N	F	0	0
Set CG RAM address	0	0	0	1	CG RAM address					
Set DD RAM address	0	0	1	DD RAM address						
Read busy flag and address	0	1	BF	Address Counter						
Data write to CG RAM or DD RAM			Write address							
Data read from CG RAM or DD RAM			Read address							

① Clear display
전체 화면을 지우고 어드레스 카운터를 DD RAM 어드레스 0으로 하여 커서를 home 위치로 한다.

② Return home
DD RAM의 내용은 변경하지 않고 커서만을 home 위치로 한다.

③ Entry mode set
데이터를 read하거나 write할 경우에 커서의 위치를 증가시킬 것인가(I/D=1) 감소시킬 것인가(I/D=0)를 결정하며, 또 이때 화면을 쉬프트할 것인지(S=1) 아닌지(S=0)를 결정한다.

④ Display ON./OFF control
화면 표시를 ON/OFF 하거나(D) 커서를 ON/OFF하거나(C) 커서를 깜박이게 할 것인지(B)의 여부를 지정한다.

⑤ Cursor or Display shift
화면(S/C=1) 또는 커서(S/C=0)를 오른쪽(R/L=1) 또는 왼쪽(R/L=0)으로 쉬프트 한다.

⑥ Function set
인터페이스에서 데이터의 길이를 8비트(DL=1) 또는 4비트(DL=0)로 지정하고, 화면 표시 행수를 2행(N=1) 또는 1행(N=0)으로 지정하며, 문자의 폰트를 5×10dot(F=1) 또는 5×7 dot(F=0)로 지정한다. 전원 투입 후 최초에는 주로 이 명령을 보내게 되는데, LCD 모듈이 리셋 되려면 약 50 ms가 소요되므로 충분히 기다린 후에 이 코드를 보내야 한다. 또한, 4비트로 인터페이스 할 경우에는 DB4~DB7을 사용하며, 상위 4비트를 먼저 전송하고 다음에 하위 4비트를 전송해야 한다.

⑦ Set CG RAM address
Character Generator RAM의 어드레스를 지정한다. 이후에 송수신하는 데이터는 CG RAM의 데이터이다.

⑧ Set DD RAM address
Display Data RAM의 어드레스를 지정한다. 이후에 송수신하는 데이터는 DD RAM의 데이터이다.

⑨ Read busy flag & address
LCD 모듈이 내부 동작중임을 나타내는 Busy Flag(BF) 및 어드레스 카운터의 내용을 read 한다. LCD 모듈이 각 제어 코드를 실행하는 데는 지정된 시간이 필요하므로 FPGA가 BF를 읽어 1일 경우에는 기다리고 0일 경우 다음 제어 코드를 보내

는 방법을 사용하면 보다 효율적인 처리가 가능하다.

LCD 모듈을 전원 공급부터 초기화하는 과정을 요약하면 다음과 같다.

① 전원을 공급한다.
② LCD 모듈이 리셋되려면 약 50 ms가 소요되므로 이 시간 이상을 기다린다.
③ Function set 명령(001xxx00)을 보낸다.
④ Display ON/OFF control 명령(00001xxx)을 보낸다.
⑤ Entry mode set 명령(000001xx)을 보낸다.
⑤ DD RAM address를 보낸다.
⑥ 문자 데이터를 연속으로 보낸다.
⑦ 필요에 따라 위의 과정을 반복한다.

LCD 모듈에서 화면에 표시할 수 있는 문자의 종류에는 대부분의 ASCII 도형문자들이 포함되며, 기타 일본어 가다가나 문자와 몇 가지 특수문자들이 포함된다. 00H~0FH의 영역에는 사용자 정의문자를 설정하여 사용할 수 있다. 여기에는 최대 8 문자를 정의할 수 있는데, 이에 대한 정보는 전원이 인가된 후에 정의되어야 하며, 전원이 꺼지면 정의된 내용은 기억되지 않는다.

다음은 LCD 모듈에서 화면에 표시할 수 있는 문자 중 ASCII 도형문자의 종류와 코드값을 보면 표 6.3과 같다.

[표 6.3] ASCII 도형문자의 종류와 코드값

	00 H	10 H	20 H	30 H	40 H	50 H	60 H	70 H	80 H	90 H
0	사용자 정의 영역	미사용 영역		0	@	P	•	p	미사용 영역	
1			!	1	A	Q	a	q		
2				2	B	R	b	r		
3			#	3	C	S	c	s		
4			$	4	D	T	d	t		
5			%	5	E	U	e	u		
6			&	6	F	V	f	v		
7				7	G	W	g	w		
8			(	8	H	X	h	x		
9			)	9	I	Y	i	y		
A			*	:	J	Z	j	z		
B			+	;	K	[	k	{		
C			,	〈	L	¥	l	|		
D			-	=	M	]	m	}		
E			.	〉	N	^	n	→		
F			/	?	O	_	o	←		

6) Dot matrix LED

Dot matrix LED은 5열x7행dot LED 4개를 조합하여 10열x14행 dot LED로 구성되어 있다. 한글 한 글자를 표현 할 수 있도록 구성한 것으로 Dot matrix LED 모듈의 구성은 그림 6.14와 같다.

Dot_d0~dot_d13은 해당 열에 표시될 데이터 입력이 되며 데이터 값은 '1'의 값 을 가질 경우 활성화된다. dot_scan0~dot_scan9는 dot_d0~dot_d13의 데이터를 표시할 열의 위치를 지정하는 입력이며 '0'의 값을 가질 때 해당 열이 선택된다. 예를 들어 1행 1열의 dot LED를 켜기 위해서는 dot_d0의 값을 '1'로 입력하고 dot_scan0의 값을 '0'으로 할 때 1행 1열의 dot LED가 켜진다.

이해를 돕기 위해 '한'이라는 글자를 표시하기 위한 방법에 대해 살펴보자. 처음으로 dot_d13~dot_d0에 "00000001100010"인 첫째 열의 데이터를 입력하고 dot_scan9~dot_scan0에 "1111111110"의 값을 입력하면 첫 번째 열의 원하는 dot LED가 켜진다. 두 번째로 dot_d13~dot_d0에 "11110010010010"인 둘째 열의 데이터를 입력하고 dot_scan9~dot_scan0에 "1111111101"의 값을 입력하면 둘째 열의 원하는 dot LED가 켜진다. 이를 아홉째 열까지 반복한다. 이제 반복되는 주기를 약 1ms 이상으로 해서 반복하게 되면 잔상효과에 의해서 '한'이라는 글자가 dot matrix LED 모듈에 표시된다.

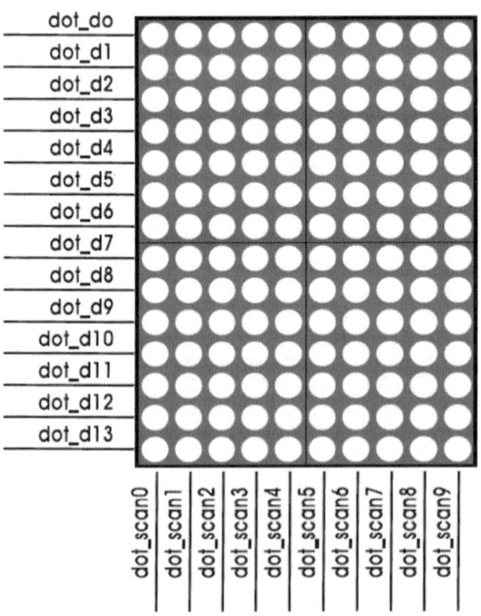

[그림 6.14] Dot matrix LED 모듈의 구성

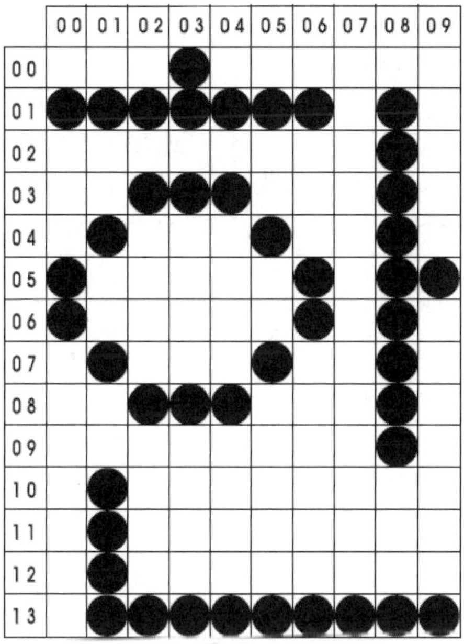

[그림 6.15] '한'의 비트 폰트

이를 정리하면 다음과 같다.

```
      dot_d13~dot_d0  dot_scan9~dot_scan0
0열 : "00000001100010" , "1111111110"
1열 : "11110010010010" , "1111111101"
2열 : "10000100001010" , "1111111011"
3열 : "10000100001011" , "1111110111"
4열 : "10000100001010" , "1111101111"
5열 : "10000010010010" , "1111011111"
6열 : "10000001100010" , "1110111111"
7열 : "10000000000000" , "1101111111"
8열 : "10001111111110" , "1011111111"
9열 : "10000000100000" , "0111111111"
```

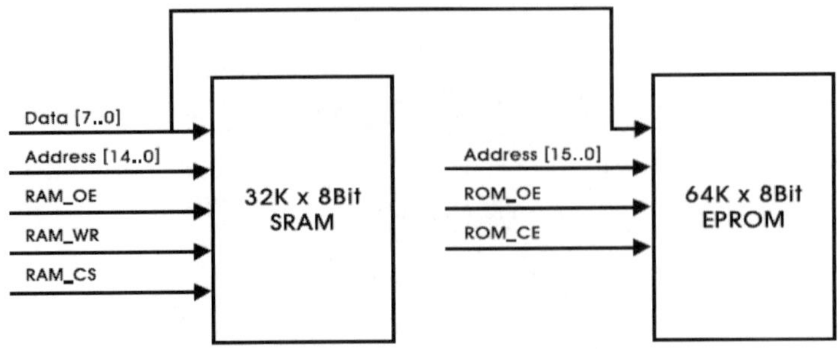

[그림 6.16] 메모리 블록도

7) ROM과 RAM

32 K × 8 Bit의 SRAM과 64 K × 8 Bit의 EPROM을 외부 메모리로 제공되어 있다. 그림 6.16과 같이 SRAM과 ROM의 Data와 Address line이 묶여서 구성되어 이 두 메모리를 동시에 사용하는 것은 불가능하다.

EPROM은 자외선으로 Data를 소거하도록 되어있는 UVEPROM이며 출하 시 데이터가 없는 상태로 장착되어 있으므로 사용자는 이를 ROM Writer를 이용하여 필요한 데이터를 Write한 후에 사용해야한다. SRAM과 EPROM의 사용 선택 스위치는 메모리 우측에 위치한 control SW를 통해 할 수 있다. 스위치 중 좌측이 SRAM 선택 스위치이며 우측이 EPROM 선택 스위치이다. 메모리를 사용하지 않을 경우 off해야 하며 두 스위치를 동시에 on할 경우 제품이 손상 될 수 있으므로 주의해야한다.

8) RS232(시리얼) 포트

PC의 RS232(시리얼)포트와 연결하여 시리얼 데이터 통신을 할 수 있도록 하는 Male타입의 9핀 커넥터를 제공한다. 동작 시리얼 인터페이스용 디바이스는 Maxim사의 MAX232계열을 사용하여 최대 약 115,200 bps의 데이터를 송수신 할 수 있도록 구성하였다. 데이터 포트는 RXD, TXD의 두 포트를 사용한다.

9) VGA 포트

그림 6.17은 RGB 모니터(VGA 모니터) 커넥터의 핀 배치 및 구성을 나타낸 것이다. 모니터의 신호선은 일반적으로 15핀으로 구성되어 있으며 Female 타입이다. 핀 1,2,3에 R, G, B의 데이터와 핀 13, 14에 H.Sync(수평동기), V.Sync(수직동기)의 동기신호가 입력된다.

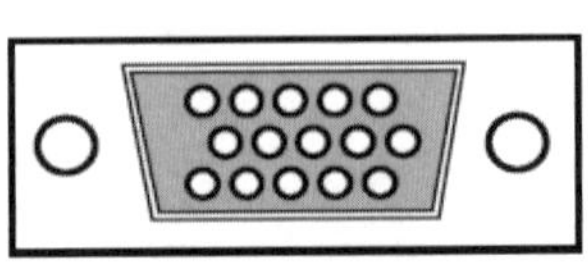

[그림 6.17] VGA D-SUB CONNECT

모니터의 출력은 표 6.4와 같이 빛의 3원색 R(빨강), G(초록), B(파랑)를 이용하여 색상을 표현한다.

[표 6.4] RGB 색상표

입력신호			색상
R(빨강)	G(초록)	B(파랑)	
0	0	0	흑색
0	0	1	청색
0	1	0	녹색
0	1	1	옥색
1	0	0	적색
1	0	1	자색
1	1	0	황색
1	1	1	백색

H.Sync(수평동기)와 V.Sync(수직동기)는 각각 주사선의 수평, 수직동기를 맞추기 위한 신호로 이 동기신호가 적절해야만 정상적인 화면을 표현할 수 있다. 따라서, H.Sync와 V.Sync에 적절히 동기 시켜 RGB 데이터를 입력함으로 모니터 내의 원하는 위치에 데이터를 표현한다. H.Sync='1'이면 모니터 내의 주사선은 좌에서 우로 움직이며 각 화소의 위치에 따라 RGB값을 출력한다. H.Sync='0'이면 주사선은 우에서 좌로 되돌아간다. 이때는 RGB값을 출력하지 않는다.

RGB 모니터 제어를 위한 구성은 그림 6.18과 같다.

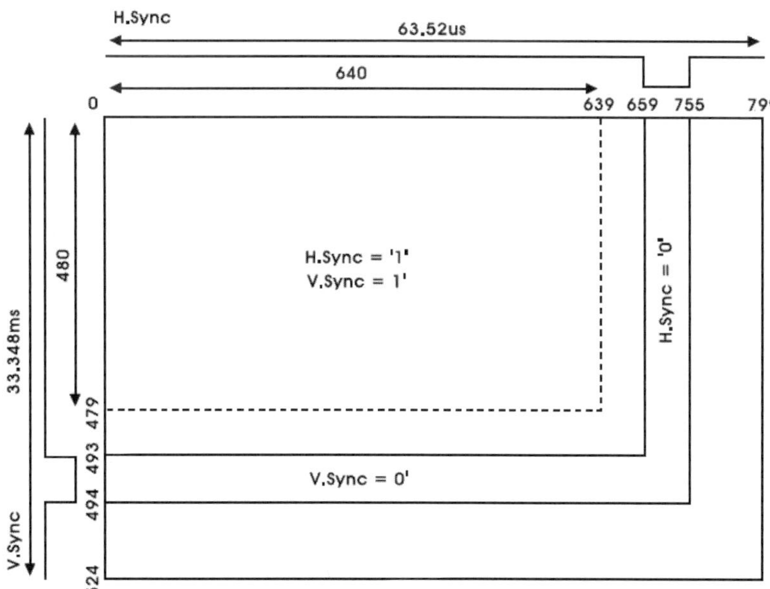

[그림 6.18] VGA 제어신호 타이밍

설계된 H.Sync와 V.Sync는 각각 63.52 us와 33.348 ms의 주기를 가진다. 클럭주파수(25.175 MHz)를 2분주하여 동작 주파수로 사용하는데 그 주기는 79.4ns이다. 수평동기가 63.52 us이므로 수평동기를 위한 카운터의 개수는 약 800이고 수직 동기를 위한 카운트값은 약 525가 된다. 그러나 실제 화면에 표시되는 영역은 수평동기 카운트 640과 수직동기 카운트 480이 된다.

10) PS2 포트

PS2 포트는 주로 PC의 키보드나 마우스의 입력장치로 사용되는 직렬 통신방식 이다. 여기에서는 키보드를 이용한 PS2 포트 통신에 대해 설명한다. PS2용 키보드 컨넥터는 그림 6.19와 같다. 데이터의 전송은 키보드의 데이터선과 클럭선을 이용하여 하드웨어와 통신한다.

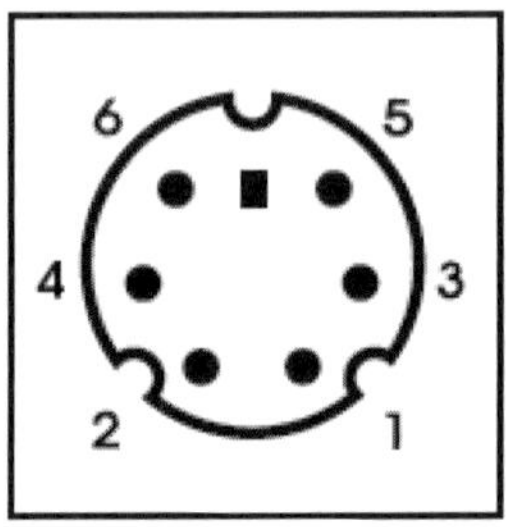

[그림 6.19] PS2 CONNECT

그림 6.20과 같이 키보드 통신에 사용되는 데이터 형태는 start bit, data bit 8개, parity bit, stop bit등의 총 11비트로 구성되어 있다. 데이터 신호는 클럭 신호로 동기를 취하는 것이 전제 되어있으므로 타이밍만 일치하면 데이터를 보내는 속도는 오차가 많더라도 문제가 되지 않는다. 규격은 1비트당 60 us에서 100 us이면 되며 핀 특성은 표 6.5와 같다.

[표 6.5] 핀 구성

Pin	Name	Description
1	Data	Key Data
2	N/C	Not Connect
3	GND	Ground
4	VCC	+5V DC
5	CLK	Clock
6	N/C	Not Connect

키보드의 키가 눌려지면 키보드 내부의 컨트롤러에 의해 키에 대응하는 스캔코드를 데이터 선을 통해 보내게 된다. 캔코드는 키가 떨어질 때에도 코드를 발생하기 때문에 이를 통해 키가 계속 눌러지는 것을 인식 할 수 있다. 키를 누를 때는 make code, 떨어질 때는 break code가 발생합니다. Make code는 1 Byte로 이루어져 있으며 break code는 make code 앞부분에 F0이 더해진 2 Byte로 이루어져 있다. 다음은 해당 알파벳 및 숫자에 대한 스캔코드이다.

[표 6.6] 알파벳 및 숫자 스캔코드

입력키	Make Code	Break Code	입력키	Make Code	Break Code
1	16	F016	H	33	F033
2	1E	F01E	I	43	F043
3	26	F026	J	3B	F03B
4	25	F025	K	42	F042
5	2E	F02E	L	4B	F048
6	36	F036	M	3A	F03A
7	3D	F03D	N	31	F021
8	3E	F03E	O	44	F044
9	46	F046	P	4D	F04D
0	45	F045	Q	15	F015
-	4E	F04E	R	2D	F02D
=	55	F055	S	1B	F01B
A	1C	F01C	T	2C	D02C
B	32	F032	U	3C	F02C
C	21	F021	V	2A	F02A
D	23	F023	W	1D	F01D
E	24	F024	X	22	F022
F	2B	F02B	Y	35	F035
G	34	F034	Z	1A	F01A
Enter	5A	F05A			

2.4 입출력 장치별 FPGA 핀 할당

디지털 논리회로를 QUARTUS II로 설계한 후 FPGA로 구현하기 위해서는 회로의 입출력에 관련된 환경 설정을 해야 한다. HBE-COMBO의 입출력 장치는 제품의 메인이 되는 FPGA 디바이스와 연결되어 있으며 이를 통해 입출력 장치를 제어하도록 구성되어 있다. 다음은 각 입출력 장치별 FPGA 핀 할당표이다.

1) Main Clock

Altera	79
Xilinx	80

2) 7 Segment Array

	A	B	C	D	E	F	G	Dot
Altera	174	173	172	170	169	168	167	166
Xilinx	127	126	125	124	123	122	121	120
	COM1	COM2	COM3	COM4	COM5	COM6	COM7	COM8
Altera	164	163	162	161	160	159	158	157
Xilinx	115	114	113	112	111	110	109	108

3) Dot Matrix LED

	Dot_D0	Dot_D1	Dot_D2	Dot_D3	Dot_D4	Dot_D5	Dot_D6
Altera	150	149	148	147	144	143	142
Xilinx	102	101	100	99	98	97	96
	Dot_D7	Dot_D8	Dot_D9	Dot_D10	Dot_D11	Dot_D12	Dot_D13
Altera	141	140	139	136	135	134	133
Xilinx	95	94	90	89	88	87	86
	Dot_Scan 0	Dot_Scan 1	Dot_Scan 2	Dot_Scan 3	Dot_Scan 4	Dot_Scan 5	Dot_Scan 6
Altera	132	131	128	127	126	125	122
Xilinx	84	83	82	81	75	74	73
	Dot_Scan 7	Dot_Scan 8	Dot_Scan 9				
Altera	121	120	119				
Xilinx	71	70	69				

4) LED

	LED1	LED2	LED3	LED4	LED5	LED6	LED7	LED8
Altera	191	190	189	187	179	177	176	175
Xilinx	139	138	136	135	134	133	132	129

5) PS2

	DATA	CLK
Altera	55	56
Xilinx	3	4

6) VGA

	RED	GREEN	BLUE	HSYN	VSYN
Altera	41	44	45	46	47
Xilinx	202	203	204	205	206

7) Piezo

Altera	116
Xilinx	68

8) RS232

	RXD	TXD
Altera	53	54
Xilinx	5	6

9) Text LCD

	D0	D1	D2	D3	D4	D5	D6	D7
Altera	200	199	198	197	196	195	193	192
Xilinx	150	149	148	147	146	142	141	140
	RS	RW	E					
Altera	204	203	202					
Xilinx	154	152	151					

10) Bus SW

	SW0	SW1	SW2	SW3	SW4	SW5	SW6	SW7
Altera	92	90	89	88	87	86	85	83
Xilinx	41	37	36	35	34	33	31	30

11) Button SW

	SW_1	SW_2	SW_3	SW_4	SW_5	SW_6	SW_7	SW_8
Altera	115	114	113	112	111	104	103	102
Xilinx	67	63	62	61	60	59	58	57
	SW_9	SW_0	SW_A	SW_B	SW_C	SW_D	SW_E	SW_F
Altera	101	100	99	97	96	95	94	93
Xilinx	49	48	47	46	45	44	43	42

12) Memory (ROM, SRAM)

	D0	D1	D2	D3	D4	D5	D6	D7
Altera	31	30	29	28	27	26	25	24
Xilinx	193	192	191	189	188	187	181	180
	ADD0	ADD1	ADD2	ADD3	ADD4	ADD5	ADD6	ADD7
Altera	18	17	16	15	14	13	12	11
Xilinx	179	178	176	175	174	173	172	168
	ADD8	ADD9	ADD10	ADD11	ADD12	ADD13	ADD14	ADD15
Altera	10	9	8	7	208	207	206	205
Xilinx	167	166	165	164	163	162	161	160
	RAM_OE	RAM_WR	RAM_CS	RAM_OE	RAM_CE			
Altera	36	37	38	39	40			
Xilinx	194	195	199	200	201			

-. ALTERA ACEX1K 208핀 디바이스 핀 할당 : EP1K30, EP1K50,EP1K100

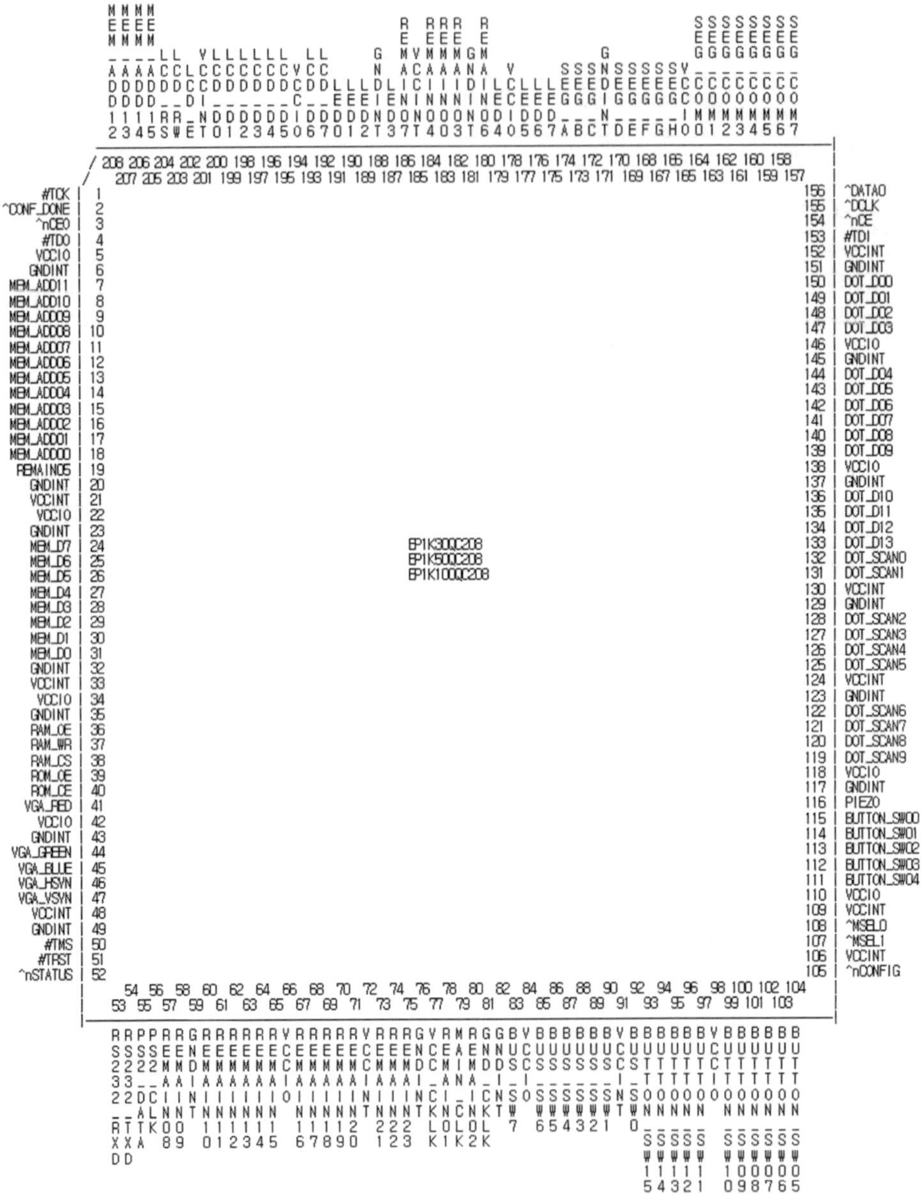

[그림 6.20] ALTERA ACEX1K 208핀 디바이스 핀 할당

※ 확장포트

확장포트는 외부 장비와 FPGA 디바이스를 인터페이스 할 때 사용하도록 제공하는 포트이다. 괄호안의 번호는 연결된 FPGA 디바이스의 핀 번호이다.

※ 확장 1

VCC(5V)	1	2	VCC(5V)
LED1	3(191)	(190)4	LED2
LED3	5(189)	(187)6	LED4
LED5	7(179)	(177)8	LED6
LED7	9(176)	(175)10	LED8
SEG_A	11(174)	(173)12	SEG_B
SEG_C	13(172)	(170)14	SEG_D
SEG_E	15(169)	(168)16	SEG_F
SEG_G	17(167)	(166)18	SEG_DOT
SEG_COM1	19(164)	(163)20	SEG_COM2
SEG_COM3	21(162)	(161)22	SEG_COM4
SEG_COM5	23(160)	(159)24	SEG_COM6
SEG_COM7	25(158)	(157)26	SEG_COM8
LCD_D0	27(200)	(199)28	LCD_D1
LCD_D2	29(198)	(197)30	LCD_D3
LCD_D4	31(196)	(195)32	LCD_D5
LCD_D6	33(193)	(192)34	LCD_D7
LCD_E	35(202)	(203)36	LCD_RW
LCD_RS	37(204)	(56)38	PS2_CLK
PS2_DATA	39(55)	(54)40	RS232_TXD
RS232_RXD	41(53)	(116)42	PIEZO
VGA_RED	43(41)	(44)44	VGA_GREEN
VGA_BLUE	45(45)	(46)46	VGA_HSYN
VGA_VSYN	47(47)	48	
GND	49	50	GND

VCC(5V)	1	2	VCC(5V)
LED1	3(139)	(138)4	LED2
LED3	5(136)	(135)6	LED4
LED5	7(134)	(133)8	LED6
LED7	9(132)	(129)10	LED8
SEG_A	11(127)	(126)12	SEG_B
SEG_C	13(125)	(123)14	SEG_D
SEG_E	15(122)	(121)16	SEG_F
SEG_G	17(120)	(119)18	SEG_DOT
SEG_COM1	19(115)	(114)20	SEG_COM2
SEG_COM3	21(113)	(112)22	SEG_COM4
SEG_COM5	23(111)	(110)24	SEG_COM6
SEG_COM7	25(109)	(108)26	SEG_COM8
LCD_D0	27(150)	(149)28	LCD_D1
LCD_D2	29(148)	(147)30	LCD_D3
LCD_D4	31(146)	(142)32	LCD_D5
LCD_D6	33(141)	(140)34	LCD_D7
LCD_E	35(151)	(152)36	LCD_RW
LCD_RS	37(154)	(4)38	PS2_CLK
PS2_DATA	39(3)	(6)40	RS232_TXD
RS232_RXD	41(5)	(68)42	PIEZO
VGA_RED	43(202)	(203)44	VGA_GREEN
VGA_BLUE	45(204)	(205)46	VGA_HSYN
VGA_VSYN	47(206)	48	
GND	49	50	GND

※ 확장 2

VCC(5V)	1	2	VCC(5V)
DOT_D0	3(150)	(149)4	DOT_D1
DOT_D2	5(148)	(147)6	DOT_D3
DOT_D4	7(144)	(143)8	DOT_D5
DOT_D6	9(142)	(141)10	DOT_D7
DOT_D8	11(140)	(139)12	DOT_D9
DOT_D10	13(136)	(135)14	DOT_D11
DOT_D12	15(134)	(133)16	DOT_D13
DOT_SCAN0	17(132)	(131)18	DOT_SCAN1
DOT_SCAN2	19(128)	(127)20	DOT_SCAN3
DOT_SCAN4	21(126)	(125)22	DOT_SCAN5
DOT_SCAN6	23(122)	(121)24	DOT_SCAN7
DOT_SCAN8	25(120)	(119)26	DOT_SCAN9
BUTTON_SW_1	27(115)	(114)28	BUTTON_SW_2
BUTTON_SW_3	29(113)	(112)30	BUTTON_SW_4
BUTTON_SW_5	31(111)	(104)32	BUTTON_SW_6
BUTTON_SW_7	33(103)	(102)34	BUTTON_SW_8
BUTTON_SW_9	35(101)	(100)36	BUTTON_SW_0
BUTTON_SW_A	37(99)	(97)38	BUTTON_SW_B
BUTTON_SW_C	39(96)	(95)40	BUTTON_SW_D
BUTTON_SW_E	41(94)	(93)42	BUTTON_SW_F
ROM_CE	43(40)	(39)44	ROM_OE
RAM_CS	45(38)	(37)46	RAM_WR
RAM_OE	47(36)	48	
GND	49	50	GND

VCC(5V)	1	2	VCC(5V)
DOT_D0	3(102)	(101)4	DOT_D1
DOT_D2	5(100)	(99)6	DOT_D3
DOT_D4	7(98)	(97)8	DOT_D5
DOT_D6	9(96)	(95)10	DOT_D7
DOT_D8	11(94)	(90)12	DOT_D9
DOT_D10	13(89)	(88)14	DOT_D11
DOT_D12	15(87)	(86)16	DOT_D13
DOT_SCAN0	17(84)	(83)18	DOT_SCAN1
DOT_SCAN2	19(82)	(81)20	DOT_SCAN3
DOT_SCAN4	21(75)	(74)22	DOT_SCAN5
DOT_SCAN6	23(73)	(71)24	DOT_SCAN7
DOT_SCAN8	25(70)	(69)26	DOT_SCAN9
BUTTON_SW_1	27(67)	(63)28	BUTTON_SW_2
BUTTON_SW_3	29(62)	(61)30	BUTTON_SW_4
BUTTON_SW_5	31(60)	(59)32	BUTTON_SW_6
BUTTON_SW_7	33(58)	(57)34	BUTTON_SW_8
BUTTON_SW_9	35(49)	(48)36	BUTTON_SW_0
BUTTON_SW_A	37(47)	(46)38	BUTTON_SW_B
BUTTON_SW_C	39(45)	(44)40	BUTTON_SW_D
BUTTON_SW_E	41(43)	(42)42	BUTTON_SW_F
ROM_CE	43(201)	(200)44	ROM_OE
RAM_CS	45(199)	(195)46	RAM_WR
RAM_OE	47(194)	48	
GND	49	50	GND

※ 확장 3

Signal	Pin	Pin	Signal
VCC(5V)	1	2	VCC(5V)
MEM_ADD0	3(18)	(17)4	MEM_ADD1
MEM_ADD2	5(16)	(15)6	MEM_ADD3
MEM_ADD4	7(14)	(13)8	MEM_ADD5
MEM_ADD6	9(12)	(11)10	MEM_ADD7
MEM_ADD8	11(10)	(9)12	MEM_ADD9
MEM_ADD10	13(8)	(7)14	MEM_ADD11
MEM_ADD12	15(208)	(207)16	MEM_ADD13
MEM_ADD14	17(206)	(205)18	MEM_ADD15
MEM_D0	19(31)	(30)20	MEM_D1
MEM_D2	21(29)	(28)22	MEM_D3
MEM_D4	23(27)	(26)24	MEM_D5
MEM_D6	25(25)	(24)26	MEM_D7
BUS_SW0	27(92)	(90)28	BUS_SW1
BUS_SW2	29(89)	(88)30	BUS_SW3
BUS_SW4	31(87)	(86)32	BUS_SW5
BUS_SW6	33(85)	(83)34	BUS_SW7
REMAIN0	35(183)	(78)36	REMAIN1
REMAIN2	37(80)	(182)38	REMAIN3
REMAIN4	39(184)	(19)40	REMAIN5
REMAIN6	41(180)	(186)42	REMAIN7
REMAIN8	43(57)	(58)44	REMAIN9
REMAIN10	45(60)	(61)46	REMAIN11
REMAIN12	47(62)	(63)48	REMAIN13
GND	49	50	GND

Signal	Pin	Pin	Signal
VCC(5V)	1	2	VCC(5V)
MEM_ADD0	3(179)	(178)4	MEM_ADD1
MEM_ADD2	5(176)	(175)6	MEM_ADD3
MEM_ADD4	7(174)	(173)8	MEM_ADD5
MEM_ADD6	9(172)	(168)10	MEM_ADD7
MEM_ADD8	11(167)	(166)12	MEM_ADD9
MEM_ADD10	13(165)	(164)14	MEM_ADD11
MEM_ADD12	15(163)	(162)16	MEM_ADD13
MEM_ADD14	17(161)	(160)18	MEM_ADD15
MEM_D0	19(193)	(192)20	MEM_D1
MEM_D2	21(191)	(189)22	MEM_D3
MEM_D4	23(188)	(187)24	MEM_D5
MEM_D6	25(181)	(180)26	MEM_D7
BUS_SW0	27(41)	(37)28	BUS_SW1
BUS_SW2	29(36)	(35)30	BUS_SW3
BUS_SW4	31(34)	(33)32	BUS_SW5
BUS_SW6	33(31)	(30)34	BUS_SW7
REMAIN0	35(77)	(182)36	REMAIN1
REMAIN2	37(185)	(7)38	REMAIN3
REMAIN4	39(8)	(9)40	REMAIN5
REMAIN6	41(10)	(14)42	REMAIN7
REMAIN8	43(15)	(16)44	REMAIN9
REMAIN10	45(17)	(18)46	REMAIN11
REMAIN12	47(20)	(21)48	REMAIN13
GND	49	50	GND

※ 확장 4

Signal	Pin	Pin	Signal
VCC(5V)	1	2	VCC(5V)
REMAIN14	3(64)	(65)4	REMAIN15
REMAIN16	5(67)	(68)6	REMAIN17
REMAIN18	7(69)	(70)8	REMAIN19
REMAIN20	9(71)	(73)10	REMAIN21
REMAIN22	11(74)	(75)12	REMAIN23
	13	14	
	15	16	
	17	18	
	19	20	
	21	22	
	23	24	
	25	26	
	27	28	
	29	30	
	31	32	
	33	34	
	35	36	
	37	38	
	39	40	
	41	42	
	43	44	
	45	46	
	47	48	
GND	49	50	GND

Signal	Pin	Pin	Signal
VCC(5V)	1	2	VCC(5V)
REMAIN14	3(22)	(23)4	REMAIN15
REMAIN16	5(24)	(27)6	REMAIN17
REMAIN18	7(29)	8	
	9	10	
	11	12	
	13	14	
	15	16	
	17	18	
	19	20	
	21	22	
	23	24	
	25	26	
	27	28	
	29	30	
	31	32	
	33	34	
	35	36	
	37	38	
	39	40	
	41	42	
	43	44	
	45	46	
	47	48	
GND	49	50	GND

SECTION 3. QUARTUS II에서 HBE-COMBO 활용하기

본 섹션에서는 QUARTUS II 및 HBE COMBO를 이용한 FPGA 설계 방법에 대해 공부한다. 디바이스 설정, 입출력 PIN 설정, FPGA 프로그램 방법 등에 대해 학습하고, 실제 보드 상에 동작시켜 봄으로써 설계된 회로를 검증한다. 설계 이론 및 QUARTUS II를 이용한 회로설계 · 시뮬레이션이 목적인 경우 본 섹션은 추후로 미루고 건너뛰어도 무방하다.

3.1 QUARTUS II를 이용한 시뮬레이

FPGA를 이용한 설계 구현에 있어서도 PART1의 QUARTUS II 설계 방법은 그대로 적용된다. 프로젝트 생성, 회로 설계, 컴파일, 시뮬레이션은 가장 기본적으로 수행해야 할 필수 요소들이며 이 과정이 끝난 후 디바이스 설정, 입출력 PIN 설정, FPGA에 프로그램 등의 과정들이 수행된다. 단, 디바이스 설정은 프로젝트를 생성할 때 해줘도 된다. QUARTUS II를 이용한 회로설계 및 시뮬레이션부터 다시 살펴보자.

1) 프로젝트 생성

그림 6.21은 그동안 많이 다뤘던 프로젝트 생성 초기화면이다. NEXT 버튼을 눌러 프로젝트 생성을 시작한다.

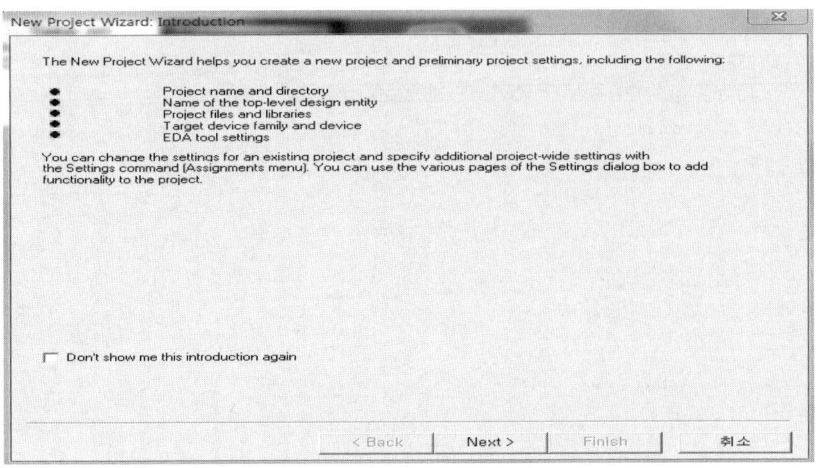

[그림 6.21] 프로젝트 생성 초기화면

그림 6.22는 프로젝트 생성 첫 번째 단계인 디렉토리, 프로젝트 이름, 최상위 레벨 엔티티(Top Level Entity) 입력 창이다. 간단한 3입력 AND 게이트를 예로 들어 설계한다.

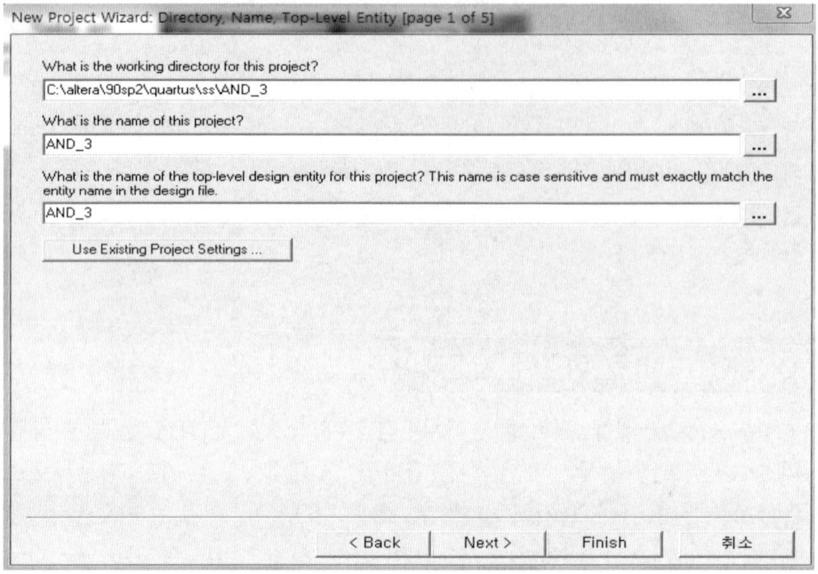

[그림 6.22] 프로젝트 생성 첫 번째 단계

그림 6.23은 프로젝트 생성 두 번째 페이지인 파일추가 단계이다. 추가할 파일이 있으면 이 단계에서 추가해주면 된다. 지금은 없으므로 다음 단계로 넘어간다.

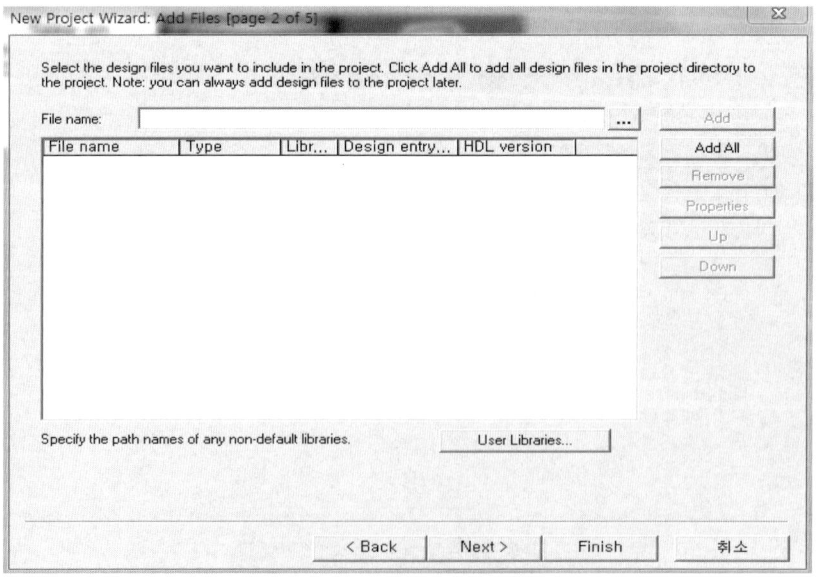

[그림 6.23] 프로젝트 생성 두 번째 단계

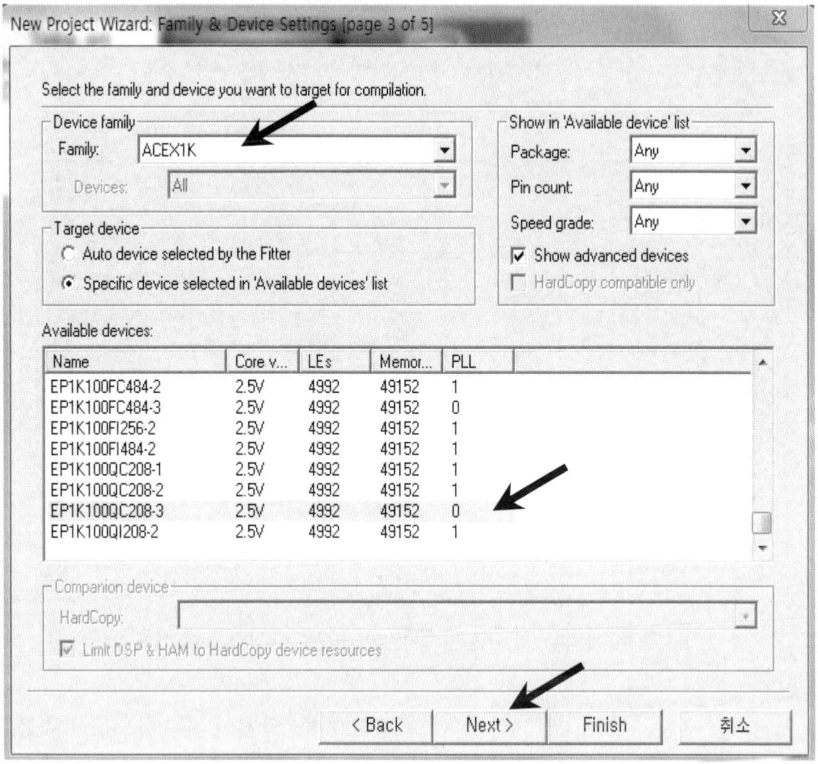

[그림 6.24] Family 및 디바이스 설정

그림 6.24는 Family 및 디바이스 설정 단계이다. QUARTUS II는 현재 상용화 되어 있는 다양한 FPGA 및 CPLD 디바이스를 지원하고 있다. 이 디바이스들은 구조, 특성 및 기능에 따라 ACEX, FLEX, CYCLONE 등의 다양한 Family들이 존재하며 Family들은 게이트 크기, 패키지 등에 따라 세분화된 모델들을 가지고 있다. HBE-COMBO에서는 10만 게이트까지 사용 가능한 FPGA 디바이스인 ACEX 계열의 EP1K100QC208-3 모델을 사용하고 있다. 그림 6.24의 Device Family에서 'ACEX1K'를 선택하고, Available Device에서 'EP1K100QC208-3'을 선택하면 디바이스 설정이 마무리된다. 이 과정은 QUARTUS II ASSIGNMENT의 DEVICE 메뉴에서도 가능하므로 나중에 설정해줘도 된다.

다음 단계는 Quartus Ⅱ Tool 외에 다른 EDA(Electronic Design Automation) Tool 설정 단계이다. 사용자가 원하는 Soc 설계 Tool을 추가로 설정할 수 있다. 사용하지 않을 땐 그냥 다음 단계로 넘어간다.

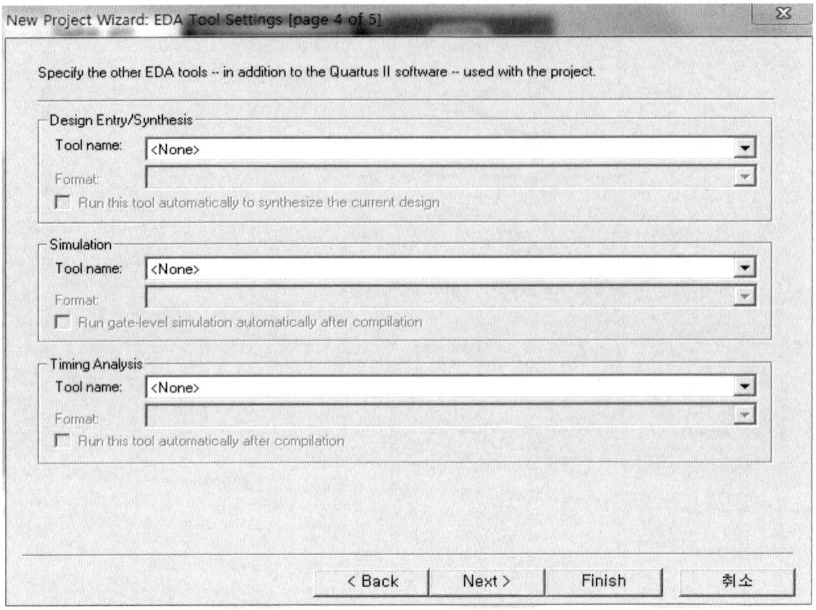

[그림 6.25] EDA(Electronic Design Automation) Tool 설정 단계

마지막으로 1단계부터 4단계까지의 설정 내용을 확인한 후 'FINISH' 버튼을 누른다.

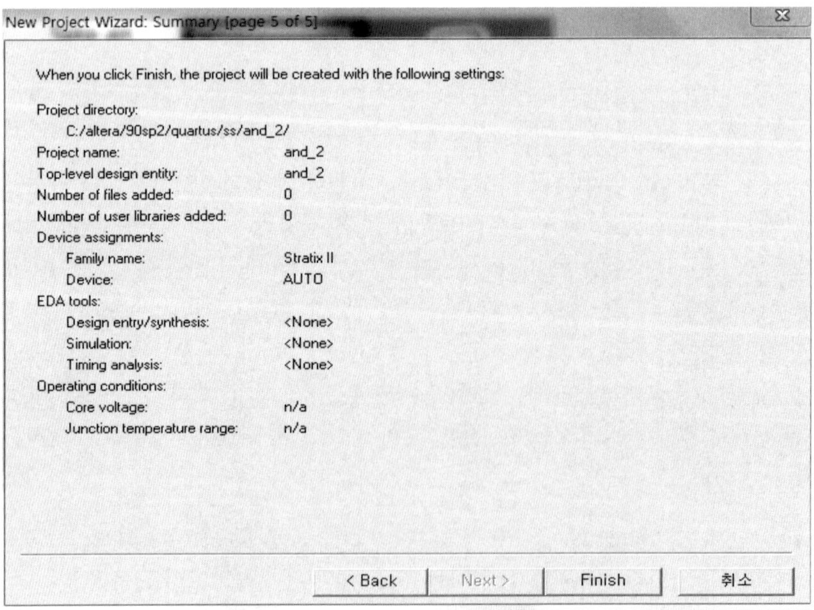

[그림 6.26] 프로젝트 설정 요약

2) 회로설계, 컴파일, 시뮬레이션

다음으로 Schematic, VHDL, Veri-log HDL, AHDL 등을 이용해 회로를 설계한다. 그림 6.27은 Schematic 방법으로 설계한 3입력 AND 게이트이다.

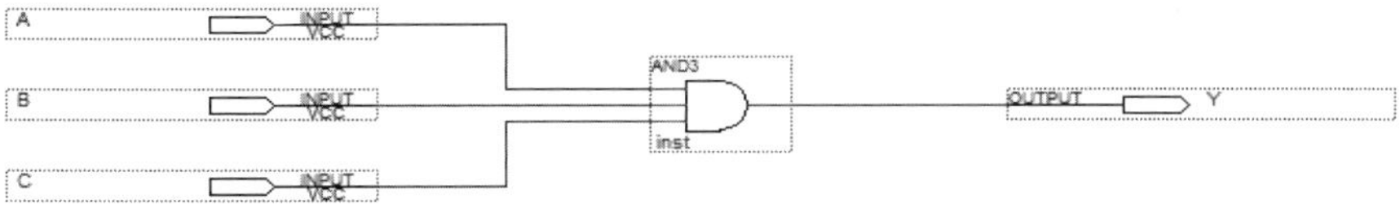

[그림 6.27] 회로설계

다음으로 설계된 회로를 컴파일 한다. 컴파일이 끝나면 그림 6.28과 같은 성공 메시지가 나오며, 그림 6.29의 Compilation Repot -Flow Summary에서 컴파일 내용을 확인할 수 있다.

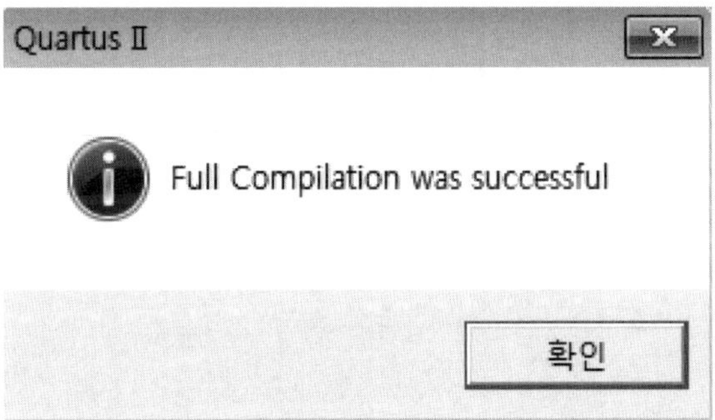

[그림 6.28] 컴파일 성공 메세지

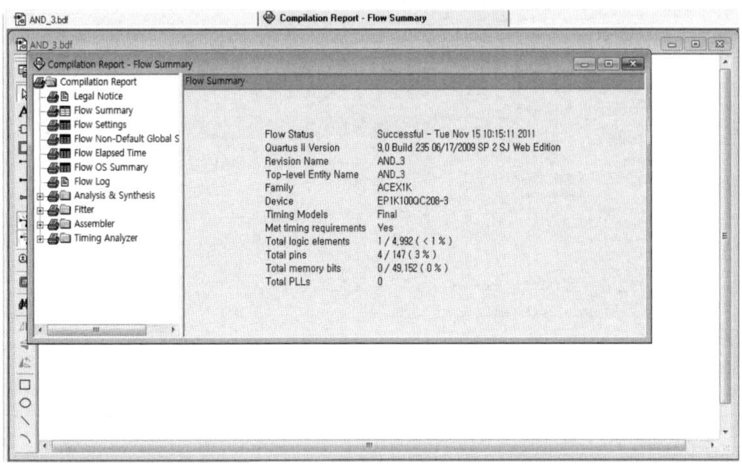

[그림 6.29] Compilation Repot -Flow Summary

다음으로 시뮬레이션 하여 설계된 회로의 동작을 검증한다.

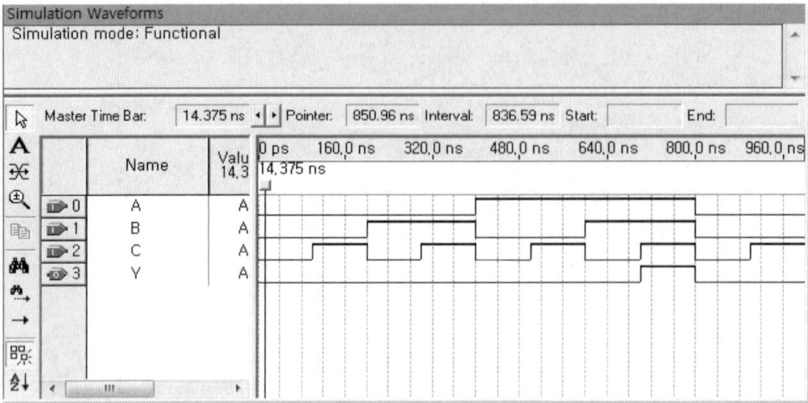

[그림 6.30] Simulation Waveforms

3.2 HBE-COMBO를 이용한 설계 구현

3.1절에서는 QUARTUS II를 이용한 시뮬레이션 방법을 살펴보았다. 본 절에서는 이후 과정으로 FPGA 구현 방법에 대해 학습한다.

1) 디바이스 설정

시뮬레이션 성공 후 FPGA 구현을 위해 처음 할 일은 디바이스를 설정해 주는 것이다. 이 과정은 앞서 살펴보았듯이 프로젝트 생성 단계에서도 가능하다. 프로젝트 생성 단계에서 설정하지 않은 경우 그림 6.31과 같이 Assignments - Device 메뉴에서 설정이 가능하다. Device Family에서 'ACEX1K'를 선택하고, Available Device에서 'EP1K100QC208-3'을 선택한 후 'OK' 버튼을 누르면 된다.

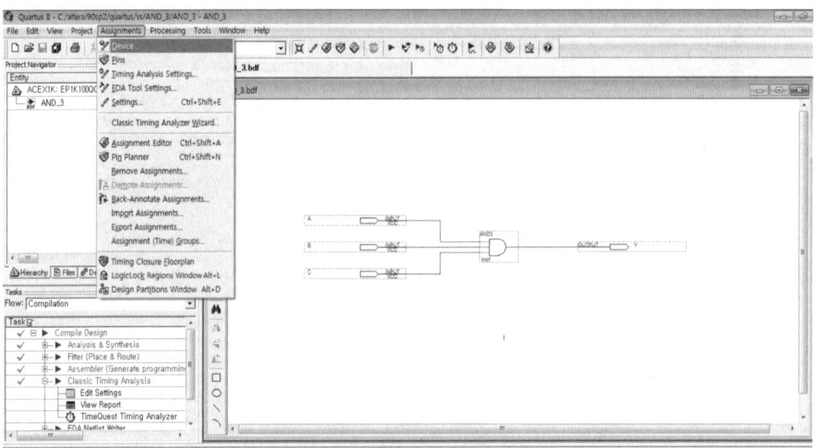

(a) Assignments - Device

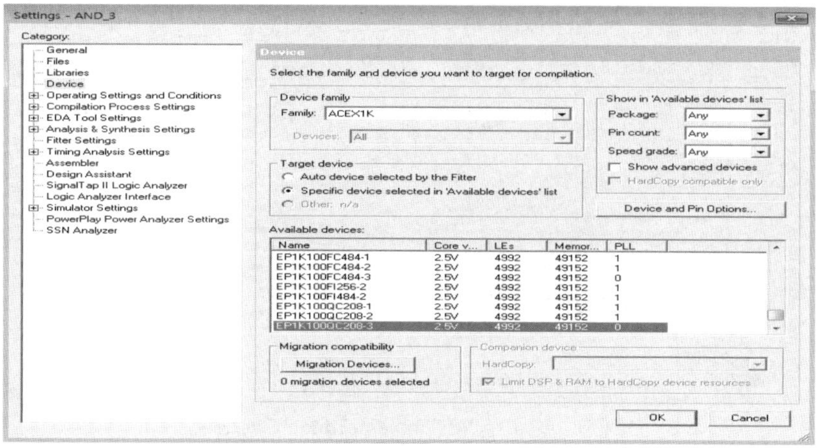

(b) Device setting

[그림 6.31] Device setting

2) 입출력 PIN 설정

다음으로 설계된 회로를 FPGA에 다운로드하기 위해 입출력 PIN을 설정해줘야 한다. Assignments 메뉴의 Assignment Editor 항목을 선택한다.

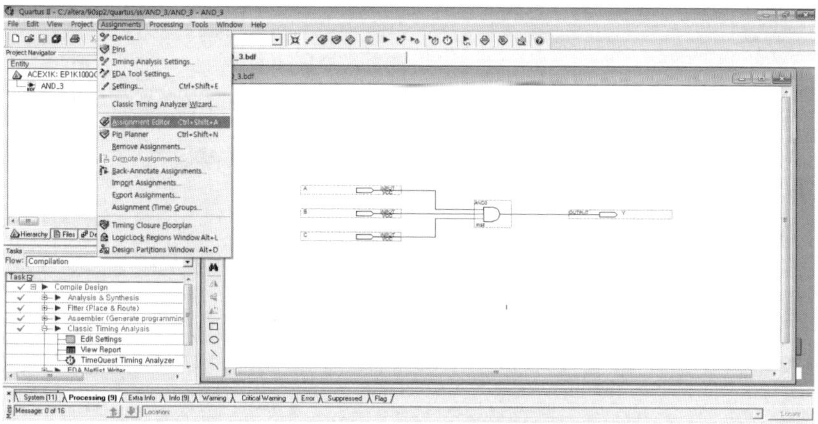

[그림 6.32] Assignment Editor 항목 선택

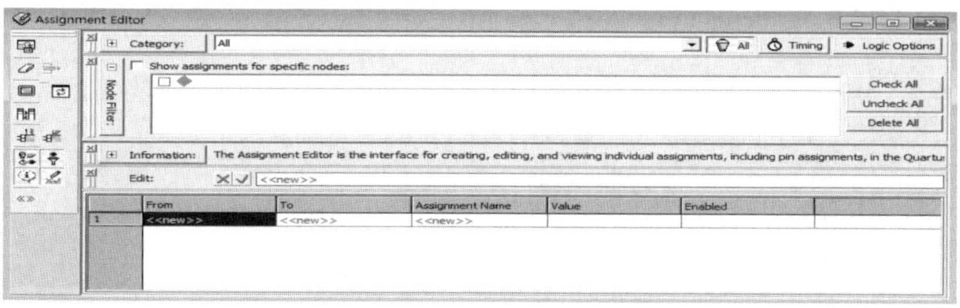

[그림 6.33] Assignment Editor

그림 6.34와 같이 Assignment Editor 창의 Category: 를 Pin으로 바꿔준다.

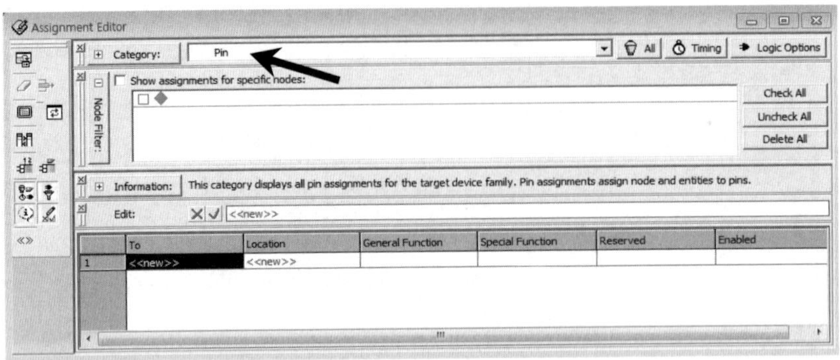

[그림 6.34] Assignment Editor Category

다음으로 TO 항목의 〈〈new〉〉 셀을 더블클릭하면 그림 6.35와 같이 '설계된 3입력 AND 게이트'의 입출력 포트들이 나오게 되는데 지정하고 싶은 포트를 클릭하여 넣어 주면 된다.

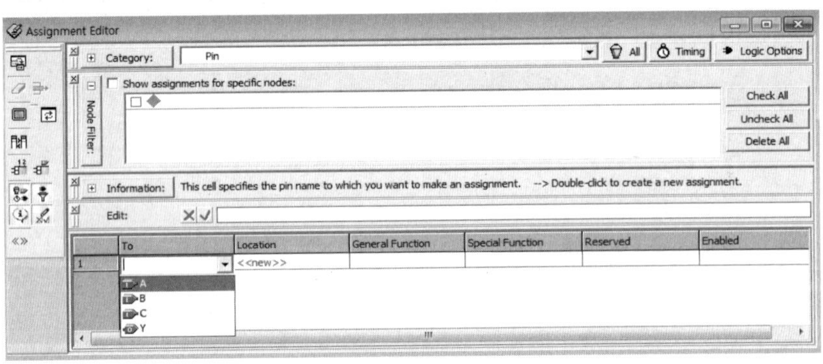

[그림 6.35] 3입력 AND 게이트의 입출력 포트들

그림 6.36은 '3입력 AND 게이트'의 A 입력을 선택한 화면이다.

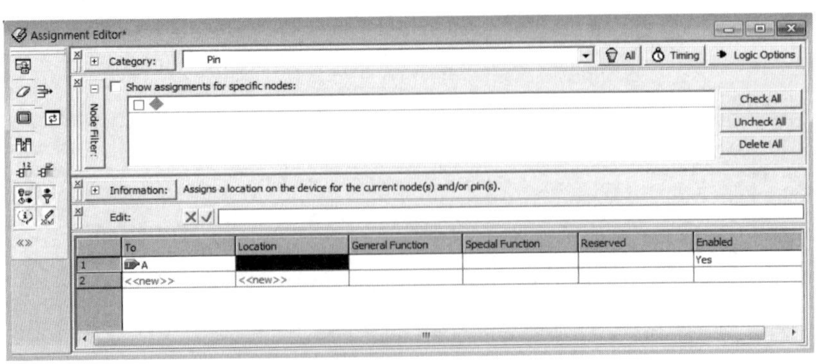

[그림 6.36] A 입력 선택

다음으로 'A' 입력 오른쪽의 Location 셀을 더블클릭하면 설정된 FPGA Device 'EP1K100QC208 - 3'의 I/O 포트들이 나온다. 사용하고 싶은 I/O 포트를 선택하면 핀매칭이 이루어진다.

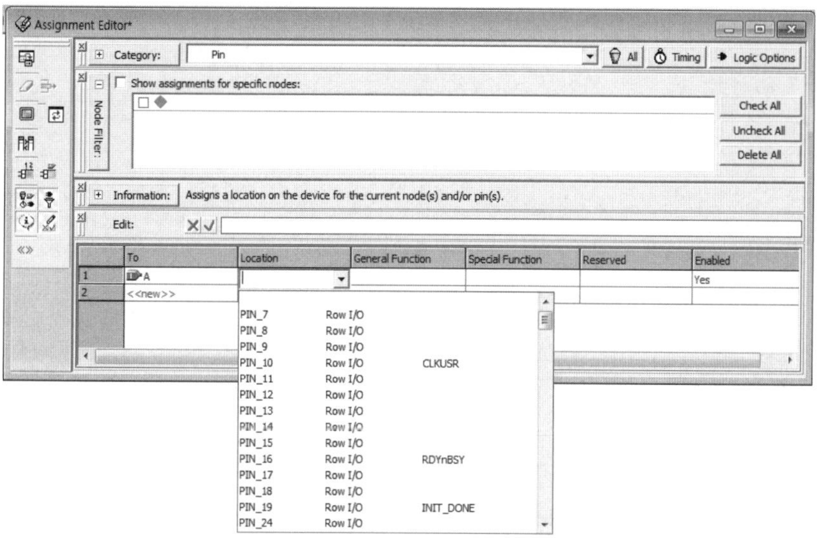

[그림 6.37] Location

본 예제에서 입력은 HBE-COMBO의 키패드 A, B, C를 이용하고 출력은 LED로 확인해보자. 6장 섹션 2의 HBE-COMBO 환경 및 구성 Botton SW 부분을 보면 HBE-COMBO의 경우 키패드 'A'는 'EP1K100QC208 - 3'의 99번 I/0 포트에 연결해 놓았다. 따라서 설계한 회로의 A입력을 'EP1K100QC208 - 3'의 99번 포트에 핀매칭 시켜 주면 키패드 A를 회로의 입력 A로 사용할 수 있다.

	SW_1	SW_2	SW_3	SW_4	SW_5	SW_6	SW_7	SW_8
Altera	115	114	113	112	111	104	103	102
Xilinx	67	63	62	61	60	59	58	57
	SW_9	SW_0	SW_A	SW_B	SW_C	SW_D	SW_E	SW_F
Altera	101	100	99	97	96	95	94	93
Xilinx	49	48	47	46	45	44	43	42

[그림 6.38] HBE-COMBO Botton SW

그림 6.39은 회로의 A 입력과 'EP1K100QC208 - 3' FPGA 칩의 99번 포트를 핀매칭 시켜준 그림이다.

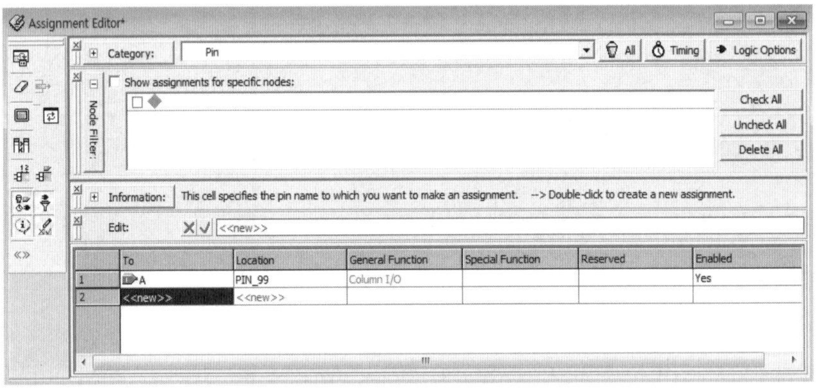

[그림 6.39] A 핀매칭

이와 같은 방법으로 설계된 회로의 B와 C입력도 키패드 B와 C에 매칭시키면 다음과 같다.

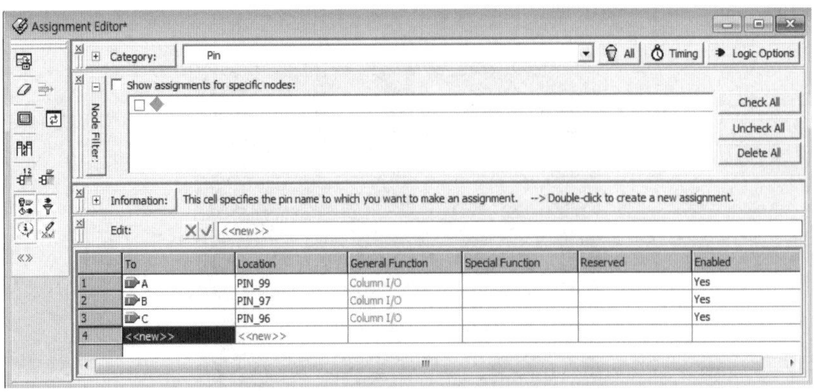

[그림 6.40] B, C 핀매칭

마찬가지로 출력 Y를 HBE-COMBO의 LED로 확인하기 위해 6장 섹션 2의 HBE-COMBO 환경 및 구성 LED 부분을 보면 HBE-COMBO의 경우 LED1은 'EP1K100QC208 - 3'의 191번 I/0 포트에 연결해 놓았다. 따라서 설계한 회로의 출력 Y를 'EP1K100QC208 - 3'의 191번 포트에 핀매칭시켜 주면 LED1을 회로의 출력 Y로 사용할 수 있다.

	LED1	LED2	LED3	LED4	LED5	LED6	LED7	LED8
Altera	191	190	189	187	179	177	176	175
Xilinx	139	138	136	135	134	133	132	129

[그림 6.41] HBE-COMBO LED

그림 6.42는 설계된 회로의 출력 Y를 'EP1K100QC208 - 3'의 191번 포트에 핀매칭 시켜준 그림이다.

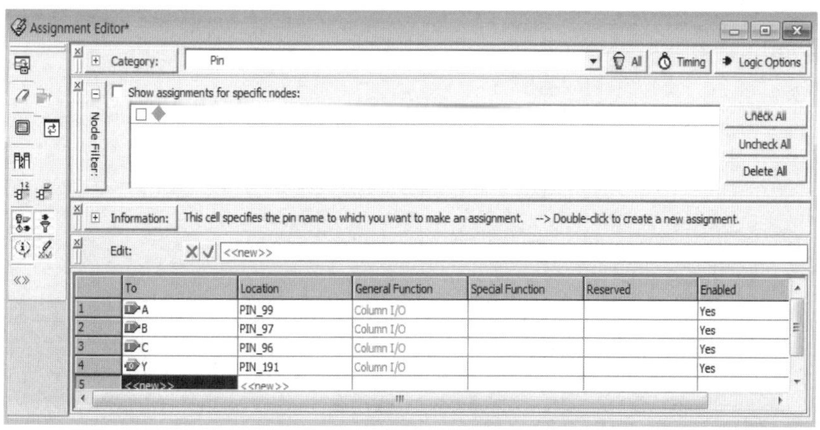

[그림 6.42] Y 핀매칭

마지막으로 저장 후 다시 한 번 컴파일 해주면 입출력 핀 설정이 마무리 된다. 그림 6.44를 보면 입출력 심볼에 핀 번호가 부여된 것을 확인할 수 있다.

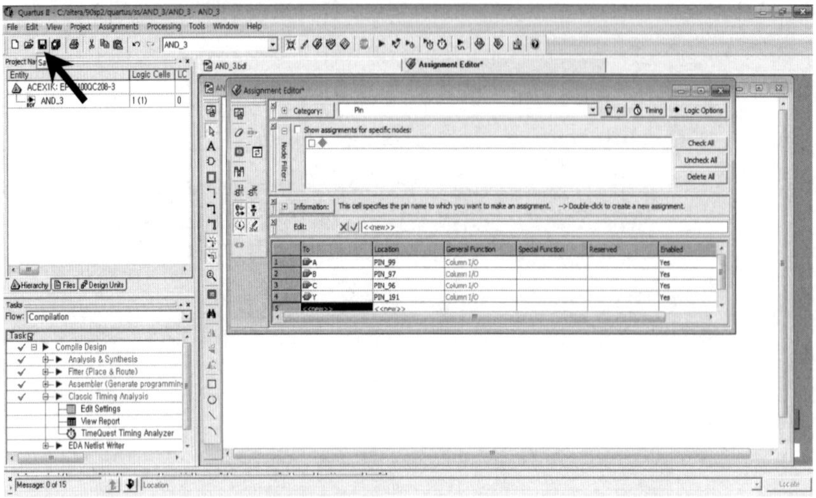

[그림 6.43] 저장

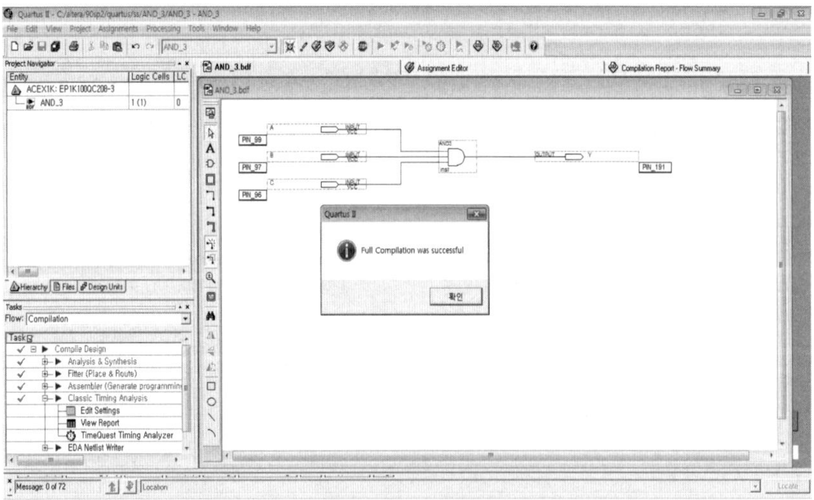

[그림 6.44] 컴파일

3) FPGA에 프로그램 하기

마지막 단계는 FPGA(EP1K100QC208 - 3) 프로그램 단계이다. 실제 FPGA 칩에 회로를 프로그램하여 하드웨어적으로 동작 가능하게 만들어주는 과정으로 HBE-COMBO를 준비하는 것으로 시작된다.

먼저 장비에 전원을 연결하고, Byte Blaster 포트에 25Pin Parallel Cable을 연결한다. 장비의 전원을 ON 하고, 모드 스위치를 위로 올려 Text LCD에 Download 모드가 나타나는지 확인한다.

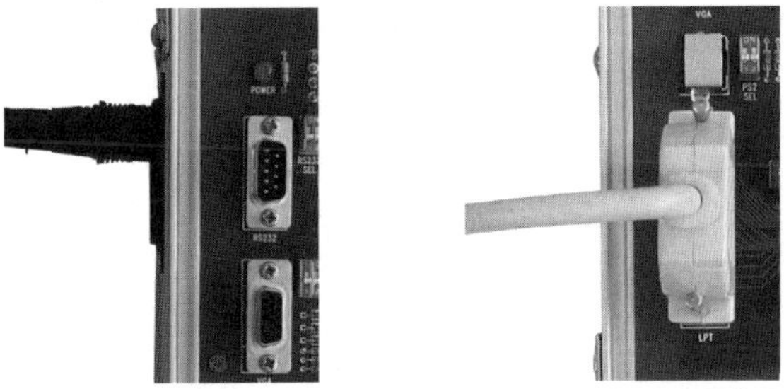

(a) 전원 연결　　　　(b) 25Pin Parallel Cable

[그림 6.45] 전원 및 케이블 연결

```
CLOCK       :    1KHZ
->1 DOWNLOAD MODE
```

[그림 6.46] LCD 출력 화면

장비가 준비되면 QUARTUS II로 돌아와 Tools 메뉴의 Programmer항목을 선택하여 Programmer 창을 불러온다.

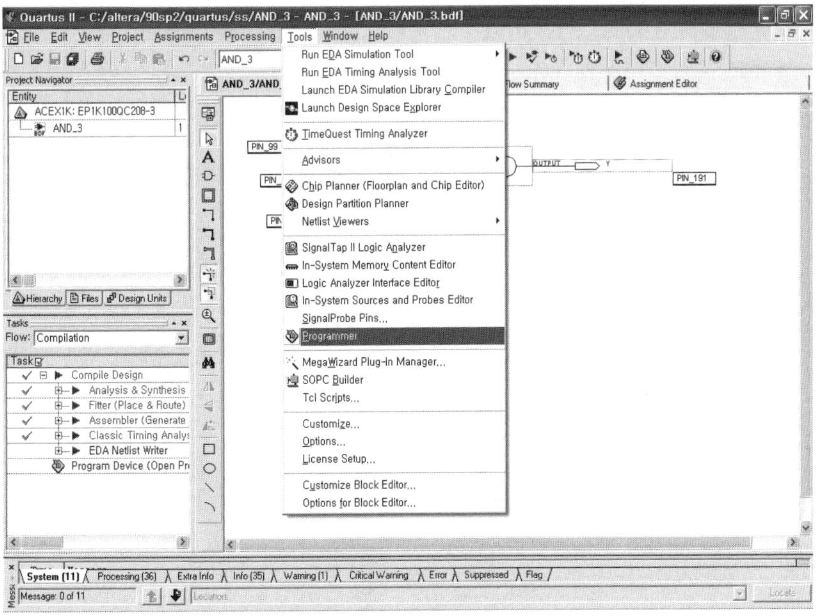

[그림 6.47] Tools의 Programmer 선택

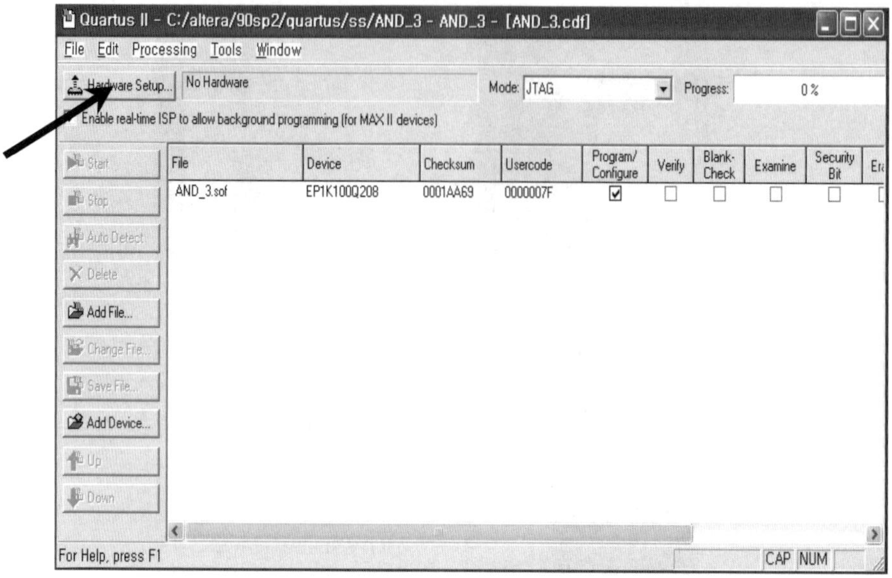

[그림 6.48] Tools의 Programmer 창

프로그래머 창을 띄우면 프로그래밍 하드웨어가 No Hardware 상태가 나타난다. FPGA 디바이스에 프로그래밍 하기 위하여 프로그래밍 케이블을 선택하여야 하는데, 그림 6.48과 같이 프로그래머 창의 왼쪽 위의 Hardware Setup 버튼을 누른다.

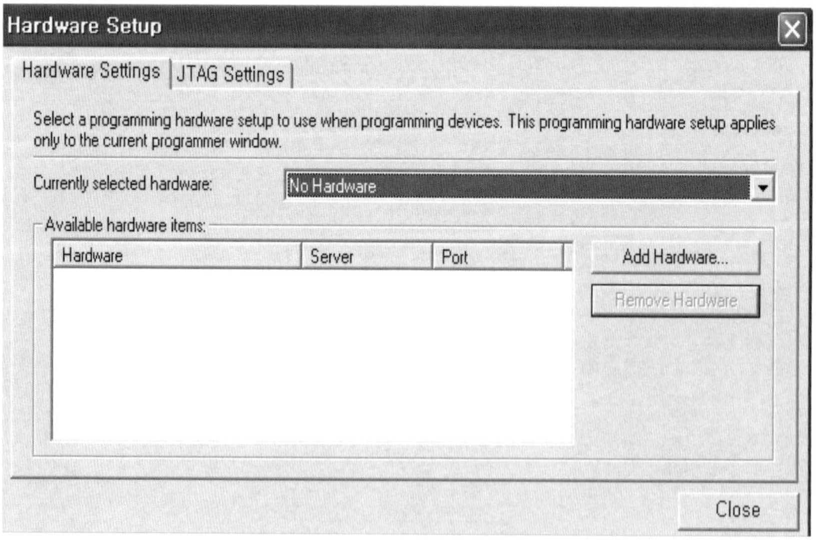

[그림 6.49] Hardware Setup

나타나는 Hardware Setup 창에서 아래 그림과 같이 오른쪽 "Add Hardware" 버튼을 눌러 "ByteBlasterMV or ByteBlaster Ⅱ"를 선택한 다음, OK 버튼을 누른다.

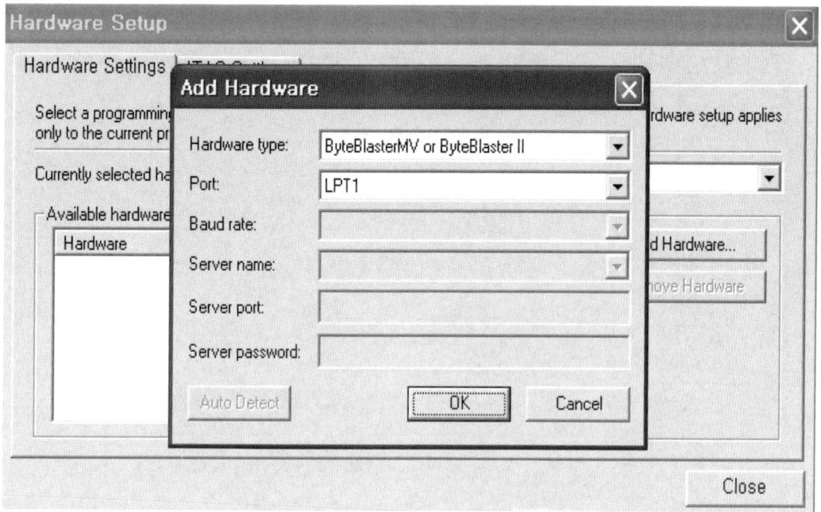

[그림 6.50] Add Hardware Setup

추가된 Hardware목록에서 "ByteBlaster"를 선택하고, "Select Hardware"버튼을 누르고, Close 버튼을 눌러 Hardware를 선택한다.

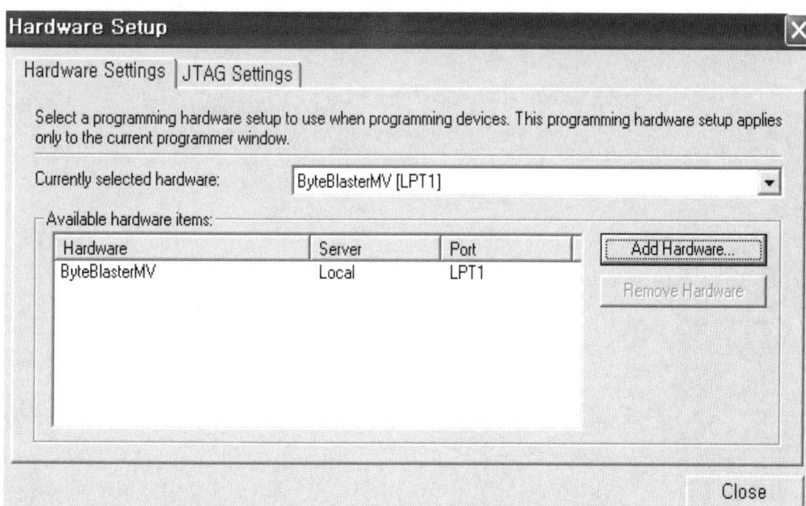

[그림 6.51] Select Hardware Setup

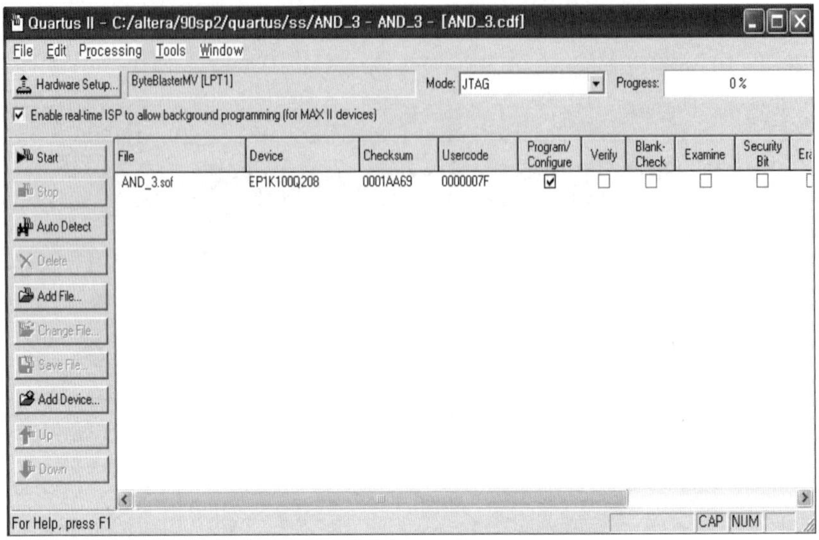

[그림 6.52] Hardware를 선택한 후 화면

HBE-Combo는 FPGA의 프로그래밍 방법 중 Passive Serial Mode를 통해 프로그래밍 되기 때문에, 아래 그림과 같이 Mode를 마우스로 선택하여 “Passive Serial"로 선택한다.

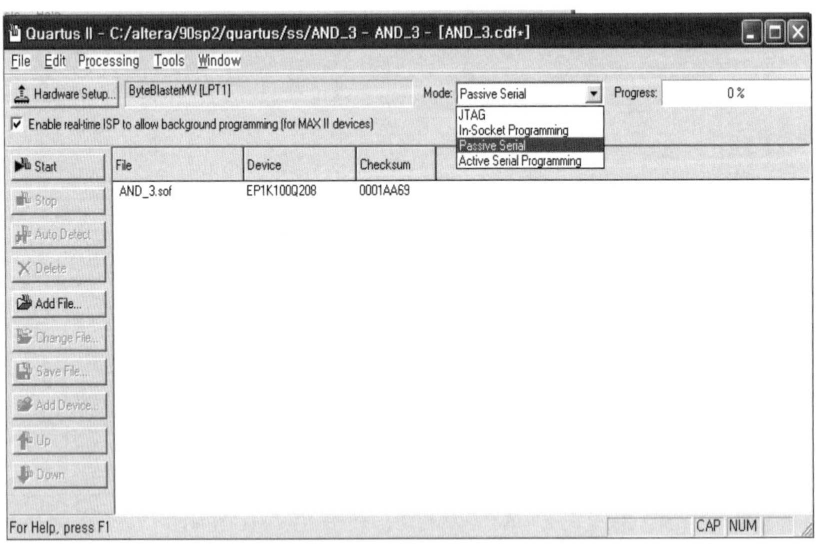

[그림 6.53] Passive Serial Mode 선택

모든 설정이 끝난 다음에, HBE-COMBO의 전원을 켠 후 모드를 Download로 바꾼다. 프로그래머 창에서는 Start 버튼을 눌러 프로그래밍을 진행한다.

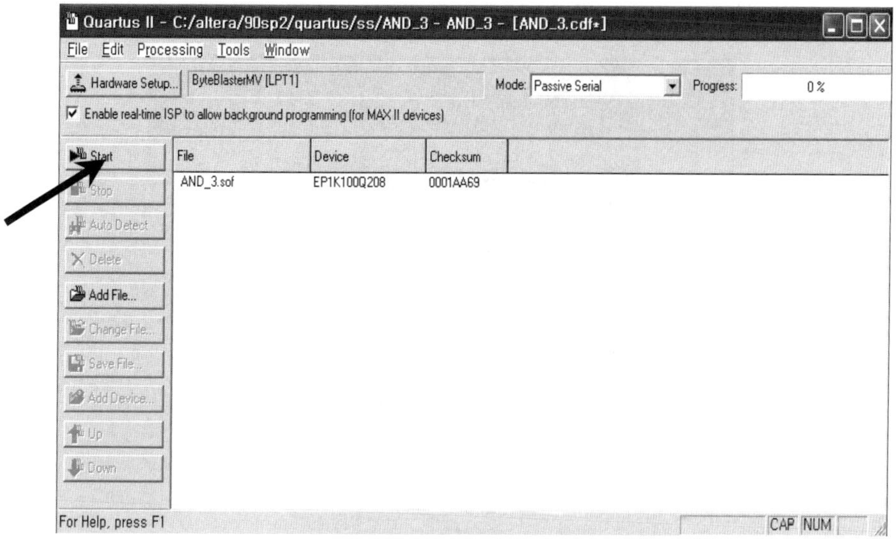

[그림 6.54] 프로그래머 시작

그림 6.55는 프로그램이 완료된 화면이다.

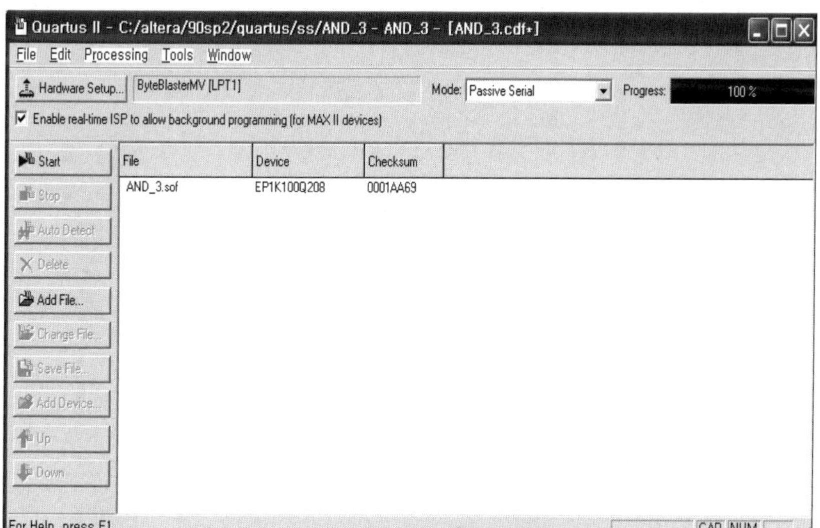

[그림 6.55] 프로그램 완료

이제 모든 작업이 완료 되었으므로 FPGA 보드를 동작시켜본다. 키패드 A, B, C를 모두 눌렀을 때, 즉 입력이 모두 1이 들어왔을 때 LED1에 불이 들어오는지 확인하면 된다.

[그림 6.56] 동작 확인

PART 3 VHDL 및 HBE-COMBO를 이용한 디지털 논리회로 설계 실습

CHAPTER 7 VHDL 소개

SECTION 1. VHDL 소개

1.1 VHDL 개요

VHDL(VHSIC[Very High Speed Integrated Circuit] Hardware Description Language)은 1980년대 중반 미국 국방성과 IEEE에 의해 표준화된 언어로 설계 기법 및 도구의 성능향상을 목적으로 개발되었다. 현재 수백만 게이트 이상이 요구되는 시스템 수준의 논리 회로 디자인에 Verilog HDL과 함께 필수적으로 사용되는 하드웨어 설계 언어로 학교· 기업· 연구소 등에서 디지털 회로의 설계, 검증, 구현 등에 널리 활용되고 있다.

1.2 VHDL의 장단점

그동안 존재했던 많은 HDL 언어가 특정 컴파일러나 시뮬레이터 등에서만 동작되는 문제점을 가지고 있었던 반면 VHDL은 표준화된 언어로 설계된 회로의 저장· 공유· 공정에 무관한 장점을 가지고 있다. 또한 Top-Down 설계방식으로 높은 수준의 동작적 레벨에서부터 낮은 수준의 게이트 레벨까지 다양한 설계가 가능하여 설계 오류 가능성이 적고, 면적 및 속도 측면에서 최적화 가능성이 높다. 반면에 언어 기술 방법이 엄격하여 설계가 어려운 단점을 가지고 있으며, 현재 존재하는 합성 툴이 일부분 VHDL 문법을 따르지 않는 경우가 있어 호환성 문제가 대두되기도 한다.

1.3 VHDL의 구조

VHDL의 구조는 크게 'entity 선언부'와 'architecture 몸체' 두 부분으로 나눌 수 있다. entity 선언부는 하드웨어 블록의 이름과 입출력 포트 같은 외부 입출력 인터페이스를 정의하는 부분이며, architecture 몸체는 내부회로의 연결· 동작· 구조 등의 하드웨어 내부를 표현하는 부분이다. 쉽게 말해 반도체 칩의 외적인 요인을 정의하는 부분이 entity 선언부이고, 내부 회로가 어떻게 연결되어있는지를 실제 설계하는 부분이 architecture 몸체라고 생각하면 이해하기가 쉽다.

```
Library ieee;
use ieee.std_logic_1164.all;

entity and_ex2 is   -- 주석
  port (a,b: in bit;
       y: out bit);
end and_ex2;

architecture design of and_ex2 is
begin
          y <= a and b;
end design;
```

entity 선언부

architecture 몸체

[그림 7.1] VHDL의 구조

entity 선언부와 architecture 몸체의 syntax는 그림 7.2와 같다. ‘entity_이름’은 프로젝트 이름과 반드시 같아야 한다.

```
entity entity_이름 is
       port (port_list);
end entity_이름;
```

```
architecture architecture_몸체이름 of entity_이름 is
begin
  {concurrent statement}
end architecture_name;
```

[그림 7.2] Entity 선언부와 architecture 몸체의 syntax

entity 선언부 안의 port (port_list) 부분은 입출력 포트를 지정해 주는 부분으로 다음과 같이 사용한다.

```
PORT (signal_name : mode data_type);
==========================================
ex)   port (a,b: in bit;
              y: out bit);
```

[그림 7.3] port()

여기서 signal_name은 사용자가 임의로 정해주는 입출력 포트의 이름을 넣는 부분이다. mode는 데이터 교환방향을 정의해주는 부분이고(표 7.2), data_type은 자료형을 선언해주는 부분으로 ieee.std_logic_1164에 정의된 것을 사용한다(표 7.3).

[표 7.2] mode

사용방법	의미
in	데이터를 받아들이기만 하는 입력포트로 선언
out	데이터를 내보내기만 하는 출력포트로 선언
buffer	출력포트(OUT)와 동일하나 읽기가 가능
inout	입력포트 출력포트로 모두 사용가능한 포트로 선언

[표 7.3] data_type

사용방법	의미
bit	(ieee.std_logic_1164에 정의된) 9개의 논리 상태 중 '0'과 '1'만 사용, 1비트씩 처리
bit_vector	9개의 논리 상태 중 '0'과 '1'만 사용, 여러개의 입출력포트를 비트열로 편하게 코딩
std_logic	9개의 논리 상태 모두 사용, 1비트씩 처리
std_logic_vector	9개의 논리 상태 모두 사용, 여러개의 입출력포트를 비트열로 묶어 편하게 코딩

Library는 Entity 선언부 위에 들어가며 그림 7.4와 같이 사용한다. 그림에서는 'ieee 라이브러리 안에 정의된 std_logic_1164 패키지 사용'의 의미로 처음 시작하는 Library라는 지정어는 C언어에서의 'include'와 유사하며, 패키지는 헤더파일과 유사하다.

C언어에서 헤더파일 안에 여러 가지 자주 쓰는 함수의 원형을 정의하고 있는 것처럼, VHDL의 패키지 안에 자주 쓰는 자료형, 함수 등을 정의하여 한번 기술한 것을 다른 프로젝트나 사람이 쓸 수 있도록 모아둔 것이다.

```
Library ieee;
use ieee.std_logic_1164.all;
```

[그림 7.4] Library

ieee.std_logic_1164는 IEEE에 의해 표준화 된 것으로 '0', '1', 'High Impedance', 'Don't care' 등 9개의 논리 상태를 정의하고 있다.

[표 7.1] 9개의 논리상태

논리상태	의미
'0'	Forcing 0
'1'	Forcing 1
'U'	Uninitialized
'X'	Forcing Unknown
'Z'	High Impedance
'W'	Weak Unknown
'L'	Weak 0
'H'	Weak 1
'–'	Don't care

※ 참고

① VHDL에서 주석은 '--' 로 시작한다. 주석은 실제 회로에 영향을 미치지 않으며, 설계된 코드의 재사용 및 이양(transfer)에 매우 유용하게 활용할 수 있다.

② 또한 VHDL은 대소문자를 구분하지 않는다.

SECTION 2. VHDL의 3가지 모델링 방법

VHDL에서 architecture 몸체에 실제 회로를 설계하는 방법은 크게 동작적 모델링(Behavioral Modeling), 자료흐름적 모델링(Dataflow Modeling), 구조적 모델링(Structure Modeling)의 3가지로 나눌 수 있다. 각각의 표현 방식과 차이점을 구체적인 예를 들어 살펴보자.

2.1 동작적 모델링 설계 방법

동작적 모델링 설계 방법은 process문을 사용하여 기능적 또는 알고리즘적으로 동작을 표현하는 기술방식이다. 인간의 언어와 가장 유사한 High level의 표현 방식으로 내부회로는 전혀 고려하지 않는다. 진리표에 근거하여 '특정 입력에 대한 특정 출력'을 기술하면 내부 회로는 합성 툴(QUARTUS)이 자동으로 생성(합성)해준다. 먼저 동작적 모델링에서 필수적으로 사용되는 process문에 대해서 살펴보자.

1) process 문

process문은 architecture 몸체 안에만 존재하며 여러 개의 process문이 기술될 수 있다. 기본적으로 process문은 병행(concurrent)문이나 내부적으로는 sequential 문으로 표현된다. 즉, 여러 개의 process문이 있으면 각각의 process문들은 병행처리가 이루어지지만 process문 내부에서는 순차처리가 이루어진다. process문의 형식은 그림 7.5과 같다. 감지 리스트의 열거된 신호가 적어도 하나 이상 변화할 때 begin과 end process; 사이의 sequential 문이 수행된다. sequential 문은 문장이 순차적으로 수행되는 문장들을 말하며 신호할당문, 변수할당문, wait문, if문, case문, return문, loop문 등이 있다. 선언문에는 상수, 변수, 자료형의 선언이 들어간다.

```
process (감지 리스트)
   {선언문}
begin
   {sequential 문}
end process ;
```

[그림 7.5] process문

그림 7.6은 process문의 사용 예이다.

```
process(a,b)  -- a 또는 b에 변화가 있을 경우 수행 시작
begin
    if  a='1'  and  b='1'  then
        y <= '1';
    else  y <= '0';
    end if;
end process;
```

[그림 7.6] process 문

```
Library ieee;
use ieee.std_logic_1164.all;

entity and_ex1 is
        port (a,b: in bit;
                y: out bit);
end and_ex1;

architecture design of and_ex1 is
begin
        process(a,b)
        begin
            if a='1' and b='1' then
                y<='1';
            else y<='0';
            end if;
        end process;
end design;
```

[그림 7.7] 동작적 모델링 설계 예

if 조건 then
  {순차문}
end if;
	if 조건 then
	{순차문}
	else {순차문}
	end if;
		if 조건 then
		  {순차문}
		elsif 조건 then
		  {순차문}
		    :
		else {순차문}
		end if;

[그림 7.8] if 문

그림 7.7에 2입력 AND 게이트의 동작적 모델링 설계 예제이다. entity 선언부를 보면 입력은 a, b 두 개가 있고, mode는 in, data_type은 bit이다. 출력은 y 하나가 있으며, mode와 data_type은 각각 out, bit 이다. architecture 몸체는 진리표를 이용하여 기능을 표현한 동작적 모델링 설계방법이며 입력 a, b중 어느 하나라도 변화가 있으면 process문이 수행된다. process문 내부를 보면 if문(sequential문)을 사용하고 있으며, 입력 a와 b가 모두 '1'일 때만 출력 y에 '1'을 할당한다. 여기서 '<='는 '작거나 같다'의 의미가 아니라 '할당 연산자'로 할당(assignment) · 구동(driver)의 의미이다. if 문은 조건이 참일 경우에만 문장을 수행하는 구문으로 그림 7.8과 같이 3가지 형태로 사용이 가능하다.

2.2 자료흐름 모델링 설계 방법

자료흐름 모델링 설계방법은 동작적 모델링과 구조적 모델링 표현의 중간 단계 표현 방식으로 주로 부울대수, 함수, RTL 또는 연산자를 이용하여 signal의 흐름을 기술한다. VHDL 구문 중에는 concurrent signal 할당문에 의해 주로 기술된다. concurrent signal 할당문은 process문을 보다 간결하게 나타낸 것으로 process, 감지리스트, begin, end process를 없앤 것이다. 그림 7.9 (a)를 같은 기능을 수행하는 concurrent signal 할당문으로 바꾸면 (b)와 같다.

```
process(a,b)
begin

   y<= a and b;

end process;
```

(a)

```
y<= a and b;
```

(b)

[그림 7.9] concurrent signal 할당문

concurrent signal 할당문은 병행으로 수행되어 전후 순서에 무관하게 동작하며, signal_name<=표현식, when-else, with-select의 형태로 사용할 수 있다.

그림 7.10은 2입력 AND 게이트의 자료흐름모델링 설계 예제이다.

```
Library ieee;
use ieee.std_logic_1164.all;

entity and_ex2 is
  port (a,b: in bit;
        y: out bit);
end and_ex2;

architecture design of and_ex2 is
begin

            y <= a and b;

end design;
```

[그림 7.10] 자료흐름 설계 예

2.3 구조적 모델링 설계 방법

마지막으로 구조적 모델링 방법은 컴포넌트 연결을 통하여 기능을 표현하는 설계방법이다. 하드웨어에 가장 가까운 low level 표현방법으로 연결 상태를 나타내는 게이트 수준의 설계가 가능하다. '심볼을 정의하고 선연결하는 스케매틱의 언어적 표현'이라고 생각하면 이해가 빠르다.

다음의 회로를 예로 들어 VHDL의 구조적 모델링 설계 방법을 살펴보자.

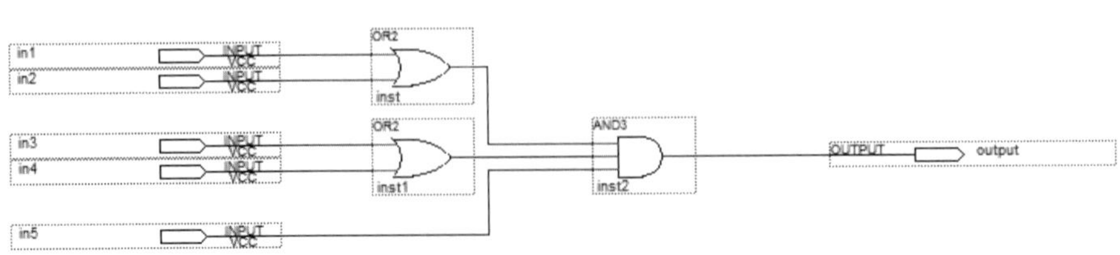

[그림 7.11] 회로

그림 7.11 회로를 VHDL의 구조적 모델링 방법으로 설계하기 위해 먼저 2입력 OR 게이트와 3입력 AND 게이트를 설계한다. 그림 7.12는 2입력 OR 게이트와 3입력 AND 게이트의 동작적 모델링 설계 예제이다.

```
Library ieee;
use ieee.std_logic_1164.all;

entity OR_ex2 is
  port (a,b: in bit;
           y: out bit);
end OR_ex2;

architecture design of OR_ex2 is
begin

   process(a,b)
   begin
       if a='1' or b='1'   then
            y<='1';
       else y<='0';
       end if;
   end process;

end design;
```

(a) 2입력 OR 게이트

```
Library ieee;
use ieee.std_logic_1164.all;

entity AND_ex3 is
  port (a,b,c: in bit;
              y: out bit);
end AND_ex3;

architecture design of AND_ex3 is
begin

   process(a,b,c)
   begin
       if a='1' and b='1' and c='1'  then
            y<='1';
       else y<='0';
       end if;
   end process;

end design;
```

(b) 3입력 AND 게이트

[그림 7.12] 2입력 OR 게이트와 3입력 AND 게이트의 동작적 모델링 설계

다음으로 구조적 모델링 방법에 의해 설계될 새로운 프로젝트를 생성한다. 프로젝트 생성 두 번째 단계인 add files에서 위의 OR_ex2.vhd와 AND_ex3.vhd 파일을 추가해준다.

다음 그림 7.13에 그림 7.11 회로의 구조적 모델링 설계 예제가 나와 있다. 구체적인 설계 방법을 살펴보자.

```
Library ieee;
use ieee.std_logic_1164.all;

entity OR_AND_EX is
  port (in1,in2,in3,in4,in5: in bit;
            output: out bit);
end OR_AND_EX;

architecture design of OR_AND_EX is

signal temp1,temp2 : bit;

component OR_ex2
  port(a,b : in bit;
         y : out bit);
end component;

component AND_ex3
  port (a,b,c : in bit;
            y : out bit);
end component;

begin

     ORGATE1 : OR_ex2 port map (in1,in2,temp1);
     ORGATE2 : OR_ex2 port map (in3,in4,temp2);
     ANDGATE : AND_ex3 port map (temp1,temp2,in5,output);

end design;
```

[그림 7.13] OR_AND 게이트의 구조적 모델링 설계

구조적 모델링 설계에서는 다른 프로젝트에서 미리 설계된 entity를 컴포넌트로 간주하여 미리 선언하고, 이 컴포넌트들을 서로 연결하여 사용한다. 정의된 컴포넌트는 여러 번 사용이 가능하며, 컴포넌트 형식은 그림 7.14와 같다.

```
component component_name
        port( port_name ... )
end component;
```

[그림 7.14] 컴포넌트 형식

컴포넌트 선언은 architecture 몸체의 선언부와 패키지문에서 이루어지며, 컴포넌트의 port에는 각각의 프로젝트 port를 그대로 적어준다. 그림 7.13에서는 2개의 컴포넌트문(OR_ex2, AND_ex3)이 있으며, OR_ex2의 입출력 포트 a, b, y와 AND_ex3의 입출력 포트 a, b, c, y를 적어주었다.

다음으로 선언된 컴포넌트를 실제 포트에 연결하여 회로를 구성하여야한다. 컴포넌트 사례화 문이 사용되며 그림 7.15의 형식을 갖는다.

```
label : component_name port map(association_list);
```

[그림 7.15] 컴포넌트 사례화 문 형식

lable은 컴포넌트 사례화 문을 구별해주는 이름으로 설계자가 임의로 지정한다. 다음으로 사용할 컴포넌트 이름이 오며 port map()에서 컴포넌트와 실제 포트의 연결이 이루어진다. 그림 7.13의 컴포넌트 사례화 문은 3개가 있으며 OR_ex2 2개와 AND_ex3 1개를 사용하여 연결하였다. ORGATE1을 보면 OR_ex2 컴포넌트의 a입력에 실제포트 in1, b입력에 실제포트 in2, y출력에 signal인 temp1을 연결하였다. 즉 in1과 in2를 OR_ex2의 입력에 연결하고, 그 입력에 대한 출력을 temp1이라는 signal에 연결해준 것이다. port map()안에는 각 컴포넌트에 선언된 입력과 출력이 별도표기 없이 순서대로 나열된다. 마찬가지로 ORGATE2를 보면 OR_ex2를 한 번 더 사용하였으며 in3와 in4를 입력에, 출력은 temp2에 연결하였다. 마지막으로 ANDGATE는 두 개의 signal temp1, temp2, 실제포트 in5를 AND_ex3의 입력에 연결하고 AND_ex3의 출력을 실제 최종출력인 output에 연결하여 회로를 구성하였다.

```
ORGATE1 : OR_ex2 port map (in1,in2,temp1);
ORGATE2 : OR_ex2 port map (in3,in4,temp2);
ANDGATE : AND_ex3 port map (temp1,temp2,in5,output);
```

[그림 7.16] '그림 7.13'의 컴포넌트 사례화 문

여기서 컴포넌트 사례화 문에서 사용된 signal은 Object의 하나로 논리 신호 또는 컴포넌트를 연결하는데 사용된다. 외적변수의 개념으로 port map외에 signal에 값을 대입하기 위해서는 <= (할당연산자)를 사용한다. 이외에 고정된 값을 나타내는 constant와 process문 등에서 국부적 장소 · 내적 변수로 활용되는 variable이 있다. Object들른 초기값 지정이 가능하며, 형식은 다음과 같다.

```
signal signsl_name, ... : data type [:=초기값] ;
constant constant_name, ... : data type [:=초기값] ;
variable variable_name, ... : data type [:=초기값] ;
```

[그림 7.17] Object 형식

2.4 3가지 모델링 방법의 차이

이번에는 3가지 모델링 방법의 차이를 설계방법에 비유하여 살펴보자. 그림 7.18을 보면 (a)번은 진리표를 이용하여 설계하는 동적적 모델링 설계방법이고, (b)번은 부울대수를 이용해서 설계하는 자료흐름 모델링 설계방법이고, (c)번은 언어적인 방법으로 스케매틱하는 구조적 모델링 설계방법을 개념적으로 나타낸 것이다. 우리가 그동안 배웠던 디지털 회로 설계방법(진리표를 바탕으로 간소화된 논리식을 구하고 최종 회로설계)의 단계적 과정(상위->하위)임을 알 수 있다.

입력		출력
A	B	Y
0	0	0
0	1	0
1	0	0
1	1	1

X=AB

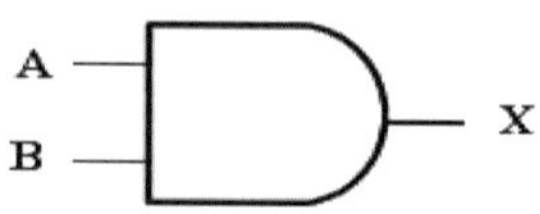

(a) 동작적모델링 (진리표이용)　(b) 자료흐름모델링 (부울대수, 연산자이용)　(c) 구조적모델링 (컴포넌트 정의 및 연결)

[그림 7.18] 3가지 모델링 방법의 차이

마지막으로 한 프로젝트 내에서는 한 가지 방법으로만 설계해야하는 것은 아니며 3가지 모델링 방법을 혼용해서 사용이 가능하다. 그림 7.19은 동작적 모델링 방법과 자료흐름 모델링 방법을 혼용하여 사용한 예이다.

```
Library ieee;
use ieee.std_logic_1164.all;

entity mex1 is
  port (a,b: in bit;
          y: out bit);
end mex1;

architecture design of mex1 is
begin
    process(a,b,c)
    begin
        if (a='1' and b='1') then
                y<='1';
        else  y <= a or (not b);
        end if;
    end process;
end design;
```

[그림 7.19] 동작적 모델링 및 자료흐름 모델링 혼용

그림 7.20은 그림 7.19의 시뮬레이션 결과이다.

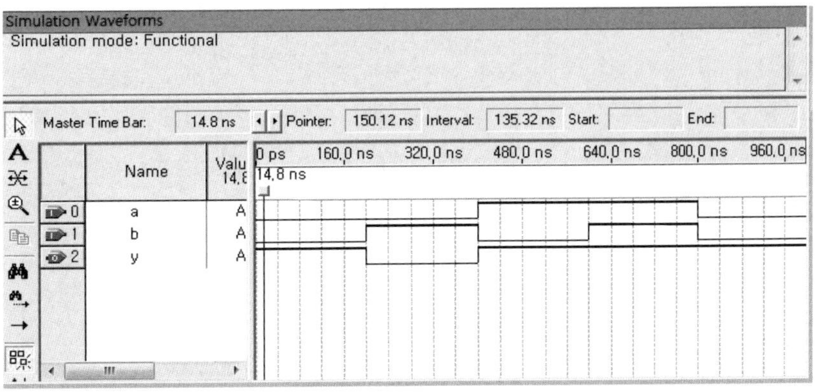

[그림 7.20] 시뮬레이션 결과

참고로 QUARTUS II에서 컴파일 후 RTL 레벨의 회로는 Tools-Netlist Viewers-RTL Viewer에서 확인가능하다.

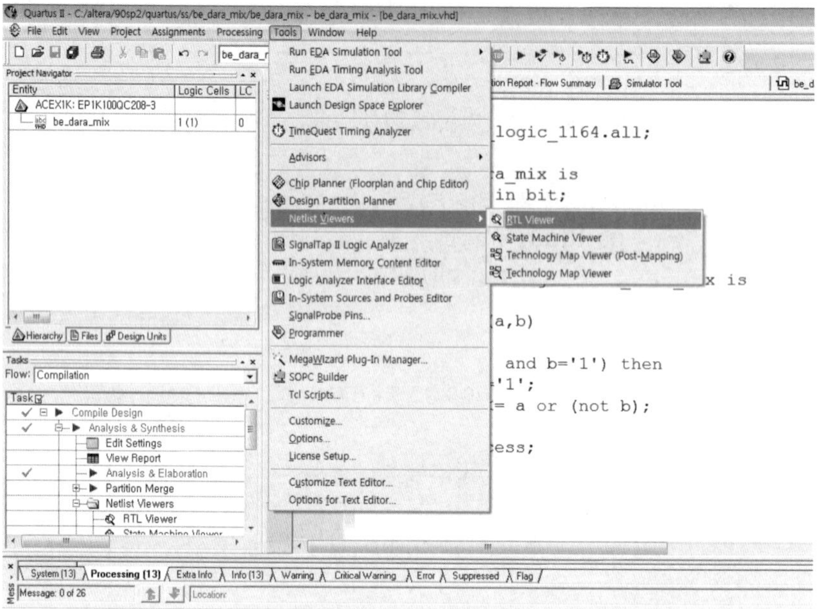

[그림 7.21] Tools-Netlist Viewers- RTL Viewer

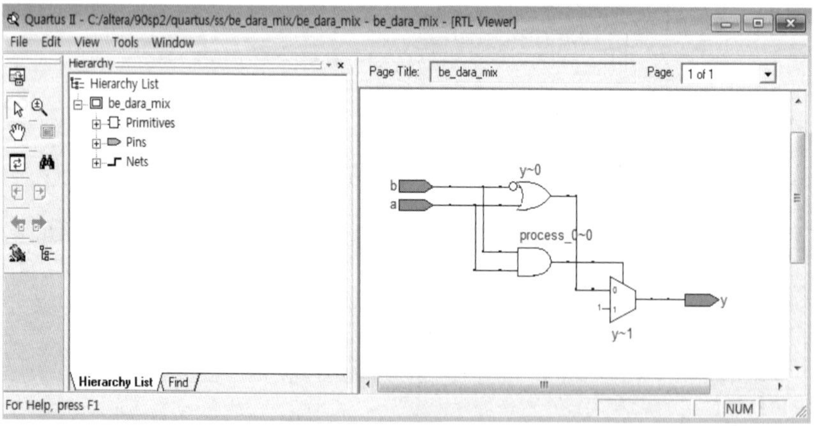

[그림 7.22] RTL Viewer

PART 3 VHDL 및 HBE-COMBO를 이용한 디지털 논리회로 설계 실습

CHAPTER 8 VHDL 및 HBE-COMBO를 이용한 디지털 논리회로 설계 실습

SECTION 1. 기본 논리 게이트 회로 및 동작 특성 실험

SECTION 2. 그레이코드 변환기 및 패리티 발생 회로 실험

SECTION 3. 반가산기 및 전가산기 회로 실험

SECTION 1. 기본 논리 게이트 회로 및 동작 특성 실험

1.1 실험목적

-. AND, OR, NOT 게이트의 동작 특성을 이해한다.

-. 기본 논리 소자의 VHDL 설계 능력을 배양한다.

-. HBE-COMBO를 이용하여 설계된 회로를 직접 구현해 봄으로써 실무에 필요한 응용력과 창의성을 얻는다.

1.2 실험회로

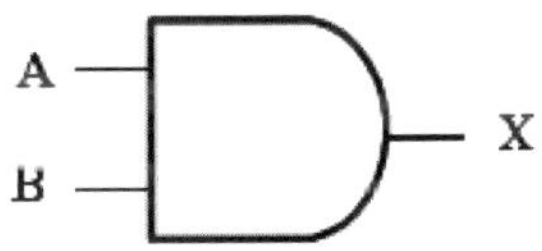

X=A ·B

A	B	Y
0	0	0
0	1	0
1	0	0
1	1	1

[그림 8.1] AND 게이트의 표시기호, 논리식, 진리표

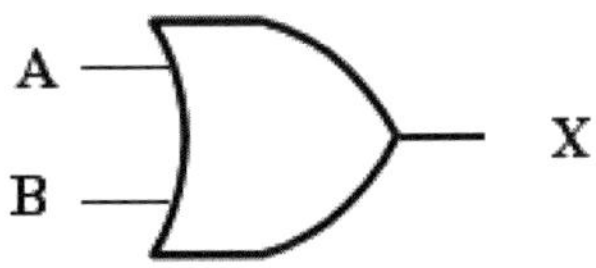

X=A+B

A	B	Y
0	0	0
0	1	1
1	0	1
1	1	1

[그림 8.2] OR게이트의 표시기호, 논리식, 진리표

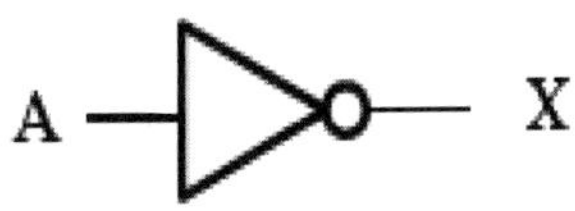

X=A'

A	Y
0	1
1	0

[그림 8.3] NOT 게이트의 표시기호, 논리식, 진리표

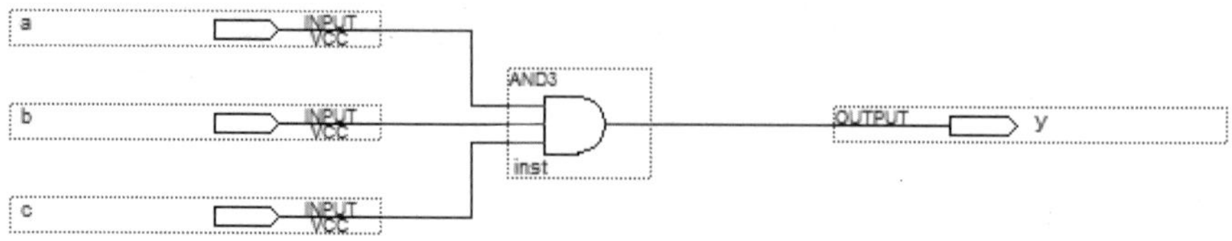

[그림 8.4] 3입력 AND 게이트

1.3 VHDL을 이용한 회로설계

2입력 AND 게이트

```
Library ieee;
use ieee.std_logic_1164.all;

entity and_ex1 is
          port (a,b: in bit;
                    y: out bit);
end and_ex1;

architecture design of and_ex1 is
begin
           process(a,b)
           begin
                  if a='1' and b='1' then
                       y<='1';
                  else y<='0';
                  end if;
           end process;
end design;
```

(a) 동작적 모델링

```
Library ieee;
use ieee.std_logic_1164.all;

entity and_ex2 is
  port (a,b: in bit;
       y: out bit);
end and_ex2;

architecture design of and_ex2 is
begin

           y <= a and b;

end design;
```

(b) 자료흐름 모델링

[그림 8.5] 2입력 AND 게이트 설계

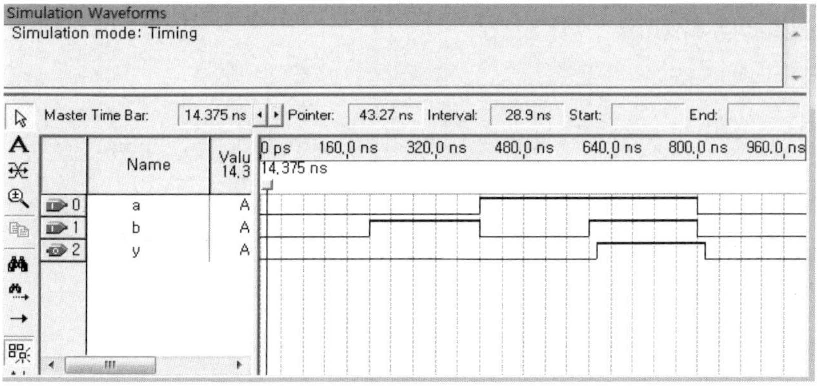

[그림 8.6] 시뮬레이션 결과

2입력 OR 게이트

```
Library ieee;
use ieee.std_logic_1164.all;

entity or_ex1 is
        port (a,b: in bit;
                y: out bit);
end or_ex1;

architecture design of or_ex1 is
begin
         process(a,b)
         begin
               if a='1' or b='1' then
                   y<='1';
               else y<='0';
               end if;
         end process;
end design;
```

(a) 동작적 모델링

```
Library ieee;
use ieee.std_logic_1164.all;

entity or_ex2 is
 port (a,b: in bit;
      y: out bit);
end or_ex2;

architecture design of or_ex2 is
begin

         y <= a or b;

end design;
```

(b) 자료흐름 모델링

[그림 8.7] 2입력 OR 게이트 설계

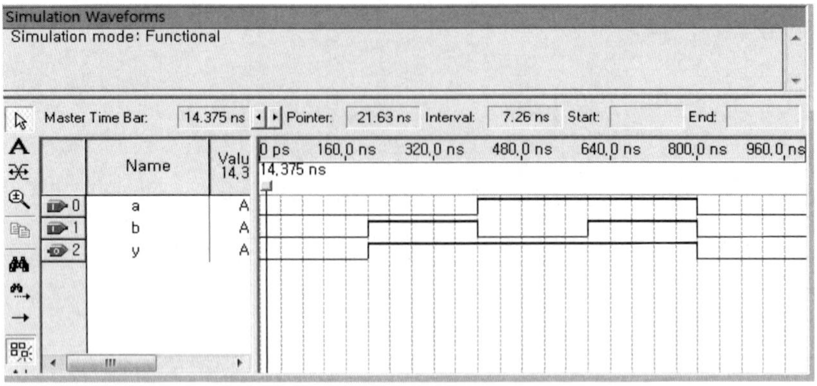

[그림 8.8] 시뮬레이션 결과

NOT 게이트

```
Library ieee;
use ieee.std_logic_1164.all;

entity not_ex is
    port (a: in bit;
          y: out bit);
end not_ex;

architecture design of not_ex is
begin
    process(a)
    begin
        if a='1' then
            y<='0';
        else  y <= '1';
        end if;
    end process;
end design;
```

(a) 동작적 모델링

```
Library ieee;
use ieee.std_logic_1164.all;

entity not_ex is
    port (a: in bit;
          y: out bit);
end not_ex;

architecture design of not_ex is
begin

    y<= not a;

end design;
```

(b) 자료흐름 모델링

[그림 8.9] NOT 게이트 설계

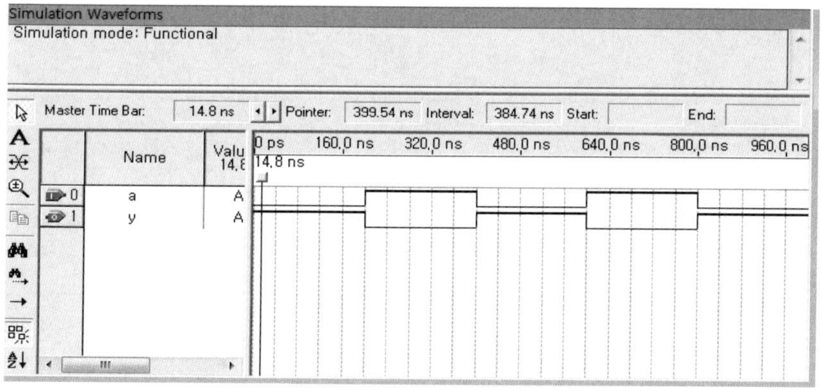

[그림 8.10] 시뮬레이션 결과

3입력 AND 게이트

```
Library ieee;
use ieee.std_logic_1164.all;

entity and_ex3 is
        port (a,b,c : in bit;
                y : out bit);
end and_ex3;

architecture design of and_ex3 is
begin
   process(a,b,c)
   begin
        if a='1' and b='1' and c='1' then
                y<='1';
        else y<='0';
        end if;
   end process;
end design;
```

(a) 동작적 모델링

```
Library ieee;
use ieee.std_logic_1164.all;

entity and_ex3 is
        port (a,b,c : in bit;
                y : out bit);
end and_ex3;

architecture design of and_ex3 is
begin

     y=a and b and c;

end design;
```

(b) 자료흐름 모델링

[그림 8.11] 3입력 AND 게이트 설계

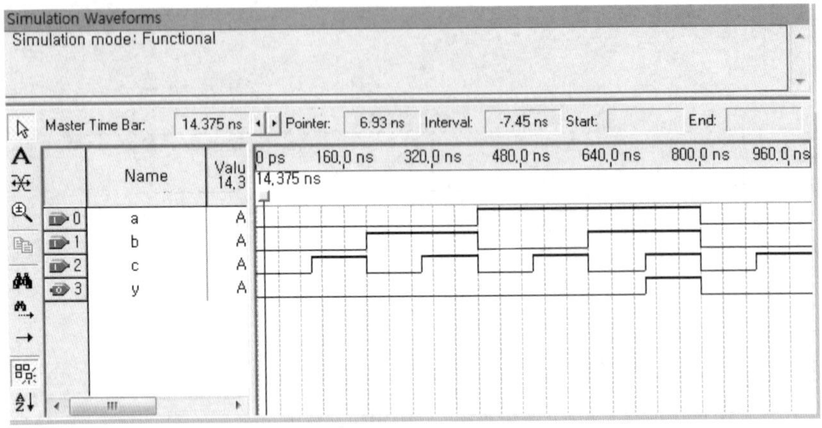

[그림 8.12] 시뮬레이션 결과

☞ bit_vector를 이용한 3입력 AND 게이트 설계

```
Library ieee;
use ieee.std_logic_1164.all;

entity and_ex3 is
        port (  a : in bit_vector(2 downto 0);
                y : out bit);
end and_ex3;

architecture design of and_ex3 is
begin
   process(a)
   begin
        if a="111" then
                y<='1';
        else y<='0';
        end if;
   end process;
end design;
```

[그림 8.13] 3입력 AND 게이트 설계

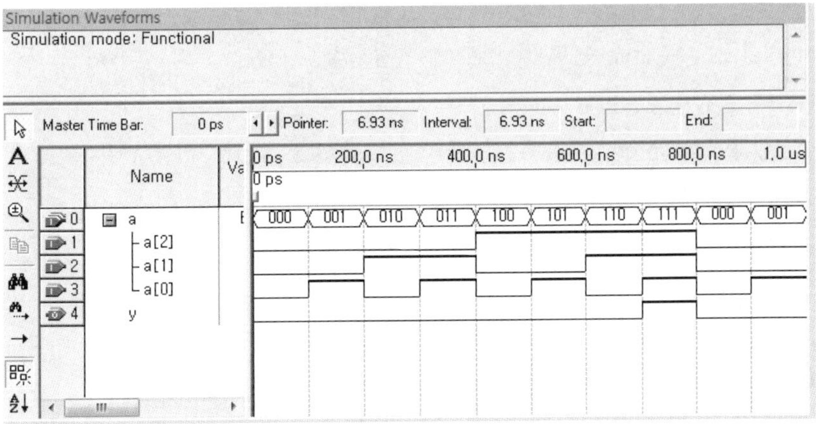

[그림 8.14] 시뮬레이션 결과

그림 8.13에서는 입력 signal의 data_type을 bit_vector(7장 Section 1 표 7.3)로 사용하였다. bit_vector는 여러 개의 signal을 묶어 벡터열로 처리함으로써 보다 손쉬운 설계를 가능하게 한다. 괄호안의 downto는 내림차순 벡터를 의미하며 to는 오름차순 벡터를 의미한다. 예제에서는 2 downto 0이므로 a(2), a(1), a(0)의 3개 signal이 묶여 하나의 벡터열을 이루고 있다. 추후 FPGA에 다운로드 할 경우에는 각각의 signal에 모두 I/O port를 할당해주면 된다. 설계 과정에서는 손쉽게 벡터열로 처리하나 하드웨어 상에서는 원래의 3개 I/O port로 동작한다. 각각의 시그널에는 "a(2), a(1), a(0)"와 같이 (숫자)를 이용해 접근 및 활용할 수 있다.

그림 8.14은 시뮬레이션 결과이다. bit_vector로 입력신호 a를 정의하였으므로 시뮬레이션에서도 비트열 입력신호와 각각의 입력신호가 모두 확인가능하다. 이 둘은 별도의 입력이 아니라 하나를 두 가지 형태로 보여주는 것이다.

1.4 HBE-COMBO를 이용한 회로 구현

3입력 AND 게이트를 HBE-Combo의 LED를 이용하여 결과를 확인한다.

① Assign→Device 메뉴에서 Device를 EP1K100QC208-3으로 설정하고 컴파일 한다.

② 아래 표와 같이 각 입력/출력 포트의 핀 번호를 설정한 후 컴파일 한다.

입 력			출 력		
핀 이름	연결 소자	핀 번호	핀 이름	연결 소자	핀 번호
a(2)	SW_1	115	Y	LED 1	191
a(1)	SW_2	114			
a(0)	SW_3	113			

③ Parallel port Cable을 PC와 보드에 연결한다.

④ 보드의 전원을 ON한다.

⑤ Tools〉〉Programmer 메뉴를 선택하여 Hardware Setup 버튼을 누른다.

⑥ ByteBlasterMV or ByteBlaster Ⅱ를 선택한다.

⑦ FPGA의 프로그래밍 방식을 Passive Serial Mode로 선택한다.

⑧ Start 버튼을 누른다.

⑨ Switch의 상태를 아래 표처럼 변화시키면서 LED에서의 출력을 표에 기록하고, 위의 시뮬레이션의 결과와 비교한다.

입 력			출 력
a(2)	a(1)	a(0)	X
0	0	0	
0	0	1	
0	1	0	
0	1	1	
1	0	0	
1	0	1	
1	1	0	
1	1	1	

⑩ 모든 과정이 끝나면 전원을 끈다.

1.5 심화학습

OR 게이트, NOT 게이트, 2 Level AND 게이트를 보드에서 확인하여라.

SECTION 2. 그레이코드 변환기 및 패리티 발생기 회로 실험

2.1 실험목적

-. 그레이코드 변환기 및 패리티 발생 회로의 동작 특성을 이해한다.

-. VHDL 설계 능력을 배양한다.

-. HBE-COMBO를 이용하여 설계된 회로를 직접 구현해 봄으로써 실무에 필요한 응용력과 창의성을 얻는다.

2.2 실험회로

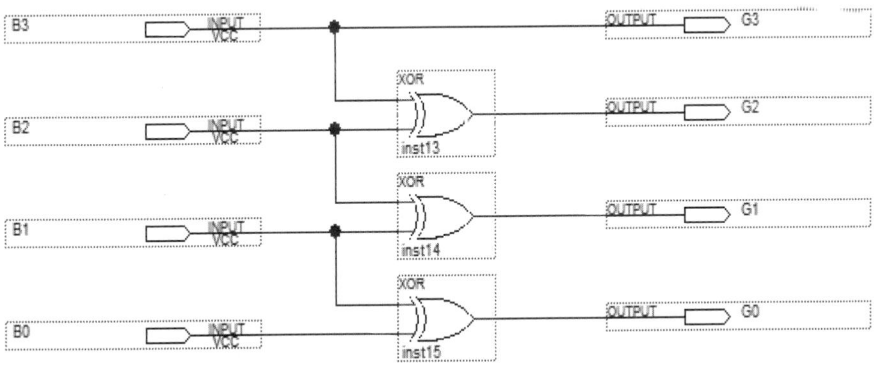

[그림 8.15] 4 bit 2진수-그레이 코드 변환기

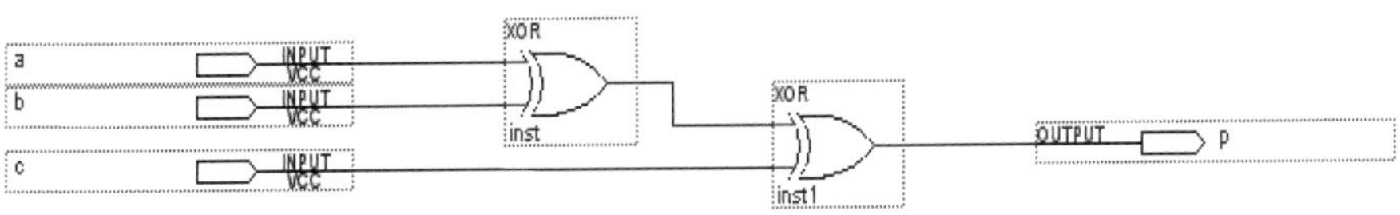

[그림 8.16] 3비트 입력에 대한 짝수 패리티 발생 회로

2.3 VHDL을 이용한 회로설계

2진수-그레이코드 변환기

```
Library ieee;
use ieee.std_logic_1164.all;

entity gray_ex1 is
        port (bi : in bit_vector(3 downto 0);
            gray : out bit_vector(3 downto 0));
end gray_ex1;

architecture design of gray_ex1 is
begin
        process(bi)
        begin
            if bi="0000" then gray<="0000";
            elsif bi="0001" then gray<="0001";
            elsif bi="0010" then gray<="0011";
            elsif bi="0011" then gray<="0010";
            elsif bi="0100" then gray<="0110";
            elsif bi="0101" then gray<="0111";
            elsif bi="0110" then gray<="0101";
            elsif bi="0111" then gray<="0100";
            elsif bi="1000" then gray<="1100";
            elsif bi="1001" then gray<="1101";
            else gray<="1111";
            end if;
        end process;
end design;
```

[그림 8.17] 4 bit 2진수-그레이 코드 변환기 설계_동작적 모델링

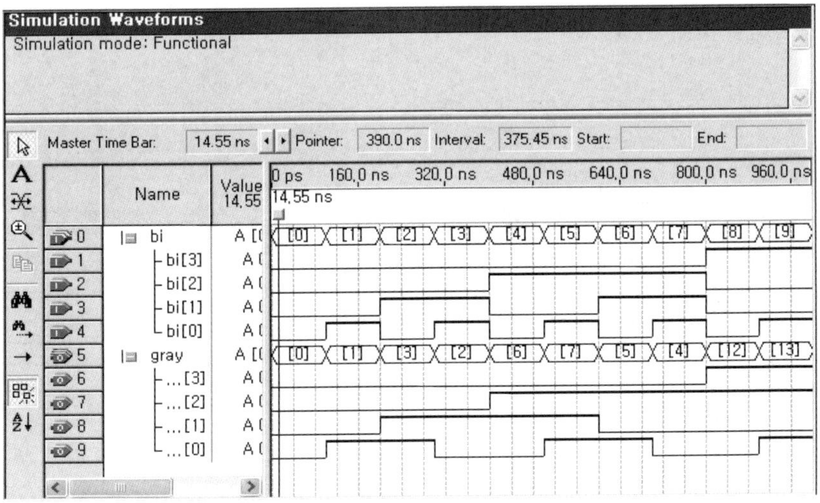

[그림 8.18] 시뮬레이션 결과

```
Library ieee;
use ieee.std_logic_1164.all;

entity gray_ex1 is
          port (bi : in bit_vector(3 downto 0);
              gray : out bit_vector(3 downto 0));
end gray_ex1;

architecture design of gray_ex1 is
begin

   gray(3) <= bi(3);
   gray(2) <= bi(3) xor bi(2);
   gray(1) <= bi(2) xor bi(1);
   gray(0) <= bi(1) xor bi(0);

end design;
```

[그림 8.19] 4 bit 2진수-그레이 코드 변환기 설계_자료흐름 모델링

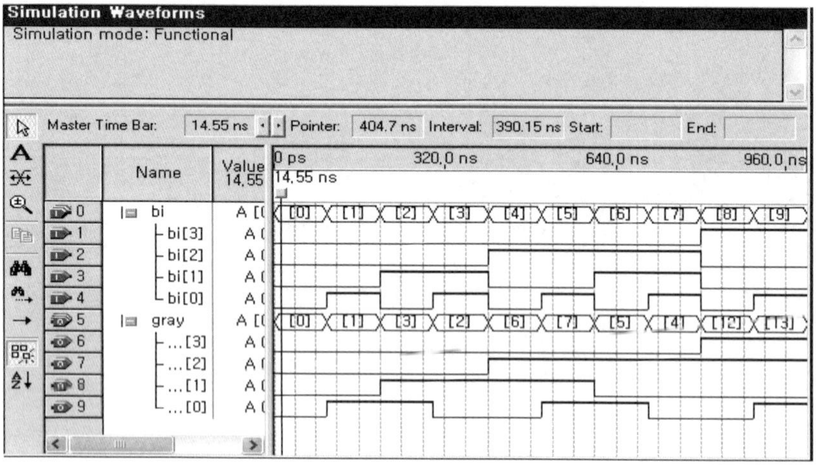

[그림 8.20] 시뮬레이션 결과

3비트 입력에 대한 짝수 패리티 발생 회로

```
Library ieee;
use ieee.std_logic_1164.all;

entity pt_ex1 is
        port (a,b,c : in bit;
              p : out bit);
end pt_ex1;

architecture design of pt_ex1 is
begin
process(a,b,c)
begin
        if a='0' then
                if b=c then p<='0';
                else p<='1';
                end if;
        else
                if b=c then p<='1';
                else p<='0';
                end if;
        end if;
end process;
end design;
```

[그림 8.21] 3비트 입력에 대한 짝수 패리티 발생 회로_동작적 모델링

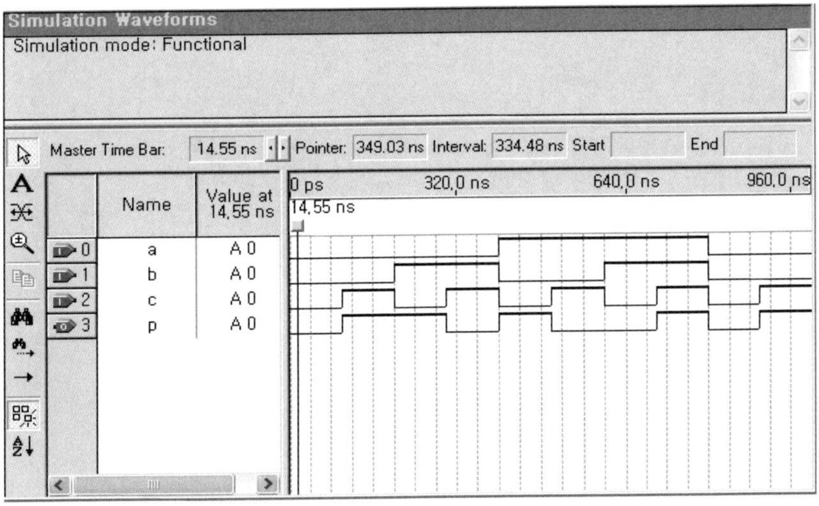

[그림 8.22] 시뮬레이션 결과

```
Library ieee;
use ieee.std_logic_1164.all;

entity pt_ex1 is
          port (a,b,c : in bit;
                    p : out bit);
end pt_ex1;

architecture design of pt_ex1 is
begin

p<=a xor b xor c;

end design;
```

[그림 8.23] 3비트 입력에 대한 짝수 패리티 발생 회로_ 자료흐름 모델링

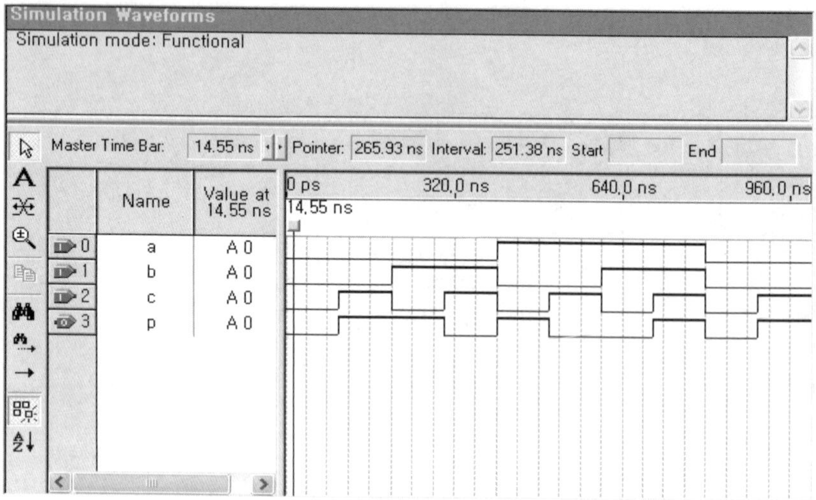

[그림 8.24] 시뮬레이션 결과

2.4 HBE-COMBO를 이용한 회로 구현

3비트 입력에 대한 짝수 패리티 발생 회로를 HBE-Combo의 LED를 이용하여 결과를 확인한다.

① Assign→Device 메뉴에서 Device를 EP1K100QC208-3으로 설정하고 컴파일 한다.

② 아래 표와 같이 각 입력/출력 포트의 핀 번호를 설정한 후 컴파일 한다.

입 력			출 력		
핀 이름	연결 소자	핀 번호	핀 이름	연결 소자	핀 번호
a	SW_1	115	p	LED 1	191
b	SW_2	114			
c	SW_3	113			

③ Parallel port Cable을 PC와 보드에 연결한다.

④ 보드의 전원을 ON한다.

⑤ Tools>>Programmer 메뉴를 선택하여 Hardware Setup 버튼을 누른다.

⑥ ByteBlasterMV or ByteBlaster Ⅱ를 선택한다.

⑦ FPGA의 프로그래밍 방식을 Passive Serial Mode로 선택한다.

⑧ Start 버튼을 누른다.

⑨ Switch의 상태를 아래 표처럼 변화시키면서 LED에서의 출력을 표에 기록하고, 위의 시뮬레이션의 결과와 비교한다.

입 력			출 력
a	b	c	p
0	0	0	
0	0	1	
0	1	0	
0	1	1	
1	0	0	
1	0	1	
1	1	0	
1	1	1	

⑩ 모든 과정이 끝나면 전원을 끈다.

2.5 심화학습

3비트 입력에 대한 홀수 패리티 발생 회로를 설계한 후 보드에서 확인하여라.

SECTION 3. 반가산기 및 전가산기 회로 실험

3.1 실험목적

-. 반가산기 및 전가산기 회로의 동작 특성을 이해한다.

-. VHDL 설계 능력을 배양한다.

-. HBE-COMBO를 이용하여 설계된 회로를 직접 구현해 봄으로써 실무에 필요한 응용력과 창의성을 얻는다.

3.2 실험회로

[표 8.1] 반가산기의 진리표

입력		출력	
A	B	Carry	Sum
0	0	0	0
0	1	0	1
1	0	0	1
1	1	1	0

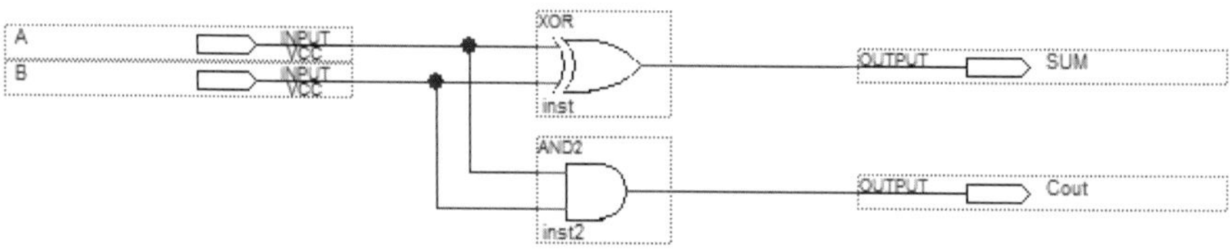

[그림 8.25] 반가산기 회로도

[표 8.2] 전가산기의 진리표

입력			출력	
Carry(in)	A	B	Carry(out)	Sum
0	0	0	0	0
0	0	1	0	1
0	1	0	0	1
0	1	1	1	0
1	0	0	0	1
1	0	1	1	0
1	1	0	1	0
1	1	1	1	1

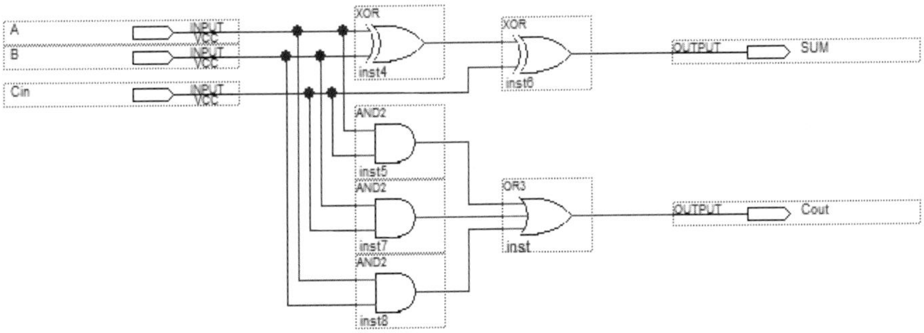

[그림 8.26] 전가산기 회로

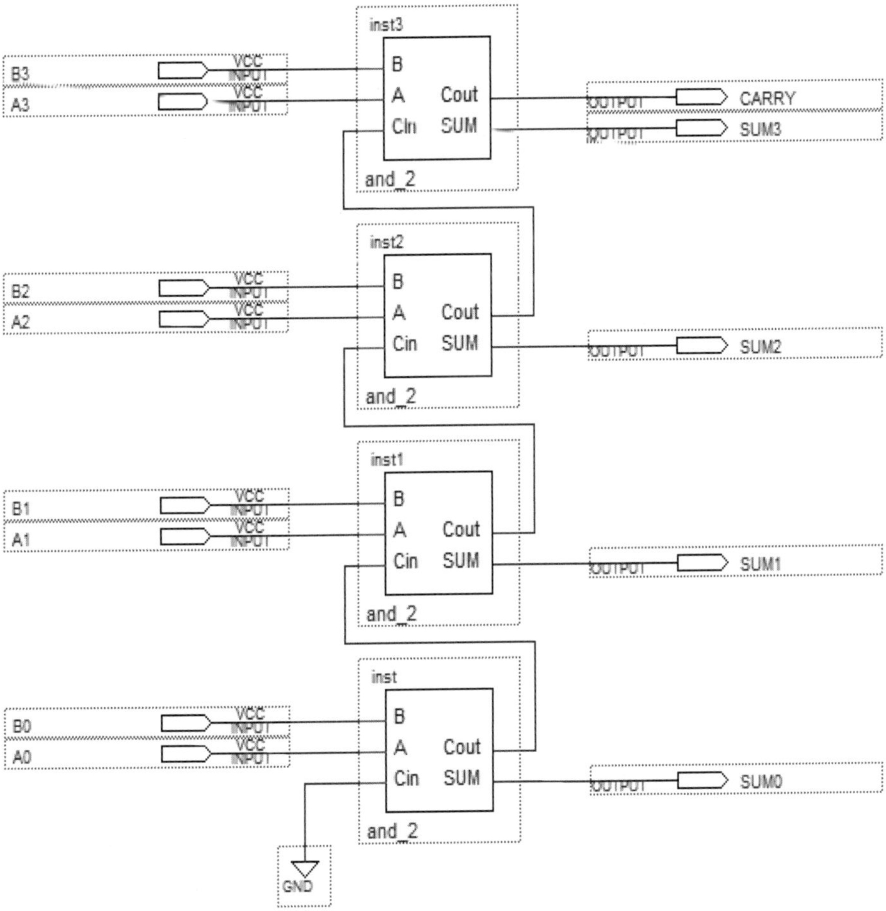

[그림 8.27] 4 bit 가산기

3.3 VHDL을 이용한 회로설계

반가산기 설계

```
Library ieee;
use ieee.std_logic_1164.all;

entity half_adder is
        port ( a,b: in std_logic;
                sum,carry: out std_logic);
end half_adder;


architecture behav of half_adder is
begin

    process (a,b)
    begin

        if (a = b) then sum <= '0';
        else sum <= '1';
        end if;

        if a='0' or b='0' then carry <='0';
        else carry <= '1';
        end if;

    end process;

end behav;
```

[그림 8.28] 반가산기 설계_동작적 모델링

그림 8.28의 설계에서는 port signal의 자료형을 std_logic으로 사용하였다. std_logic은 ieee.std_logic_1164에 정의된 것으로 '0','1' 뿐만 아니라 'High Impedance', 'Don't care' 등 9개의 논리 상태를 포함하고 있다(7장 SECTION 1). 따라서 signal의 형태에 따라 폭넓은 활용이 가능하며 최근에는 bit형 보다 많이 사용된다.

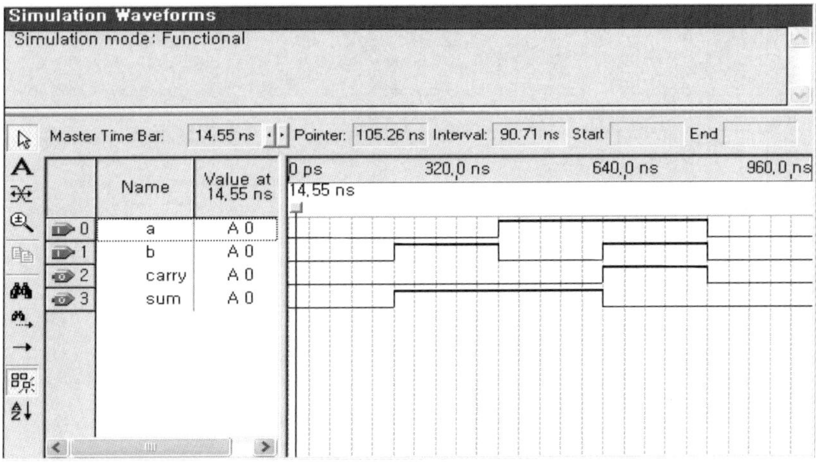

[그림 8.29] 시뮬레이션 결과

```
Library ieee;
use ieee.std_logic_1164.all;

entity half_adder is
          port ( a,b: in std_logic;
                sum,carry: out std_logic);
end half_adder;

architecture dataf of half_adder is
begin

       sum <= a xor b;
       carry <= a and b;

end dataf;
```

[그림 8.30] 반가산기 설계_ 자료흐름 모델링

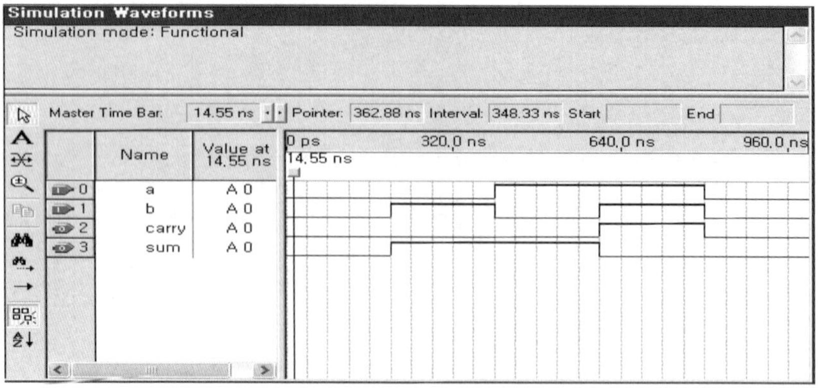

[그림 8.31] 시뮬레이션 결과

전가산기 회로

```
Library ieee;
use ieee.std_logic_1164.all;

entity fadder_ex is
          port ( a,b,cin: in std_logic;
               sum,cout: out std_logic);
end fadder_ex;

architecture dataf of fadder_ex is
begin

   process(a,b,cin)
          begin
                    if a='0' and b='0' and cin='0' then sum<='0'; cout<='0';
                    elsif a='0' and b='0' and cin='1' then sum<='1'; cout<='0';
                    elsif a='0' and b='1' and cin='0' then sum<='1'; cout<='0';
                    elsif a='0' and b='1' and cin='1' then sum<='0'; cout<='1';
                    elsif a='1' and b='0' and cin='0' then sum<='1'; cout<='0';
                    elsif a='1' and b='0' and cin='1' then sum<='0'; cout<='1';
                    elsif a='1' and b='1' and cin='0' then sum<='0'; cout<='1';
                    else sum<='1'; cout<='1';
                    end if;
          end process;

end dataf;
```

[그림 8.32] 전가산기 회로_동작적 모델링

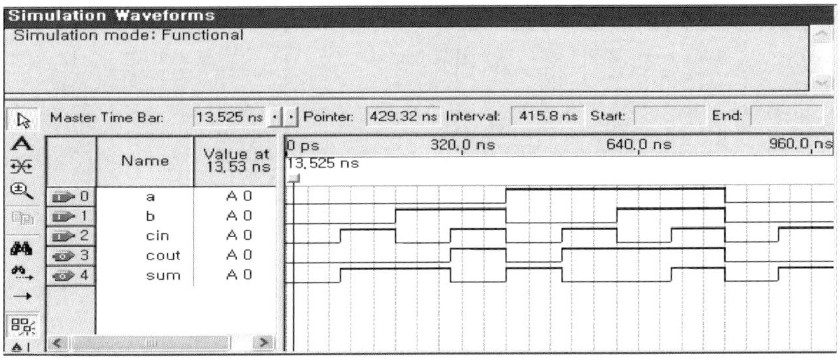

[그림 8.33] 시뮬레이션 결과

```
Library ieee;
use ieee.std_logic_1164.all;

entity fadder_ex is
        port ( a,b,cin: in std_logic;
             sum,cout: out std_logic);
end fadder_ex;

architecture dataf of fadder_ex is
begin

        sum <= cin xor (a xor b);
        cout <= (a and cin) or (b and cin) or (a and b);

end dataf;
```

[그림 8.34] 전가산기 회로_자료흐름 모델링

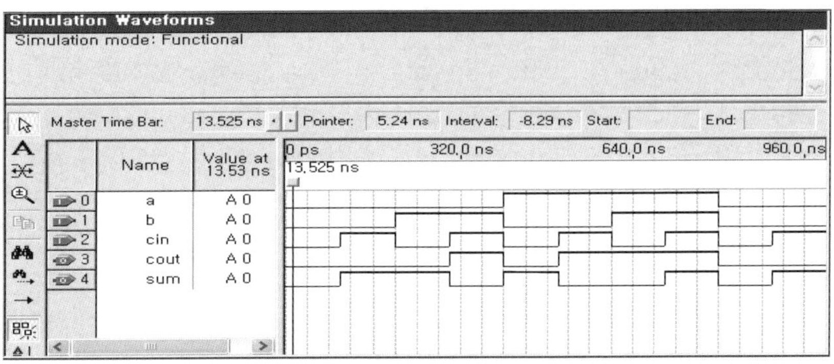

[그림 8.35] 시뮬레이션 결과

4 bit 가산기 회로_구조적 모델링

위에서 설계한 전가산기 회로를 이용해 구조적 모델링 방법으로 4 bit 가산기를 설계하면 다음과 같다. 전가산기 회로를 심볼로 만든 후 4 bit 가산기 프로젝트 생성 두 번째 단계 add files에서 fadder_ex.vhd를 추가해줘야 한다.

```
Library ieee;
use ieee.std_logic_1164.all;

entity add4_vhdl is
  port (a: in std_logic_vector(3 downto 0);
        b: in std_logic_vector(3 downto 0);
        sum: out std_logic_vector(3 downto 0);
        cout: out std_logic);
end add4_vhdl;

architecture design of add4_vhdl is

signal temp: std_logic_vector(2 downto 0);

component fadder_ex
  port(a,b,cin : in std_logic;
       sum,cout : out std_logic);
end component;

begin

    adder3 : fadder_ex port map (a(3),b(3),temp(2),sum(3),cout);
    adder2 : fadder_ex port map (a(2),b(2),temp(1),sum(2),temp(2));
    adder1 : fadder_ex port map (a(1),b(1),temp(0),sum(1),temp(1));
    adder0 : fadder_ex port map (a(0),b(0),'0',sum(0),temp(0));

end design;
```

[그림 8.36 bit 가산기 회로_구조적 모델링

위의 그림 8.36는 미리 설계하여 추가한 전가산기 회로(fadder_ex)를 컴포넌트로 선언하였다. 입력은 a, b, cin의 3개가 있고, 출력은 sum과 cout의 두 개가 있다. 또한 컴포넌트 연결에 사용할 temp라는 이름의 signal을 선언하였다.

컴포넌트 사례화문에서는 adder3:, adder2:, adder1:, adder0:의 4개 fadder_ex를 사용하여 회로를 설계하였다. adder3는 최상위비트 전가산기 연결부분이고, adder0는 최하위비트 전가산기 연결부분이다.

```
adder0 : fadder_ex port map (a(0),b(0),'0',sum(0),temp(0));
```

최하위 비트인 adder0:를 보면 fadder_ex(전가산기)의 a 입력에 4bit 가산기의 a(0)를 연결해주었고, b입력에 b(0)를 연결해 주었다. 최하위비트 가산이므로 전단에서 올라오는 올림수는 없고, 따라서 전가산기의 cin 입력은 '0'을 주었다. 전가산기의 sum 출력은 4비트 가산기의 sum(0) 출력에 연결해주었고, cout은 컴포넌트 연결을 위한 signal인 temp(0)에 연결하였다. 이 temp(0)는 다음 단의 cin에 넣어주게 된다.

```
adder1 : fadder_ex port map (a(1),b(1),temp(0),sum(1),temp(1));
```

마찬가지로 다음 단 가산 부분인 adder1:을 보면 a=>a(1), b=>b(1), cin=>temp(0), sum=>sum(1), cout=>temp(1)에 각각 연결하였다. 같은 방법으로 adder2, adder3도 연결하면 된다. 그림 8.37은 AUARTUS II RTL Viewer 화면이다.

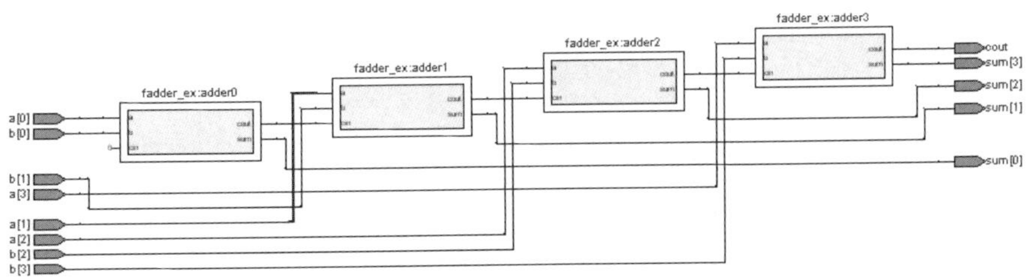

[그림 8.37] RTL Viewer

그림 8.38는 4비트 가산기의 시뮬레이션 결과이다. 1001(9)과 0101(5)를 더하면 1110(14)가 출력되며 최종 carry는 0임을 확인할 수 있다.

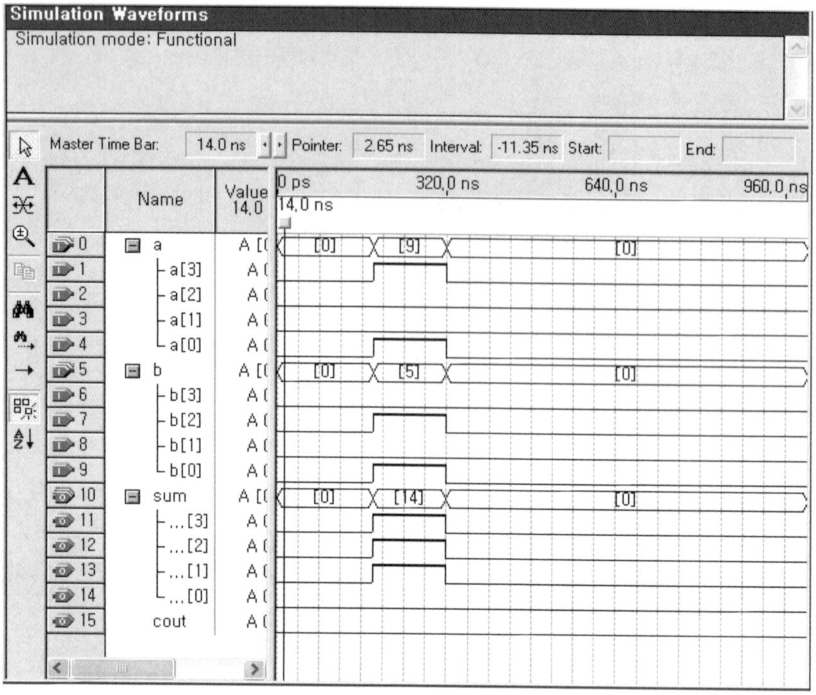

그림 8.38 시뮬레이션 결과

3.4 HBE-COMBO를 이용한 회로 구현

4비트 가산기 회로를 HBE-Combo의 LED를 이용하여 결과를 확인한다.

① Assign→Device 메뉴에서 Device를 EP1K100QC208-3으로 설정하고 컴파일 한다.

② 아래 표와 같이 각 입력/출력 포트의 핀 번호를 설정한 후 컴파일 한다.

입 력			출 력		
핀 이름	연결 소자	핀 번호	핀 이름	연결 소자	핀 번호
a(3)	SW_1	115	sum(3)	LED 1	191
a(2)	SW_2	114			
a(1)	SW_3	113	sum(2)	LED 2	190
a(0)	SW_4	112			
b(3)	SW_5	111	sum(1)	LED 3	189
b(2)	SW_6	104			
b(1)	SW_7	103	sum(0)	LED 4	187
b(0)	SW_8	102			
			cout	LED 5	179

③ Parallel port Cable을 PC와 보드에 연결한다.

④ 보드의 전원을 ON한다.

⑤ Tools〉〉Programmer 메뉴를 선택하여 Hardware Setup 버튼을 누른다.

⑥ ByteBlasterMV or ByteBlaster Ⅱ를 선택한다.

⑦ FPGA의 프로그래밍 방식을 Passive Serial Mode로 선택한다.

⑧ Start 버튼을 누른다.

⑨ Switch의 상태를 아래 표처럼 변화시키면서 LED에서의 출력을 표에 기록하고, 위의 시뮬레이션의 결과와 비교한다.

입 력			출 력
a	b	c	p
0	0	0	
0	0	1	
0	1	0	
0	1	1	
1	0	0	
1	0	1	
1	1	0	
1	1	1	

⑩ 모든 과정이 끝나면 전원을 끈다.

3.5 심화학습

4 bit 가산기 회로를 bus 스위치(bus_sw)를 이용하여 보드에서 확인하여라.

찾아보기

ALTERA QUARTUS Tool과 HBE-COMBO를 이용한

디지털 시스템설계 및 실험

2012년 2월 6일 초판 인쇄
2012년 2월 10일 인쇄 발행

저 자 문성룡
발 행 인 송기수
발 행 처 도서출판 GS인터비전
편 집 처 도서출판 GS인터비전
인 쇄 처 토탈프로세스
등록번호 제 313-2011-120호
I S B N 978-89-97231-19-5 (92560)

주 소 서울 마포 신수동 448-6 한국출판협동조합 B동 2층
전 화 **02-976-7898, 3272-7898 , 0707-720-7898**
팩 스 02-6468-7898
E-Mail gsinter7@chol.com

정 가 23,000원